"十三五"普通高等教育本科部委级规划教材

普通高等教育"十一五"国家级规划教材(本科)

纺织品染整工艺学

(第3版)

范雪荣　主　编

王　强　张瑞萍　副主编

U0241921

中国纺织出版社

内 容 提 要

本书是根据教育部公布的《普通高等学校本科专业目录》中纺织工程专业的特点和近年来染整技术的发展而编写的。内容包括纺织工业常用纤维的基本结构和主要性能,表面活性剂、高分子助剂和生物酶的基本知识,各类纺织品染整加工的基本原理、基本工艺和常用染整设备。同时,对彩色棉纤维、Lyocell纤维、PTT纤维、聚乳酸纤维等新型纤维的结构和性能,计算机配色、电子分色制版等计算机技术在纺织品染整中的应用,喷墨印花、特种涂料印花等新型印花技术,生物酶整理、防紫外线整理等功能性整理技术和生态纺织品标准也作了简要介绍。

本书可作为高等学校纺织工程专业、轻化工程专业造纸工程和皮革工程方向以及独立学院轻化工程专业染整工艺学或染整概论课程的教学用书,也可供纺织企业工程技术人员、管理人员阅读参考。

图书在版编目(CIP)数据

纺织品染整工艺学/ 范雪荣主编. —3 版. —北京:中国纺织出版社,2017.3 (2024.8重印)

"十三五"普通高等教育本科部委级规划教材　普通高等教育"十一五"国家级规划教材. 本科

ISBN 978—7—5180—3314—0

Ⅰ.①纺… Ⅱ.①范… Ⅲ.①纺织品—染整—工艺学—高等学校—教材　Ⅳ.①TS190.6

中国版本图书馆 CIP 数据核字(2017)第 031598 号

策划编辑:秦丹红　　责任编辑:范雨昕　　责任校对:王花妮
责任设计:何　建　　责任印制:何　建

中国纺织出版社出版发行
地址:北京市朝阳区百子湾东里 A407 号楼　邮政编码:100124
销售电话:010—67004422　传真:010—87155801
http://www.c-textilep.com
E-mail:faxing@c-textilep.com
中国纺织出版社天猫旗舰店
官方微博 http://weibo.com/2119887771
三河市宏盛印务有限公司印刷　各地新华书店经销
2024 年 8 月第 27 次印刷
开本:787×1092　1/16　印张:23
字数:496 千字　定价:55.00 元

第 3 版前言

本书第 2 版编写于 2006 年。十年来,国家对纺织工业节能减排提出了更为严格的约束要求,印染行业在清洁生产技术和提高产品质量的加工技术等方面取得了很大进展;国际上对纺织品的生态要求越来越高,特别是随着欧盟 REACH 法规(Regulation Concerning the Registration,Evaluation,Authorization and Restriction of Chemicals/化学品注册、评估、授权和限制法规)的实施,以欧盟为代表的针对化学品的安全使用和消费品上有害物质控制的法规体系已经成为全球普遍采用的包括纺织产品在内的消费品的生态安全质量要求;对纺织化学品,也已经从过去的对其质量、性能和价格的考量,转移到更多地关注其安全性和可能带来的生态影响。

为了适应纺织染整加工技术的发展和纺织品生态要求的提高,本书在保持第 2 版特色的基础上进行了修订。全书删去了大豆蛋白纤维染整加工的相关内容;在常用纺织纤维的结构和主要性能中,补充了 PTT 纤维的结构和主要性能;在染整用水和染整助剂中,考虑到烷基酚聚氧乙烯醚类非离子表面活性剂涉及的助剂品种和助剂数量较多,补充了该类表面活性剂对生物和环境的影响;在纺织品的前处理中,重新撰写了棉针织物前处理的内容;在纺织品的染色中,修订了阳离子固色剂处理部分的内容;在纺织品印花中,修订了喷墨印花部分的内容,补充了涂料喷墨印花、纤维素纤维织物喷墨印花等内容;在纺织品功能整理中,补充了 PFOS 和 PFOA 对环境的影响、漆酶牛仔布返旧整理等内容,删除了溴系阻燃整理剂及其整理工艺;在生态纺织品中,刷新了 Oeko-Tex Standard 100。对全书的其他内容也进行了必要的修订,删除了部分较陈旧的内容。

本书在修订过程中参考了许多专业书刊,谨向这些作者表示衷心的感谢。

本书的第一章、第七章和第八章由江南大学范雪荣修订;第二章由江南大学王强修订;第三章由南通大学杨静新修订;第四章由天津工业大学霍瑞亭修订;第五章由南通大学张瑞萍修订;第六章由西安工程大学樊增禄修订。全书由范雪荣和王强负责整理。

纺织品染整加工是个系统工程,涉及纤维原料、产品结构、染料、助剂、工艺、设备和生态等方面,而且近年来,这些方面都在发生着深刻变化,染整生产的理念也在发生根本转变。但限于篇幅、收集资料不够广泛和编者的水平,本书的修订难以全面企及这些内容。在内容上也可能存在疏漏之处,热忱欢迎读者批评指正。

范雪荣

2016 年 8 月于无锡

第 2 版前言

本书初版编写于 1999 年。自 20 世纪 90 年代以来，新型纤维，特别是环保型纤维如天然彩色棉纤维、Lyocell 纤维等不断涌现并逐渐开始应用；电脑测配色、电子分色制版、电脑喷墨印花等电子计算机应用技术迅猛发展，并正在取代印染行业中的一些传统技术，对减轻印染行业的劳动强度、提高生产效率和产品质量正在发挥着重要作用；生物技术的发展和向纺织染整加工领域的渗透提高了纺织品的加工品质，减轻了纺织品化学加工对环境造成的严重污染。同时消费者对纺织品，特别是服装和装饰织物的心理和生理需求产生了很大变化，除了追求服装的功能和时尚外，更注重健康，保健型纺织品已初成雏形。生态纺织品和纺织品生态加工已是全球生产和消费的潮流。随着各类生态标准的逐渐采用，传统意义上的纺织品外观质量和物理评定指标已不能适应国际市场的消费要求，生态标准成为纺织品的首要评价标准。冷轧堆工艺、短流程工艺等节能加工技术已开始大量应用。传统加工中一些劳动强度大、加工质量差、能源消耗和环境污染大、劳动生产率低的加工技术已在逐渐淘汰。

为了适应纺织染整加工技术的发展，本书进行了修改和补充。在常用纺织纤维的结构和主要性能中，补充了天然彩色棉、Lyocell 纤维、大豆蛋白纤维、聚乳酸纤维等的结构和性能；在染整用水和染整助剂中补充了高分子助剂和生物酶的基本知识；在纺织品的前处理中加强了棉织物短流程前处理和各种新型纤维织物前处理的内容；在纺织品的染色中增加了新型染料、新型纤维的染色和涂料染色；在纺织品印花中增加了特种涂料印花、喷墨印花、毛织物拔染印花等新型印花技术；在纺织品功能整理中增加了防紫外线整理等内容；并增加了生态纺织品一章。同时，对原书的有关内容进行了修改和补充，删除了部分较陈旧的内容。

本书在修订过程中参考了许多专业书刊，谨向这些作者表示衷心的感谢。

本书的第一章、第六章、第七章由江南大学范雪荣修订，第八章由范雪荣撰写；第二章由江南大学王强修订；第三章由南通大学杨静新修订；第四章由天津工业大学霍瑞亭修订；第五章由南通大学张瑞萍修订。全书由范雪荣和王强整理。

近年来，染整加工的每一方面，从原料、产品结构、染料、助剂、设备到工艺技术等都发生了深刻的变化，染整生产的理念也有了根本转变。但限于篇幅、收集资料不够广泛和编者的水平，本书的修订难以全面涉及这些内容。在内容上也可能存在不够确切和完整的地方，热忱欢迎读者批评指正。

范雪荣

2006.1 于无锡

第 1 版前言

纺织工业是国民经济的支柱产业,丰富了市场,美化了人民生活,并在出口创汇中占有重要的地位。纺织品除了满足人们的穿着需要外,还大量用于装饰材料和工农业生产、国防等各个领域。染整加工是纺织品生产的重要工序,它可改善纺织品的外观和服用性能,或赋予纺织品特殊功能,提高纺织品的附加价值,满足各行业对纺织品性能上的要求。

纺织品的染整加工是借助各种机械设备,通过化学的或物理化学的方法,对纺织品进行处理的过程,主要内容包括前处理、染色、印花和整理。前处理主要是采用化学方法去除纺织纤维特别是天然纤维上的各种杂质,改善纺织品的服用性能,并为染色、印花和整理等后续加工提供合格的半成品;染色是通过染料和纤维发生物理的或化学的结合,使纺织品获得鲜艳、均匀和坚牢的色泽;印花是用染料或颜料在纺织品上获得各色花纹图案;整理是根据纤维的特性,通过化学或物理化学的作用改进纺织品的外观和形态稳定性,提高纺织品的服用性能或赋予纺织品阻燃、拒水拒油、抗静电等特殊功能。

本书的编写注意了以下一些问题:①在纤维的结构与性能部分,《纺织材料学》介绍过的内容一般不作重复,但对与染整加工密切相关的纤维的基本结构和主要性能作了较详细的介绍;②适合教育部新公布的工科专业目录中纺织工程专业的特点,对棉、毛、丝、麻、化学纤维等各类纤维,机织物、针织物、毛织物、色织物、服装等各种类型纺织品染整加工的基本原理、基本工艺和常用染整设备作了较为系统扼要的介绍;③既注意加强基础,又注重拓宽知识面,对在染整加工中起重要作用的表面活性剂的基本知识和染整新技术,特别是近年来迅速发展的纺织品功能整理和成衣染整作了简要介绍。

本书在编写过程中参考了许多染整专业教材、其他专业书籍和专业杂志,谨向作者表示衷心的感谢。

本书可作为纺织工程专业染整工艺学或染整概论的教学用书或其他专业的教学参考书,也可供纺织企业工程技术人员、管理人员阅读参考。

本书由范雪荣主编,其中第一章、第二章、第七章、第八章由无锡轻工大学范雪荣、王强编写,第三章由南通工学院杨静新编写,第四章由天津纺织工学院霍瑞亭编写,第五章由南通工学院张瑞萍编写,第六章由西北纺织工学院樊增禄编写,全书由范雪荣、王强整理。

限于编者水平,书中难免有不当之处,热忱欢迎读者批评指正。

编　者

1999 年 1 月

课程名称　纺织品染整工艺学或染整概论

适用专业　纺织工程专业、轻化工程专业(皮革工程方向、造纸工程方向)、独立学院轻化工程专业

总学时　60

理论教学时数　48　　**实践教学时数**　12

- -

课程性质　本课程是纺织工程专业的一门专业课,是"纺织化学""纺织材料学"等专业基础课和"纺纱学""织造学""针织学"等专业课的后续课程。本课程也是轻化工程专业皮革工程方向和造纸工程方向的专业选修课以及独立学院轻化工程专业的必修课。

- -

课程目的

通过本课程的学习,使学生:

(1)了解纺织品染整加工的工艺流程;

(2)掌握染整助剂的基本知识、基本性能和用途;

(3)掌握纺织品前处理、染色、印花和后整理加工的基本原理和方法,了解各类加工设备的结构和性能;

(4)掌握染料的分类和命名原则、各类染料的结构特点和应用性能;

(5)了解纺织品常规整理和功能整理的目的、基本原理和基本工艺;

(6)掌握纺织品染整加工的质量检测方法;

(7)了解纺织品上可能存在的有害物质的种类、来源及对人体和环境的影响;

(8)了解纺织品染整加工的发展方向。

课程教学基本要求　教学环节包括课程教学、实验教学、作业和考试。通过各教学环节,重点培养学生对理论知识理解和运用的能力。

1. 课堂教学

在讲授基本概念的基础上,采用启发、引导的方式进行教学,并及时补充最新的发展动态。

2. 实验教学

适当安排一部分有代表性的实验,每次实验后写出实验报告,培养学生的基本实验技能,提高其对理论知识理解和运用的能力。

3. 作业

每章给出若干思考题,尽量系统地反映该章的知识点,布置适量的书面作业。

4. 考试

采用笔试方式,题型一般包括填空题、名词解释、判断题、论述题等。

教学环节学时分配表

章 数	讲 授 内 容	学时分配
第一章	常用纺织纤维的结构和主要性能	4
第二章	染整用水和染整助剂	3
第三章	纺织品的前处理	7
第四章	纺织品的染色	12
第五章	纺织品印花	6
第六章	纺织品整理	8
第七章	纺织品功能整理	6
第八章	生态纺织品	2
实 验		12
合 计		60

目录

第一章　常用纺织纤维的结构和主要性能

第一节　纤维素纤维的结构和主要性能

纤维素纤维包括天然纤维素纤维,如棉、麻;再生纤维素纤维,如黏胶纤维等。近年来出现了天然彩色棉、竹纤维、Lyocell 纤维等多种新型纤维素纤维。本节简要介绍它们的形态结构、化学结构、超分子结构和主要物理化学性能。

一、天然纤维素纤维

(一)棉纤维

1. 棉纤维的形态结构

在显微镜下观察,成熟棉纤维的外形为:上端尖而封闭,下端粗而敞口,整根纤维为细长的扁平带子状,有螺旋形天然扭曲,一般扭曲数为 $60 \sim 120$ 个/cm,纤维成熟度越高,天然扭曲数越多。纤维截面呈腰子形,中间有干瘪的空腔。成熟棉纤维的形态如图 1－1 所示。

将棉纤维经过适当的溶胀处理后,在显微镜下进一步观察,发现棉纤维从外到里又分成三层,最外层称为初生胞壁,中间为次生胞壁,内部为胞腔。图 1－2 为棉纤维的形态结构模型示意图。

(2) 棉纤维的横截面

(1) 棉纤维中段外形

图 1－1　成熟棉纤维的形态

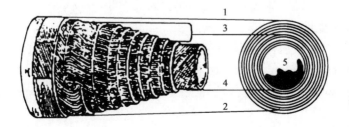

图 1－2　棉纤维的形态结构模型示意图

1—初生胞壁　2—次生胞壁的外层　3—次生胞壁的中心区域

4—次生胞壁内层　5—带有原生质残渣的胞腔

(1)初生胞壁。棉纤维初生胞壁的厚度为 $0.1\sim0.2\mu m$，约为纤维直径的 1% 左右，占纤维总质量的 2.5%～2.7%，纤维素含量比较低，纤维素共生物特别是果胶物质、蜡状物质的含量较高，如表 1-1 所示。

表 1-1　棉纤维的主要成分

组　　成	初生胞壁/%	次生胞壁/%	纤维整体/%
纤维素	52	95.3	94.0
果胶物质	12	1.0	0.9
蜡状物质	3	0.9	0.6
灰　分	7	0.6	1.2
有机酸与多糖类	14	1.0	1.1
含氮物质(以蛋白质计)	—	—	1.3
其　他	—	—	0.9

初生胞壁决定了棉纤维的表面性质。初生胞壁具有拒水性，这对自然生长中的棉纤维有保护作用，在染整加工中会阻碍化学品向纤维内部扩散，影响化学反应进行，造成织物渗透性差、染色不匀等疵病，再加上纤维素含量较少，聚合度也较低，故强度不高，在染整加工的初期将其破坏并去除。初生胞壁不是结构均一的物质，它可分为三层：外层基本是由果胶物质和蜡状物质组成的皮层，第二、第三层含有相当多的纤维素，这些纤维素大分子排列成很不整齐的小纤维束，呈绕纤维轴旋转的网状结构，沿纤维轴向的取向度很低，对纤维内部的溶胀有束缚作用。

(2)次生胞壁。次生胞壁是纤维素淀积最厚的一层(约 $4\mu m$)，是棉纤维的主体，质量约占整个纤维的 90% 以上。由表 1-1 可知，次生胞壁的纤维素含量很高，共生物含量减少。次生胞壁的组成与结构决定了棉纤维的主要性质。

次生胞壁大体上也分为三层，每层中又有很多同心圆结构，称为日轮。同心圆结构都是由纤维素大分子组成的原纤沉积而成，厚约 $0.1\sim0.4\mu m$，这三个同心圆层组成次生胞壁的外层、中层和内层，每层原纤的走向与邻层不同，绕纤维轴呈 $20°\sim30°$ 的螺旋式排列。若外层原纤走向为 S 形螺旋，中层则为 Z 形，而内层又为 S 形，各层中原纤沿纤维长度方向的走向经常改变。

(3)胞腔。胞腔是棉纤维的中空部分，约占纤维截面的 1/10，含有蛋白质及色素，其颜色决定了棉纤维的颜色。胞腔是纤维内最大的空隙，是棉纤维染色和化学处理的重要通道，若将胞腔的敞口部分完全封闭后进行染色，则染色速率会大大降低。

2. 纤维素的化学结构

(1)纤维素的化学结构。纤维素大分子是由 β-D-葡萄糖剩基彼此以 1,4-苷键联结而成的，分子式可以写成 $(C_6H_{10}O_5)_n$，结构式如下：

每个相邻葡萄糖剩基扭转 180°，每隔两环有周期性重复。因此，两环为一基本链节，大分子的链节数为 $\dfrac{n-2}{2}$，n 为葡萄糖剩基数，即纤维素的聚合度。棉和麻的聚合度高达 10000～15000，黏胶纤维的聚合度为 250～500。β-D-葡萄糖剩基的 β 表示葡萄糖环中 C_1 苷羟基在投影式中向左方；D 表示开环葡萄糖中 C_5 上的羟基与 C_6 上的羟基为同侧的构型。

（2）纤维素大分子的结构特点。纤维素大分子的两个末端葡萄糖剩基，其一端有四个自由羟基，另一端有三个自由羟基和一个半缩醛羟基（称为潜在醛基），半缩醛羟基可显示醛基性质，见下式：

$$\cdots\!-\!O\overset{\displaystyle CH_2OH}{\underset{H}{\overset{H}{\overline{}}}}\!OH \longrightarrow \cdots\!-\!O\overset{\displaystyle CH_2OH}{\underset{}{}}\!\overset{O}{\underset{H}{C}}$$

因此，纤维素大分子具有还原性，但大分子链较长，端基还原性不明显。随着纤维素大分子的降解，相对分子质量变小，半缩醛羟基增多，还原性就会增强。因此可利用纤维素中醛基含量的变化来测定其经酸处理后平均聚合度的变化。

纤维素大分子链中间每环上有三个自由羟基，其中两个为仲羟基（C_2、C_3），一个为伯羟基（C_6），它们具有一般醇羟基的性质，能起酯化、醚化等反应，活泼性以后者较强。纤维素大分子链中的很多羟基可在分子间和分子内形成氢键。由于分子间和分子内的氢键作用，使纤维素大分子链挺直而有刚性，分子链间强烈吸引，排列更加紧密，因此纤维素纤维强度高，不易变形。

纤维素大分子链中的苷键对碱的稳定性较高，在酸中易发生水解，使大分子链聚合度降低，分子间力减弱，纤维强度降低。

3. 棉纤维的超分子结构

棉纤维的超分子结构主要指棉纤维次生胞壁中纤维素大分子的聚集态结构，或者说纤维素大分子的排列状态、排列方向、聚集紧密程度等，它们与棉纤维的性能有重要关系。要了解棉纤维的超分子结构，需要借助 X 射线衍射仪及电子显微镜等手段。

（1）棉纤维的结晶度和取向度。棉纤维具有两相结构，既有结晶区又有无定形区，棉纤维的结晶度为结晶部分在整体纤维中的含量，约为 70%，麻纤维约为 90%，丝光棉纤维约为 50%，黏胶纤维约为 40%。纤维的结晶度与纤维的物理性质、化学性质、力学性质均有密切关系。纤维中的晶体在自然生长过程中成一定的取向性，晶体的长轴与纤维轴的夹角称为螺旋角，螺旋角愈小，取向度愈高。螺旋角为 0 时，取向度为 1，是理想的取向情况，无取向时，取向度为 0。棉纤维次生胞壁外层的螺旋角在 30°～35°，麻的螺旋角平均为 6° 左右。

（2）棉纤维的超分子结构模型——缨状原纤模型。纤维素大分子通过整齐排列组成微原纤，微原纤整齐排列形成原纤。原纤中也有少数大分子分支出去与其他分支合并组成其他的原

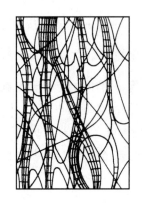

图1-3　缨状原纤模型(画成格子处为结晶部分)

纤。原纤之间通过非整齐排列的分子联结起来形成无定形区，这就是缨状原纤模型，如图1-3所示。

（3）纤维素纤维强度与纤维超分子结构的关系。影响纤维强度的超分子结构因素很多，这里就结晶度和取向度的影响作一分析。

①结晶度对纤维素纤维强度的影响。纤维素纤维内部有许多羟基，它们在结晶部位以氢键结合，形成立体密集而规整的排列，具有很高的分子间力。晶区还使分子链间交联起来，对容易自由运动的分子链起到约束作用，可防止分子链的滑移。反之，非结晶部位分子的羟基大部分处于游离状态，较少形成氢键，分子链间较松散，结构密度较低，容易屈服于外力，强度较弱。因此，纤维的结晶度愈高，纤维强度必然高。纤维素纤维中麻的结晶度最高，约90%，它的强度也最高；棉纤维的结晶度约70%，强度比较高；黏胶纤维结晶度在40%以下，强度最低。

②取向度对纤维素纤维强度的影响。纤维的取向度是指纤维内大分子、分子链段或晶体长轴沿纤维轴向有序排列的程度。取向度高的纤维其强度高，这有两方面的原因：一是分子、分子链段、晶区的取向使分子链顺应排列，次价力增高，这是影响纤维强度的重要因素；另一方面，取向度高会改善纤维内的受力状况。受外力作用的纤维主要是经向拉伸，高取向的纤维，大分子能均匀承受外力，减少因局部大分子应力集中所造成的分子链断裂，因此取向度高的纤维具有更高的强度。例如，棉纤维经过丝光，取向度提高了，尽管结晶度有所降低，但纤维的强度还是有所提高。在黏胶纤维制造中，对黏胶丝的拉伸就是为了提高取向度和结晶度，以提高黏胶丝的强度。

（4）纤维素纤维的结晶度对染色的影响。纤维素纤维在染色时，一般是将染料溶于水或分散于水中进行，染液只能渗透到纤维的无定形区和晶区边缘。若纤维结晶度高，无定形区少，则结构紧密，染料不易进入，染料的平衡吸附量也少，得色较浅淡。结晶度低的纤维，相应的无定形区多，纤维结构松散，染料易于进入纤维，平衡吸附量高，纤维得色深浓。棉纤维在丝光前结晶度较高，丝光后部分结晶区被打开成为无定形区，在同样染色条件下，丝光的棉纤维能得到较深的颜色。若要染成同样的颜色深度，未丝光棉纤维就要提高染料浓度、染色温度或延长染色时间。

4. 纤维素纤维的化学性质

纤维素纤维的化学性质取决于纤维素的化学结构。纤维素大分子链中存在着苷键，并含有大量的自由羟基。苷键对不同的化学试剂稳定性不同，葡萄糖剩基上的三个羟基活泼性相差很大，其中C_6上的伯羟基比C_2、C_3上的仲羟基活泼得多。纤维素纤维的化学性质还受到纤维超分子结构的影响。

（1）纤维素与碱的作用。纤维素大分子中的苷键对碱的作用比较稳定，在常温下，氢氧化钠溶液对纤维素不起作用，高温沸煮也仅有一部分溶解。但在高温有空气存在时，纤维素苷键对较稀的碱液也十分敏感，引起聚合度的下降。

①浓碱对天然纤维素纤维的作用。常温下,浓的氢氧化钠溶液会使天然纤维素纤维发生不可逆的各向异性溶胀,纤维纵向收缩而直径增大,若施加一定的张力防止其收缩,并及时洗碱,可使纤维获得丝一样的光泽,这就是丝光。在显微镜下观察可发现,溶胀了的纤维的横截面,原有胞腔几乎完全消失,长度方向缩短,并由原来扭曲的扁平带状变为平滑的圆柱状。棉纤维若在无张力下与浓碱作用,结果得不到丝光效果,却得到另一种有实用价值的碱缩效果,尤其是棉针织物经浓碱处理,纱线膨胀,织物的线圈组织密度和弹性增加,织物发生皱缩。

②碱与纤维素的作用机理。纤维素是一种弱酸,可与碱发生类似的中和反应,生成醇钠化合物:

$$纤维素—OH + NaOH \xrightarrow{放热} 纤维素—ONa + H_2O$$

碱也能与纤维素的羟基以分子间力,特别是氢键结合,形成分子化合物:

$$纤维素—OH + NaOH \xrightarrow{放热} 纤维素—OH \cdot NaOH$$

碱与纤维素作用后的产物称为碱纤维素,是一种不稳定的化合物,经水洗后恢复成原来的纤维素分子结构,但纤维的微结构发生了不可逆的变化,结晶度降低,无定形区增加。天然棉纤维的结晶度达 70%,经浓碱处理后的丝光棉纤维,结晶度降至 50%～60%,说明浓碱液破坏了部分结晶区。这种作用很有实用意义,是棉纤维染整加工中的重要环节。

(2)纤维素与酸的作用。纤维素纤维遇酸后,手感变硬,强度严重降低,这是由于酸对纤维素大分子中苷键的水解起了催化作用,使大分子的聚合度降低,纤维受到损伤:

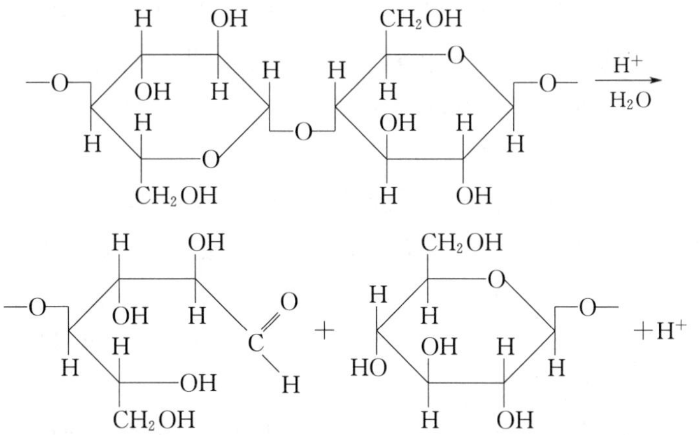

影响纤维素纤维水解的主要因素是酸的性质、水解反应的温度和作用时间。实际生产中,如果用酸工艺适当,就不会使织物损伤严重。

酸与纤维素作用的一般规律是酸性越强,水解速率越快。强无机酸如盐酸、硫酸、硝酸等对纤维素纤维的催化作用特别强烈,弱酸如磷酸、硼酸的催化作用较弱,有机酸则更缓和。酸的浓度愈大,水解速率愈快。温度对纤维素的水解影响很大,温度越高水解速率越快,当酸的浓度恒定时,温度每升高 10℃,纤维素水解速率增加 2～3 倍。在其他条件相同的情况下,纤维素水解的程度与时间成正比,作用时间越长,水解越严重。此外,纤维素水解的速率还与纤维素的种类有关,麻、棉、丝光棉、黏胶纤维等的水解速率依次递增,这主要是它们的纤维结构中无定形部分依次增加。实际生产中一般只用很稀的酸处理棉织物,而且温度不能超过50℃,处理后还必须彻底洗净,尤其要避免带酸情况下干燥。

酸对纤维素纤维虽有危害性,但只要控制得当,也有可利用的一面。如含氯漂白剂漂白后用稀酸处理,可进一步加强漂白作用,用酸中和织物上过剩的碱,棉织物用酸处理生产蝉翼纱、涤/棉织物的烂花等均有应用。

(3)纤维素与氧化剂的作用。纤维素一般不受还原剂的影响,而易受氧化剂的作用生成氧化纤维素,使纤维变性、受损。纤维素对空气中的氧是很稳定的,但在碱存在下易氧化脆损,所以高温碱煮时应尽量避免与空气接触。在用次氯酸钠、亚氯酸钠、过氧化氢等氧化剂漂白时,必须严格控制工艺条件,以保证织物或纱线应有的强度。

纤维素的氧化作用主要发生在葡萄糖剩基的三个醇羟基和大分子末端的潜在醛基上,其中伯羟基被氧化成醛基,进一步氧化成羧基;仲羟基被氧化成酮基,进一步氧化成开环的醛基和羧基;大分子末端的潜在醛基被氧化成羧基。

纤维素在不同条件下氧化,可得到含有大量醛基或羰基的还原型氧化纤维素或含有大量羧基的酸型氧化纤维素。还原型氧化纤维素虽然未发生纤维素大分子链的断裂,但存在潜在损伤,在碱性条件下,会使纤维素大分子链断裂,聚合度下降,纤维强度降低。

5. 纤维素共生物

棉纤维在生长过程中,纤维素的含量随着棉成熟度的增加而增加,此外还有一定量的在棉纤维生长中起保护性作用的物质,以及生物代谢过程中生成的杂质,与纤维素共生共长,这些物质称为纤维素共生物。纤维素共生物主要有果胶物质、含氮物质、蜡状物质、天然色素等,此外还有在剥取棉纤维时夹带的棉籽壳。共生物所占的比例随棉纤维成熟度的提高而减少。

共生物在棉织物染整加工中影响纤维的吸水、染色、白度等性能,因此,在染整加工的前处理中需要除去,以满足染整加工与服用的需要。

(1)果胶物质。棉和麻纤维中都含有果胶,以苎麻中含量较高。棉纤维中的果胶物质主要存在于初生胞壁中,也有少量存在于次生胞壁中。果胶的主要成分是果胶酸钙、果胶酸镁、果胶酸甲酯和多糖类。果胶酸钙、果胶酸镁和果胶酸甲酯的亲水性比纤维素低,用热水也难以洗除,若采用适当浓度的烧碱在一定温度下处理,可使酯水解成羧基,并转变成钠盐,这样果胶在水中的溶解度可大大提高而易于除尽。

(2)含氮物质。棉纤维中的含氮物质主要以蛋白质和简单的含氮无机盐(如硝酸盐、亚硝酸盐)存在于纤维的胞腔中,也有一部分存在于初生胞壁和次生胞壁中。含氮无机盐可溶于60℃温水或常温弱酸、弱碱溶液中,蛋白质即使在氢氧化钠溶液中长时间沸煮也不能完全除净。次氯酸钠可使蛋白质大分子中的酰胺键断裂,生成一系列可溶于水的氯氨基酸钠盐而除去。

(3)蜡状物质。棉纤维中不溶于水但能被有机溶剂萃取的物质称为蜡状物质,主要存在于初生胞壁中。棉纤维中的蜡状物质是一混合物,含有既不溶于水又不溶于碱的脂肪族高级一元醇、游离脂肪酸、脂肪酸的钠盐、高级一元醇的酯和固体、液体的碳氢化合物。在棉织物的染整加工中,蜡状物质的去除是借助于皂化和乳化作用实现的。脂肪酸(酯)类物质在煮练中与碱发生皂化作用而除去,高级醇和碳氢化合物可利用皂化产物或加入的乳化剂,通过乳化作用而去除。

(4)灰分。棉纤维中的灰分由硅酸、碳酸、盐酸、硫酸和磷酸的钾、钠、钙、镁、锰盐以及氧化铁和氧化铝组成,其中钾盐和钠盐占灰分总量的95%。棉纤维中的灰分能溶解于酸中,可通过练漂中的酸洗来降低其含量。

(5)天然色素。棉纤维中的有色物质称为天然色素,有乳酪色、褐色、灰绿色等多种。目前,对天然色素的结构研究得还不充分。部分色素能溶于沸水。在漂白时用漂白剂可使色素破坏而被去除。

(6)棉籽壳。棉籽壳本不是棉纤维的共生物,而是棉纤维所附着的种籽皮,是剥制纤维时带入的杂质。棉籽壳的颜色很深,质地坚硬,对织物表面的光洁度和染整加工十分不利。它的组成也很复杂,主要由木质素、纤维素、单宁、多糖类以及少量蛋白质、油脂和矿物质等组成。在棉织物煮练中,在烧碱、高温、长时间处理下,木质素中的多种醚键断裂,木质素大分子降解,使棉籽壳变得松软,基本解体,再经充分挤轧、水洗而去除。在氯漂中,木质素还会发生氯化作用而溶解在碱中。

(二)天然彩色棉

天然彩色棉是天然生长的非白色棉花,是一种古老的棉花品种。由于这种棉花存在产量低、成熟度差、纤维强度低、可纺性差、色泽不鲜艳等多种缺点,一直未受到重视。随着人们对纯天然物品需求的日益增长,彩色棉花的种植又重新受到重视。我国的彩色棉品种目前主要有棕色、绿色、褐色三种。但目前彩色棉还存在着可纺性差、色素不稳定、产量低等缺点,特别是绿棉的色素稳定性非常差,已成为商品化的重要障碍。

1. 天然彩色棉的化学组成

天然彩色棉的纤维素含量较低,只有85%～90%,共生物含量较高。共生物的主要成分是棉蜡、灰分、果胶和蛋白质。果胶含量比白棉低,其他杂质含量均高于白棉,如棉蜡的含量约为白棉的5～8倍,灰分的含量为白棉的1.4～1.6倍,蛋白质的含量为白棉的1.75～2.1倍。天然彩色棉中主要共生物的含量如表1-2所示。

表1-2　天然彩色棉中主要共生物的含量

组　　成	白　棉	棕　棉	绿　棉
蛋白质/%	1.34	2.35	2.90
果胶/%	1.2	0.43	0.51
棉蜡/%	0.6	3.19	4.34
灰分/%	1.2	1.93	1.75

天然彩色棉的化学结构与白棉相同,都属于纤维素纤维,结晶结构也与白棉一样,为纤维素 I。

2. 天然彩色棉的形态结构

天然彩色棉的形态结构与白棉相似。绿棉的横截面积小于白棉,次生胞壁比白棉薄很多,胞腔远远大于白棉,呈 U 形。棕棉的横截面与白棉相似,呈腰圆形,次生胞壁和横截面积比绿棉丰满,但胞腔大于白棉。一般来说,成熟度好的彩色棉截面比较圆润,胞腔较小。成熟度差的天然彩色棉,截面扁平,胞腔较大。

天然彩色棉的色素主要分布在纤维的次生胞壁内,靠近胞腔部位。由于要透过次生胞壁,所以,色彩的透明度差些,色泽不十分鲜艳。

天然彩色棉的纵向与白棉一样,为细长、有不规则转曲的扁平带状,中部较粗,根部稍细于中部,梢部更细。成熟度好的纤维转曲数较多,成熟度较差的纤维转曲数很少。

3. 天然彩色棉的物理性能

天然彩色棉与白棉的主要物理性能比较见表 1-3。

表 1-3　彩色棉和白棉的主要物理性能

性　能	绿　色	褐　色	棕　色	白　色
线密度/tex	0.15	—	0.16	0.18
长度/mm	21~25	26~27	20~23	28~31
断裂强度/cN·tex^{-1}	16~17	18~19	14~16	19~23
成熟度系数	1.17	—	1.4	1.57
马克隆值	3.0~6.0	3.0~6.0	3.0~6.0	3.7~5.0
短绒率/%	15~20	12~17	15~30	≤12

由表 1-3 可见,天然彩色棉的长度偏短,强度偏低,马克隆值高低差异大,整齐度较差,短绒含量高,成熟度差,这些都给纺纱带来一定困难。同时天然彩棉的产量也远低于白棉。

4. 天然彩色棉的颜色稳定性

天然彩色棉含有多种色素,如棕棉含有黄色和棕色色素,绿棉除含有黄绿色色素外,还含有红棕色和黄色色素。天然彩色棉的色素中含有芳环、酚羟基、醇羟基、羰基、甲氧基和共轭双键等,化学性质不稳定,经不同温度的水、不同 pH 的缓冲溶液、生物酶、氧化剂、还原剂、金属盐、表面活性剂、荧光物质、光等处理,其色泽深度和色光都会发生变化,变化的程度与所用试剂的种类、用量和处理条件有关,有的颜色变浅,有的颜色变深,而且,多数情况下颜色是加深的,这可能与天然彩棉表面蜡质的去除和色素分子结构的变化有关。如用金属盐处理,可使色光改变,颜色加深,耐光牢度提高,其变化程度与金属盐的种类、用量和处理条件有关。

(三) 麻纤维

麻纤维是从各种麻类植物中取得的纤维,包括韧皮纤维和叶纤维。本节简要介绍韧皮纤维中的苎麻和亚麻纤维。

1. 苎麻和亚麻纤维的化学组成

麻纤维的主要成分为纤维素,并含有较多量的半纤维素、果胶和木质素。

苎麻是多年生草本植物。麻皮自茎上剥下后,先进行刮青,刮去表皮。刮青后的麻皮晒干或烘干后,成丝状或片状的原麻(也称生苎麻)。原麻在纺纱前需要脱胶,脱胶后的苎麻称为精干麻。原麻的总含胶量(除纤维素外的其他所有杂质)达25%～35%,纤维素含量较低,化学组成如表1-4所示,精干麻的残胶率控制在2%以下。原麻的脱胶方法有生物脱胶法和化学脱胶法,目前主要采用化学脱胶法。

亚麻纤维在麻茎韧皮的生长中,由30～50根单纤维集结在一起,由胶质粘连成纤维束状态存在。亚麻纤维的长度整齐度极差,不能将它脱胶成单纤维进行纺纱。为了使亚麻纤维适应和满足纺纱工艺的要求,要先用浸渍的方法,将它进行半脱胶,使纤维束适度劈细并保持一定的长度,经碎茎、打麻后制成"打成麻"。

亚麻打成麻的化学组成如表1-4所示。

表1-4 苎麻和亚麻纤维的化学组成

成　　分	纤维素/%	半纤维素/%	果胶/%	木质素/%	脂蜡质/%
苎麻原麻	65～75	14～16	4～5	0.8～1.5	0.5～1.0
亚麻打成麻	70～80	12～15	1.4～5.7	2.5～5	1.2～1.8
成　　分	水溶物/%	灰分/%	单宁/%	含氮物质/%	—
苎麻原麻	4～8	2～5	—	—	—
亚麻打成麻	0.3～0.6	0.8～1.3	1～1.5	0.3～0.6	—

2. 苎麻和亚麻纤维的形态结构

各种韧皮纤维都是植物单细胞,纤维细长,两端封闭,内有狭窄胞腔,胞壁厚薄随品种和成熟度不同而异。截面呈椭圆形或多角形,取向度和结晶度高于棉纤维,具有高强度和低伸长。

苎麻纤维是植物纤维中最长的,单纤维长20～250mm,最长可达600mm。横截面呈腰圆形或扁平形,有中腔,胞壁厚实均匀,两端封闭呈锤头形或有分支,整根纤维呈扁管形,没有明显转曲,纤维表面有时平滑,有时有明显条纹,常有结节,平均宽度30～40μm。

亚麻纤维表面光滑,略有裂节,为玻璃管状,两端稍细,呈纺锭形。横截面为五角形或多角形,中腔甚小,胞壁较厚。苎麻和亚麻纤维的截面形状如图1-4所示。

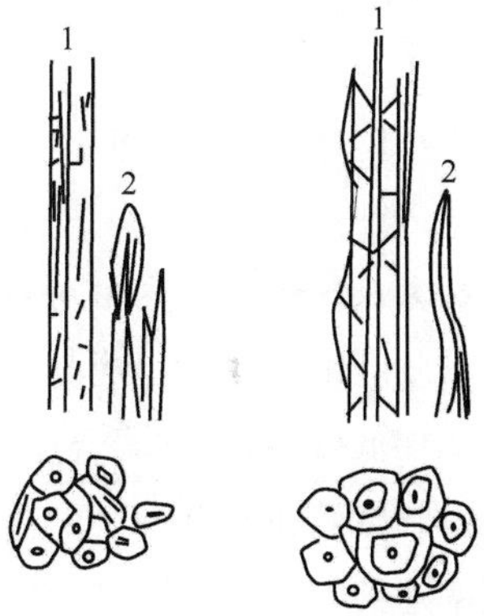

苎麻纤维的结晶度和取向度很高,前者约90%,后者约80%。亚麻纤维的结晶度和取向度比苎麻纤维略低,聚合度为2190～2420。

图1-4 苎麻和亚麻纤维的
纵截面和横截面
1—中段　2—末段

3. 苎麻和亚麻纤维的物理性能

苎麻纤维的强度和模量很高,在天然纤维中均居首位,但断裂伸长率低,纤维硬挺,刚性大,纤维之间抱合差,纺纱时不易捻合,纱线毛羽多。苎麻纤维强度虽高,但由于伸长率低,断裂功小,加之苎麻纤维的弹性回复性差,因此苎麻织物的折皱回复能力差,织物不耐磨。苎麻纤维不耐高温,在 240℃以上即开始分解。

亚麻纤维的长度较短,物理性能和苎麻纤维相似。

4. 麻纤维的染色性能

麻纤维结晶度、取向度高,大分子链排列整齐、紧密,孔隙小且少,溶胀困难。同时麻纤维含有一定量的木质素和半纤维素等杂质,染色性能较差,染料扩散困难,上染率低,用染纤维素纤维的染料染色,得色量低,不宜染深色,染色始终是一个比较麻烦的问题。

改善麻纤维染色性能的方法主要有两种,一种是对麻纤维进行染前处理,如丝光,降低纤维的结晶度;另一种是对麻纤维进行改性处理,如阳离子化处理,使纤维带正电荷,提高对阴离子染料的亲和力。

二、再生纤维素纤维

(一)黏胶纤维

黏胶纤维是再生纤维素纤维的主要品种,是从不能直接纺织加工的纤维素原料(如棉短绒、木材、芦苇、甘蔗渣等)中提取纯净的纤维素,经过烧碱、二硫化碳处理后制备成黏稠的纺丝溶液,再经过湿法纺丝制造而成的纤维。黏胶纤维的生产存在严重的环境污染。

1. 黏胶纤维的形态结构

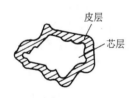

图 1-5 黏胶纤维截面

在显微镜下观察,黏胶纤维纵向呈平直的圆柱体,截面呈不规则的锯齿状,如图 1-5 所示。黏胶纤维的截面结构是不均一的,由外层(皮层)和内层(芯层)组成。皮层的结晶度及取向度高,结构紧密度高于芯层。芯层的结晶度和取向度均较低,结构比较疏松。

黏胶纤维在生产过程中,已经过洗涤、去杂和漂白,天然色素、灰分、油脂和蜡状物等已被去除,是一种较为纯净的纤维,杂质含量比天然纤维素纤维要低得多。

2. 黏胶纤维的化学结构和超分子结构

黏胶纤维的化学组成与棉纤维相同,完全水解产物都是 $\beta-D-$ 葡萄糖。但黏胶纤维的聚合度比棉低得多,棉的聚合度为几千,甚至上万,普通黏胶纤维只有 300~400,高强度黏胶纤维即"富强纤维"在 500~600。黏胶纤维大分子所暴露的羟基和醛基比棉纤维多,吸湿性高,标准回潮率达到 12%。

从超分子结构上看,黏胶纤维也是部分结晶的高聚物,但无定形区比棉高,约占 2/3。结晶度较低,为 30%~40%,结晶尺寸也较小。黏胶纤维的取向度也较低,但可随生产中拉伸程度的增加而提高。如拉伸 10%的黏胶纤维螺旋角为 34°,拉伸 80%的黏胶纤维螺旋角为 25°,拉伸 120%的黏胶纤维螺旋角为 16°。在聚合度一定的情况下,取向度愈高,纤维强度愈高。

3. 黏胶纤维的性能

黏胶纤维与棉、麻等天然纤维素纤维相比,由于聚合度、聚集态结构(超分子结构)和形态结构不同,性能方面有较大差异。

普通黏胶纤维的湿强度仅是干强度的一半左右(一般干强为 22~26cN/tex,湿强为 10~15cN/tex)。这是因为黏胶纤维的聚合度和取向度低,无定形区大,水分子进入无定形区后,使分子间力进一步减弱,易造成分子链滑移而断裂,容易发生变形,所以在染整加工时应采用低张力或松式加工。

同其他纤维素纤维一样,黏胶纤维对酸和氧化剂比较敏感。但黏胶纤维结构松散,聚合度、结晶度和取向度低,有较多的空隙和内表面积,暴露的羟基比棉多,因此化学活泼性、对酸和氧化剂的敏感性都大于棉。黏胶纤维对碱的稳定性比棉、丝光棉差很多,能在浓烧碱作用下剧烈溶胀甚至溶解,使纤维失重,机械性能下降,所以在染整加工中应尽量少用浓碱。

由于黏胶纤维比棉和丝光棉有更多的无定形区和更松散的超分子结构,所以吸湿性大,对染料、化学试剂的吸附量大于棉和丝光棉,其吸附能力依次为:黏胶纤维>丝光棉>棉。

黏胶纤维的染色性能和棉相似。虽然黏胶纤维对染料的吸附量大于棉,但黏胶纤维存在皮芯结构,皮层结构紧密,会妨碍染料的吸附和扩散,芯层结构疏松,对染料的吸附量高。所以低温、短时间染色,黏胶纤维得色比棉浅,且易产生染色不匀,高温、长时间染色,得色才比棉深。

(二)高湿模量黏胶纤维

普通黏胶纤维在湿态剧烈溶胀,断裂强度显著降低,湿模量很小,在较小负荷下就有较大伸长,织物洗涤时受到揉搓力作用容易变形,干燥后产生剧烈收缩,尺寸很不稳定。而且耐碱性差,与棉的混纺织物不能进行丝光处理。湿加工必须采用松式,如在张力下进行,织物的伸长很大。

为了克服普通黏胶纤维的上述缺点,人们研制出了高湿模量黏胶纤维。这些纤维具有高强度、低伸度、低膨化度和高的湿模量,被称之为第二代黏胶纤维。

高湿模量黏胶纤维主要有富强纤维和 Modal 纤维,它们的主要性能见表 1-5。

表 1-5 几种纤维素纤维的性能比较

性　　能	普通黏胶纤维	富强纤维	Modal 纤维	Tencel 纤维	优质棉纤维
聚 合 度	250~300	500~600	—	500~550	>10000
结晶度/%	30	48	25	54.8	70
取向度/%	70~80	80~90	—	—	—
取向因子	0.36	0.53	—	0.60	—
截面形态	锯齿形皮芯结构	圆形或全芯结构	—	—	腰圆形
微细结构	几乎无原纤结构	有原纤结构	—	—	有原纤结构
线密度/tex	0.17~0.55	0.17	0.17	0.17	0.11~0.15
干断裂强度/ cN·tex^{-1}	22~26	30~35	34~36	42~48	24~26
湿断裂强度/ cN·tex^{-1}	10~15	25.6~30.9	19~21	34~38	30~34

续表

性　能	普通黏胶纤维	富强纤维	Modal 纤维	Tencel 纤维	优质棉纤维
湿强：干强/%	50～60	75～80	60	85	105～115
湿初始模量(伸长 15%)/cN·tex^{-1}	40～50	—	180～250	250～270	100～150
干断裂伸长/%	20～25	10～12	13～15	10～15	7～9
湿断裂伸长/%	25～30	11～13	13～15	16～18	12～14
钩接强度/cN·tex^{-1}	7.0～8.8	3.97～5.30	8	20	20～26
7%NaOH 处理后的微纤结构	被破坏	无影响	—	—	无影响
标准回潮率/%	13	9～11	12.5	12～13	8.5
水中溶胀度/%	90～115	55～75	63	67	35～45
水中径向膨润率/%	30～35	—	39	40～50	8
水中轴向膨润率/%	2.6	—	1.1	0.03	0.6

1. 富强纤维

富强纤维系采用高质量浆粕原料,在纺丝成型时经充分拉伸而制得,具有干、湿强度高,伸长低和湿模量高,对碱的稳定性好等特点。

富强纤维的聚合度一般为 500～600,高于普通黏胶纤维,结晶度和取向度是现有黏胶纤维品种中最高的,晶粒也最大。结晶度高,纤维的结构紧密,分子间的作用力大,所以富强纤维的干、湿强度都较高。取向度高,纤维的断裂强度、横向膨润度、弹性模量和光泽也高,但断裂伸长、纵向膨润度、染色性能和钩接强度会降低。晶粒形状和大小对纤维的力学性能,特别是耐疲劳性能有重要影响。由于富强纤维的大晶粒结构,纤维脆性较高,耐疲劳性能较差,钩强也较低。

富强纤维的横截面与普通黏胶纤维不同,为较圆滑的圆形或接近于圆形的全芯层结构。

富强纤维与棉纤维相似,有与纤维轴呈一定角度排列的原纤结构,普通黏胶纤维无此特殊结构,所以富强纤维有"原纤化现象",易使纤维产生毛羽,使耐磨性和染色鲜艳度下降。

富强纤维干态下的断裂强度大大超过普通黏胶纤维,并优于棉纤维,湿断裂强度损失较小,低于 30%。由于富强纤维有较高的干、湿态断裂强度和较高的湿模量,较低的干、湿态伸长率,所以织物有较好的尺寸稳定性,比较耐折皱,水洗后变形较小。富强纤维的染色性能与普通黏胶纤维相似。

富强纤维对碱溶液的稳定性较高,抗碱性是所有黏胶纤维中最高的,在 20℃、10% 的 NaOH 溶液中溶解度为 9%,而普通黏胶纤维高达 50%。用浓度为 5% 的 NaOH 溶液处理,富强纤维几乎能保持原来的强度,而且变形很小。由于富强纤维对碱液的稳定性高,使得其与棉的混纺织物能进行丝光处理。

2. Modal 纤维

Modal 纤维是奥地利 Lenzing 公司生产的、在富强纤维基础上改进的新一代纤维素纤维，由山毛榉木浆粕制成，浆粕及纤维的生产过程对环境的污染低于富强纤维和普通黏胶纤维。Modal 纤维的干、湿强度、湿模量和缩水率均好于普通黏胶纤维，干、湿强度比普通黏胶纤维高 25%～30%，在湿润状态下，溶胀度低，具有棉纤维的柔软、真丝的光泽、麻纤维的滑爽等性能，吸湿透气性优于棉纤维。但 Modal 纤维制品的抗皱性差，成品需要进行树脂防皱整理。

（三）Lyocell 纤维

Lyocell 纤维是采用 N－甲氧基吗啉（NMMO）的水溶液溶解纤维素后，进行干、湿法纺丝再生出来的一种纤维素纤维。原料是成材迅速的山毛榉、桉树或针叶类树的木浆，有机溶剂 NMMO 的回收率达到 99% 以上，生产过程对环境无公害。Acordis 公司在美国生产的 Lyocell 纤维的商品名为"Tencel"。

Lyocell 纤维的性能十分优良，既有棉纤维的自然舒适性，黏胶纤维的悬垂飘逸性和色泽鲜艳性，合成纤维的高强度，又有真丝般柔软的手感和优雅的光泽。

Lyocell 纤维有长丝和短纤维。短纤维分为普通型（未交联型）和交联型，前者如 Tencel，后者如 Tencel A 100。

普通型 Lyocell 纤维具有很高的吸湿膨润性，特别是径向，膨润率高达 40%～70%。当纤维在水中膨润时，纤维轴向分子间的氢键等结合力被拆开，在受到机械作用时，纤维沿轴向分裂，形成较长的原纤，这种现象称为原纤化现象。利用普通型 Lyocell 纤维易原纤化的性质，可将织物加工成桃皮绒风格，但要加工成光洁风格，必须通过多道染整工序才能满足要求。交联型 Lyocell 纤维加工成光洁风格需要的染整工序要少得多，而且在服用过程中不易起毛起球。

1. Lyocell 纤维的结构

（1）Lyocell 纤维的化学结构。Lyocell 纤维的化学结构与棉、麻相同，聚合度一般为 500～550，比黏胶纤维（250～300）高，相对分子质量分布也比黏胶纤维集中。

交联型 Lyocell 纤维除了由 β－D－葡萄糖剩基组成的大分子链以外，在大分子之间还有一定量的交联。

（2）Lyocell 纤维的形态结构。Lyocell 纤维的横截面形状不同于黏胶纤维和棉，呈椭圆形或近似圆形，表面比较光滑，外观呈卷曲状。

Lyocell 纤维具有一定程度的皮芯结构，皮层很薄，厚度约为 70～170nm，占总体积的 2.5%～5.6%，呈半透明状，为纤维素大分子链紊乱排列的无定形结构。芯层由高度结晶的巨原纤和巨原纤之间的无定形区构成，巨原纤平均直径为 0.25～0.96μm，长度大于 1mm。

（3）Lyocell 纤维的超分子结构。Lyocell 纤维的结晶度、晶体粒子大小和取向度高于其他再生纤维素纤维，但纤维之间的堆砌密度较小，在水中有较大的膨润度，吸湿膨化后结晶度和取向度会明显降低（表 1－5）。

2. Lyocell 纤维的性能

Lyocell 纤维的干、湿强度大，初始模量高，在水中的收缩率小，尺寸稳定性好，吸湿膨润性大，有突出的原纤化特征。了解 Lyocell 纤维的这些性能特点，有助于在染整加工中根据纤维的性能选择合适的加工方法和条件。

(1)力学性能。Lyocell 纤维和其他几种纤维的力学性能比较见表1-5。

Lyocell 纤维的干、湿强度明显高于棉和其他再生纤维素纤维,干强接近涤纶,达到40cN/tex以上。吸湿后强度有所降低,但仍可保持干强的80%,远高于其他再生纤维素纤维。Lyocell 纤维的湿断裂伸长率高于干断裂伸长率,但干、湿断裂伸长率均小于黏胶纤维,初始模量是普通黏胶纤维的数倍,在湿态下仍能保持很高的模量,因此在湿加工时有很好的保形性。

Lyocell 纤维的吸湿性接近黏胶纤维,比棉、蚕丝好,但低于羊毛。Lyocell 纤维在水中不仅膨润,而且膨润的各向异性十分明显,横向膨润率达到40%,纵向仅有0.03%。原因是 Lyocell 纤维中原纤的结晶化趋向于沿纤维轴向排列,纤维大分子间横向结合力相对较弱,纵向结合力较强,具有层状结构。在润湿状态下,水分子进入无定形区,大分子链间的横向结合力被切断,分子间联结点被打开,扩大了分子间的距离,因而纤维的直径增大远高于长度的增加。高的横向膨润率会给织物的湿加工带来很多困难,这已成为 Lyocell 纤维染整加工的一个难点。

Lyocell 纤维在水中横截面约有1.4倍的膨润率,这使得纤维与纤维之间的接触面积变大,表面摩擦阻力增加,纤维之间难以做相对移动,造成织物遇水后结构紧密,僵硬,在湿加工时很容易产生折痕和擦伤等疵病,并且由于织物与织物之间或织物与机械之间的摩擦而产生大量毛羽。

(2)Lyocell 纤维的原纤化特征。原纤化是纤维沿轴向将更细的微细纤维逐层剥离出来,这是具有原纤构造的纤维所特有的一种结构特征。不同的纤维由于化学结构和聚集态结构不同,原纤化程度也不同,Lyocell 纤维的原纤化程度比其他再生纤维素纤维严重得多。

Lyocell 纤维是由微纤维构成的、取向度非常高的纤维素分子集合体,这种微纤维集合体由巨原纤构成,具有明显的原纤构造,由大分子敛集成的各级原纤基本上都是沿纤维轴向排列。普通型 Lyocell 纤维原纤的结晶化更趋向于沿纤维轴向排列,纤维大分子之间横向结合力相对较弱,纵向结合力较强,形成层状结构。这种明显的各向异性结构特征,使得纤维表现出很强的径向膨润能力。在水中膨润时,径向膨润程度远远大于轴向,并有较高的湿刚性。此时,若纤维反复受到机械摩擦作用,纤维表面会发生明显的原纤化,沿着纤维长度方向在纤维表面逐层分裂出更细小的微细纤维(直径$1\sim4\mu m$),其中一端固定在纤维本体上,另一端暴露在纤维表面,形成许多微小茸毛。这种原纤化仅仅是单个原纤沿纤维表面纵向裂开,纤维的力学性能并未发生明显变化,这种现象称为纤维的原纤化。在极度原纤化情况下,这些原纤会相互缠结而起球。

Lyocell 纤维的原纤化既有有利的一面,也有不利的一面。有利的一面是可以利用纤维的原纤化特性,使织物获得桃皮绒风格。不利的一面是当 Lyocell 纤维织物进行湿处理时,初级原纤化进行得很快,使织物产生毛茸茸外观,而且不完全原纤化的织物会给后道染色、整理甚至服装洗涤带来很多麻烦。对要求表面光洁的织物来说,Lyocell 纤维在加工和服用中,在织物表面产生的茸毛会影响织物外观。交联型 Lyocell 纤维如 Tencel A 100 能防止原纤化产生,通过染整加工也能防止原纤化产生,或者使产生的原纤去除,同时织物在服用中也不会再原纤化。

(3)Lyocell 纤维的染色性能。Lyocell 纤维是再生纤维素纤维,可用活性染料、直接染料、硫化染料、还原染料等染色,常以活性染料染色为主。但 Lyocell 纤维的形态结构、聚集态结构、力学性能、对化学药剂的敏感性、原纤化性能等与棉、麻、黏胶等其他纤维素纤维不完全相同,因此,染料对 Lyocell 纤维的亲和力、上染速率、上染百分率、匀染性等,与其他纤维素纤维有一定的差异。

(四)竹纤维

竹纤维的原料是竹子。竹子主要由纤维素、木质素、果胶和多戊糖等组成,纤维素含量为 40%～50%,木质素含量为 20%～30%,多戊糖含量为 16%～21%,另外还有 1%～3% 的灰分。

竹纤维有两种,一种是竹原纤维,是将竹材通过物理机械方法经过前处理(整竹、制竹片、浸泡),分解(蒸煮、水洗、分丝),成型(蒸煮、分丝、还原、脱水、软化),后处理(干燥、梳纤、筛选)等工序除去竹子中的木质素、多戊糖、竹粉和果胶等杂质,提取天然纤维素成分,直接制得竹原纤维。竹原纤维的纤维素含量在 95% 以上,线密度为 4.4～6.6dtex,长度为 2～36cm,平均长度 8cm。另一种是采用化学方法将竹材制成竹浆粕,将浆粕溶解制成竹浆溶液,然后通过湿法纺丝制得竹浆纤维(再生纤维素纤维)。竹浆纤维的主体长度为85mm和38mm,线密度为4.85dtex 和1.67dtex。

竹原纤维和竹浆纤维分属天然纤维素纤维和再生纤维素纤维,它们的化学结构和棉、麻或黏胶纤维相似。但由于植物纤维的种类不同以及浆粕原料和制造方法的不同,使竹纤维与棉、麻或黏胶纤维在形态和聚集态结构方面不完全相同。

1. 形态结构

天然竹纤维的横截面呈扁平状,中间有孔洞(胞腔),无皮芯层结构。纤维表面存在沟槽和裂缝,横向还有枝节,无天然扭曲。天然竹纤维中细长的空洞和表面的沟槽使竹纤维具有优良的吸湿、放湿性能。竹原纤维的结晶度为 71.8%,比棉纤维(65.7%)高 6% 左右,分子结构较棉紧密。竹原纤维的晶体结构与棉纤维相同,属典型的纤维素Ⅰ,标准回潮率为 7% 左右。

竹浆纤维的横截面与黏胶纤维相似,呈多边形不规则状,大部分接近圆形,有的为梅花形,边沿具有不规则的锯齿状,皮芯结构不明显,呈天然中空,纵向表面具有光滑均匀的特征,纤维表面有沟槽,有利于导湿和吸湿、放湿,有良好的透气性。竹浆纤维的结晶结构特征与普通黏胶纤维相似,结晶度远小于天然竹纤维。

2. 竹纤维的力学性能

竹纤维的力学性能见表 1-6。

表 1-6 竹纤维的力学性能

指 标	竹原纤维	竹浆纤维
干态断裂强度/cN·tex⁻¹	>22	19～22
湿态断裂强度/cN·tex⁻¹	—	12
相对钩接强度/%	—	80～85
初始模量/cN·dtex⁻¹	—	98.5～127.5

指　　标	竹原纤维	竹浆纤维
干态断裂伸长率/%	10	16～19
湿态断裂伸长率/%	—	25
回潮率/%	7	11.8
结晶度/%	71.8	40
聚合度	—	400～500

竹浆纤维与其他再生纤维素纤维一样,大分子聚合度和结晶度较低,纤维间滑移性强,水分子进入无定形区后,会削弱大分子链间的抱合力。在外力作用下,纤维易拉伸并产生相对滑移,表现为吸湿后强力明显下降,伸长显著增加。因此,竹浆纤维与黏胶纤维一样,具有湿强低的特性。

竹浆纤维的初生结构及其横截面上的孔隙特性为其吸收水分和蒸发水分创造了条件,决定了竹浆纤维的吸湿、放湿性能是所有纤维中最好的。竹浆纤维在标准状态下的回潮率可达12%,与普通黏胶纤维相近。在36℃、100%的相对湿度下,回潮率超过45%,且从8.75%增加到45%仅需6h。竹浆纤维的透气性比棉纤维高3.5倍,居各种纤维之首。

竹原纤维的染色性能与棉纤维相似。竹浆纤维的染色性能与普通黏胶纤维相似,采用纤维素纤维染色的染料如直接染料、活性染料、还原染料和硫化染料等都能用于竹纤维的染色。

竹纤维具有天然的抗菌作用。由竹纤维制成的纺织品,其24h抗菌率可达到71%。竹纤维的抗菌、抑菌作用主要来源于竹纤维中所含有的天然抗菌物质。日本研究人员曾对竹干沥馏油(简称"竹沥")做了大量实验,证实竹沥有广泛的抗微生物功能。竹纤维成分中的叶绿素和叶绿素铜钠都具有较好的除臭作用。竹纤维织物的除臭作用比棉织物要强得多。

竹纤维比棉、麻纤维具有更强的紫外线吸收作用,其抗紫外线能力比棉纤维强20倍,特别是对C波段的效果更为明显。这是因为竹纤维中所含的叶绿素铜钠是优良的紫外线吸收剂。

第二节　蛋白质纤维的结构和主要性能

一、蛋白质的基础知识

(一)蛋白质的化学组成及分子结构概况

1. 元素组成

蛋白质是相对分子质量很高的有机含氮高分子化合物,结构十分复杂,但组成蛋白质的元素种类并不多,主要有碳、氢、氧、氮,有些还含有硫、磷等元素。

2. 氨基酸组成

蛋白质完全水解的最终产物是氨基酸,因此蛋白质的基本组成单位是氨基酸。天然蛋白质

中的氨基酸主要有 20 种左右,它们的共同特点是都属于 α-氨基酸,可用如下通式表示:

$$H_2N-CH-COOH$$
$$|$$
$$R$$

各种 α-氨基酸结构上的区别在于侧基 R。乙氨酸是最简单的 α-氨基酸,R 只是氢原子;丙氨酸的 R 是甲基,其他 α-氨基酸中 R 的结构都较复杂。不同蛋白质所含 α-氨基酸的种类和数量有很大差别,造成了各种蛋白质结构和性质上的差异。

3. 分子结构

蛋白质的大分子可以看作是由 α-氨基酸彼此通过氨基与羧基之间的脱水缩合,以酰胺键联结而成的:

$$\sim HN-CH-COOH + H_2N-CH-CO\sim \xrightarrow{-H_2O} \sim HN-CH-CONH-CH-CO\sim$$
$$|\qquad\qquad |\qquad\qquad\qquad\qquad |\qquad\qquad |$$
$$R_1\qquad\qquad R_2\qquad\qquad\qquad\qquad R_1\qquad\qquad R_2$$

蛋白质分子结构中的酰胺键称为肽键,由肽键相联结的缩氨酸叫作肽,因此,蛋白质分子是由大量氨基酸以一定顺序首尾联结所形成的多肽。多缩氨酸链(又称多肽链)是蛋白质分子的骨架,也称主链。天然蛋白质的多肽链多为开链结构,具有自由氨基端和自由羧基端。多肽链中的重复单位—NH—CHR—CO—称为氨基酸剩基。各氨基酸在构成蛋白质分子主链的同时,还形成了大分子的侧基 R。

4. 副键的作用

蛋白质大分子的主链借分子间及同一分子内基团间的结合力相联系而形成复杂的空间构象,这些结合力统称为副键,它们有如下几种结构类型:

(1)氢键。主要存在于肽链中的羰基和亚氨基之间:

$$\diagup C=O\cdots H-N\diagdown$$

(2)盐式键(又称离子键)。存在于大分子侧基的酸性基团和碱性基团之间:

$$O=C \qquad\qquad\qquad\qquad C=O$$
$$CH(CH_2)_2COO^- \quad H_3^+N(CH_2)_4HC$$
$$H-N \qquad\qquad\qquad\qquad N-H$$

(3)二硫键。可存在于肽链之间或同一肽链之中,属于共价键:

$$O=C \qquad\qquad\qquad\qquad\qquad C=O$$
$$CH-CH_2-S-S-CH_2-HC$$
$$H-N \qquad\qquad\qquad\qquad\qquad N-H$$

(二)蛋白质的两性性质

蛋白质分子中除末端的氨基和羧基外,侧基上还含有许多酸性基团和碱性基团。所以蛋白质兼有酸、碱性质,既能吸酸也能吸碱,是典型的两性高分子电解质,在不同的 pH 溶液中,发生如下变化:

$$H_3^+N-P-COOH \underset{H^+}{\overset{OH^-}{\rightleftharpoons}} H_2N-P-COOH \underset{H^+}{\overset{OH^-}{\rightleftharpoons}} H_2N-P-COO^-$$

$$H_3^+N-P-COO^-$$

式中 P 表示多肽链。从上式可知,这三种状态之间的关系是由溶液中的[H^+]决定的,调节溶液的 pH,使蛋白质分子上所带的正负电荷数量相等,这时溶液的 pH 称为该蛋白质的等电点。羊毛纤维的等电点为 4.2~4.8,桑蚕丝的等电点为 3.5~5.2。当蛋白质处于等电点时,呈现一系列特殊的也是极为重要的性质,如溶胀、溶解度等都处于最低值。

蛋白质纤维处于不同 pH 的介质中,纤维内部的 pH 与纤维外部溶液的 pH 是不同的,也就是 H^+ 或 OH^- 在纤维内外的分布是不均匀的,而且它们的分布情况还会受到电解质浓度的影响。

蛋白质纤维在 pH 低于等电点的酸性介质中,纤维内部的 pH 总是高于纤维外部溶液的 pH。若体系中酸的浓度很高或有大量盐存在时,纤维内外的 pH 将趋于一致。

在 pH 高于等电点的碱性介质中,蛋白质纤维内部的 pH 总是低于外部溶液的 pH。同样,若体系中碱的浓度很高或有大量盐存在时,纤维内外的 pH 将趋于一致。

这种现象在研究蚕丝在碱性溶液中的脱胶时有重要意义。由于无盐存在时,纤维外部的 pH 大于纤维内部的 pH,所以在 pH 较高的精练液中,丝纤维内部的碱度总比精练液中的低,从而保护了丝素免遭碱的损伤。加入少量的中性盐,可使纤维内的 pH 增高,对提高精练效果有利,但纤维内 pH 过高,丝素损伤将加重。

二、羊毛纤维的结构和主要性能

(一)羊毛的形态结构

1. 羊毛的组成

羊毛除了主要的角蛋白成分外,还含有羊脂、羊汗、沙土和植物性杂质等其他非蛋白质物质。

羊毛含杂情况因种类和生活环境的不同而有很大差异,一般细羊毛较粗羊毛含杂量高,其含量对比如表 1-7 所示。

表 1-7 细羊毛与粗羊毛的组成

组　　成	细　羊　毛	粗　羊　毛
角蛋白/%	25~50	60~80
羊脂、羊汗/%	25~50	5~15
沙土/%	5~40	5~10
植物性杂质/%	0.2~2	0~2
水/%	8~12	8~12

羊脂和羊汗在自然环境中起到保护羊毛的作用。羊脂是由高级脂肪酸和高级一元醇组成的复杂的有机混合物,脂肪酸约占羊脂总量的 45%～55%,高级一元醇占 30%～35%。羊汗由有机酸盐类和无机酸盐类组成,以碳酸钾等无机盐为主,约占 90%,脂肪酸钾盐占 3%～5%,羊汗能溶于水。羊毛去除各种杂质后剩下的主要成分为角蛋白,其元素组成如下:

碳	氢	氧	氮	硫
50.2%～52.5%	6.4%～7.3%	20.7%～25.0%	16.2%～17.7%	0.7%～5.0%

角蛋白中硫的含量随羊的品种、饲养条件、羊的部位、所处羊毛的部位不同而有较大差异,如细羊毛的含硫量比粗羊毛高,鳞片层的含硫量比髓质层高。

2. 羊毛的形态结构

羊毛由多种细胞组成,依照细胞的性质、形状和大小的不同,分为三种类型,相应地组成羊毛纤维的鳞片层、皮质层和髓质层。

(1)鳞片层。鳞片层包覆在毛干的外部,由角质化的扁平状细胞通过细胞间质粘连而成,是羊毛纤维的外壳,起到保护羊毛内层组织,抵抗外界机械、化学侵蚀等作用,质量约占羊毛的10%。羊毛的鳞片层如同鱼鳞或瓦片重叠覆盖在毛干表面,鳞片根部长自毛干,上端开口指向毛尖,层层相叠,每毫米长的细羊毛有鳞片 100 层左右,粗羊毛约有 50 层。细羊毛鳞片一般呈环状覆盖,粗羊毛呈瓦状或龟裂状覆盖。

鳞片层具有十分复杂的结构,由鳞片表层、鳞片外层和鳞片内层组成,如图 1－6 所示。

鳞片表层又称表皮细胞薄膜层,实质上是一般动物细胞表面的原生质细胞膜转化而成的一层薄膜,厚度约3nm,质量约占羊毛的 0.1%,主要是含胱氨酸量达 12% 的蛋白质,具有良好的化学惰性,能耐碱、氧化剂、还原剂和蛋白酶的作用。鳞片表层的化学稳定性和其独特的化学结构有关。鳞片表层的表面排列有整齐的单

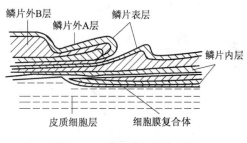

图 1－6　羊毛鳞片层的结构

类脂层结构(类脂层的主要成分为 18－甲基二十酸和二十酸,厚度约为0.9nm),非极性基团向外,使羊毛具有疏水性。类脂层之下为蛋白层,类脂层和类脂层之下的蛋白层以酯键和硫酯键结合。该蛋白层在肽链间除有二硫键交联外,还有酰胺键交联,酰胺键交联由谷氨酸和赖氨酸残基反应而成。鳞片表层中 50% 的谷氨酸和赖氨酸残基形成了酰胺键交联,酰胺键交联的存在也是鳞片表层具有较强化学稳定性的原因之一。

鳞片外层位于鳞片表层之下,是一层较厚的蛋白质,主要由角质化的蛋白质构成,其质量约占羊毛总质量的 6.4%,难以膨化,是羊毛鳞片的主要组成部分。鳞片外层又可分为鳞片外 A层和鳞片外 B 层。A 层位于羊毛的外侧,胱氨酸残基含量很高,约占 35%(物质的量分数),即每三个氨基酸残基中就有一个是胱氨酸残基,是羊毛结构中含硫量最高的部位,难以被膨化。胱氨酸以二硫键形式存在,致使 A 层微结构十分紧密,且结构坚硬,有保护毛干的作用,能经受生长

过程中的风吹日晒,经得起一般氧化剂、还原剂以及酸、碱的作用,性质比皮质层稳定得多,是羊毛漂、染过程中阻挡各种试剂扩散的障碍。B层位于内侧,含硫量稍低,但仍比其他部位的含硫量高。

鳞片内层位于鳞片层的最内层,由含硫量很低的非角质化蛋白质构成,在细羊毛中质量约占羊毛总质量的3.6%。鳞片内层中只含约3%(物质的量分数)的胱氨酸残基,极性氨基酸的含量相当丰富,化学性质活泼,易于被化学试剂和水膨润,可被蛋白酶消化。

(2)皮质层。皮质层是组成羊毛实体的主要部分,占羊毛总体积的75%~90%,由皮质细胞通过细胞间质粘连而成,是决定羊毛纤维物理、化学性质的主要结构部分。

(3)髓质层。毛干中心的毛髓组成髓质层,细羊毛无髓质层。

鳞片细胞和鳞片细胞之间、鳞片细胞和皮质细胞之间、皮质细胞和皮质细胞之间通过细胞间质(细胞间黏合剂)黏合起来构成羊毛整体。两相邻细胞的细胞膜原生质和细胞间质构成细胞膜复合物,充填于细胞间的空隙之中,以网状结构存在于整个羊毛结构中,含量虽仅占羊毛纤维总质量的3%~5%,但是羊毛内唯一连续的组织,对羊毛的机械性能起着十分重要的作用。

(二)羊毛角蛋白的分子结构

羊毛角蛋白是由C、H、O、N、S元素构成的多种α-氨基酸缩合而成的链状大分子,其中二氨基氨基酸(精氨酸、赖氨酸)、二羧基氨基酸(天门冬氨酸、谷氨酸)和胱氨酸的含量很高,分子间形成大量的盐式键、二硫键和氢键,使角蛋白大分子间具有网状结构。羊毛多缩氨酸主链的空间构型为α-螺旋结构,如图1-7所示。

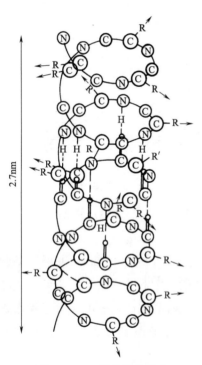

图1-7 α-螺旋结构示意

(三)羊毛的性质

1.羊毛的可塑性

羊毛在加工过程中常受到拉伸、弯曲等各种外力作用,使纤维改变原来的形态。由于羊毛具有较好的弹性,它力图回复到原来的形态,因此在纤维内部产生了各种应力,这种内应力需要在相当长的时间内逐渐衰减以致消除,它常给羊毛制品的加工造成困难,也是造成羊毛制品在加工和使用过程中尺寸和形态不稳定的因素之一。羊毛的可塑性是指羊毛在湿热条件下,可使其内应力迅速衰减,并可按外力作用改变现有形态,再经冷却或烘干使形态保持下来。羊毛的可塑性是与其多肽链构象的变化,以及肽链间副键的拆散和重建密切相关的。将受到拉伸应力的羊毛纤维在热水或蒸汽中处理很短时间,然后除去外力并在蒸汽中任其收缩,纤维能够收缩到比原来的长度还短,这种现象称为"过缩"。产生这种现象的原因是,外力和湿、热的作用使肽链的构象发生变化,原来的副键被拆散,但因处理时间很短,尚未在新的位置上建立起新的副键,多肽链可以自由收缩,故产生过缩。若将受有拉伸应力的羊毛纤维在热水或蒸汽中处理稍长时间,除去外力后纤维并不回复到原来长度,但在更高的温度条件下处理,纤维仍可收缩,这种现象称为"暂定"。这是由于副键被拆散后,在新的位置上尚未全部建立起新的副键或副键结合得尚不够稳固,因此只能使形态暂时稳定,遇到适当条件仍可回缩。如果将伸长的羊毛纤维在热水或蒸汽中处理更长时间(如 1～2 h),则外力去除后,即使再经蒸汽处理,也仅能使纤维稍微收缩,这种现象称为"永定"。这是由于处理时间较长,副键被拆散后,在新的位置上又重新建立起新的、稳固的副键,使多肽链的构象稳定下来,从而能阻止羊毛纤维从形变中回复原状,产生"永定"。

毛织物的定形就是利用羊毛纤维的可塑性,将毛织物在一定的温度、湿度及外力作用下处理一定时间,通过肽链间副键的拆散和重建,使其获得稳定的尺寸和形态。毛织物在染整加工过程中的煮呢、蒸呢、电压和定幅烘燥等都具有定形作用。它们的定形作用究竟属于暂定还是永定,要看定形的条件和效果,两者并没有截然的界限。

毛料服装的熨烫也是利用羊毛纤维的可塑性,在湿、热和压力作用下,使服装变得平整无皱,形成的褶皱也可保持较长时间。

2. 热的作用

羊毛耐热性较差,在加工和使用中,要求干热不超过 70℃。当温度达到 100～105℃时,纤维很快失水、干燥而变得脆弱,强力降低,泛黄。

3. 水和蒸汽的作用

羊毛具有较强的吸湿性,在相对湿度 60%～80%时,含水率达 15%～18%。羊毛吸湿后溶胀,在冷水中纤维充分吸湿,截面可增加 18%,长度仅增加 1%～2%。吸湿后的羊毛纤维由于氢键、盐式键受到削弱,分子间力下降,纤维强度降至干强的 95%～97%。在沸水或蒸汽中,纤维受到剧烈的溶胀作用,同时多缩氨酸主链和支链的交键受到一定程度的水解,导致机械性能发生变化。在 80℃以下的水中,羊毛受影响较小。在 90～100℃用蒸汽处理 3 h,纤维失重18%。温度再高,水对纤维的作用比蒸汽大,在 80～110℃的水中或在 100～115℃的蒸汽中处理,纤维损伤明显。

4. 酸的作用

羊毛对酸的作用比较稳定,属于耐酸性较好的纤维,因此可以用强酸性染料,在 pH 2～4 的染浴中沸染,还可以用硫酸进行炭化,以去除原毛中的草籽、草屑等植物性杂质。

但酸对羊毛纤维并不是完全没有破坏作用的。酸可以抑制羧基电离,并与游离的氨基结合,从而拆散了肽链之间的盐式键,使纤维的强度降低。随着酸的作用条件不同,蛋白质大分子中的肽键也会受到不同程度的水解。例如,用 1mol/L 盐酸 80℃处理羊毛,1h 后纤维强度降至85%,2h 后降至 75%,4h 后降至 51%,8h 后纤维强度仅有 4%。

酸对羊毛纤维的损伤,无机酸强于有机酸。在浓度一定的酸液中,有中性盐存在时要比无中性盐存在的损伤更为强烈。

5. 碱的作用

羊毛对碱的稳定性差,碱能拆散多缩氨酸链之间的盐式键,多缩氨酸主链在碱中也能发生水解,使聚合度下降。某些氨基酸如胱氨酸、精氨酸、组氨酸、丝氨酸等在碱中也会发生水解,影响主链及分子间的副键。羊毛经碱作用后变黄、含硫量降低、溶解性增加，受到严重损伤，影响程度与碱的性质、碱的浓度、作用时间和作用温度等有关。如在沸热的 3% 氢氧化钠溶液中处理，羊毛立即溶解。二硫键、氢键的拆散使羊毛的分子间力下降，羊毛在碱中的溶解度增加。因此，可用碱溶法检验羊毛损伤的程度。

6. 还原剂的作用

还原剂主要与羊毛纤维中的二硫键起反应，在碱性介质中，破坏作用更为强烈。硫化钠对胱氨酸的破坏反应如下：

$$Na_2S + H_2O \rightleftharpoons NaOH + NaHS$$

$$P—S—S—P' \xrightarrow[OH^-]{NaHS} P—S^- + P'—S^-$$

亚硫酸氢钠与羊毛胱氨酸键的反应如下：

$$P—S—S—P' + NaHSO_3 \longrightarrow P—SH + P'—S—SO_3Na$$

其他还原剂如保险粉等也能破坏羊毛中的胱氨酸键。

7. 氧化剂的作用

羊毛加工常使用氧化剂，主要是用作漂白和防缩。毛纤维对氧化剂比较敏感，特别是含氯氧化剂，在高温下作用更为强烈。过氧化氢对羊毛的作用比较缓和，常用于漂白，但条件控制不当，仍会造成损伤，pH 是最大的影响因素。pH>7 时，H_2O_2 除能使二硫键发生氧化外，也能与多缩氨酸键发生反应，使羊毛角质退化。纤维损伤的程度与 H_2O_2 的浓度、处理温度及处理时间有关，铜、镍等金属离子也能起催化作用。

在羊毛加工中使用含氯氧化剂会破坏鳞片层，使羊毛的缩绒性受到影响。但有时为了获得防缩效果，特意用次氯酸钠等溶液处理羊毛，并调节溶液的 pH 来控制作用的程度。当 pH<4 时，溶液中游离的氯较多，与羊毛的作用剧烈。pH 为 5～6 时，溶液中次氯酸的含量较高，与羊毛的作用较缓和。但从全面看，含氯氧化剂对纤维的氯化作用会使羊毛受到一定损伤，手感变粗糙，且有泛黄和染色不匀等缺点，使用时要慎重。

三、山羊绒纤维的结构和主要性能

(一)山羊绒的结构

山羊绒由很薄的鳞片层和发达的皮质层构成，表面主要是环形鳞片，鳞片比较光滑，每个鳞片围绕毛干一周，鳞片的上缘包围着前一个鳞片的下缘，上缘紧贴于毛干，翘角小，鳞片高度比绵羊毛鳞片高，平均在 $16\mu m$ 左右，鳞片数约为 60～70 个/mm（细羊毛多在 70～80 个/mm）。山羊绒的皮质细胞大多呈双边分布，正、偏皮质细胞各居纤维的一侧，因此山羊绒也有卷曲，但没有细绵羊毛的卷曲多和规则。

(二)山羊绒的主要性能

山羊绒的吸湿性好于羊毛，回潮率比羊毛高 1.5% 左右。山羊绒的电阻值较大，一般在 $6.2 \times 10^{10} \Omega$ 左右，静电现象比较严重，但电阻值受回潮率的影响很大。

山羊绒和绵羊毛的物理性能见表1-8。

表1-8　山羊绒和绵羊毛的物理性能

纤　维	绝对强力/cN	相对强力/cN·dtex^{-1}	伸长率/%	断裂功/cN·mm	弹性模量/cN·dtex^{-1}	剩余变形/%	弹性伸长/%
山羊绒	3.82	1.4	39.3	11.1	21.65	35.8	64.83
羊　毛	4.61	1.18	38.4	13.07	22.26	36.28	70.1

由于山羊绒的鳞片数量比羊毛少,鳞片翘角也小,所以其摩擦系数比羊毛的低。一般摩擦系数越大缩绒性越好,但由于羊绒的细度小,单位体积质量中纤维根数多,所以其缩绒性与细羊毛相近。山羊绒的保暖性比绵羊毛好,保暖率为70.3%,而14.3tex澳毛的保暖率为63.5%。

山羊绒的化学结构与绵羊毛相似,都是由18种氨基酸组成,但各种氨基酸的含量稍有差异。山羊绒的化学性能与羊毛十分相似,但也稍有差异,如对碱的反应比细羊毛稍敏感,即使在较低温度和较低浓度下,纤维损伤也较明显,这是由于羊绒所含的胱氨酸比羊毛高,所以更不耐碱的作用。山羊绒对氯离子很敏感,而耐酸性要好于羊毛,即使经强酸处理,其强力和伸长率损失也要低于羊毛。羊毛所用的染料皆可用于羊绒的染色,山羊绒用酸性染料染色时上染速率比羊毛快,但用活性染料染色时上染速率差异比酸性染料小。羊绒染色后长度缩短较明显,染色前后长度差异一般在3mm左右,这主要是经湿热处理后其长度收缩所致。

四、蚕丝的结构和主要性能

蚕丝包括桑蚕丝和柞蚕丝等,本节仅介绍产量最高、应用最广的桑蚕丝。

(一)蚕丝的形态结构

一根蚕丝由两根平行的单丝(丝素)组成,外包丝胶。两根单丝的横截面像两个底边平行的三角形,三边相差不大,角略圆钝,如图1-8所示。脱胶后的蚕丝纵向为光滑表面。

蚕丝除含主成分丝素和丝胶外,还含有色素、蜡质、无机物等少量杂质,其组成比例如表1-9所示。

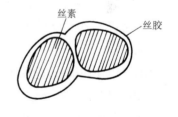

图1-8　桑蚕丝的截面形态

表1-9　桑蚕丝的组成

组　分	丝　素	丝　胶	蜡质、色素	无机物(以灼烧残留灰分表示)
含量/%	70~80	20~30	0.6~1.0	0.7~1.7

(二)丝素的结构和性质

1. 丝素的组成与结构

丝素的基本结构单元是氨基酸,每一个大分子链上平均含有400~500个氨基酸残基。桑蚕丝丝素主要由乙氨酸、丙氨酸和丝氨酸组成,乙氨酸和丙氨酸约占总量的70%。丝素的分子链由两部分嵌段连接而成,一部分主要由乙氨酸、丙氨酸和丝氨酸残基组成,这些氨基酸侧链较小,结构简单,分子链整齐而紧密排列,形成许多氢键,组成结晶区。另一部分含有酪氨酸、麸氨酸、精氨酸等侧链较大而复杂的氨基酸残基,由于侧链的阻碍作用,在结构中形成松散的无定形区,并暴露很多活泼基团。

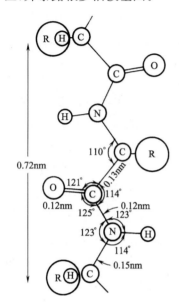

图1-9 β-螺旋结构示意图

丝素的分子链(又称多肽链)含有许多—CONH—键结构,肽链在结晶区几乎是完全展直的,侧链间距离在0.7nm左右,属于β-型构象,结构如图1-9所示。大分子主链中—CONH—基反复出现,因而相邻大分子链间氢键数很多,使丝素分子间引力比一般天然纤维大。丝素的微结构可用"缨状原纤结构"模型表示(图1-3)。丝素的多肽链整齐排列的部位形成结晶性原纤,链间有氢键联结(图中以横短线表示)。多肽链可以穿过一个结晶原纤进入无规则的松散排列无定形区,并有可能再参加到另一个原纤中,形成多肽链连续网状结构。无定形区对丝素性质起着主导作用,因为化学反应、力学伸长、弹性等都与这一部分密切相关。

2.丝素的性质

(1)吸湿性。丝的吸湿性比较高,在标准状态下(20℃,相对湿度65%),丝素的吸湿率在9%以上,含有丝胶的桑蚕丝吸湿率为10%~11%。丝胶比丝素的吸湿性高。

(2)耐热性。练熟丝(脱胶丝)有较高的耐热性,加热到100℃时,丝内水分大量散失,但强度不受影响,在120℃放置2h,所含水分全部放出,成为无水分的干燥丝,伸长略有降低,但强力尚无变化。

丝的热传导性很低,保暖性比棉、麻和羊毛好。

(3)溶胀和溶解性。丝素吸收水分后发生溶胀,并表现出各向异性,如在18℃水中,丝素直径可增加16%~18%,而长度仅增加1.2%。丝素在水中仅能溶胀,不能溶解,水只能进入丝素的无定形区。

盐类对丝素的溶胀能力和溶解能力相差很大。在氯化钠、硝酸钠的稀溶液中,丝素只发生有限溶胀;而在浓溶液中会发生无限溶胀而使丝素溶解。氯化锌、硝酸镁等浓溶液可进入丝素的结晶区,由于丝素大分子间交联很少,主要以氢键和范德瓦尔斯力相互作用,当结晶区被破坏后,丝素发生无限溶胀成为黏稠溶液。一般铁、铝、钙、铬等金属盐对丝素的溶胀作用并不显著,但被丝素吸收后会起到增重作用,因此这些金属盐可作为丝的增重整理剂,增重后的丝强度有所降低,手感发硬。

(4)酸的作用。丝素是两性物质,既含有酸性基(—COOH),又含有碱性基(—NH$_2$),可同时离解成为两性离子,酸性略强,等电点为pH 3.5~5.2,在等电点以下能够结合一定量的酸而无损于多肽链,因此对酸具有一定的抵抗能力,属于较耐酸的纤维,抗酸性比棉强,但比羊毛差。

耐酸的程度取决于酸的种类、浓度、温度、处理时间及电解质的种类和浓度。

有机酸不会使丝素脆损和溶解,稀溶液被丝吸收后,还能长期保存,增加丝重并能增加丝的光泽和赋予丝鸣,以单宁酸的效果最为显著。但在有机酸溶液中高温沸煮,则丝纤维会受到损伤,并失去光泽。

丝素对弱的无机酸(如磷酸、亚硫酸)比较稳定,但易溶解于盐酸、硫酸、硝酸等强酸溶液中,即使在较低温度下也能溶解,若浓度适中,室温下浸酸1~2min后立即水洗,丝的强度不受影响,而丝的长度可产生30%左右的强烈收缩,这种作用称为酸缩,常被用来制作绉纹丝织品。

酸浴中添加盐会增加酸对丝的损伤,如甲酸中含有一定量的氯化钙,在室温下可使丝素溶解。由此看来使用硬水进行丝的染整加工是非常不利的。

(5)碱的作用。丝素的耐碱性很差,但比羊毛的耐碱性要好,尤其在室温下,丝素对碱较为稳定。丝在碱液中发生水解,碱起催化作用,多缩氨酸分子链水解后生成膘、胨、肽等产物,甚至水解成氨基酸。

碱的种类不同,对丝的水解催化能力也不同,氢氧化钠作用最为强烈,氨水、碳酸钠的作用较弱,碳酸氢钠、硼砂、硅酸钠、肥皂等弱碱性介质无损于丝素,只能溶解丝胶,因此是生丝的精练剂。

碱液温度对丝素的水解影响很大,如10%的苛性钠溶液,若温度低于10℃,对丝素无明显损伤,高于10℃,就能使丝素溶解,溶解的速率随着温度的提高而加快。碱液中存在中性盐,对丝素的破坏作用加剧。

(6)氧化剂和还原剂的作用。氧化剂容易使丝素分子中的肽键断裂,严重者可使丝素完全分解。所以在丝纤维漂白时,要注意氧化剂的选择以及对浓度、温度、pH、时间等条件的控制。含氯氧化剂对丝素作用时,不仅有氧化作用,还伴随有氯化反应,破坏作用很大,且生成氯胺类有色物质,达不到漂白目的。次氯酸钠的氯化反应如下:

$$H_2N-\underset{R}{\overset{|}{CH}}-COOH \xrightarrow{NaClO} ClNH-\underset{R}{\overset{|}{CH}}-COOH \xrightarrow{[O]} O=\underset{R}{\overset{|}{C}}-COOH + NH_2Cl$$

氯氨酸　　　　　　　　　　酮酸　　　　氯胺

生成的酮酸极不稳定,会进一步分解,使肽链断裂。因此,丝的漂白应避免使用含氯氧化剂。生产上常采用过氧化氢作为漂白剂,不过也应注意,漂浴pH越高,对丝素的损伤也越强烈。

一般的还原剂对丝素作用很弱,没有明显损伤,常用保险粉、雕白粉、亚硫酸钠、亚硫酸氢钠等还原剂对丝素进行漂白脱色。但还原漂白的效果往往不如氧化漂白的效果持久。

(三)丝胶的结构和性质

1.丝胶的组成

丝胶是一种容易变性的蛋白质,它的氨基酸组成与丝素相仿,但各氨基酸含量有明显不同。在丝胶中乙氨酸、丙氨酸的含量少,而丝氨酸的含量很高,约占34%,苏氨酸约占9%,此外,二羧基和二氨基氨基酸的含量都比丝素中的含量高。这些亲水基团的存在,增加了丝胶的吸湿性和水溶性。

2. 丝胶的性质

丝胶结构中的支化程度比丝素高,支链的极性基团含量比较高,分子链的排列不够规整,分子间作用力较小,因此丝胶的吸湿性比丝素高。丝胶在水溶液中会发生溶胀,一般在温度低于60℃时,水分子只能进入无定形区,出现有限溶胀,温度高于60℃,溶胀作用剧烈,水分子进入部分结晶区,丝胶的溶解度迅速增加,但在100℃以下的水中,只能做到部分脱胶。在100℃沸水中处理,10min内约有40%的丝胶溶解,沸煮2h,又溶解40%~50%,最后10%~20%的丝胶最难溶解,沸煮5~6h才能达到完全脱胶。

丝胶和丝素与羊毛一样,具有两性性质,酸性略大于碱性,等电点为3.9~4.3。丝胶也能结合一定量的酸或碱,但当溶液 pH<2.5 或 pH>9 时,多缩氨酸键可能水解,结晶区被拆散,丝胶的溶解度迅速增加,尤其在碱性溶液中作用更为强烈。生产上常采用弱碱性溶液进行生丝脱胶,温度可降到95℃以下,在30min内可完全脱胶。

第三节　合成纤维的结构和主要性能

一、涤纶的结构和主要性能

(一)涤纶的结构

涤纶的结构包括外观形态结构、分子链的化学结构和大分子链排列的超分子结构。

1. 涤纶的形态结构

涤纶的纵向是光滑、均匀而无条痕的圆柱形,横截面基本上是圆形实体。

2. 涤纶的化学结构及其特点

涤纶大分子的化学组成是聚对苯二甲酸酯类,常见的有聚对苯二甲酸乙二酯(PET)、聚对苯二甲酸丙二酯(PTT)等,平时所说的涤纶一般指聚对苯二甲酸乙二酯,即 PET。PET 分子结构式表示如下:

$$\text{H}\!+\!\text{O—CH}_2\text{—CH}_2\text{—O—C}\overset{\text{O}}{\|}\text{—}\!\!\bigcirc\!\!\text{—C}\overset{\text{O}}{\|}\!\!-_n\!\text{O—CH}_2\text{—CH}_2\text{—OH}$$

从以上结构式可以看出:

(1)涤纶的大分子上不含有亲水基团,只具有极性很小的酯基—COO—,属疏水性纤维,吸湿性、染色性差。

(2)酯基的存在使分子具有一定的化学反应能力,但由于苯基和亚甲基的稳定性较好,所以涤纶的化学稳定性也较好。涤纶大分子中含有刚性基团—OC—Ar—CO—(Ar 代表苯环),它只能作为一个整体振动,使分子具有一定刚性。涤纶的分子中尚存在一定的柔性链—OCH_2CH_2O—,其内旋转能力较强,故与纤维素分子相比,涤纶分子的柔性要大,所以它的分子链不像纤维素分子链那样挺直。

(3)涤纶大分子为线型分子链,分子上没有大的侧基和支链,因此分子间容易紧密堆砌在一起形成结晶,使纤维具有较高的机械强度和形态稳定性。

(4)大分子中苯核与羰基几乎在同一个平面上,具有较高的几何规整性,因而分子间易借范德瓦尔斯力紧密敛集,具有良好的结晶倾向。

3. 涤纶的超分子结构

涤纶熔体喷丝成型后的初生纤维是完全无定形的,没有实用价值,只有经过拉伸和热处理,才出现结晶结构。成品涤纶属于半结晶高聚物,结晶度在40%～60%,并且有很高的取向性。涤纶的超分子结构可用棉纤维超分子结构的缨状原纤理论来说明。原纤是涤纶的基本组成单位,原纤之间有较大的微隙,由一些排列不规整的分子联系着。原纤又是由侧序度高的分子所组成的微原纤堆砌而成,微原纤间可能存在着较小的微隙,并被一些排列较不规则的分子联系起来。但由于涤纶分子结构与纤维素不同,所以这两类纤维在超分子结构上也存在差异。在棉纤维中,微原纤基本上是由伸直的分子链所组成,而在涤纶中由于涤纶分子链的柔顺性较纤维素大,所以还可能存在着由分子链折叠所形成的微原纤,形成折叠链结晶,涤纶是伸直链和折叠链晶体共存的体系,用"折叠链缨状微原纤"模型来解释,如图1-10所示。

图1-10　折叠链缨状微原纤模型

(二)涤纶的性能

1. 热性能

涤纶的耐热性和热稳定性在几种主要合成纤维中是最高的。这不仅表现在有较高的熔点和分解点,而且在较高温度下,强度损失较少。涤纶的玻璃化温度T_g随其聚集态结构而变化,完全无定形的T_g为67℃,部分结晶的T_g为81℃,取向且结晶的T_g为125℃。T_g对纤维、纱线、织物的使用性能,如硬挺性、弹性、可伸长性有很大影响。涤纶的软化点温度也较高,在230～240℃,在此温度下涤纶开始解取向,但晶格尚未破坏,还没有熔化。在255～265℃时,晶格被破坏而熔融。由于软化点较高,使染整加工中的定形温度提高,这对提高定形效果十分有利。在150℃的空气中,将涤纶加热168h仍不变色,其强度下降仅为15%～30%,即使在150℃下加热1000h,也只是稍有变色,其强度下降也不超过50%,而其他纤维在此温度下,一般200～300h即行分解。如棉纤维在150℃下仅加热1h,强度几乎下降一半,所以对涤棉混纺织物进行热加工时,应着重考虑棉纤维的耐热稳定性。

2. 吸湿性和染色性

涤纶在标准状态下的吸湿率很低,为0.4%～0.5%,原因在于涤纶大分子链上缺少亲水基团,这也使涤纶在干湿强度上几乎无差别,在服用方面有易洗快干的优点。但另一方面也带来导电性差、易产生静电和沾污、染色比较困难、服用时因为不吸湿而发闷等缺点。

涤纶染色困难,主要是因为纤维结构紧密,分子链间空隙小,纤维吸湿性又小,在水中溶胀度小。另外,纤维的化学结构中缺少极性基团,难于同染料结合,所以涤纶染色常采用分子量不太大、水溶性很小的分散染料。染色条件要求更高,如在130℃左右高温染色,以增加分子链段的热运动,使纤维微隙增大。此外,还可使用涤纶增塑剂,如有机酚,使纤维分子链间作用力降低并发生溶胀,达到染色的目的。

3.化学性能

在涤纶大分子中,苯环和两个亚甲基是比较稳定的,唯有酯基较活泼,具有反应性能。酯键在酸和碱的作用下,容易水解而使分子链断裂。然而,涤纶大分子因物理结构紧密,大分子有较高的取向度和结晶度,因此化学试剂不易扩散到纤维内部,所以涤纶抵御酸、碱、氧化剂、还原剂等的能力在常用的合成纤维中是非常突出的。

(1)与酸的作用。涤纶无论对无机酸还是有机酸都有很好的稳定性。例如 40℃时,30%以下浓度的盐酸和硫酸对涤纶没有损伤,用 70%硫酸处理 28 天,强度下降不超过 1%。以 20%硫酸于 100℃浸渍72 h,强度仅下降 7%。涤纶大分子在酸中的水解反应如下:

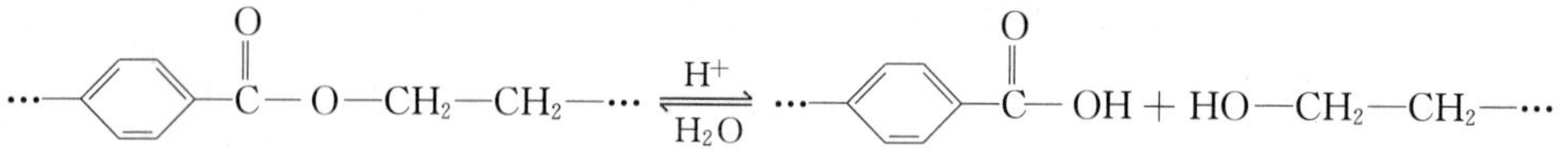

由于酯键的酸性水解是可逆的,故水解不易进一步发生,再加上涤纶的物理结构紧密,所以耐酸性比较好。

(2)与碱的作用。酯键在碱中比在酸中易水解,反应是不可逆的:

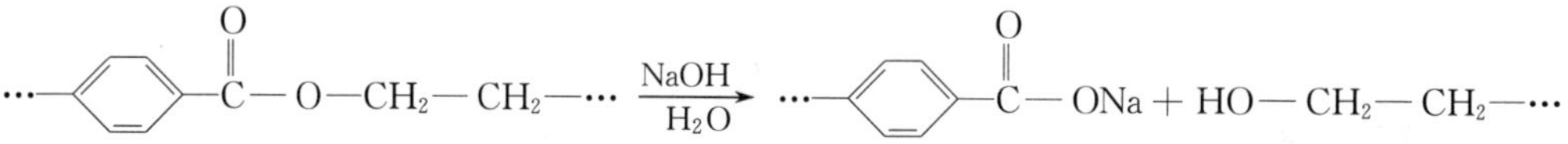

水解生成的酸与碱作用生成钠盐,水解反应能一直进行下去,故涤纶耐碱性较差。一般在温和条件下,稀的纯碱和烧碱对纤维的损伤微不足道,但浓碱液或高温稀碱液会侵蚀涤纶。如在 10%以上的烧碱液中长时间沸煮,纤维会逐渐水解,分子量降低,纤维在碱液中的溶解度提高,强度降低。但必须注意涤纶具有较大的疏水性,结晶度和取向度高,所以涤纶与氢氧化钠的作用是在纤维表面产生水解反应,并由表及里进行。当表面的分子水解到一定程度后,溶解在碱液中,纤维基本上保持圆形,只是纤维逐渐变细(这种现象称为剥皮现象)。利用这一方法,可将涤纶进行"碱剥皮",使纤维变得细而柔软,制成有真丝绸效果的织物。

(3)与其他化学试剂的作用。还原剂对涤纶基本无损伤。涤纶对在染整加工中遇到的硫代硫酸钠、保险粉等还原剂有很高的稳定性。如将涤纶放入保险粉的饱和溶液中,80℃下处理72h,强度无损伤。涤纶对各种氧化剂也有较高的抵抗能力,即使用高浓度的氧化剂在高温下长时间处理,也不会使纤维发生显著的损伤。

(三)PTT 纤维的结构和主要性能

1.PTT 纤维的结构

PTT 纤维的全称为聚对苯二甲酸丙二醇酯纤维,是由 1,3-丙二醇与对苯二甲酸通过缩聚制成的芳香族聚合物经熔融纺丝而成,与聚对苯二甲酸乙二醇酯纤维(PET 纤维)同属聚酯纤维,分子结构式表示如下:

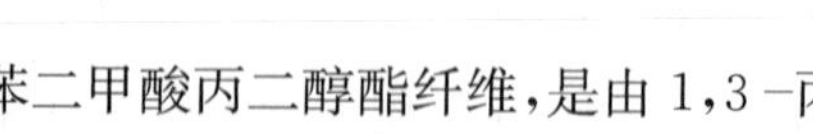

PTT 纤维的分子结构单元中含有奇数个亚甲基单元。研究表明,奇数个亚甲基单元会在大分子

链间产生"奇碳效应",使苯环不能与三个亚甲基处在同一平面上,邻近两个羰基不能呈 180° 平面排列,只能以空间 120° 错开排列,由此使 PTT 纤维的大分子链呈螺旋状排列,呈现明显的"Z"字形构象,如图 1-11 所示。这种构象使得 PTT 纤维的大分子链具有如同线圈弹簧一样的弹性形变,从而使得 PTT 纤维具有较高的拉伸及回复性能。

图 1-11　PTT 纤维的分子链构象

2. PTT 纤维的主要性能

(1)物理性能。由于"奇碳效应",PTT 纤维的熔点和玻璃化温度明显低于 PET 纤维,这两种涤纶的基本物理性能如表 1-10 所示。

表 1-10　涤纶的基本物理性能

纤维	密度/g·cm^{-3}	熔点/℃	玻璃化温度/℃
PET	1.40	265	80
PTT	1.35	225	40~60

(2)力学性能。PTT 纤维的初始模量明显低于 PET 纤维。PTT 纤维大分子链呈螺旋状排列,这种弹簧般的排列赋予了 PTT 纤维良好的弹性回复性,其弹性回复率明显高于 PET 纤维,呈现优良的拉伸可逆性。而且由于纤维的模量较低,使得 PTT 纤维具有柔软的手感。

(3)染色性能。PTT 纤维的染色性能优于普通涤纶,即使在无载体常压沸染的条件下用低温型分散染料也能染成深浓色,而且具有较好的染色牢度。

二、锦纶的结构和主要性能

锦纶是聚酰胺纤维的国内商品名称,品种很多,主要有两类,一类是由二元胺和二元酸缩聚得到的锦纶66:

$$H\text{---}[HN(CH_2)_6NHCO(CH_2)_4CO]_n OH$$

另一类是由 ω-氨基酸缩聚或由己内酰胺开环聚合得到的锦纶6:

$$H\text{---}[HN(CH_2)_5CO]_n OH$$

(一)锦纶的结构

1. 锦纶的形态结构

锦纶的形态结构基本与涤纶相同,纵向光滑、无条痕,横截面近似于圆形。

2. 锦纶的分子结构

锦纶6、锦纶66 的大分子主链都是由碳原子和规律相间的氮原子构成,主链上无侧基,易结晶,在晶体中分子结构形成伸展的平面锯齿状:

锦纶 6

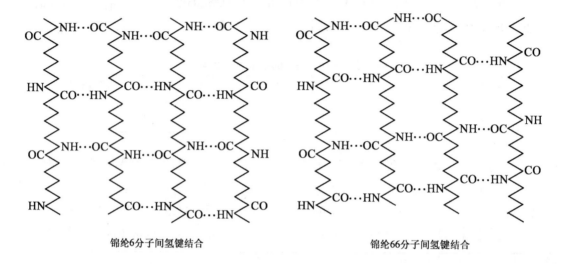

锦纶66

相邻大分子链间可借羰基和亚氨基形成氢键结合：

锦纶6分子间氢键结合　　　　　　锦纶66分子间氢键结合

3. 锦纶的超分子结构

锦纶纺丝后的初生纤维与涤纶不同，具有结晶结构。在锦纶后加工中，受到拉伸和热处理，纤维取向度大大提高。锦纶大分子间排列很规整，结晶度为 $50\%\sim60\%$，甚至高达 70%，结晶度随纤维拉伸程度的提高而增加。

锦纶的微结构与涤纶基本相同，具有伸直链和折叠链晶体共存体系，用"折叠链缨状微原纤"模型解释较为完满。

(二)锦纶的主要性能

1. 热性能

在锦纶加工时，必须考虑温度对纤维性能的影响。锦纶的耐热性较差，在 100℃以上的热空气中，锦纶强度损失明显，这是由于在热的作用下，纤维分子发生氧化裂解之故。若无氧存在进行加热时，则强度损失很小。温度升高还会使锦纶收缩，接近熔点时收缩严重，纤维变黄。锦纶 6 的 T_g 为 35～60℃，锦纶 66 的 T_g 为 40～60℃。

2. 吸湿性和染色性

锦纶属于疏水性纤维，但锦纶大分子链中含有大量的弱亲水基—CONH—，分子两端还有亲水基—NH$_2$ 和—COOH，因此锦纶的吸湿性高于除维纶以外的所有合成纤维。锦纶 66 中由于残留有低分子物，吸湿性略高于锦纶 6。在标准状态下，锦纶 6 和锦纶 66 的吸湿率分别为 4.0% 和 4.2%。

锦纶的染色性不如天然纤维，但在合成纤维中又属容易染色的。从锦纶分子结构上看，大分子上含有相当数量的—CH$_2$—疏水链，因而锦纶可采用疏水性的分散染料染色。

锦纶大分子末端含有氨基—NH_2和羧基—COOH,链中含有亚氨基—NH—。将这些特征变成简化结构式:H_2N—NH—COOH,在不同 pH 时有如下结构:

$$H_2N-NH-COOH \xrightarrow{中性} NH_3^+-NH-COO^- \xrightarrow{碱性} NH_2-NH-COO^-$$

$$H_2N-NH-COOH \xrightarrow{弱酸} NH_3^+-NH-COOH \xrightarrow[pH<2]{极强酸} NH_3^+-NH_2^+-COOH$$

因此,锦纶也具有两性性质,有类似羊毛的染色性能。在酸性介质中,锦纶大分子具有阳荷性,可用阴离子染料染色。

3. 化学性能

锦纶的化学稳定性较好,特别是耐碱性更为突出。在 10%氢氧化钠溶液中,85℃处理10h,纤维强度只降低 5%。

锦纶大分子中含有比较活泼的酰胺基,在一定条件下会发生水解。酸可使锦纶大分子水解,使纤维聚合度降低。在150℃以上的水中,锦纶大分子也会发生水解,酸和热起催化作用,反应如下:

$$\cdots\cdots-NH-\overset{\overset{\textstyle O}{\|}}{C}-\cdots\cdots + H_2O \xrightarrow[\text{或}H^+]{150℃} \cdots\cdots-NH_2 + HOOC-\cdots\cdots$$

稀的无机酸在温度低、时间短时,对纤维破坏不明显,但浓度高、时间长,破坏很明显,如浓的硫酸、硝酸、盐酸在室温下就能破坏锦纶大分子,使纤维发生溶解。有机酸对锦纶的作用较缓和,甲酸和醋酸对锦纶有膨化作用。

强氧化剂能够破坏锦纶,如漂白粉、次氯酸钠、过氧化氢等都能引起纤维大分子链的断裂,使纤维强度降低,而且用这些氧化剂漂白后织物容易变黄。所以锦纶需要漂白时,一般用亚氯酸钠或还原型漂白剂。

三、腈纶的组成、结构和主要性能

(一)腈纶的组成

由于均聚丙烯腈制得的聚丙烯腈纤维不易染色,手感及弹性都较差,还常呈现脆性,不适应纺织加工和服用的要求。为了改善纤维的性能,在聚合时需加入少量其他单体。一般采用三种单体共聚。通常将丙烯腈称为第一单体,它是聚丙烯腈纤维的主体,对纤维的许多化学、物理及机械性能起着主要的作用;第二单体为结构单体,可以是丙烯酸甲酯、甲基丙烯酸甲酯或醋酸乙烯酯等,这些单体的取代基极性较氰基弱,基团体积又大,可以减弱聚丙烯腈大分子链间的作用力,改善纤维的手感和弹性,克服纤维的脆性,也有利于染料分子进入纤维内部;第三单体又称染色单体,是使纤维引入具有染色性能的基团,改善纤维的染色性能。第三单体又可以分两大类:一类是含酸性基团的单体,如丙烯磺酸钠、苯乙烯磺酸钠、对甲基丙烯酰胺苯磺酸钠、亚甲基丁二酸单钠盐(又称衣康酸),加入这类单体的聚丙烯腈纤维可以用阳离子染料染色;另一类是含碱性基团的单体,如乙烯吡啶、丙烯基二甲胺等,加入这类单体的聚丙烯腈纤维可以用酸性染料染色。显然因第二、第三单体的品种不同,用量不一,就得到不同的聚丙烯腈纤维,染整加工时应注意。

目前国内生产的腈纶基本上都是三元共聚的。第一种是以丙烯酸甲酯为第二单体,用量为7%,以丙烯磺酸钠为第三单体,用量为1.7%左右,其余均为丙烯腈。第二种是第三单体为衣康酸,其余的同第一种。三种单体在共聚体分子链上的分布是随机的。上述两者的差异在于用磺酸型的单体,染色的日晒牢度较高,而羧酸型的日晒牢度差,但染浅色时色泽较鲜艳。

(二)腈纶的结构

1.腈纶的形态结构

腈纶的纵向表面比较粗糙,并存在沿轴向的沟槽。纤维横截面的形状随纺丝方法的不同而不同。湿法纺丝纤维截面呈圆形或腰圆形,干法纺丝为哑铃形。

腈纶形态结构的另一重要特征是纤维截面内有空穴存在,有利于染料向纤维内部的扩散。经高度拉伸的纤维,空穴明显变小,机械性能提高。

2.腈纶的超分子结构

腈纶的超分子结构还不完全清楚,一般认为,腈纶具有结晶高聚物的一部分特性,大分子排列侧向有序,但缺少正规的结晶结构,又强烈表现出非晶高聚物的特性,不存在垂直于纤维轴的晶面,也就是说沿纤维轴(即大分子纵向)原子的排列是没有规则的,纤维纵向表现无序,所以腈纶仅是二维有序。腈纶的这种侧向有序的二维结构被称为"准结晶结构"。因此,腈纶的超分子结构与涤纶、锦纶不同,它的晶体并非真正的晶体,它的非晶部分经拉伸后,又比其他纤维规整性高。

(三)腈纶的主要性能

1.热性能

腈纶的热稳定性不如涤纶和锦纶,由于它没有真正的结晶,所以对热处理比较敏感,具有较大的热塑性。温度升高时,分子间力被严重削弱,通过分子链段的运动,在不受外力作用的条件下,收缩形变较大。

腈纶的耐热性能较好,在125℃热空气中,放置32天,强度不变,在150℃热空气中经20h,其强度下降不到5%。随着第二、第三单体的加入,耐热性有所下降。腈纶在空气中长时间受热会变黄。

腈纶不像涤纶、锦纶那样有明显的结晶和无定形结构,只有不同序态的区别,所以腈纶没有明显的熔融温度,软化温度范围也比较宽(190~240℃),更特殊的是它有两个玻璃化温度:T_{g1}为70~80℃,T_{g2}为140~150℃,分别代表低序态和高序态内分子链段开始转动的温度。

由于腈纶分子中引入了第二、第三单体,所以纤维序态降低,T_{g2}降到80~100℃,在含有较多水分或膨化剂的情况下,将会降到75℃左右,了解这一温度对腈纶的染整加工有指导意义。

2.吸湿性和染色性

腈纶的吸湿性是比较差的,在标准状态下,其回潮率为1.2%~2.0%,在合成纤维中属中等。

聚丙烯腈均聚物纤维很难染色。但在纤维的组成中引入了第二、第三单体后,不仅在一定程度上降低了纤维结构的规整性,并且引进了少量酸性或碱性基团,而能采用阳离子染料或酸性染料染色,使腈纶的染色性能得到改善。染料在纤维上的染色牢度与第三单体的种类密切相关。

3.化学性能

聚丙烯腈属碳链高分子物,其大分子主链对酸、碱比较稳定,然而聚丙烯腈大分子的侧基——氰基在酸、碱的催化作用下会发生水解,先生成酰氨基,进一步水解生成羧基。水解的结果使聚丙烯腈转变为可溶性的聚丙烯酸而溶解,造成纤维失重,强力降低,甚至完全溶解。例如,在50g/L的氢氧化钠溶液中沸煮5h,纤维将全部溶解。水解反应过程如下:

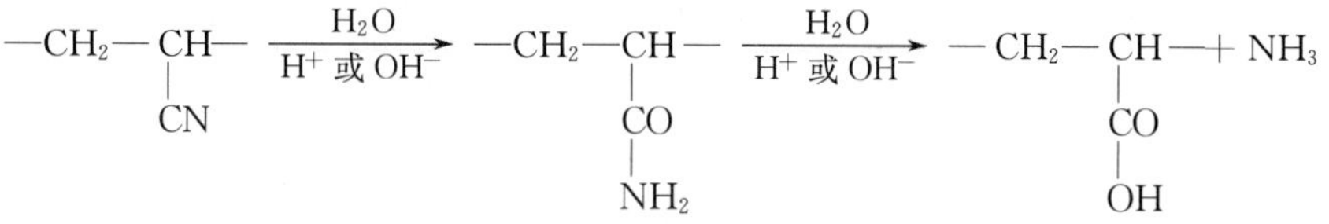

$$-CH_2-\underset{\underset{CN}{|}}{CH}- \xrightarrow[\text{H}^+\text{ 或 OH}^-]{\text{H}_2\text{O}} -CH_2-\underset{\underset{\underset{NH_2}{|}}{CO}}{CH}- \xrightarrow[\text{H}^+\text{ 或 OH}^-]{\text{H}_2\text{O}} -CH_2-\underset{\underset{\underset{OH}{|}}{CO}}{CH}-+NH_3$$

在水解反应中,烧碱的催化作用比硫酸强。碱性催化时,水解释出的NH_3与未水解的氰基反应生成脒基,产生黄色,这就是聚丙烯腈纤维在强碱条件下处理易发黄的原因。

腈纶对常用的氧化性漂白剂稳定性良好,在适当的条件下,可使用亚氯酸钠、过氧化氢进行漂白。对常用的还原剂,如亚硫酸钠、亚硫酸氢钠和保险粉也较稳定,所以与羊毛混纺时可用保险粉漂白。

四、氨纶的组成、结构和主要性能

氨纶的学名是聚氨基甲酸酯弹性纤维,在美国称为 Spandex 纤维,在欧洲普遍称为 Elastane 纤维,杜邦公司生产的聚氨基甲酸酯弹性纤维的商品名为 Lycra(莱卡)。

(一)氨纶的化学组成和结构

生产氨纶的聚氨基甲酸酯是由软链段和硬链段组成的嵌段共聚物,氨纶的优异弹性正是由这种特殊的化学组成和结构决定的。

聚氨基甲酸酯的合成,首先由1mol长链二羟基化合物(HO ～～～ OH)和2mol芳香族二异氰酸酯(OCN—R—NCO)进行加成反应,合成分子链两端具有异氰酸酯基的预聚体"OCN—预聚体—NCO"。预聚体再与分子链两端含有氨基的链扩展剂二胺化合物($H_2N-R'-NH_2$)进行链扩展反应,得到相对分子质量高的嵌段共聚物,其反应过程如图1-12所示。

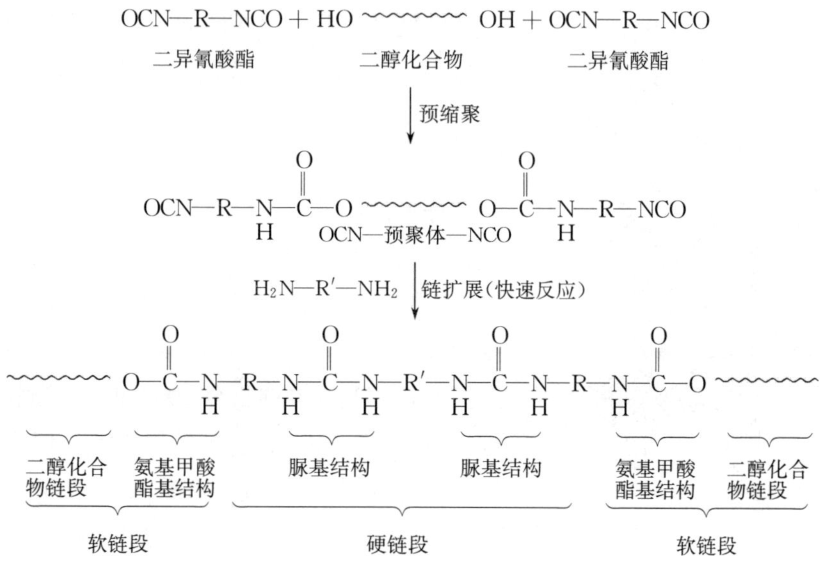

图1-12　氨纶的合成过程和化学结构示意图

长链二羟基化合物(大分子二醇)的相对分子质量为1500～3000,熔点低于50℃,长度15～30nm,具有很低的玻璃化温度(T_g为-50～-70℃),组成分子链的"软段"。

长链二羟基化合物有两类,一类为聚醚二醇,另一类为聚酯二醇。根据分子链中软链段是聚酯型二醇还是聚醚型二醇,聚氨酯纤维分为聚酯型聚氨酯纤维和聚醚型聚氨酯纤维两大类。

分子结构中的"脲基结构"(—NH—CO—NH—)熔点高,可以形成较强的氢键,易结晶,组成分子链的"硬段",使聚合物具有较高的强度、模量和耐磨性。

因此,最后形成的聚合物是由"脲基结构"的"硬链段"通过氨基甲酸酯基(—NHCO—O—)与"软链段"交替相接的大分子,氨基甲酸酯基自身仅起辅助性的连接作用。

在氨纶弹性体中,硬链段较短,起结点作用,防止大分子链受力时产生滑移;软链段较长,约为硬链段长度的10倍,分子间作用力小,弯曲不规整,易伸长。正是这种软、硬链段嵌段的结构,使氨纶产生弹性。

(二)氨纶的弹性结构模型

氨纶是软、硬链段的嵌段共聚物。聚醚型氨纶中的软链段是聚氧乙烯、聚氧丙烯或聚四氢呋喃的聚醚链段,它们之间的作用力主要为范德瓦尔斯力,不能形成氢键,作用力很弱。

聚酯型氨纶中的软链段主要是混合二元醇的聚己二酸酯聚酯链段,和聚醚相比,分子链中存在较多的酯基,作用力比聚醚大一些,但也不存在可以相互形成氢键的基团,作用力还是不强。

因此,软链段分子链间的作用力很弱,类似于液体分子的相互作用,在常温下受力后可以自由移动。

氨纶中的硬链段是易于结晶的氨基甲酸酯基和脲基,分子链间的亚氨基和碳基可以形成较强的氢键,亚氨基之间也能形成较强的氢键。

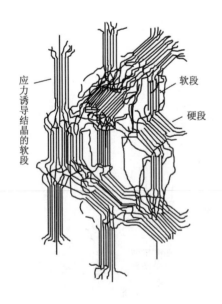

图1-13 氨纶的弹性结构模型
(伸长200%)

硬链段中还存在易于结晶的异氰酸的芳环,也使分子链的柔性降低。因此硬链段易于形成小的晶区,起结点作用,这些结晶结点属于物理性交联,相当于橡胶中的化学交联。

氨纶的弹性可以用图1-13的结构模型描述。氨纶大分子链中的硬链段相互整齐排列,形成晶区。结晶状态的硬链段一般不发生滑动,起结点作用;软链段分子链未受到外力作用时,呈松弛状态(弯曲或卷曲),在受到外力作用时,由于软链段分子链间的作用力很小,产生伸长。当纤维伸长至200%时,部分软链段分子链被拉直,也整齐排列,甚至发生结晶。但由于分子链间的作用力很弱,当外力去除后,被拉伸的软链段分子链又会自由回缩到松弛状态,直至内应力最小,表现出高弹性。但硬段中物理交联结点的作用力有一定限度,当温度较高或作用时间较长时,部分结点破坏,弹性回复性会明显降低。

(三)氨纶的主要性能

1. 氨纶的力学性能

氨纶具有很高的弹性,断裂伸长率大于 400％,高者可达 800％。氨纶的弹性回复率很高,聚醚型氨纶在伸长 500％时回复率达到 95％,聚酯型氨纶在伸长 600％时回复率达到 98％。氨纶的弹性模量较低,但模量会随着温度的变化而变化。温度降到 0℃时,模量显著增加,永久形变也随之增加。随着温度的升高,模量下降。氨纶有很好的耐疲劳性能,在 50％～300％的伸长范围内,可耐 100 万次拉伸收缩疲劳,而橡胶丝仅能耐 2.4 万次。氨纶的耐磨性很好,远高于锦纶。

氨纶湿态的断裂强度为 0.35～0.88cN/dtex,干态的断裂强度为 0.44～0.88cN/dtex,是橡胶的 3～5 倍,达到聚酰胺类纤维强度的数量级。氨纶在最大伸长时线密度变小,在该线密度下测出的强度称为有效强度。氨纶的有效强度可达 5.28cN/dtex。

2. 氨纶的热性能

聚醚型氨纶的 T_g 为 -20～$-65℃$,聚酯型氨纶的 T_g 为 25～45℃,聚酯型氨纶较硬,聚醚型氨纶柔软。由于生产方法的不同,氨纶的耐热性能有较大差异,一般在 95～150℃,短时间内不会有损伤。但聚醚型氨纶在 150℃以上会泛黄,175℃以上会发黏;聚酯型氨纶在 150℃以上热塑性显著增加,弹性减小。当温度超过 190～195℃,纤维的强度会明显下降,最终断裂。这是由于氨纶中的硬链段被拆散,交联结点被完全破坏所致。因此,纯氨纶的处理温度不能超过 195℃,加工时间长时,150℃也会引起氨纶变形和弹性丧失。包覆丝在 180～190℃热定形的时间不能超过40s。

3. 氨纶的耐光性能

氨纶在光照下会逐渐脆化,强度下降。氨纶的耐光稳定性比常规合成纤维差,但比橡胶丝好。引起氨纶光降解的主要是波长为 190～350nm 的紫外线。紫外线会引起含芳环氨纶的氧化降解,也能使氨纶产生交联、变脆和不溶解,使纤维泛黄,甚至变为棕色。

4. 氨纶的吸湿性

聚酯型氨纶的吸湿率为 0.5％～1.2％,聚醚型氨纶的吸湿率为 1.2％～1.5％。水对氨纶有增塑作用,使纤维的拉伸强度下降,聚酯型氨纶下降 10％,聚醚型氨纶下降 20％。

5. 化学稳定性

氨纶的化学稳定性一般较好,对氧化剂和还原剂较稳定,可以在稀的过氧化氢溶液中漂白,或进行还原漂白。但氨纶不耐含氯氧化剂,在次氯酸盐溶液中会形成氮—氯结合而使纤维损伤,聚醚型氨纶的损伤更严重。氨纶的耐酸性较好,但两种氨纶的耐碱性差异很大,聚酯型氨纶不耐强碱,在热碱溶液中快速水解,因此在染整加工中应特别注意。聚酯型氨纶的防霉性较差,霉变不但影响外观,而且会降低纤维的力学性能,缩短纤维的使用寿命。

6. 氨纶的染色性能

氨纶可以用分散染料、酸性染料和金属络合染料染色。

五、聚乳酸纤维的结构和主要性能

(一)聚乳酸纤维的结构

聚乳酸纤维是一种兼具合成纤维和天然纤维优点、能生物降解的新型纤维,从化学结构上看属于脂肪族聚酯纤维。

聚乳酸纤维以淀粉为原料。淀粉经淀粉酶分解为葡萄糖,葡萄糖再经乳酸菌发酵生成乳酸。乳酸分子中含有反应性较高的羟基和羧基,在适当的条件下能聚合成高纯度的聚乳酸。乳酸的聚合有直接缩聚法和间接缩聚法(又称丙交酯开环聚合法)两种,目前都采用间接缩聚法,首先由乳酸脱水环构化制得丙交酯,再由丙交酯开环聚合制得聚丙交酯,即聚乳酸,简称 PLA,然后采用熔融法或干法纺丝纺制成纤维。

乳酸　　　　　　　　二聚丙交酯　　　　　　　　聚乳酸酯

(二)聚乳酸纤维的主要性能

1. 力学性能和化学性能

聚乳酸纤维呈高结晶性(结晶度 83.5)和高取向性,有较高的耐热性和强力,熔点 175℃,结晶温度 105℃,玻璃化温度 57℃,断裂强度 3.9~5.4cN/dtex,断裂伸长率 20%~35%,杨氏模量 31.5~47.2cN/dtex。聚乳酸纤维日晒500h后仍可保持强力的 90%,而一般涤纶日晒200h后,强力降低 60%左右。

聚乳酸纤维的耐碱性较差,碱减量处理时碱的用量应慎重选择。聚乳酸纤维的熔融温度较低,熨烫时需注意。聚乳酸纤维可用分散染料在 100℃染色,由于聚乳酸纤维的折射率低,容易染得深色。

聚乳酸纤维有很好的弹性恢复性、卷曲保持性、形态稳定性和抗皱性,也有较好的穿着舒适性。聚乳酸纤维有一定的自熄性。

2. 生物降解性

聚乳酸纤维有良好的生物相容性和生物降解性。聚乳酸纤维在人体内可逐渐降解为二氧化碳和水,对人体无害无积累,对皮肤无刺激和过敏。聚乳酸织物埋在土壤中 8~10 个月,虽然重量几乎没有什么变化,但强力已完全失去(棉和黏胶纤维织物土埋 3~4 个月完全分解),比聚酯织物的生物降解性要好得多。在活性污泥中 1~2 个月强力完全损失,这与活性污泥中存在大量微生物有关。聚乳酸纤维的降解是由于微生物作用和主链上的碳—氧(C—O)键水解引起的,同时纤维的微观结构也起了重要作用。

第二章　染整用水和染整助剂

纺织品染整加工主要是通过化学方法用各种机械设备,对纺织品进行处理的过程。在这些过程中,水和各种染整助剂是必不可少的,它们对染整产品质量和生产工艺具有非常重要的作用。本章将对染整用水和染整助剂的有关内容作一简单介绍。

第一节　染整用水

印染厂在染整加工中用水量很大,从退浆、煮练、漂白、丝光到染色、印花、整理以及锅炉供汽都要耗用大量的水。粗略估计,平均每生产1000m印染布约耗水20t,其中煮练用水量占一半以上。水质的好坏直接影响到产品质量、锅炉使用效率和染化料、助剂的消耗。所以,印染厂必须建立在水源丰富且水质优良的地区。

一、水质对纺织品染整加工的影响

(一)水中的杂质类型

纺织品染整用水主要来源有两类,一类是地表水,如江、河、湖泊水,另一类为地下水,如深井水、泉水等。地表水来源充足,但水质常受流量、季节及环境的影响,一般含有较多的悬浊物,如泥沙、尘埃、微生物和少量的有机物等。地下水水质稳定澄清,但受地质影响,往往含有较多的矿物质。通常使用的自来水是经自来水厂加工后的地表水或地下水,但自来水的加工主要是通过静置、絮凝澄清或过滤等方式去除悬浮物,对水溶性杂质一般不作处理,有的地下水甚至不经过处理。而影响纺织品染整加工的主要是水溶性杂质。

水溶性杂质的种类较多,最常见的是溶于水中的钙、镁离子,它们以硫酸盐、氯化物、硝酸盐或酸式碳酸盐等多种形式存在,它们含量的多少,可用硬度表示。水的硬度有暂时硬度和永久硬度之分。经加热煮沸,水中的杂质(主要是钙、镁的酸式碳酸盐)能够沉淀出来,这种水称为暂时硬水,其硬度称为暂时硬度或碳酸盐硬度。暂时硬度能通过加热除去。

$$Ca(HCO_3)_2 \longrightarrow CaCO_3 \downarrow + H_2O + CO_2 \uparrow$$

$$Mg(HCO_3)_2 \longrightarrow MgCO_3 \downarrow + H_2O + CO_2 \uparrow$$

以硫酸盐、硝酸盐或氯化物形式存在于水中的钙、镁离子称为永久硬度或非碳酸盐硬度。永久硬度必须用化学方法才能除去。

暂时硬度与永久硬度之和称为总硬度。由于水的两种硬度的比例随水的来源不同而不同,所以一般用总硬度表示。

水中也可能含有碳酸钠等碱性物质,形成水的"碱度"。含有碳酸盐碱度的水不会同时存在永久硬度。水中还可能存在铁、锰等其他金属离子。

水的硬度有多种表示方法,我国以 mg/L 表示,即 1 L 水中所含的钙、镁盐换算成碳酸钙的毫克数。按照水中含钙、镁离子量的多少,通常可将水质划分为以下几类(表 2-1)。但实际上水的软、硬并无截然界限,划分范围也往往有所不同。

表 2-1 硬水和软水区分表

水　　质	以 CaCO₃ 含量计/mg·L⁻¹	以总固体含量计/mg·L⁻¹
极软水	15	—
软　水	15~50	<100
中软水	—	100~200
略硬水	50~100	—
硬　水	100~200	200~500
极硬水	>200	—

(二)染整用水对水质的要求和水质对纺织品染整加工的影响(表 2-2)

表 2-2 染整用水对水质的要求

水质项目	色　度	耗氧量/mg·L⁻¹	pH	铁 mg·L⁻¹	锰 mg·L⁻¹	总硬度 mg·L⁻¹	悬浮物
指　标	铂钴度<10	<10	7~8	<0.1	<0.1	染色、皂洗用水 9~18 一般洗涤用水 140~180	无混浊悬浮固体

用不符合要求的水,特别是硬度高的水进行染整加工,会严重影响产品质量。

棉织物的煮练以烧碱为主,如水中含有钙、镁离子,煮练时会与烧碱反应,生成不溶性的沉淀,不仅浪费烧碱,降低煮练效果,沉淀还会沉积于织物上,产生水洗难于去除的钙斑,影响后工序加工和成品质量。煮练用水的硬度应小于120mg/L。棉织物氯漂时,铜、铁等重金属离子和它们的氧化物能加速次氯酸钠分解,造成织物脆损。双氧水漂白时,水中的铜、锰、铁等离子也会催化双氧水分解,使棉纤维氧化脆损,强度下降,甚至坯布产生小破洞。真丝织物的精练,若水质硬度偏高,容易发生出水不清、白雾及手感差等疵病,水的硬度应小于150mg/L。锦纶织物精练时要使用软水,以防硬水中的金属离子被锦纶吸附而泛黄。漂洗时色度和纯净度差的水会使漂后织物发黄。

肥皂遇到硬水中的钙、镁离子会生成不溶性钙、镁皂,不仅浪费肥皂,还会形成斑渍沾污织物,影响织物的手感和光泽。

染料的溶解、染色都应该用软水。在溶解某些染料或染色时,硬水中的钙、镁离子等杂质能使染料和助剂发生沉淀,导致染色不匀,色泽鲜艳度下降,并影响染色深度。而且染料沉淀物还会沾污织物,产生色斑,影响染色牢度,特别是对过滤性染色如筒子纱染色、经轴染色和小浴比染色影响很大。活性染料染色用水不宜含有铁、铜等金属离子,这些金属离子可能会使活性染料发生色变或者溶解度降低。

有些柔软剂中含有硬脂酸,硬水中的钙、镁离子会与硬脂酸反应生成不溶性的钙、镁盐沉积在织物上,因此在进行柔软处理时,水的硬度不能超过20mg/L。

二、水的软化

自来水虽是经过某些处理的天然水,但仍有一定的硬度,对某些用途来说还需进行软化处理,以降低水中钙、镁等离子的含量。目前,水的软化方法主要有两种,一种是用离子交换法直接生产软水,另一种是在水中加入软水剂降低水的硬度。

(一)软水剂软化法

在水中加入纯碱、磷酸三钠或六偏磷酸钠、乙二胺四乙酸钠等化学药品(软水剂),它们能与水中的钙、镁离子作用,或生成不溶性沉淀,使之从水中去除,或与钙、镁离子螯合,形成稳定的可溶性络合物而达到软化水的目的。

1. 沉淀法

在硬水中加入纯碱,与钙、镁离子作用生成 $CaCO_3$、$MgCO_3$ 沉淀将钙、镁盐从水中去除。但由于 $MgCO_3$ 在水中尚有一定的溶解度,故软化程度不高。如200mg/L的硬水,加入 1.5% 的纯碱,硬度仅降至90mg/L左右。

$$Na_2CO_3 + Ca^{2+}(Mg^{2+}) \longrightarrow CaCO_3(MgCO_3)\downarrow + 2Na^+$$

磷酸三钠也是常用的软水剂,能与硬水中的钙、镁离子作用生成磷酸钙、磷酸镁沉淀,具有较好的软化效果。200mg/L的硬水,加入 0.3% 磷酸三钠,硬度可降低至84mg/L左右。

$$3Ca^{2+} + 2PO_4^{3-} \longrightarrow Ca_3(PO_4)_2\downarrow$$

$$3Mg^{2+} + 2PO_4^{3-} \longrightarrow Mg_3(PO_4)_2\downarrow$$

2. 络合法

多聚磷酸钠如六偏磷酸钠作软水剂时,能与水中的钙、镁离子形成稳定的水溶性络合物,在温度不高的情况下(不超过 70℃)不再具有硬水的性质,不会使肥皂、染料发生沉淀,具有比较好的软水作用,是最常用的软水剂。如200mg/L的硬水,加入 0.3% 的六偏磷酸钠,硬度可降低至60mg/L左右。

$$Na_4[Na_2(PO_3)_6] + Ca^{2+} \longrightarrow Na_4[Ca(PO_3)_6] + 2Na^+$$

络合法的软水剂效果最好的是胺的醋酸衍生物,如乙二胺四乙酸钠(EDTA,即软水剂 B 或 BW)和氨三乙酸钠(软水剂 A),它们能与钙、镁离子及铜、铁离子生成水溶性络合物,稳定性非常好,用量很少就有很好的软化效果,但成本较高。

(二)离子交换树脂软化法

离子交换树脂又称有机合成离子交换剂,一般由苯乙烯和对二乙烯基苯合成的体型网状高聚物,在它们的分子结构中含有酸性基或碱性基等化学活性基团。离子交换树脂中的活性基团在水溶液中是离子化的,活性基团上的离子能够与水溶液里的同性离子发生交换作用,即溶液里的同性离子与离子交换树脂中的活性基团结合,而活性基团上的离子能够进入水溶液。离子交换树脂具有高度的化学稳定性,和不易破碎的机械强度,不溶于水、酸、碱、盐等溶液中,也不溶于有机溶剂,外形为颗粒状,似鱼子般大小。

离子交换树脂按它所带活性基团的性质可以分为阳离子交换树脂和阴离子交换树脂两类。

阳离子交换树脂分子结构中含有活泼的酸性基,常用的有磺酸型强酸性阳离子交换树脂和羧酸型弱酸性阳离子交换树脂,它们能够与水溶液中的阳离子进行交换。例如磺酸型阳离子交换树脂在溶液中按下式离解,阳离子交换树脂放出氢离子,与溶液中的金属离子或其他阳离子进行交换:

$$R\!-\!SO_3H \rightleftharpoons R\!-\!SO_3^- + H^+$$

$$2R\!-\!SO_3^- + Ca^{2+} \longrightarrow (R\!-\!SO_3)_2Ca$$

$$2R\!-\!SO_3^- + Mg^{2+} \longrightarrow (R\!-\!SO_3)_2Mg$$

常用的 732 型阳离子交换树脂是带有磺酸基团的强酸型阳离子交换树脂,其分子结构如下:

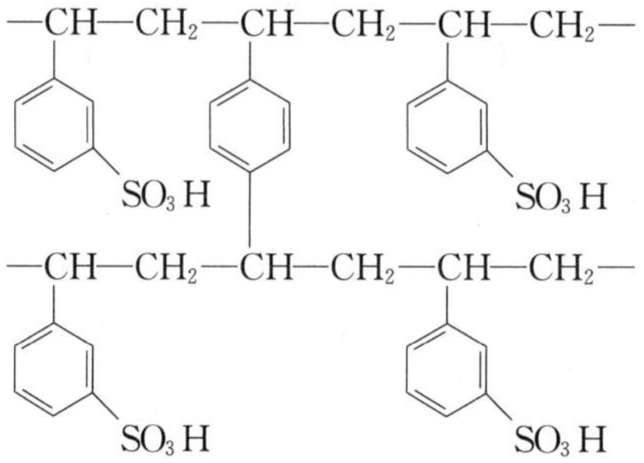

阴离子交换树脂分子结构中含有活泼的碱性基,常用的有季铵型强碱性阴离子交换树脂和伯胺型弱碱性阴离子交换树脂,它们能够与水溶液中的阴离子进行交换:

$$2R\!-\!CH_2N(CH_3)_3\,OH + SO_4^{2-} \longrightarrow [R\!-\!CH_2N(CH_3)_3]_2SO_4 + 2OH^-$$

常用的 717 型阴离子交换树脂是带有季铵基团的强碱型阴离子交换树脂,其分子结构如下:

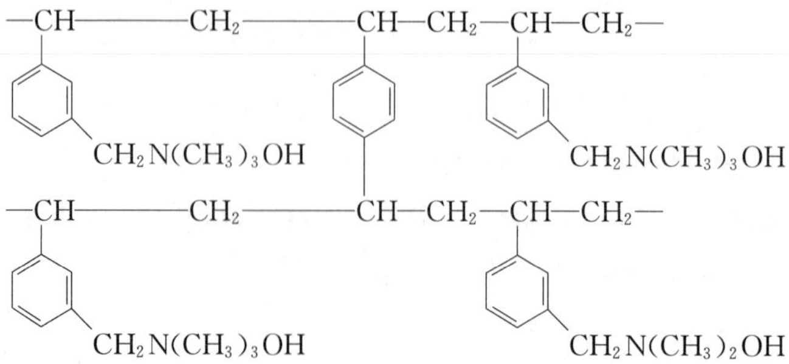

通过阴阳离子的交换，水中的钙、镁、钾、钠、铁、铜、铝、锰等阳离子和氯化物、硫酸根、碳酸根等阴离子就能去除，水质就能得到软化。软化处理时，原水自上而下流过树脂层，先通过阳离子交换塔交换，再经过阴离子交换塔交换。

阳离子或阴离子交换树脂使用一定时间后会逐渐失效。阴离子交换树脂可用 4％ 的烧碱溶液进行再生，阳离子交换树脂可用 4％ 的盐酸溶液进行再生。

$$R(SO_3)_2Ca + 2H^+ \longrightarrow 2RSO_3H + Ca^{2+}$$

$$[R-CH_2N(CH_3)_3]_2SO_4 + 2OH^- \longrightarrow 2R-CH_2N(CH_3)_3OH + SO_4^{2-}$$

第二节　表面活性剂

为了保证染整加工的顺利进行，经常要使用各种表面活性剂。纺织品染整中的润湿渗透剂、洗涤剂、匀染剂、分散剂等都是表面活性剂。为了合理地选择和使用表面活性剂，必须对它的结构、性质、作用原理和用途有所了解。

一、表面活性剂的基本知识

（一）表面张力、表面活性与表面活性剂

液体表面最基本的特性是倾向于收缩，力求使其表面积缩小。如将水滴在石蜡表面，水滴呈球形，水银珠和荷叶上的水珠等都呈球形，因为球形的表面积最小，产生这一现象的原因是因为液体表面存在表面张力。从液膜自动收缩实验可以更好地认识这一现象。用玻璃丝或细金属丝弯成一个一边可以活动的方框（图 2-1），使液体在此框内形成液膜 abcd，其中 cd 为活动边，长度为 l。若活动边与框架之间的摩擦很小，则欲保持液膜就必须施加一适当的外力于活动边上，否则 cd 边将自动移向 ab 边。这说明液体表面存在收缩

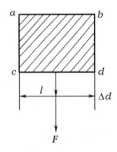

图 2-1　液体的表面张力

力。实验表明，当活动边与框间的摩擦力忽略不计时，为保持液膜所施加之外力 F 与活动边的长度 l 成正比，可以表示为 $F = 2\gamma l$，其中 γ 代表液体的表面张力系数，是垂直通过液体表面上任一单位长度、与液面相切并使液面收缩的力，常简称作表面张力。式中有系数 2 是因为液膜有两个表面。

表面张力产生的原因是因为液体表面层分子受力不均衡。如图 2-2 所示，若不考虑重力的作用，液体内部的分子虽然受到各个方向相邻分子的作用，但作用力大小相等，方向相反，合力为零，在液体内部移动不做功。而液体表面层的分子虽然也受到各个方向相邻分子的作用，但与空气分子的作用力小于液体同种分子的作用力，使液体表面层的分子受到一向下的合力，从而使液面自发收缩，这一合力就是液体的表面张力。

水与绝大多数液体有机物质相比有较大的表面张力，在水中加入某种物质时，水溶液的表

面张力会发生变化。根据大量实验结果,我们可以把各种物质水溶液的表面张力与浓度的关系归结为三种类型,如图2-3所示。

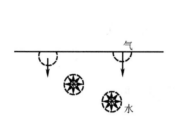

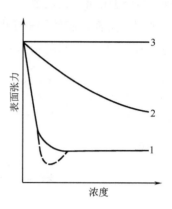

图2-2 液体表面和内部分子受力的情况　　图2-3 各类物质水溶液的表面张力

第一类是在较低浓度时,表面张力随浓度的增加而急剧下降(图2-3中曲线1),肥皂及合成洗涤剂等的水溶液具有此类性质;第二类是表面张力随浓度的增加而逐渐下降(图2-3中曲线2),乙醇、醋酸等的水溶液具有此类性质;第三类是表面张力随浓度的增加而稍有上升(图2-3中曲线3),NaCl、HCl、NaOH等无机物的水溶液具有此类性质。

原则上讲,凡能降低表面张力的物质都具有表面活性,因此第一、第二类物质均可称为表面活性物质。而第三类物质不具有表面活性,称之为非表面活性物质。第一类物质的明显特点是当其以极低浓度存在于水溶液中时,能自动吸附在溶液的表面或界面,显著降低水溶液的表面张力,并改变体系的表面或界面状态,从而产生润湿、乳化、分散、增溶、起泡、消泡、洗涤(净洗)等一系列作用,这种性质称为表面活性,具有这种性质的物质称为表面活性剂。表面活性剂广泛地应用于纺织、染整、食品、采矿及日用化工等诸多领域,在纺织品染整加工中,表面活性剂可用作润湿剂、渗透剂、乳化剂、分散剂、匀染剂、柔软剂、洗涤剂、固色剂、整理剂等,是染整加工助剂的主要成分。

(二)表面活性剂的结构特征

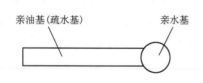

图2-4 表面活性剂的结构特征

表面活性剂的种类很多,但它们的分子结构有一个共同特点,即表面活性剂分子都是两亲化合物。分子结构由两部分组成,一部分易溶于水,是具有亲水性质的极性基团,称为亲水基;另一部分不溶于水而易溶于油,是具有亲油性质的非极性基团,称为亲油基,又称疏水基或憎水基。表面活性剂的这种结构特征可用图2-4表示。表面活性剂的亲油基一般由长链烃基构成,结构上差别较小,而亲水基部分的基团种类繁多,差别较大。

(三)表面活性剂溶液的性质

表面活性剂溶于水中时,其特有的两亲结构中的亲水基被水分子吸引而留在水中,疏水基与水分子排斥而指向空气,这使得表面活性剂分子有排列在液体表面的趋势,在水和空气界面上形成定向吸附,吸附作用的结果使原来空气—水的界面逐步被空气—疏水基的界面所代替,从而使溶液的表面张力大大降低,如图2-5(a)所示。

如果使表面活性剂的浓度增加到一定程度,则在空气—水的界面上聚集了更多的表面活性剂分子,并毫无间隙地密布于界面上,形成一紧密的单分子膜,即界面吸附达到饱和状态。此时空气—水的界面完全被空气—疏水基的界面所代替,使溶液的表面张力降至最低值,接近于油的表面张力。

继续增加表面活性剂的浓度,溶液的表面张力不再继续下降,而在溶液内部的表面活性剂分子则相互聚集在一起,形成疏水基向内,亲水基向外的胶束,如图2-5(b)所示。表面活性剂形成胶束所需要的最低浓度称为临界胶束浓度(简称CMC)。当表面活性剂浓度大于临界胶束浓度时,胶束数量随之增加,但水溶液的表面张力不会降低。不同的表面活性剂具有不同的临界胶

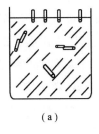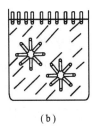

图2-5　表面活性剂在溶液中的状态

束浓度,CMC除与表面活性剂本身的结构有关外,还受温度、电解质的加入等外界因素的影响。

表面活性剂的CMC是一个重要的指标,溶液的某些重要性质如电导率、折光率、渗透压、蒸汽压、密度、黏度、表面张力及洗涤作用等,在CMC前后都有显著的变化。因此,使用表面活性剂时,其浓度应稍大于CMC,才能充分发挥其作用。表面活性剂的CMC一般不高,多在0.02%～0.4%之间。

二、表面活性剂的基本作用

表面活性剂在染整加工中应用十分广泛。下面就表面活性剂的润湿、渗透、乳化、分散、增溶、洗涤、起泡和消泡等作用原理加以讨论。

(一)润湿和渗透作用

在一块洁净的玻璃上滴一滴水,水滴在玻璃表面上迅速展开,这种现象说明水能润湿玻璃。若在玻璃表面涂上一层薄薄的石蜡,则水滴仍保持球状而不在石蜡表面展开,说明水不能润湿石蜡表面。如果在石蜡表面滴一滴含有少量渗透剂JFC等表面活性剂的水溶液,则石蜡表面也能被水溶液润湿,这种情况下表面活性剂所起的作用称为润湿作用。

将水滴滴在坯布上,水滴呈球状,也属于不润湿。若将含有少量渗透剂JFC等表面活性剂的水溶液滴在坯布上,则水滴很快在坯布上展开并渗透到坯布的内部,把空气取代出去,这种情况下表面活性剂所起的作用称为渗透作用。

润湿作用与渗透作用并无本质上的区别。前者作用在物体的表面,后者作用在物体内部,两者可使用相同的表面活性剂,因而润湿剂也可称为渗透剂。

表面活性剂之所以具有润湿和渗透作用,是由于表面活性剂显著地降低了水的表面张力的缘故。下面就液滴在固体平面上的润湿作一简要分析。液滴在固体平面上达到平衡时的情况如图2-6所示。

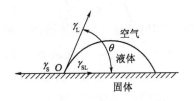

图2-6　接触角与界面张力之间的关系

设 O 点是空气、液滴和固体三相交界处上的任意一点,该点受到固体表面张力 γ_S,液体表面张力 γ_L 和固—液界面张力 γ_{SL} 的作用。自 O 点沿液滴表面作一切线,该切线与固体平面的夹角 θ 称为接触角。当液滴在固体平面上平衡时,若忽略液滴重力的影响,作用于 O 点上的力应保持下面关系:

$$\gamma_S = \gamma_{SL} + \gamma_L \cos\theta \quad \text{或} \quad \cos\theta = \frac{\gamma_S - \gamma_{SL}}{\gamma_L} \tag{2-1}$$

式(2-1)也叫润湿方程。

接触角可以衡量液体对固体的润湿程度。润湿越好,液滴在固体表面展开得越大,接触角越小;润湿越差,液滴在固体表面展开得越小,接触角越大。即:

当 $\theta = 0$ 时,液滴在固体表面铺展,称为完全润湿;

$\theta = 180°$ 时,液滴呈球状,称为完全不润湿;

$0 < \theta < 90°$ 时,液滴在固体表面上呈凸透镜状,称为润湿;

$\theta > 90°$ 时,称不润湿。

由式(2-1)可知,θ 受三个力 γ_S、γ_{SL} 和 γ_L 支配。其中固体表面张力 γ_S 为一常数,由固体的种类决定。因此,γ_L 和 γ_{SL} 越小,$\cos\theta$ 越大,θ 越小,越有利于润湿。当水中加入表面活性剂,一方面,水的表面张力 γ_L 显著下降,另一方面,表面活性剂还能在水和固体的界面上起着类似桥梁的作用,增加了两者之间的相互吸引力,从而使固—液界面张力 γ_{SL} 降低。从润湿方程可以看出,这将使 θ 减小,故能显著提高对固体的润湿性。

但是,织物与一般固体平面不同,它是一个多孔体系,在织物内部、纱线之间、纤维之间,甚至纤维的巨原纤之间都分布着无数相互贯通、大小不同的毛细管。在印染加工过程中,织物的润湿情况往往用毛细管效应来衡量。在典型的毛细管效应中,液柱在毛细管中的向上拉力在数值上与液柱压力 P 相等。液柱压力 P 和液体表面张力 γ_L、润湿角 θ、毛细管半径 r 间的关系如下:

$$P = 2\gamma_L \cdot \cos\theta / r \tag{2-2}$$

由式(2-2)可知,若液体能润湿管壁,$\theta < 90°$,$\cos\theta > 0$,P 为正值,液体能在毛细管内上升。如果液体对管壁的润湿情况很差,$\theta > 90°$,$\cos\theta < 0$,P 为负值,则液体在毛细管内不能上升。要使管内液面上升,需借助于润湿剂的作用。由式(2-1)和式(2-2)可得 $P = 2(\gamma_S - \gamma_{SL}) / r$,润湿剂可以降低 γ_{SL},使 P 值增大,从而增进了织物的润湿性能。对织物来说,只要能产生良好的润湿,液体便能通过相互贯通的毛细管自动发生渗透作用,从而有利于染整加工的进行。以上讨论是大大简化了的情况,由于纤维表面并不是平滑的,织物的空隙也不是规则有序的,因此织物润湿的实际情况要复杂得多。

(二)乳化和分散作用

将一种液体以极细小的液滴均匀分散在另一种与其互不相溶的液体中所形成的分散体系,称为乳液或乳状液,这种作用称为乳化作用。将不溶性固体物质的微小粒子均匀地分散在液体中所形成的分散体系,称为分散液或悬浮液,这种作用称为分散作用。乳液和分散液的分散介质均为液体,只不过前者的内相(分散相)为液体,而后者的内相(分散相)为固体。

乳液有两种类型,一种是油呈细小的液滴分散在水中,水是连续相(外相),油是不连续相,称为水包油型或油/水型，以 O/W 表示；另一种是水呈细小的液滴分散在油中，油是连续相（外相），而水是不连续相，称为油包水型或水/油型，以 W/O 表示。在一定情况下，两者可以相互转化，称为转相。在染整加工中以油/水型乳液应用较广，下面重点讨论这方面的内容。

　　油和水接触时，两者分层，不能相溶。如果加以搅拌或振动，虽然油能变成液滴分散在水中，但由于两者的接触面积增加，表面能增大，从能量最低原理来看是一种很不稳定的体系，较小的油滴在相互碰撞时有自动聚集成较大油滴而减小其表面能的倾向，以致一旦停止搅拌或振荡，不需要静置多久，便又重新分为两层。因此乳液分层是一个自发过程。如果在油、水中加入一定量适当的表面活性剂（乳化剂），再加以搅拌或振荡，由于乳化剂在油—水界面上产生定向

吸附，亲水基伸向水，亲油基伸向油，把两相联系起来，使体系的界面能下降，在降低界面张力的同时，乳化剂分子紧密地吸附在油滴周围，形成具有一定机械强度的吸附膜。当油滴碰撞时，吸附膜能阻止油滴的聚集。如果选用离子型的乳化剂，还会在油—水界面上形成双电层和水化层，都可防止油滴的相互聚集，从而使乳液稳定。如乳化剂肥皂在水包油型乳液中，肥皂分子的亲水基—COONa电离，使油滴周围带负电，而 Na^+ 分布在其周围，形成双电层。由于油滴的双电层间有排斥作用，可防止油滴的互相聚集，使乳液稳定。肥皂作乳化剂时，其乳液情况如图 2-7 所示。若使用非离子

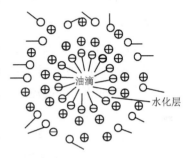

图 2-7　肥皂作乳化剂时的乳液情况

型乳化剂，则会在油滴周围形成比较牢固的水化层，也具有类似的作用。

（三）增溶作用

　　一些非极性的碳氢化合物如苯、矿物油等在水中的溶解度是非常小的，但却可以溶解在表面活性剂的胶束中，形成类似于透明的真溶液。表面活性剂的这种作用称为增溶作用。增溶作用实际上是根据性质相似相溶原理，使非极性的碳氢化合物溶解于胶束内疏水基团集中的地方。增溶与真正的溶解不同，真正的溶解是使溶质分散成分子或离子，而增溶则是以分子聚集体溶入的。

（四）洗涤作用

　　某些表面活性剂具有良好的洗涤去污能力，常被用作洗涤剂。但到目前为止，人们对洗涤作用的本质尚未彻底了解清楚，亦未能较精确地描述。通常将对织物洗涤作用的基本过程用下面的关系式描述：

$$织物×污垢＋洗涤剂 \rightleftharpoons 织物＋污垢×洗涤剂$$

　　洗涤过程中，织物浸在含有洗涤剂的水溶液中，洗涤剂与污垢、污垢与固体表面之间发生一系列物理化学作用（润湿、渗透、乳化、增溶、分散和起泡等），并借助于机械搅动或揉搓作用，使污垢从织物表面脱离下来，分散、悬浮于水溶液中，再经漂洗除去，这是洗涤的主过程。洗涤过程是一个可逆过程，分散、悬浮于水溶液中的污垢也有可能从水溶液中重新沉积于织物表面，使织物变脏，这种现象称为污垢再沉积（或织物再沾污）。因此，一种优良的洗涤剂应具备两种作用：一是降低污垢与织物表面的结合力，具有使污垢脱离织物表面的能力；二是具有防止污垢再沉积的能力。

一般污垢可分为固体污垢(如尘土、砂、铁锈等)和液体污垢(如动、植物油和矿物油),两种污垢经常出现在一起,以混合污垢形式沾污织物。一般情况下,污垢与织物表面接触后不再分开,通过机械力、分子间力和化学键力三种方式中的一种或几种黏附于织物表面,而不同材料的织物表面与不同性质的污垢有不同的黏附强度。

固体污垢的去除主要是靠表面活性剂在固体质点(污垢)及织物表面吸附,使两者所带电荷相同,从而在两者之间发生排斥,特别是阴离子表面活性剂能增强纤维和污垢的负电荷,增加斥力,使黏附强度减弱,固体质点(污垢)变得易于从织物上去除。一般说来,固体污垢的质点越小,越不易去除。上述作用适用于无机固体污垢,对于有机固体污垢的去除,可用扩散溶胀机理来解释:表面活性剂与水分子渗入有机固体污垢后不断扩散,并使污垢发生溶胀、软化,再经机械作用,在水流冲击下脱落下来,经乳化洗除掉。

液体污垢及混合污垢是以铺展的油膜形式黏附于织物表面上的油性物质污垢,在洗涤时,由于洗涤剂的润湿作用,使其逐渐卷缩成油珠,然后在机械作用下脱离织物表面,如图 2-8 所示。图中 θ 为油污膜在水中的接触角,γ_{wo}、γ_{sw} 和 γ_{so} 分别为油—水、固—水、固—油的界面张力。

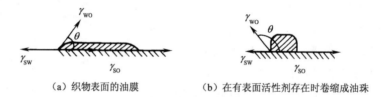

(a) 织物表面的油膜　　　　(b) 在有表面活性剂存在时卷缩成油珠

图 2-8　洗涤剂的润湿作用

设织物表面为平滑的固体表面,由图 2-8(a)可以看出,平衡时满足下列关系式:

$$\gamma_{so} = \gamma_{sw} - \gamma_{wo}\cos\theta \qquad\qquad (2-3)$$

在水中加入洗涤剂,由于洗涤剂中的表面活性剂在固体表面和油污表面上吸附,使 γ_{sw} 和 γ_{wo} 降低,而 γ_{so} 未变。为维持新的平衡,$-\cos\theta$ 值必须增大,即接触角 θ 从小于 90° 变为大于 90°。在某种适宜条件下,接触角接近 180°,即洗涤剂几乎完全润湿固体表面时,油污膜变为油珠自行脱离,从固体表面除去。接触角 90°<θ<180° 时,油珠在液流冲带下亦可完全除去,如图 2-9(a)所示。若液体油污与固体表面的接触角小于 90°,即使有运动液流的冲击,仍有少部分油污残留于表面,如图 2-9(b)所示。要除去残留的油污,需施以更大的洗液冲击力,或通过表面活性剂胶束的增溶作用来实现。

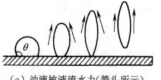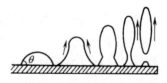

(a) 油滴被液流水力(箭头所示)　　　(b) 较大油滴大部分被液流水力(箭头
　　从固体表面完全去除　　　　　　　　所示)除去,有小滴残留于表面

图 2-9　油性污垢的去除

在实际洗涤中,衣物材料和油性污垢对表面活性剂的吸附量与去污效果有密切关系。当表面活性剂在油污上的吸附量大于在衣物材料上的吸附量时,γ_{WO} 较 γ_{SO} 降低得很显著,油污容易去除。

衣物表面是不平整的,当油污进入穴孔时,即使 θ 为 180°,油污也不会被除掉。

(五)起泡和消泡作用

气体分散在液体中所形成的分散体系称为泡沫。泡沫实际上是由少量液体薄膜包围着气体所组成的气泡聚集体。用力搅拌水时虽有气泡产生,但这种气泡是不稳定的,一旦停止搅拌,则气泡立即消失。这是因为空气—水界面张力大,相互之间的作用力小,气泡很容易被内部的空气冲破。若液体中含有表面活性剂,则形成的液膜不易破裂,因此在搅拌时就可以形成大量泡沫。例如,肥皂的水溶液经搅拌或吹入空气就可以形成较稳定的泡沫。

泡沫的形成是由于空气进入表面活性剂溶液中的瞬间而形成的疏水基伸向气泡内部,亲水基指向液相的具有一定强度的吸附膜。被吸附的表面活性剂对液膜有保护作用,使生成的泡沫比较稳定。形成的泡沫密度小于溶液密度而上升至液面。如果条件适当,当气泡溢出液面时,便形成双分子膜。被双分子膜包围起来的气泡浮于液面,甚至释入空气中。如图 2-10 所示。

在染整加工中起泡作用有其有利的一面,比如泡沫能增强洗涤剂的携污能力,减少再沾污现象,对洗涤起到一定的辅助作用。但在一般染整加工中,染液、色浆中的泡沫会造成染色和印花疵病,需加消泡剂破坏或抑

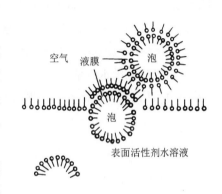

空气　液膜　泡

表面活性剂水溶液

图 2-10　泡沫形成模型图

制泡沫。消泡有两种方式,一种是破泡,即将生成的泡沫破除;另一种是抑泡,即抑制泡沫的产生。工业上常用的消泡剂都是表面张力小、易于在溶液表面铺展的液体。其消泡机理一般认为是由于消泡剂在液膜表面铺展时,会带走邻近表面的一层溶液,使液膜局部变薄,表面张力分布不匀,产生薄弱环节,从而使液膜破裂,泡沫消失。

表面活性剂除了具有上述主要作用外,还有其他一些派生作用,如柔软、匀染、抗静电、杀菌防霉等作用,将在本书后面有关章节中论及。

三、表面活性剂的分类和常用表面活性剂的性能

表面活性剂的种类很多,分类方法也各不相同,如按溶解性分类,按相对分子质量分类,按用途分类等。但最常用的是按表面活性剂的亲水基在水中是否离解以及离解后的离子类型来分类。

表面活性剂溶于水后,按离解和不离解分为离子型表面活性剂和非离子型表面活性剂两大类。前者又可按其在水中生成的离子种类分为阴离子型、阳离子型和两性离子型表面活性剂。此外,还有一些特殊类型的表面活性剂。

(一)阴离子表面活性剂

阴离子表面活性剂是表面活性剂中的一个大类。近年来,聚氧乙烯型非离子表面活性剂的发展较快,使阴离子表面活性剂的使用量有所降低,但仍占表面活性剂总量的 40% 以上。

阴离子表面活性剂是指在溶液中离解后,亲水基团带有负电荷的一类表面活性剂,主要用作乳化剂、扩散剂、渗透剂、润湿剂、净洗剂等,按亲水基的不同可分为羧酸盐类、硫酸酯盐类、磺酸盐类、磷酸酯盐类四大类。

1. 羧酸盐类

这类表面活性剂的亲水基是羧基($-COO^-$),根据亲油基与亲水基的连接方式可分为两类,一类是亲油基与亲水基直接相连,另一类是亲油基与羧基通过中间键如酰胺键相连。

(1)脂肪羧酸盐。这类表面活性剂也称为皂,如最常用的肥皂,结构通式为$R-COONa$,在软水中具有丰富的泡沫和良好的洗涤能力,但在硬水中会与钙、镁离子形成不溶性的钙皂、镁皂,不仅洗涤能力降低,还会再沾污洗涤物,不耐硬水是其最大的弱点。当pH<7时,皂类表面活性剂会生成不溶性的游离脂肪酸,因此,只能在中性或碱性条件下使用。皂类表面活性剂除用作洗涤剂外,还具有乳化、润湿、起泡等作用。

(2)烷基酰胺羧酸盐。这类表面活性剂的中间键为酰胺键,酰胺键增加了分子中亲水基的总数,可以提高抗硬水性能。如雷米邦A(洗涤剂613),对钙皂有很好的分散能力,耐碱、耐硬水,可作为乳化剂、分散剂和洗涤剂,但在酸性介质中易分解。其结构式如下:

$$C_{17}H_{33}CO+NR_1CR_2HCO\overline{)_n}ONa$$

(3)烷基醚羧酸盐。这类表面活性剂既可以归为阴离子表面活性剂,也可以归为非离子表面活性剂,在酸性介质中具有非离子的特征,在中性和碱性范围内具有阴离子羧酸盐的特征,抗硬水能力强,是优良的乳化剂,也是洗涤剂、分散剂、抗静电剂、润湿剂和渗透剂的主要成分。其结构式为:

$$R(OCH_2CH_2)_nOCH_2COONa$$

2. 硫酸酯盐

(1)脂肪醇硫酸盐。这类表面活性剂的结构通式为:$ROSO_3^- M^+$,其中,R为烷基,M^+为碱金属离子或铵离子,具有优良的润湿、乳化、去污性能,可用作润湿剂和洗涤剂。

(2)仲烷基硫酸盐。这类表面活性剂的结构通式为:$R_1C(R_2)HOSO_3Na$,润湿性和洗涤性好,可用作洗涤剂、润湿剂、分散剂等。

(3)脂肪醇醚硫酸盐。这类表面活性剂的抗硬水性能大大提高,润湿性较好,主要用于洗涤剂,其结构通式为:

$$RO(CH_2CH_2O)_nSO_3Na$$

3. 磺酸盐类

磺酸盐类表面活性剂是阴离子表面活性剂中品种最多,产量最大的一类产品。这类表面活性剂的结构与硫酸酯盐类不同,不会像硫酸酯盐类那样发生水解。此外,由于磺酸系强酸,有较强的亲水性,所以,即使在酸性介质中也不会分解影响溶解度。

(1)烷基磺酸钠(净洗剂AS)。烷基磺酸钠的分子结构可用如下通式表示:

$$R-SO_3Na \qquad (R=C_nH_{2n+1}, n=15\sim20)$$

烷基磺酸钠的表面活性强,具有良好的润湿、乳化、分散和去污能力,被广泛用作柔软剂、匀染剂和乳化剂等。

(2)烷基苯磺酸钠。其分子结构可用如下通式表示：

$$R-\!\!\!\left\langle\ \right\rangle\!\!-SO_3Na \quad (R=C_nH_{2n+1},n=10\sim16)$$

R 为 $C_{10}\sim C_{16}$ 的直链或支链烃基,其中以 C_{12} 占多数,因此又常称为十二烷基苯磺酸钠。十二烷基苯磺酸钠对酸、碱和硬水都很稳定,乳化和洗涤能力均较烷基磺酸钠强,主要用作洗涤剂,是家用洗衣粉、液体洗涤剂和工业洗涤剂的最主要的活性成分。十二烷基苯磺酸钠的碱性比烷基磺酸钠低,可用于棉织物、毛织物和丝织物的洗涤,其去污能力是合成洗涤剂中较强的一种,但携污能力比肥皂低。

(3)烷基萘磺酸盐的甲醛缩合物。这类表面活性剂中最常见的是分散剂 NNO。分散剂 NNO 又名扩散剂 NNO,学名为亚甲基双萘磺酸钠,其结构式为：

$$NaO_3S-\!\!\!\left\langle\ \right\rangle\!\!\left\langle\ \right\rangle\!\!-CH_2-\!\!\!\left\langle\ \right\rangle\!\!\left\langle\ \right\rangle\!\!-SO_3Na$$

分散剂 NNO 易溶于水,对酸、碱、硬水及盐稳定,无渗透性和起泡性,具有很好的分散性能。分散剂 NNO 是一种特异的阴离子表面活性剂,能将各种固体粒子分散于水中,主要用于还原染料悬浮体轧染、隐色体染色、分散染料和可溶性还原染料染色的分散剂和印花色浆的稳定剂,在染料工业中用作分散染料的分散剂。

(4)木质素磺酸盐。木质素磺酸盐是原木造纸亚硫酸制浆过程中废水的主要成分,结构相当复杂,主要用作分散染料和还原染料的扩散剂、匀染剂,具有分散性好,耐热稳定性高,泡沫少,沾色低,还原性低等优点。

(5)磺酸基与疏水基通过连接基连接的磺酸盐表面活性剂。这类表面活性剂常用的主要有下面两种。

①胰加漂 T(209 洗涤剂):胰加漂 T 的学名为 N,N'-油酰甲基牛磺酸钠,其结构式为：

$$C_{17}H_{33}-\underset{\underset{O}{|}}{C}-\underset{\underset{CH_3}{|}}{N}-CH_2-CH_2-SO_3Na$$

胰加漂 T 易溶于水,呈中性,对硬水、酸、碱、双氧水及次氯酸钠等均较稳定,具有优良的润湿、渗透、乳化、洗涤以及对钙皂的分散能力,尤其是洗涤能力更为突出,主要用于洗呢、缩呢、染色及丝绸精练处理。

②渗透剂 T:渗透剂 T 又称快速渗透剂 T,学名为琥珀酸二异辛酯磺酸钠,其结构式如下：

$$NaO_3S-\underset{}{CH}-\underset{\underset{O}{\parallel}}{C}-O-\underset{\underset{}{}}{CH}-\overset{CH_3}{(CH_2)_5}-CH_3$$
$$CH_2-\underset{\underset{O}{\parallel}}{C}-O-\underset{}{CH}-(CH_2)_5-CH_3$$
$$CH_3$$

渗透剂 T 可溶于水,水溶液呈乳白色,由于其分子结构中含有酯基,因而不耐强酸、强碱、还原剂和重金属盐。渗透剂 T 分子中的亲水基位于疏水基之间,具有良好的渗透性,且渗透迅速而均匀。

（6）磷酸酯盐类。磷酸酯盐类表面活性剂包括烷基磷酸单酯、双酯盐,脂肪醇聚氧乙烯醚磷酸单酯、双酯盐和烷基酚聚氧乙烯醚磷酸单酯、双酯盐。脂肪醇聚氧乙烯醚磷酸单酯钠盐的分子结构可用如下通式表示:

$$RO(CH_2CH_2O)_n-P\begin{matrix}O\\\|\\\\\end{matrix}\begin{matrix}ONa\\\\ONa\end{matrix}$$

这类表面活性剂具有优良的分散、渗透、洗涤性能,起泡力小,耐碱、耐硬水、耐高温,并耐还原剂和氧化剂,生物降解性好,刺激性低,主要用于棉及其混纺织物的高温高压煮练,也具有优良的抗静电性能,被广泛用于化纤油剂的抗静电剂。

(二)阳离子表面活性剂

阳离子表面活性剂指在溶液中离解后,亲水基团是带有正电荷的一类表面活性剂。阳离子表面活性剂的亲水基主要为氮原子,也有磷、硫等原子,亲水基可以直接与疏水基相连,也可以通过酯键、醚键和酰胺键相连。

阳离子表面活性剂一般不作洗涤剂,因为被洗涤物的表面通常带有负电荷,而阳离子表面活性剂带正电荷,由于静电引力,阳离子表面活性剂会在织物表面形成亲水基向内,非极性疏水基向外的排列,结果使织物表面疏水而不利于洗涤,甚至有反作用。但这种特性有许多特殊用途,可以作为抗静电剂、柔软剂。

在阳离子表面活性剂中,最重要的是含氮的表面活性剂。根据氮原子在分子中的位置,可以分为直链烷基胺盐、季铵盐和环状的吡啶型、咪唑啉型四类。

1. 烷基胺盐类

各类伯、仲、叔胺与酸反应后得到的胺盐都是阳离子表面活性剂,其结构式如下:

$$R-NH_2\cdot HX \qquad R-\underset{\underset{R_1}{|}}{N}H\cdot HX \qquad R-\underset{\underset{R_2}{|}}{\overset{\overset{R_1}{|}}{N}}\cdot HX$$

$$\text{伯胺盐} \qquad\qquad\qquad \text{仲胺盐} \qquad\qquad\qquad \text{叔胺盐}$$

其中 R 为 $C_{12}\sim C_{18}$ 的烷基,R_1,R_2 一般为 CH_3,HX 为无机酸或有机酸。这类产品可用作分散剂、乳化剂、抗静电剂、固色剂和柔软剂等。但烷基胺盐类表面活性剂遇碱会析出不溶于水的原料胺。

如萨帕明 A,主要用作柔软剂,其结构式为:

$$C_{17}H_{33}CONHCH_2CH_2N(C_2H_5)_2\cdot CH_3COOH$$

2. 季铵盐类

这类表面活性剂的结构式如下:

$$[R-\underset{\underset{R_2}{|}}{\overset{\overset{R_1}{|}}{N}}-R_3]^+\cdot X^-$$

季铵盐类表面活性剂的水溶性与碳链长度和长碳链的个数有关,含有一个长链烷基的季铵盐能溶于水,含有两个长链烷基的季铵盐不能溶于水。这类表面活性剂柔软性好,杀菌力强,广泛用作纤维的柔软剂、抗静电剂、抗菌剂和防水剂。其中,单长链烷基的季铵盐主要用作抗静电剂、抗菌剂,双长链烷基的季铵盐主要用作织物的柔软剂。

匀染剂 1227 为十二烷基二甲基苄基氯化铵,结构式为:

$$\left[C_{12}H_{25}-\overset{\overset{\displaystyle CH_3}{|}}{\underset{\underset{\displaystyle CH_3}{|}}{N}}-CH_2-C_6H_5 \right]^+ \cdot Cl^-$$

匀染剂 1227 溶于水,耐酸、硬水和无机盐,但不耐碱,可与非离子表面活性剂同浴使用,但不能与阴离子染料或阴离子表面活性剂同浴使用。1227 在阳离子染料腈纶染色中作为匀染剂,并具有柔软、平滑和抗静电作用,此外,还可用作消毒杀菌剂。

抗静电剂 SN 为十八烷基二甲基羟乙基季铵硝酸盐,其结构式为:

$$\left[C_{18}H_{37}-\overset{\overset{\displaystyle CH_3}{|}}{\underset{\underset{\displaystyle CH_3}{|}}{N}}-CH_2CH_2OH \right]^+ \cdot NO_3^-$$

抗静电剂 SN 易溶于水,对 5% 的酸、碱稳定,但不耐高温,当温度升至 180℃ 以上时会分解,可与阳离子、非离子表面活性剂混用,但不宜与阴离子表面活性剂混用。具有优良的静电消除作用,常用作合成纤维及其混纺织物的抗静电剂。

3. 杂环类阳离子表面活性剂

这类表面活性剂的分子中含有咪唑啉、吗啉、吡啶等杂环,主要用作织物的柔软剂、染料固色剂、杀菌剂和防水剂。

防水剂 PF 属于这类表面活性剂,化学组成为亚甲基硬脂酰胺氯化吡啶盐,结构式为:

$$C_{17}H_{35}-CONH-CH_2-\overset{+}{N}C_5H_5 \cdot Cl^-$$

防水剂 PF 能耐酸和硬水,但不耐碱及大量的硫酸盐、磷酸盐等无机盐,不耐 100℃ 以上的高温,可与阳离子、非离子表面活性剂及树脂初缩体混用,不能与阴离子染料或阴离子表面活性剂混用。防水剂 PF 具有活性基团,能与纤维素纤维上的羟基发生化学反应通过共价键结合,从而赋予织物耐久的防水效果和柔软性能。

(三)非离子表面活性剂

非离子表面活性剂在水溶液中不能电离,亲水基团不带电荷,其表面活性是由分子中的极性部分和非极性部分体现出来的。它的亲水性由分子中含有的多个极性基团如羟基、醚基、氨基、酰胺基和酯基的水合作用提供,亲油性由分子中的疏水性基团提供。当分子中含有足够多的极性结构单元时,非离子表面活性剂通过氢键获得水溶性。

非离子表面活性剂在水溶液中以分子状态存在,稳定性高,不易受强电解质的影响,耐酸、碱,与其他类型的表面活性剂相容性好,在水及有机溶剂中均具有良好的溶解性,在固体表面不发生强烈吸附。具有良好的洗涤、分散、乳化、润湿、发泡、增溶、抗静电、匀染等作用,广泛应用于染整加工的各个工序。

非离子表面活性剂按亲水基的不同可分为聚乙二醇型和多元醇型两大类,本节简要介绍聚乙二醇型非离子表面活性剂。

1. 聚乙二醇型非离子表面活性剂

(1)脂肪醇聚氧乙烯醚(AEO)类。这类表面活性剂的结构通式为 $R(OCH_2CH_2)_nOH$,其中 $R=C_{10}\sim C_{18}$,是非离子表面活性剂中最重要的一类产品。环氧乙烷(EO)的加成数 n 对表面活性剂的性质有极大影响,加成数小的,难溶于水,随着加成数的增加,溶解度增大。这类表面活性剂一般用作洗涤剂、匀染剂、乳化剂、剥色剂、纺丝油剂等。当 n 较小时,适用于纤维素纤维的洗涤;n 为中等时,适用于羊毛的净洗、润湿和矿物油的乳化;n 较大时,适用于作精练、漂白、染色助剂,钙皂分散剂,乳化剂。

渗透剂 JFC 是脂肪醇与环氧乙烷的加成物,其结构式为:

$$C_nH_{2n+1}-O-(CH_2CH_2O)_5H \qquad (n=7\sim9)$$

渗透剂 JFC 易溶于水,能耐酸、碱、硬水、次氯酸钠和重金属盐,具有良好的润湿渗透性能,可与各类表面活性剂、染料及树脂初缩体同浴使用,主要用作渗透剂。

平平加 O 是十八烯醇或十八醇与环氧乙烷的加成物,其结构式为:

$$C_{18}H_{35}-O-(CH_2CH_2O)_{15}H$$

匀染剂 O 是十二醇与环氧乙烷的加成物,其结构式为:

$$C_{12}H_{25}-O-(CH_2CH_2O)_{22}H$$

平平加 O 与匀染剂 O 的性质极为相似,都易溶于水,对酸、碱、硬水和重金属盐都很稳定,对各种纤维无亲和力,但对各种染料都有较强的匀染性和缓染性,也具有优良的乳化、分散性能,可与各类表面活性剂和染料同浴使用。

平平加 O 在染整加工中应用较广,可用作乳化剂、匀染剂、分散剂、剥色剂、防染剂等。匀染剂 O 可用作匀染剂和润湿剂等。

有机硅型高效分散剂 WA 的结构式为:

$$[RO(C_2H_4O)_n]_3SiCH_3$$

具有低泡性、高分散力,对悬浮液和乳状液的稳定性有特效,能防止染色时染料的聚集,也经常用作真丝的精练助剂。

(2)烷基酚聚氧乙烯醚(APEO)类。烷基酚聚氧乙烯醚的结构通式为:

$$C_nH_{2n+1}-\!\!\left\langle\!\!\!\bigcirc\!\!\!\right\rangle\!\!-O-(CH_2CH_2O)_m H$$

在非离子表面活性剂中的重要性仅次于脂肪醇聚氧乙烯醚,乳化剂 OP 或 TX 系列就属于这类表面活性剂。

与脂肪醇聚氧乙烯醚相似,烷基酚聚氧乙烯醚分子中的环氧乙烷加成数 n 的大小直接决定它的物化性质和表面活性。当 $n = 1 \sim 6$,在水中不易溶解,为脂溶性;$n > 8$,可溶于水;$n = 8 \sim 10$,表面张力可降低很多,润湿性和去污力都好,乳化性也不错,用途广泛;$n > 10$,表面张力逐渐升高,润湿性和去污力逐渐下降。

乳化剂 OP 又称匀染剂 OP,是烷基酚与环氧乙烷的加成物,其结构式为:

$$C_{12}H_{25} \text{—} \bigcirc \text{—} O\text{—}(CH_2CH_2O)_{10}H$$

乳化剂 OP 易溶于水,对酸、碱、硬水、氧化剂、还原剂和重金属盐都很稳定,具有优良的润湿、渗透、乳化、分散、助溶、洗涤和匀染等性能,可与各类表面活性剂和染料、树脂初缩体等混用,在染整加工中应用较广泛,可用作乳化剂、匀染剂、分散剂、洗涤剂等。

但烷基酚聚氧乙烯醚具有较强的生物毒性。以聚合度为 $9 \sim 10$ 的壬基酚聚氧乙烯醚为例,其 LD_{50}(半数致死量)为 $1600mg/kg$,对藻类的 ECD_{50} 为 $50mg/L$,对水蚤的 ECD_{50} 为 $42mg/L$。同时烷基酚聚氧乙烯醚对鱼类毒性很大,已接近强毒性。而且,烷基酚聚氧乙烯醚的聚合度越低,其毒性和环境激素效应越强。

烷基酚聚氧乙烯醚的生物降解性非常缓慢,其初始生物降解度仅为 $4\% \sim 40\%$,而且其降解产物对环境具有潜在的威胁。

烷基酚聚氧乙烯醚具有环境激素效应,是被国际列为禁止使用的 70 种环境激素之一。此外,烷基酚聚氧乙烯醚对人的皮肤和眼睛也有一定的刺激性,会对人身体健康造成危害。

(3)脂肪酸聚氧乙烯酯。这类表面活性剂的结构通式为 $RCOO(CH_2CH_2O)_nH$,水溶性随着环氧乙烷加成数 n 的增大而增加,当 $n = 15$ 时即有较好的水溶性。这类表面活性剂中含有酯键,不耐水解,而且润湿性和去污性也较前两类表面活性剂差,主要用作乳化剂、分散剂、柔软剂和纤维油剂。

(4)聚氧乙烯脂肪胺。聚氧乙烯脂肪胺是由胺与环氧乙烷进行反应后得到的一类表面活性剂。低加成数的聚氧乙烯脂肪胺具有阳离子表面活性剂的一些特性,如耐酸,不耐碱,有一定的杀菌力。随着环氧乙烷加成数的增加,非离子表面活性剂的特性逐渐显露出来。如匀染剂DA,是羊毛和锦纶染色优异的匀染剂,其结构式如下($p + q = 15$):

$$C_{18}H_{37}N \Big\langle \begin{array}{l} (CH_2CH_2O)_pH \\ (CH_2CH_2O)_qH \end{array}$$

(5)聚氧乙烯脂肪酰胺。聚氧乙烯脂肪酰胺的结构通式为:

$$RCON \Big\langle \begin{array}{l} (CH_2CH_2O)_nH \\ (CH_2CH_2O)_mH \end{array}$$

当 $n = m = 1$ 时为烷醇酰胺,是聚氧乙烯脂肪酰胺中最简单的品种,也是最重要的品种之一,净洗剂 6501、净洗剂 6502 就属于这一类。这类表面活性剂具有较强的脱脂性,对纤维的吸附性强,洗后手感好,具有一定的抗静电作用,可用作柔软剂、抗静电剂和洗涤剂中的添加剂。

(6)聚醚型非离子表面活性剂。聚醚型非离子表面活性剂是近年来新发展起来的一类高分子表面活性剂,相对分子质量在数千以上,亲水基和疏水基可根据要求加长或缩短,其分子结构通式可表示为:

$$RX \mathbf{+} (C_2H_4O)_a(C_3H_6O)_b(C_2H_4O) \mathbf{+}_c H$$

R 为烷基,X=O、COO 等,$b>15$,$(C_2H_4O)_{a+c}$ 为化合物总质量的 $10\%\sim80\%$,a 可以为零。聚醚型非离子表面活性剂具有良好的低泡、润湿、渗透、乳化、分散、洗涤等性能,对酸、碱和硬水较稳定,可用作乳化剂和丝、棉及其混纺织物前处理的润湿剂、渗透剂。

2. 非离子表面活性剂的性能

(1)协同效应。非离子表面活性剂由于在水中不电离,因而混溶性较好,能与阴离子、阳离子表面活性剂同浴使用,混用后可明显提高其性能,这种现象称为"协同效应"。染整加工中使用的许多助剂都是非离子型表面活性剂与阴、阳离子表面活性剂的复配物,目前以非离子表面活性剂与阴离子表面活性剂复配为主。

(2)浊点。聚乙二醇型非离子表面活性剂是由既含有疏水基(烃基)又含有活泼 H 原子的化合物(如 R—OH、$RCONH_2$、RCOOH 等)与多个环氧乙烷进行加成反应制得的含有聚氧乙烯醚$(CH_2CH_2O)_n$ 的化合物。在水溶液中,聚氧乙烯分子链呈曲折状,亲水性的醚键处于分子链的外侧,疏水性的亚甲基处于分子链的内侧,这样的结构使水分子易于与外侧的醚键形成氢键结合(图 2-11)。分子中的氧乙烯基越多,醚键越多,亲水性越强,从而表现出较大的水溶性。由于醚键与水分子形成氢键是放热反应,且这种氢键结合力很弱,当温度升高后,水分子的热运动加剧,导致氢键断裂,水分子逐渐脱离醚键,表面活性剂在水中的溶解度逐渐降低。当温度升高到一定程度时,表面活性剂成为另一相析出,从而产生混浊。这种现象称为"浊点"。慢慢加热聚乙二醇型非离子表面活性剂的水溶液(浓度为 $0.5\%\sim2.0\%$),当溶液由透明转变为

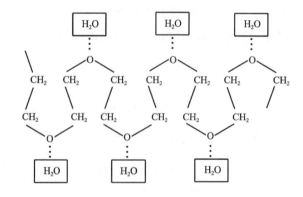

图 2-11 曲折状聚乙二醇分子链中醚键与水分子形成氢键

混浊时的温度称为该表面活性剂的浊点。浊点是反映聚氧乙烯型非离子表面活性剂亲水性能的一个重要指标,当温度高于浊点,此类表面活性剂不溶于水,当温度低于浊点则溶于水。所以聚乙二醇型非离子表面活性剂的使用温度必须控制在浊点以下。

（3）HLB 值。表面活性剂亲水性的强弱主要决定于疏水基疏水性的大小和亲水基亲水性的大小。由于疏水基多由长链烃基构成,结构上差别较小,当表面活性剂亲水基不变时,疏水基越大,即相对分子质量越大,则水溶性越差。但亲水基的亲水性大小主要由亲水基种类决定,不能用相对分子质量来衡量,如—COONa 和—SO₃Na 的亲水性大小显然无法用相对分子质量大小来衡量。但对于聚乙二醇型非离子表面活性剂来说,显然亲水基聚氧乙烯基的相对分子质量越大,表面活性剂的亲水性也越大。葛里芬(W. C. Griffin)提出采用亲水亲油平衡值(又称亲疏平衡值,简称 HLB 值)来衡量表面活性剂的亲水、疏水性能。聚乙二醇型非离子表面活性剂的HLB 值可用下式计算：

$$HLB = \frac{亲水基的相对分子质量}{表面活性剂的相对分子质量} \times 20 \qquad (2-4)$$

石蜡无亲水基,HLB = 0;聚乙二醇无疏水基,HLB = 20。所以聚乙二醇型非离子表面活性剂的 HLB 值介于 0～20 之间。

（四）两性表面活性剂

两性表面活性剂是指在溶液中离解后,亲水基团既带有负电荷又带有正电荷的一类表面活性剂。两性表面活性剂分子与单一的阴离子型或阳离子型表面活性剂不同,在分子的一端同时存在酸性基和碱性基,酸性基大多是羧基、磺酸基或磷酸基,碱性基则为胺基或季铵基,它能与阴离子、阳离子、非离子表面活性剂混配,耐酸、碱、盐,耐硬水,钙皂分散能力强。

两性表面活性剂以其独特的多功能著称,除了具有良好的表面活性和去污、乳化、分散性能以外,还具有抗菌、抗静电和柔软性能,刺激性低,生物降解性好,并能使带正电荷或负电荷的物体表面成为亲水性。此外,两性表面活性剂还有良好的配伍性和低毒性,使用十分安全,因此发展很快。

两性表面活性剂按其结构可以分为氨基羧酸型、甜菜碱型和咪唑啉型等几类,本节仅对甜菜碱型两性表面活性剂作一简单介绍。

甜菜碱是从甜菜中提取出来的天然含氮有机化合物,化学名称为三甲基乙酸铵,分子式为：(CH₃)₃N⁺CH₂COO⁻。天然甜菜碱不具有表面活性,只有当其中的一个甲基被长链烷基取代后才具有表面活性,这类物质称为甜菜碱型两性表面活性剂,包括羧酸基甜菜碱、磺酸基甜菜碱,其中最典型的是 N-烷基二甲基甜菜碱。

与其他两性表面活性剂不同,甜菜碱型两性表面活性剂在碱性溶液中不具有阴离子性,等电点时也不会降低水溶性而沉淀,它们在较宽的 pH 范围内都有较好的水溶性,与其他阴离子表面活性剂的混溶性也较好,在强电介质中也有较好的溶解度,且耐硬水。

磺酸基甜菜碱在应用上有许多优点,在硬水中,其润湿性、起泡性和去污性均较好,尤其与肥皂等阴离子表面活性剂混合使用时,具有良好的协同作用,即使用量很少,效果也很显著。甜菜碱型两性表面活性剂的抗静电性能优良,还具有消毒杀菌作用。

两性表面活性剂在染整加工中可以用作柔软剂、抗静电剂和金属络合染料的匀染剂等。

抗静电剂 BS—12 的化学名称为十二烷基二甲基乙羧基季铵盐,结构式为:

$$\begin{array}{c} CH_3 \\ | \\ C_{12}H_{25}-N^+-CH_2COO^- \\ | \\ CH_3 \end{array}$$

BS—12 易溶于水,耐酸、碱和硬水,可与各种表面活性剂混用,具有抗静电、去污、稳泡、柔软和钙皂分散以及防锈、杀菌等作用,可用作抗静电剂、柔软剂、杀菌消毒剂和缩绒剂。

(五)特种表面活性剂

除了上述四大类常用表面活性剂以外,还有一些特殊类型的表面活性剂,称之为特种表面活性剂。这类表面活性剂主要有硅表面活性剂、含氟表面活性剂、天然高分子表面活性剂和生物表面活性剂等。特种表面活性剂虽然在整个表面活性剂中数量不大,但用途特殊,颇为人们重视,近年来已开发出许多品种,在染整加工中常用作柔软剂、渗透剂、消泡剂、易去污整理剂、拒水拒油整理剂和抗静电整理剂等。

第三节　聚丙烯酸(酯)

聚丙烯酸(酯)类高分子化合物是以丙烯酸类单体为主体、通过加成聚合反应合成的大分子主链完全由碳原子组成的一类高聚物,其共聚单体包括(甲基)丙烯酸甲酯、乙酯和丁酯……,(甲基)丙烯酸及其盐类,丙烯腈,(羟甲基)丙烯酰胺等丙烯酸类单体以及少量其他烯类单体如氯乙烯、苯乙烯、醋酸乙烯酯、顺丁烯二酸酐等。丙烯酸(酯)均聚物性能单调、难以调节,因此通常不能用作染整助剂;而丙烯酸(酯)类共聚物利用不同单体侧基官能团的特性差异,可在性能上相互取长补短,通过高分子设计,能够制得满足不同染整加工要求的高聚物。因此,目前用于染整助剂的聚丙烯酸(酯)类高分子物基本都是多元共聚产品。

聚丙烯酸(酯)类高分子化合物的结构通式可表示为:

$$\begin{array}{c} R_1 \\ | \\ -CH_2-C- \\ | \\ COOR_2 \end{array}$$

式中:$R_1 = H$、CH_3;$R_2 = H$、CH_3、C_2H_5、C_3H_7 等。

由此可见,聚丙烯酸(酯)是以碳碳单键为主链,具有许多侧基的高分子化合物,它们的许多性质取决于侧基。一般来说,大分子链的柔顺性好,共聚物的玻璃化温度(T_g)低。由于空间位阻效应,聚甲基丙烯酸酯衍生物的性质较为刚硬,T_g 也高。侧基 R_2 的碳直链越长,则大分子链的柔软性及曲挠性越好,T_g 也越低。因此在分析这类共聚物的性质时,关键在于掌握侧基的结构特点。

聚丙烯酸(酯)类共聚物也有缺点。当所用丙烯酸烷基酯的烷基碳数小于 4 时,其共聚物的 T_g 较高,作为黏合剂加工织物手感粗硬。而当其碳数大于 4 时,则成膜后的机械性能差,影响印花牢度。在聚合物中引入一些其他单体,如丁二烯,它与丙烯酸-2-乙基己酯共聚,作为涂料印花黏合剂,能明显地改善印制品的手感。

聚丙烯酸(酯)类染整助剂大多采用乳液聚合法制备,亦有少量涂层整理剂的合成采用溶液聚合法。由乳液聚合得到的丙烯酸(酯)共聚物含有乳化剂,乳化剂具有亲水性,当乳液在织物表面成膜时会嵌在膜内,影响聚合物膜与织物的黏合牢度和膜的防水性,同时易黏附灰尘。目前又出现了自乳化单体,称为内乳化剂,是一种自身具有乳化性的共聚单体,无须另加乳化剂。

一般的丙烯酸(酯)共聚物虽然具有良好的耐气候性、手感和柔软性,但在耐热、耐化学介质及耐洗性方面却差异较大。要全部满足这些要求,需在聚丙烯酸(酯)的主链或侧链上引入具有两个或两个以上官能团的取代基,例如,羧酸或羧酸酐、环氧基、羟基以及其他反应性的官能团。如羟甲基丙烯酰胺是印花黏合剂中必不可少的与纤维能够发生交联反应的丙烯酸类单体。

由于所用单体选择面广以及聚合方法的多变性,因此丙烯酸(酯)类共聚物具有多功能性,在染整加工中的应用十分广泛,如在前处理中可用作氧漂稳定剂,染色中可用作抗泳移剂、涂料染色黏合剂、分散剂等,涂料印花中用作黏合剂和增稠剂以及后整理中用作涂层剂、防污整理剂、易去污整理剂、抗静电整理剂等。

第四节　聚硅氧烷

有机硅类化合物又称聚硅氧烷,主要分为硅油、硅橡胶、硅树脂和硅烷偶联剂四大类。染整加工中应用的主要是硅油,硅橡胶弹性体也有少量应用。

硅油是一种不同聚合度链状结构的聚有机硅氧烷,由二甲基二氯硅烷经水解、调聚等反应制得。最常用的硅油,有机基团全部为甲基,称甲基硅油。近年来,以其他有机基团代替部分甲基基团的改性硅油得到迅速发展,出现了许多具有特种性能的有机改性硅油。

作为染整助剂的聚硅氧烷类化合物根据其化学反应性以及与纤维的反应性能,大致可分为非活性、活性和改性聚硅氧烷三种类型。

1. 非活性聚硅氧烷

这种类型的典型代表是聚二甲基硅氧烷(DMPS),其化学结构式为:

$$CH_3-\underset{\underset{CH_3}{|}}{\overset{\overset{CH_3}{|}}{Si}}-O\left[\underset{\underset{CH_3}{|}}{\overset{\overset{CH_3}{|}}{Si}}-O\right]_n\underset{\underset{CH_3}{|}}{\overset{\overset{CH_3}{|}}{Si}}-CH_3$$

由于该化合物具有柔韧的高分子链段、稳定的化学键和较低的分子间作用力,因此经乳化后用于织物整理,能赋予织物各种理想的性能,如平滑性和柔软性。但其自身不能交联,与纤维不起化学反应,因而整理效果不耐水洗。

2. 活性聚硅氧烷

(1)聚甲基氢硅氧烷(简称含氢硅油),其化学结构式如下:

$$\begin{array}{ccccc} & CH_3 & CH_3 & H & CH_3 \\ & | & | & | & | \\ CH_3-Si-[O-Si]_{n1}-[O-Si]_{n2}-O-Si-CH_3 \\ & | & | & | & | \\ & CH_3 & CH_3 & CH_3 & CH_3 \end{array}$$

含氢硅油中的 Si—H 键可催化水解生成 Si—OH,然后两个线型大分子中的羟基脱水缩合,生成硅氧醚键,并形成网络结构包覆在纤维表面。另外,部分羟基还能与纤维上的羟基、氨基等极性基团发生缩合反应。

(2)端羟基聚甲基硅氧烷(简称羟基硅油乳液、羟乳),其化学结构式如下:

$$\begin{array}{cccc} & CH_3 & CH_3 & CH_3 \\ & | & | & | \\ HO-Si-O-[Si-O]_n-Si-OH \\ & | & | & | \\ & CH_3 & CH_3 & CH_3 \end{array}$$

它是由八甲基环四硅氧烷单体、水、乳化剂、催化剂等原料在一定条件下进行乳液聚合而成的。由于聚合和乳化是一步完成,因此得到的乳液非常稳定,颗粒十分均匀。端羟基聚甲基硅氧烷两端带有活性基团(羟基),可以与其他活性基团进行反应。

3. 改性聚硅氧烷

为了适应各类织物高级整理的需要,改善有机硅整理织物的抗油污、抗静电和亲水性能,并使化纤织物具有天然织物的许多优点,其他活性基团如氨基、酰氨基、酯基、氰基、羧基、环氧基等被引入聚硅氧烷分子中,这类聚硅氧烷统称为改性聚硅氧烷,其结构通式如下:

$$\begin{array}{ccccc} & CH_3 & CH_3 & CH_3 & CH_3 \\ & | & | & | & | \\ CH_3-Si-O-[Si-O]_{n1}-[Si-O]_{n2}-Si-CH_3 \\ & | & | & | & | \\ & CH_3 & CH_3 & R-X & CH_3 \end{array}$$

式中:X =—NH$_2$、—NHC$_2$H$_4$NH$_2$、—COOH、—HC$\overset{O}{\overbrace{\quad}}CH_2$、—SH、—CH=CH$_2$ 等。

改性基团的引入使有机硅整理剂具有特殊的整理效果。

目前,聚硅氧烷类化合物在染整加工各工序中均有应用,特别是作为整理剂应用最多,由于印染行业应用的各种助剂及染料大多为阴离子型的,因此织物的有机硅整理除了抗菌整理外,一般宜采用阴离子型或非离子型有机硅乳液,以防止破乳漂油。

第五节　聚氨酯

聚氨酯全称为聚氨基甲酸酯,是大分子链上含有 —NHCOO— 重复单元的聚合物的统称。

它们是由羟基化合物和异氰酸酯以及少量的扩链剂通过缩聚反应聚合而成的。合成聚氨酯的主要原料是低聚物多元醇、多异氰酸酯以及低分子量的二元胺或二元醇扩链剂。

最常用的低聚物多元醇是线性、双官能团、平均分子量为 600～3000 的端羟基低聚物,有聚酯型多元醇和聚醚型多元醇两种,前者由多元醇与二元羧酸反应而成,后者一般可以通过环氧烷类化合物的开环聚合或与多元醇的加成聚合反应制得。多异氰酸酯一般含有两个或两个以上高度不饱和的、化学反应性很强的异氰酸酯基(—N═C═O),异氰酸酯基可以与醇、酸、胺、脲、酰胺、水等类物质中的活泼氢发生加成反应。其中二异氰酸酯与二元醇反应制得的聚氨酯为线型结构,其结构通式可表示为:

$$\underset{n}{\left[\overset{O}{\overset{\|}{C}}-NH-R-NH-\overset{O}{\overset{\|}{C}}-OR'-O\right]}$$

这里的异氰酸酯基 —N═C═O 与 —OH 发生加成反应。若由二异氰酸酯与多元醇或多异氰酸酯与二元醇反应则制得体型结构的聚氨酯。聚氨酯是由柔性链段(软段)和刚性链段(硬段)交替组成的嵌段共聚物。组成软段的低聚物多元醇,虽然增加其含量可提高聚氨酯的柔软性,但是研究表明,低聚物多元醇相对分子质量的差异可使聚氨酯具有不同的柔软性,会显著影响加工织物的手感和风格。例如,当其相对分子质量为 2000～2500 时,产品柔软,相对分子质量为 700～2000 时中软,相对分子质量为 400～700 时硬。硬段主要由二异氰酸酯和扩链剂组成,其含量对黏着性、手感、耐洗性等都有重要影响。

聚氨酯按其产品形态可分为溶剂型和水系聚氨酯两大类。溶剂型聚氨酯含固量不高,所用溶剂多为混合物,如 DMF 和甲苯或丁酮的混合物等。就应用性而言,其黏合性和耐水性较水系聚氨酯强,但由于存在成本高、溶剂有毒、环境危害大等问题,应用面窄,主要用作织物涂层整理剂。溶剂型聚氨酯又有双组分和单组分之分。前者在应用时除使用聚氨酯预聚体外,尚需加入多异氰酸酯交联剂。水系聚氨酯的形态对其流动性、成膜性及加工织物的性能有重要影响,一般分为水溶型、乳液型和水分散型三种类型。纺织工业中以前两类产品较为常用。水系聚氨酯又有反应性和非反应性之分。虽然它们的共同特点是分子结构中都含有异氰酸酯基,但是前者是用封闭剂暂时将异氰酸酯基封闭,在纤维加工中可以解封闭,相互交联形成三维网状结构固着在织物上。乳液型水系聚氨酯按其乳化体系又可分为外乳化型和自乳化型。前者系将疏水性聚氨酯用乳化剂强制乳化而成。后者又称内乳化型,在合成时不必外加乳化剂,而是采用称为内乳化剂的亲水性单体,在合成时内乳化剂赋予聚氨酯若干亲水基团,使其自行乳化形成水系产品。水系聚氨酯由于成本低,应用方便,所以在染整工业中得到广泛使用。

染整加工中水系聚氨酯因其具有较好的成膜性、黏附性而用作涂料染色黏合剂、涂料印花黏合剂、特种印花黏合剂。此外聚氨酯对天然纤维织物和合成纤维织物的诸项性能,如手感丰满度、抗皱性、抗起球性等都有不同程度的调节和改善作用,因此广泛用作织物后整理剂,如柔软剂、防皱整理剂、防水透湿涂层整理剂、抗静电剂、仿麻整理剂、仿麂皮整理剂等。

第六节　生物酶

一、酶的催化特性

酶是生物体内在一定的条件下根据生命活动的需要而合成的生物催化剂,其化学本质是生物体产生的具有催化作用的一类蛋白质。

1.较高的催化效率

酶对催化反应速度的提高是极为显著的,这与酶降低了反应活化能及增加反应分子间的碰撞概率有关,某些酶可加快反应速度高达 10^{14} 倍。一般情况下,纯酶催化反应速度比无机催化剂要高 $10^5 \sim 10^8$ 倍,工业酶制剂(大多含有杂质)的催化反应速度也比无机催化剂高 $10^5 \sim 10^7$ 倍。虽然在工业应用中,酶的催化效率受到多种复杂因素的干扰,但对反应速度的加快都是非常明显的。

2.高度的专一性

酶的专一性是指一种酶只能催化一种或一类结构相似的底物进行某种类型反应的特性。催化反应的专一性是酶最重要的特性之一,是酶与其他非酶催化剂最主要的不同之处。酶对底物的专一性表现在两方面:一是对被作用的底物专一,称为绝对专一性。有的酶只作用一种底物,只要底物分子有任何细微的改变就不能催化。二是对被催化的反应专一。有些酶对底物的专一性相对较低,可催化同一族化合物或相同化学键,又分为族专一性和键专一性,前者如蛋白水解酶。键专一性仅催化一种类型的反应,对作用键两边邻近基团的性质没有特别选择,如脂肪水解酶可以催化所有酯类化合物水解,但不能催化酰胺键水解。

3.反应条件温和

酶来自生物体,因而一般酶的催化反应均为非极端条件,除个别酶种外,均可在常温常压条件下使反应顺利进行,这就为生产中的控制带来便利,并可节约能源,降低设备成本。另外,酶催化反应都在弱酸、弱碱或中性条件下进行,对环境污染较小,对设备的腐蚀轻,生产安全。

二、酶的作用机制

酶一般是通过其活性中心,通常是其氨基酸侧链基团,先与底物形成一个中间复合物,随后再分解成产物,并放出酶。酶的活性部位通常是整个酶分子中相当小的一部分,它是由在线性多肽链中可能相隔很远的氨基酸残基形成的三维实体,是它结合底物和将底物转化为产物的区域,又可分为结合部位和催化部位,前者决定酶催化作用的专一性,后者决定酶的催化活力和专一性。活性部位通常在酶的表面空隙或裂缝处,形成促进底物结合的优越的非极性环境。在活性部位,底物被多重的、弱的作用力结合(静电相互作用、氢键、范德瓦尔斯力、疏水相互作用),在某些情况下被可逆的共价键结合。酶结合底物分子,形成酶—底物复合物。酶活性部位的活性残基与底物分子结合,首先将它转变为过渡态,然后生成产物,释放到溶液中。这时游离的酶与另一分子底物结合,开始它的又一次循环。

已经提出有两种模型解释酶如何结合它的底物。锁钥模型中底物的形状和酶的活性部位被认为彼此相适合,像钥匙插入锁中,两种形状被认为是刚性的和固定的,当正确组合在一起时,正好互相补充。诱导契合模型认为底物的结合在酶的活性部位诱导出构象变化。此外,酶可以使底物变形,迫使其构象近似于它的过渡态。例如,葡萄糖与己糖激酶的结合,当葡萄糖刚刚与酶结合后,即诱导酶的结构产生一种构象变化,使活性部位与底物葡萄糖形成互补关系。不同的酶表现出两种不同的模型特征,某些是互补性的,某些是构象变化。两种模型如图2-12所示。

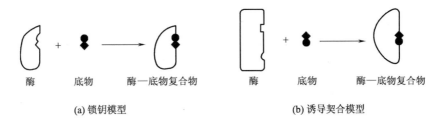

图2-12 底物与酶的结合模型

三、酶的分类

根据国际酶学委员会的决定,区分酶专一性的基本依据是它们催化的反应,据此将已知酶的催化反应分为6大类:

1. 氧化还原酶

催化物质进行氧化还原反应,可表示为:$AH + B(O_2) \longrightarrow A + BH(H_2O)$,如过氧化氢分解酶。

2. 转移酶

催化各种功能基团由一种化合物分子转移到另一化合物分子上,可表示为:$A-X + B \longrightarrow A + B-X$,如谷氨酰胺转移酶。

3. 水解酶

催化各种化合物水解,可表示为:$AB + H_2O \longrightarrow AH + BOH$,如淀粉酶、脂肪酶、纤维素酶、蛋白酶等。

4. 裂解酶

可脱去底物上某一基团而留下双键,或可相反地在双键处加入某一基团。它们分别催化 $C-C$、$C-O$、$C-N$、$C-S$、$C-X$（F、Cl、Br、I）和 $P-O$ 键。可表示为: $X-A-B-Y \longrightarrow A=B + X-Y$,如聚(甲基)半乳糖醛酸裂解酶。

5. 异构酶

催化同分异构体化合物相互转化,可表示为:$A-B \longrightarrow A-B$。

6. 合成酶

催化合成某些化合物,其特点是需要三磷酸腺苷(ATP)等高能磷酸酯作为结合能源,有的还需金属离子辅助因子。可表示为: $A + B \longrightarrow A—B$。

第三章　纺织品的前处理

前处理是纺织品整个染整加工的第一道工序。前处理的目的是去除纤维上所含的天然杂质以及在纺织加工中所施加的浆料和沾上的油污等,使纤维充分发挥其优良品质,并使织物具有洁白、柔软的性能和良好的渗透性,以满足服用要求,并为染色、印花、整理提供合格的半成品。

棉织物的前处理,包括原布准备、烧毛、退浆、煮练、漂白、开幅、轧水、烘干和丝光工序,以去除纤维中的果胶、蜡质、棉籽壳和浆料等杂质,提高织物的外观和内在质量。

苎麻织物的前处理,包括苎麻纤维的脱胶和苎麻织物的煮练、漂白,以去除果胶等杂质。

羊毛的前处理,包括选毛、洗毛和炭化工序,以去除羊毛纤维中的羊脂、羊汗、尘土和植物性杂质。

丝织物前处理,以脱胶为主,去除生丝中的大部分丝胶、色素和其他杂质。

化学纤维织物不含有天然杂质,只有浆料、油污等,因此前处理工艺较简单。对于混纺和交织织物的前处理,要满足各自前处理加工的要求。

绒类织物、色织物和针织物的前处理主要去除杂质,其工艺与一般棉织物前处理既有相似之处,又有其各自的特殊要求。

第一节　棉织物的前处理

一、原布准备

纺织厂织好的布称原布或坯布,原布准备是染整加工的第一道工序。原布准备包括原布检验、翻布(分批、分箱、打印)和缝头。

(一)原布检验

原布在进行前处理加工之前,都要经过检验,发现问题及时采取措施,以保证成品的质量和避免不必要的损失。由于原布的数量很大,通常只抽查10%左右,也可根据品种要求和原布的一贯质量情况适当增减。检验内容包括物理指标和外观疵点两方面,前者包括原布的长度、幅宽、重量、经纬纱细度和密度、强力等指标;后者主要是指纺织过程中所形成的疵病,如缺经、断纬、跳纱、油污纱、色纱、棉结、斑渍、筘条、稀弄、破洞等。一般对漂布的油污,色布的棉结、筘条和密路要求较严,而对花布,由于其花纹能遮盖某些疵病,因此外观疵病要求相对低一些。

(二)翻布(分批、分箱、打印)

为了便于管理,常把同规格、同工艺原布划为一类加以分批分箱。每批数量主要是按照原布的情况和后加工要求而定。如煮布锅按锅容量,绳状连续机按堆布池容量,平幅连续练漂品种,一般以 10 箱为一批。分箱原则按布箱大小、原布组织和有利于运送而定,一般为 60～80匹。为了便于绳状双头加工,分箱数应为双数。卷染加工织物应使每箱布能分成若干整卷为宜。

翻布时将布匹翻摆在堆布板上,做到正反一致,同时拉出两个布头子,要求布边整齐。

为了便于识别和管理,每箱布的两头(卷染布在每卷布的两头),打上印记,部位离布头10～20cm处,标明原布品类、加工工艺、批号、箱号(卷染包括卷号)、发布日期、翻布人代号等。印油,一般常用红车油与炭黑以(5～10):1 的比例充分拌匀、加热调制而成。

每箱布都附有一张分箱卡(卷染布每卷都有),注明织物的品种、批号、箱号(卷号),便于管理。

(三)缝头

布匹下织机后的长度一般为 30～120m,而印染厂的加工多是连续进行的。为了确保成批布连续地加工,必须将原布加以缝接,缝头要求平整、坚牢、边齐,在两侧布边 1～3cm 处还应加密,防止开口、卷边和后加工时产生皱条。如发现纺织厂开剪歪斜,应撕掉布头后缝头,防止织物纬斜。

常用的缝接方法有环缝和平缝两种。环缝式最常用,卷染、印花、轧光、电光等织物必须用环缝。在机台箱与箱之间的布用平缝连接,但布头重叠,在卷染时易产生横档疵病,轧光时要损伤轧辊。

二、烧毛

一般棉织物在前处理前都先要烧毛,烧去布面上的绒毛,使布面光洁,并防止在染色、印花时,因绒毛存在而产生染色和印花疵病。

织物烧毛是将平幅织物迅速地通过火焰或擦过赤热的金属表面,这时布面上存在的绒毛很快升温而燃烧,而布身比较紧密,升温较慢,在未升到着火点时,即已离开了火焰或赤热的金属表面,从而达到既烧去绒毛,又不使织物损伤的目的。

烧毛质量评定分五级,一般织物要求 3～4 级,质量要求高的织物要求 4 级,甚至 4～5 级,稀薄织物达到 3 级即可。另外,烧毛还必须均匀,否则经染色、印花后便呈现色泽不匀,需重新烧毛。

烧毛前,先将织物通过刷毛箱,箱中装有数对与织物成逆向转动的刷毛辊,以刷去布面纱头、杂物和灰尘,并使织物上的绒毛竖立而利于烧毛。织物经烧毛后,往往沾有火星,如不及时加以熄灭,便会引起燃烧,故烧毛后应立即将织物通过灭火槽或灭火箱,将残留的火星熄灭。灭火槽内有轧液辊一对,槽内盛有热水或退浆液(酶液或稀碱液),布通过时,火星即告熄灭。灭火箱是利用蒸汽喷雾灭火。

烧毛机的种类有气体烧毛机、圆筒烧毛机、铜板烧毛机等。目前使用最广泛的是气体烧毛机(图 3-1),它的主要机件为火口。一般气体烧毛机的火口为 2～4 个,织物正反面经过火口的只数,随织物的品种和要求而定,可以是一正一反、两正两反或三正一反等。燃烧气主要有煤气、液化石油气、汽油气三种。为使燃烧气发挥良好的燃烧作用,必须将燃烧气和空气按适当的比例进行混合,正常的火焰应是光亮有力的淡蓝色。气体烧毛机的车速一般为 80~150m/min。

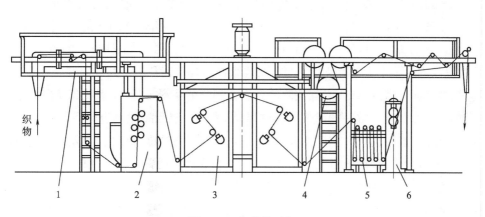

图 3-1 气体烧毛机

1—吸尘风道 2—刷毛箱 3—气体烧毛机火口 4—冷水冷却辊 5—浸渍槽 6—轧液装置

卡其类棉织物常用接触式的圆筒烧毛机烧毛。圆筒的回转方向与织物运行方向相反,以充分利用其赤热筒面。烧毛圆筒数量有 2~4 只不等,具有两只圆筒以上者可供织物双面烧毛。圆筒烧毛机烧毛能改善粗厚棉织物、麻织物和低级棉织物的表面光洁度。圆筒烧毛机的运行布速为 50~120m/min。

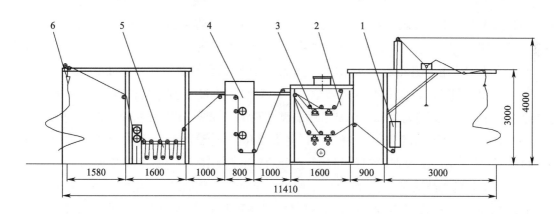

图 3-2 电加热陶瓷管烧毛机

1—红外电子对中装置 2—电加热陶瓷管烧毛单元 3—电加热烧毛陶瓷管(4 只)
4—灭火装置 5—水洗槽 6—落布装置

新型的圆筒烧毛机是电加热陶瓷管烧毛机,如图 3-2 所示。烧毛时,织物与低速转动的炽热载热陶瓷管表面摩擦接触而烧去茸毛。该机的载热陶瓷管里面的套管是直径比其约小一倍的电热陶瓷管,通电时,电热陶瓷管升温,通过热辐射将套在其表面的载热陶瓷管加热,一般只需要约10min就可将载热陶瓷管表面温度加热到 780℃ 左右,最高温度可达 800~1000℃。这种机型不仅加热速度快和清洁无污染,而且陶瓷管表面温度均匀,温差很小,仅为 3~5℃。

三、退浆

织物织造前，经纱一般都要经过上浆处理(经纱在浆液中浸轧后，再经烘干)，使纱中的纤维黏着抱合起来，并在纱线表面形成一层薄膜，便于织造。棉织物一般用淀粉或变性淀粉浆料或与聚乙烯醇和聚丙烯酸(酯)浆料上浆，在浆液中还加有润滑剂、柔软剂、防腐剂等助剂。

经纱上浆率的高低，视品种不同而有一定的差异，通常是纱支细、密度大的织物经纱上浆率高些，一般织物的上浆率大约在10%左右，而线织物如线卡其可不上浆或上浆率在1%以下。

退浆是织物前处理的基础，必须去除原布上大部分的浆料，以利于煮练和漂白加工，退浆时也去除了部分天然杂质。常用的退浆方法较多，有酶、碱、酸和氧化剂退浆等，可根据原布的品种、浆料组成情况、退浆要求和工厂设备，选用适当的退浆方法。退浆后，必须及时用热水洗净，因为淀粉的分解产物等杂质会重新凝结在织物上，严重妨碍以后的加工过程。

1. 酶退浆

酶是一种高效、高度专一的生物催化剂。淀粉酶对淀粉的水解有高效催化作用，可用于淀粉和变性淀粉上浆织物的退浆。淀粉酶的退浆率高，不会损伤纤维素纤维，但淀粉酶只对淀粉类浆料有退浆效果，对其他天然浆料和合成浆料没有退浆作用。

淀粉酶主要有α-淀粉酶和β-淀粉酶两种。α-淀粉酶可快速切断淀粉大分子链中的α-1,4-苷键，催化分解无一定规律，与酸对纤维素的水解作用很相似，形成的水解产物是糊精、麦芽糖和葡萄糖。它使淀粉糊的黏度很快降低，有很强的液化能力，又称为液化酶或糊精酶。

β-淀粉酶从淀粉大分子链的非还原性末端顺次进行水解，产物为麦芽糖。β-淀粉酶对支链淀粉分枝处的α-1,6-苷键无水解作用，因此对淀粉糊的黏度降低没有α-淀粉酶来得快。另外淀粉酶中还有支链淀粉酶和异淀粉酶等，支链淀粉酶只水解支链淀粉分枝点的α-1,6-苷键，而异淀粉酶能够水解所有支链或非支链的α-1,6-苷键。

在酶退浆中使用的主要是α-淀粉酶，但其中会含有微量的其他淀粉酶如β-淀粉酶、支链淀粉酶和异淀粉酶等。α-淀粉酶分为普通型(中温型)和热稳定型(高温型)两大类，我国长期以来使用的BF—7658淀粉酶和胰酶都是中温型淀粉酶。BF—7658淀粉酶的最佳使用温度为55~60℃，胰酶的使用温度为40~55℃。目前商品化的耐高温型α-淀粉酶多为基因改性品种，推荐的最佳使用温度很宽，在40~110℃之间，特别适合于高温连续化退浆处理。

酶退浆工艺随着酶制剂、设备和织物品种的不同而有多种形式，如轧堆法、浸渍法、轧蒸法等，但总的来说，都是由四步组成：预水洗、浸轧或浸渍酶退浆液、保温堆置和水洗后处理。

(1)预水洗。淀粉酶一般不易分解生淀粉或硬化淀粉。预水洗可促使浆膜溶胀，使酶液较好地渗透到浆膜中去，同时可以洗除有害的防腐剂和酸性物质。因此酶退浆时在烧毛后，先将原布在80~95℃的水中进行水洗。为了提高水洗效果，可在洗液中加入0.5g/L的非离子表面活性剂。

(2)浸轧或浸渍酶退浆液。经过预水洗的原布，在70~85℃和微酸性至中性(pH=5.5~7.5)的条件下浸轧(浸渍)酶液。所用酶制剂的性能不同，浸轧(浸渍)的温度和pH不同。酶的用量和所用的工艺有关，一般连续轧蒸法的酶浓度应高于堆置和轧卷法的。织物的带液率控制在100%左右。

（3）保温堆置。淀粉分解成可溶性糊精的反应从酶液接触浆料就开始了，但淀粉酶对织物上的淀粉完全分解需要一定的时间，保温堆置可以使酶对淀粉进行充分水解。堆置时间与温度有关，温度的选择视酶的耐热稳定性和设备条件而定。织物在 40～50℃ 下堆置需要 2～4h，高温型淀粉酶在 100～115℃ 下汽蒸只需要 15～120s。轧堆法将织物保持在浸渍温度（70～75℃）下卷在有盖的布轴上或放在堆布箱中堆置 2～4h，堆置温度低时需堆置过夜。浸渍法多使用喷射、溢流或绳状染色机进行退浆。轧蒸法是连续化的加工工艺，适合于高温酶，可在 80～85℃ 浸轧酶液，再进入汽蒸箱在 90～100℃ 汽蒸 1～3min，或在 85℃ 浸轧酶液，在 100～115℃ 汽蒸 15～120s。

（4）水洗后处理。淀粉浆经淀粉酶水解后，仍然黏附在织物上，需要经过水洗才能去除。因此酶处理的最后阶段，要用洗涤剂在高温水中洗涤，对厚重织物可以加入烧碱进行碱性洗涤，以提高洗涤效果。轧堆法、浸渍法可用 90～95℃、含 10～15g/L 洗涤剂或烧碱的水进行洗涤，轧蒸法的洗涤条件应更剧烈一些，采用 95～100℃ 和 15～30g/L 的洗涤剂或烧碱洗涤。

2. 碱退浆

在热碱的作用下，淀粉或化学浆都会发生剧烈溶胀，溶解度提高，然后用热水洗去。棉纤维中的含氮物质和果胶物质等天然杂质经碱作用也会发生部分分解和去除，可减轻煮练负担。

常用的碱退浆工艺流程为：轧碱→打卷堆置或汽蒸→水洗。轧碱先在烧毛机的灭火槽中平幅轧碱（烧碱浓度 5～10g/L，温度 70～80℃），然后在平幅汽蒸箱中汽蒸 60min（图 3-3）或打卷堆置（50～70℃，4～5h），再进行充分的水洗。

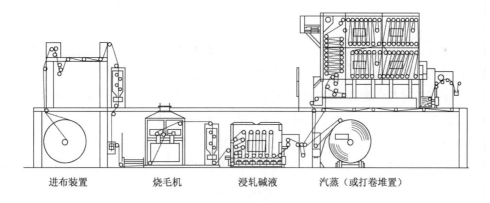

| 进布装置 | 烧毛机 | 浸轧碱液 | 汽蒸（或打卷堆置） |

图 3-3 平幅连续退浆机

碱退浆使用广泛，对各种浆料都有退浆作用，可利用丝光或煮练后的废碱液，故其退浆成本低。碱退浆对天然杂质的去除较多，对棉籽壳去除所起的作用较大，特别适合于含天然杂质较多的原布。其缺点是退浆废水的 COD 值较高，环境污染严重。由于碱退浆时浆料不起化学降解作用，水洗槽中水溶液的黏度较大，浆料易重新沾污织物，因此退浆后水洗一定要充分。

3. 氧化剂退浆

在氧化剂的作用下，淀粉等浆料发生氧化、降解直至分子链断裂，溶解度增大，经水洗后容易被去除。用于退浆的氧化剂有双氧水、亚溴酸钠、过硫酸盐等。

氧化剂退浆主要有冷轧堆和轧蒸两种工艺。冷轧堆工艺的流程是：室温浸轧→打卷→室温堆置(24h)→高温水洗,多使用过氧化氢作为退浆剂。当织物上含浆率高或含有淀粉与PVA混合浆时,则使用过氧化氢与少量的过硫酸盐混合进行退浆。

轧蒸一般单独使用过氧化氢或过硫酸盐进行退浆,但多采用过氧化氢退浆。过氧化氢轧蒸退浆的工艺流程为:浸轧退浆液(100％NaOH 4～6g/L,35％H$_2$O$_2$ 8～10mL/L,渗透剂2～4mL/L,稳定剂3g/L,轧液率90％～95％,室温)→汽蒸(100～102℃,10min)→水洗。

氧化剂退浆多在碱性条件下进行,过氧化氢在碱性条件下不稳定,分解形成的过氧化氢负离子具有较高的氧化作用,因此氧化退浆兼有漂白作用。使用过氧化氢退浆时要加入稳定剂如硅酸钠、有机稳定剂或螯合剂等。

氧化剂退浆速度快,效率高,织物白度增加,退浆后织物手感柔软。它的缺点是在去除浆料的同时,也会使纤维素氧化降解,损伤棉织物。因此,氧化剂退浆工艺一定要严格控制好。

四、煮练

棉织物经过退浆后,大部分浆料及部分天然杂质已被去除,但棉纤维中的大部分天然杂质,如蜡状物质、果胶物质、含氮物质、棉籽壳及部分油剂和少量浆料等还残留在棉织物上,使棉织物布面较黄、渗透性差,不能适应染色、印花加工的要求。为了使棉织物具有一定的吸水性,有利于印染过程中染料的吸附、扩散,在退浆以后,还要经过煮练,以去除棉纤维中大部分残留杂质。

(一)煮练用剂及其作用

棉织物煮练以烧碱为主练剂,另外还加入一定量的表面活性剂、亚硫酸钠、硅酸钠、磷酸钠等助练剂。

烧碱能使蜡状物质中的脂肪酸酯皂化,脂肪酸生成钠盐,转化成乳化剂,生成的乳化剂能使不易皂化的蜡质乳化而去除。另外,烧碱能使果胶物质和含氮物质水解成可溶性的物质而去除。棉籽壳在碱煮过程中会发生溶胀,变得松软,再经水洗和搓擦,棉籽壳解体而脱落下来。

表面活性剂能降低煮练液的表面张力,起润湿、净洗和乳化等作用。在表面活性剂作用下,煮练液润湿织物,并渗透到织物内部,有助于杂质去除,提高煮练效果。

阴离子表面活性剂如烷基苯磺酸钠、烷基磺酸钠和烷基磷酸酯等具有良好的润湿和净洗作用,并且耐硬水、耐碱、耐高温,它们都可以作为煮练用剂。此外还可选用合适的非离子表面活性剂,脂肪醇聚氧乙烯醚(平平加系列)或烷基酚聚氧乙烯醚都是良好的非离子乳化剂,与阴离子表面活性剂拼混使用,具有协同效应,能进一步提高煮练效果。

亚硫酸钠有助于棉籽壳的去除,因为它能使木质素变成可溶性的木质素磺酸钠,这种作用对于含杂质较多的低级棉煮练尤为显著。另外,亚硫酸钠具有还原性,可以防止棉纤维在高温带碱情况下被空气氧化而受到损伤。亚硫酸钠在高温条件下,有一定漂白作用,可以提高棉织物的白度。

硅酸钠俗称水玻璃或泡花碱,具有吸附煮练液中的铁质和棉纤维中杂质分解产物的能力,可防止在棉织物上产生锈斑或杂质分解产物的再沉积,有助于提高棉织物的吸水性和白度。

磷酸钠具有软水作用,能去除煮练液中的钙、镁离子,提高煮练效果,并节省助剂用量。

(二)煮练工艺及设备

棉织物煮练工艺,按织物进布方式可分为绳状煮练和平幅煮练,按设备操作方式可分为间歇式煮练和连续汽蒸煮练。

　　紧密厚重的棉织物，如卡其等比较硬挺，如果采用绳状加工，不但煮练不容易匀透，而且在加工中容易造成擦伤、折痕等疵病，染色时造成染疵。化学纤维及其混纺织物在高温下绳状加工也易产生折痕。所以目前棉及棉型织物的煮练以平幅加工为主。

　　1. 平幅连续汽蒸煮练

　　平幅连续汽蒸煮练的典型设备如图3-4所示。该设备由浸轧槽、汽蒸堆置箱、水洗槽和烘筒四部分组成。经退浆的棉织物首先浸轧煮练液，然后进入汽蒸箱汽蒸堆置，再水洗，最后烘干落布。该设备除了用于棉织物的煮练外，也可用于棉织物的退浆和漂白，或棉织物的退煮、煮漂或退煮漂短流程加工。

图3-4　平幅连续汽蒸前处理设备

　　棉织物平幅连续汽蒸煮练的工艺流程为：

浸轧煮练液→汽蒸堆置→水洗→烘干→落布

　　煮练液中烧碱用量40～60g/L，精练剂用量3～6g/L；浸轧液温度85～90℃，轧液率80%～90%；汽蒸温度95～100℃，汽蒸堆置时间45～90min。

　　2. 高温高压平幅连续汽蒸煮练

　　高温高压平幅连续汽蒸练漂机由浸轧、汽蒸和平洗三部分组成，其设备如图3-5所示。这种设备的关键是织物进出的密封口，目前多用耐高温、高压和摩擦的聚四氟乙烯树脂。封口方式有两种：一种是辊封，即用辊筒密封织物进出口；另一种是唇封，用一定压力的空气密封袋作封口，织物从加压的密封袋间隙摩擦通过。

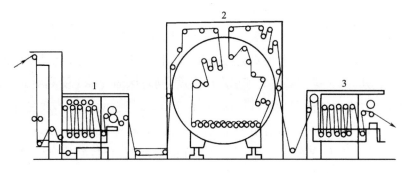

图3-5　高温高压平幅连续汽蒸练漂机

1—浸轧槽　2—高温高压汽蒸箱　3—平洗槽

棉织物浸轧50g/L的烧碱液,在132～138℃汽蒸2～5min,半成品周转快、耗汽较省,可用于一般厚织物的加工。

3. 冷轧堆煮练

冷轧堆煮练的工艺流程是室温下浸轧碱液→打卷→室温堆置→水洗。图3-6是冷轧堆工艺设备的示意图,首先将浸轧了工作液的织物在卷布器的布轴上打卷,再将布卷在室温下堆置12～24h,然后送至平洗机上水洗。为了防止布面风干,布卷要用塑料薄膜等材料包裹,并保持布卷在堆置期间一直缓缓转动,以避免布卷上部溶液向下部滴渗而造成处理的不均匀。冷轧堆工艺适应性强,可用于退浆、精练和漂白一步法的短流程加工,或退浆后织物的精练和漂白一步法加工以及退浆和精练后织物的漂白加工。冷轧堆的前处理工艺将汽蒸堆置改为室温堆置,极大地节约了能源和设备的投资,而且适合于小批量和多品种的加工要求。但室温堆置时,工作液中化学剂的浓度比汽蒸堆置的要高。

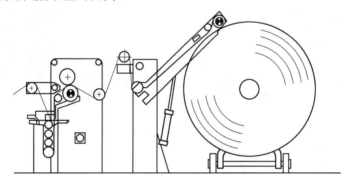

图3-6 冷轧堆工艺设备的示意图

4. 其他设备

常压卷染机、高温高压大染缸、常压溢流染色机、高温高压溢流喷射染色机,这些设备可以染色,也可以用来煮练,只要选用合适的工艺,可以达到良好的煮练效果。

棉织物的煮练效果可用毛细管效应来衡量,即将棉织物的一端垂直浸在水中,测量30min内水上升的高度。煮练时对毛细管效应的要求随品种而异,一般要求30min内达到8～10cm。

五、漂白

棉织物煮练后,杂质明显减少,吸水性有很大改善,但由于纤维上还有天然色素存在,其外观尚不够洁白,除少数品种外,一般还要进行漂白,否则会影响染色或印花色泽的鲜艳度。漂白的目的在于破坏色素,赋予织物必要的和稳定的白度,同时保证纤维不受到明显的损伤。

棉纤维中天然色素的结构和性质,目前尚不十分明确,但它的发色体系在漂白过程中能被氧化剂破坏而达到消色的目的。目前用于棉织物的漂白剂主要有次氯酸钠、过氧化氢和亚氯酸钠,其工艺分别简称为氯漂、氧漂和亚漂。使用上述漂白剂漂白时,必须严格控制工艺条件,否则纤维会被氧化而受到损伤。

漂白方式有平幅、绳状、单头、双头,松式、紧式,连续、间歇之分,可根据织物品种的不同、漂白要求和设备情况制定不同的工艺。

(一)次氯酸钠漂白

1. 次氯酸钠溶液性质

次氯酸钠是强碱弱酸盐,在水溶液中能水解,产生的 HClO 即电离,遇酸则会分解:

$$NaClO + H_2O \rightleftharpoons NaOH + HClO$$

$$HClO \rightleftharpoons H^+ + ClO^-$$

$$2HClO + 2H^+ \rightleftharpoons Cl_2 + 2H_2O$$

次氯酸钠溶液中各部分含量随 pH 而变化,次氯酸钠漂白的主要成分是 HClO 和 Cl_2,在碱性条件下,则是 HClO 起漂白作用。

次氯酸钠溶液的浓度用有效氯表示。所谓有效氯是指次氯酸钠溶液加酸后释放出氯气的数量,一般用碘量法测定。商品次氯酸钠含有效氯 $10\% \sim 15\%$。

2. 次氯酸钠漂白工艺

(1)绳状连续轧漂工艺:绳状浸轧次氯酸钠溶液(有效氯 $1 \sim 2g/L$,带液率 $110\% \sim 130\%$)→J形箱室温堆置($30 \sim 60min$)→冷水洗→轧酸(H_2SO_4 $2 \sim 4g/L$,$40 \sim 50℃$)→堆置($15 \sim 30min$)→水洗→中和(Na_2CO_3 $3 \sim 5g/L$)→温水洗→脱氯(硫代硫酸钠 $1 \sim 2g/L$)→水洗。

(2)平幅连续轧漂工艺:平幅浸轧漂液(有效氯 $3 \sim 5g/L$)→J形箱平幅室温堆置($10 \sim 20min$)→水洗→脱氯→水洗。

(3)平幅连续浸漂工艺:平幅浸轧漂液(有效氯 $3 \sim 5g/L$)→浸漂(有效氯 $3 \sim 4g/L$,$10min$)→浸漂(有效氯 $1.5 \sim 2.5g/L$,$10min$)→水洗→脱氯→水洗。

棉织物经次氯酸钠漂白后,织物上尚有少量残余氯,若不去除,将使纤维泛黄并脆损,对某些不耐氯的染料如活性染料也有破坏作用。因此,次氯酸钠漂白后必须进行脱氯,脱氯一般采用还原剂如硫代硫酸钠、亚硫酸氢钠和过氧化氢。

由于许多金属或重金属化合物对次氯酸钠具有催化分解作用,使纤维受损,其中钴、镍、铁的化合物催化作用最剧烈,其次是铜。因此,漂白设备不能用铁质材料,漂液中也不应含有铁离子。一般氯漂用陶瓷、石料或塑料作加工容器。另外,次氯酸钠漂白应避免太阳光直射,防止次氯酸钠溶液迅速分解,导致纤维受损。

次氯酸钠漂白成本较低,设备简单,但对退浆、煮练的要求较高。另外,次氯酸钠中的有效氯会对环境造成污染,许多国家已规定废水中有效氯含量不能超过3mg/L,所以以后有可能会禁止使用氯漂。目前我国使用次氯酸钠漂白的工艺已不多,主要在麻类织物的漂白中使用。

(二)过氧化氢漂白

1. 过氧化氢溶液性质

过氧化氢又名双氧水,是一种弱二元酸,在水溶液中电离成氢过氧离子和过氧离子:

$$H_2O_2 \rightleftharpoons H^+ + HO_2^- \qquad K = 1.78 \times 10^{-12}$$

$$HO_2^- \rightleftharpoons H^+ + O_2^{2-} \qquad K = 1.0 \times 10^{-25}$$

在碱性条件下,过氧化氢溶液的稳定性很差,因此,商品双氧水加酸呈弱酸性。影响过氧化氢溶液稳定的因素还有许多,某些金属离子如 Cu、Fe、Mn、Ni 离子或金属屑,还有酶和极细小的带有棱角的固体物质(如灰尘、纤维、粗糙的容器壁)等都对过氧化氢的分解有催化作用。其中铜离子的催化作用比铁离子和镍离子要大得多。亚铁离子对过氧化氢的催化分解反应如下:

$$Fe^{2+} + H_2O_2 \longrightarrow Fe^{3+} + HO\cdot + OH^-$$

$$H_2O_2 + HO\cdot \longrightarrow HO_2\cdot + H_2O$$

$$Fe^{2+} + HO_2\cdot \longrightarrow Fe^{3+} + HO_2^-$$

$$Fe^{3+} + HO_2\cdot \longrightarrow Fe^{2+} + H^+ + O_2$$

过氧化氢溶液的分解产物有 HO_2^-、$HO_2\cdot$、$HO\cdot$ 和 O_2,其中 HO_2^- 是漂白的有效成分。分解产生的游离基,特别是活性高的 $HO\cdot$,会引起纤维的损伤。双氧水催化分解出的 O_2,无漂白能力,相反如渗透到纤维内部,在高温碱性条件下,将引起棉织物的严重损伤。因此,在用过氧化氢漂白时,为了获得良好的漂白效果,又不使纤维损伤过多,在漂液中一定要加入一定量的稳定剂。水玻璃是最常用的氧漂稳定剂,其稳定作用佳,织物白度好,对漂白的 pH 有缓冲作用,但处理不当,会产生硅垢,影响织物的手感。目前出现了许多非硅稳定剂,主要成分是金属离子的螯合分散剂、高分子吸附剂等或它们的复配物,但非硅稳定剂的稳定作用和漂白效果尚有提高之处,它们与硅酸钠配合使用,可减少硅酸钠的用量。

2. 过氧化氢漂白工艺

(1) 轧漂汽蒸工艺流程:室温浸轧漂液(带液率 100%)→汽蒸(95~100℃,45~60min)→水洗。

含水玻璃的漂液组成:H_2O_2(100%)3~6g/L,水玻璃(密度1.4g/cm³)5~10g/L,润湿剂 1~2g/L,pH 10.5~10.8。

由于水玻璃在高温汽蒸时易产生硅垢,在过氧化氢漂白液中可使用非硅酸盐系稳定剂,不含水玻璃的漂液组成:H_2O_2(100%)3~6g/L,稳定剂 NC—604 4g/L,精练剂 NC—602 1g/L,pH10~11。

连续汽蒸漂白常在平幅连续练漂机上进行,如履带箱等,间歇式的轧卷式练漂机也可采用。

(2) 卷染机漂白工艺:在没有适当设备的情况下,对于小批量及厚重织物的氧漂,可在不锈钢的卷染机上进行。需要注意的是蒸汽管也应采用不锈钢管。

工艺流程:冷洗 1 道→漂白 8~10 道(95~98℃)→热洗 4 道(70~80℃,两道后换水一次)→冷洗上卷。漂白液组成:H_2O_2(100%)5~7g/L,水玻璃(密度1.4g/cm³)10~12g/L,润湿剂 2~4g/L,pH10.5~10.8。

(3) 冷堆法漂白工艺:氧漂还可以采用冷堆法进行。冷堆法一般采用轧卷装置,用塑料薄膜包覆好,不使风干,再在一种特定的设备上保持慢速旋转(5~7r/min),防止工作液积聚在布卷的下层,造成漂白不匀。

工艺流程:室温浸轧漂液→打卷→堆置(14~24h,30℃左右)→充分水洗。漂液组成:H_2O_2(100%)10~12g/L,水玻璃(密度1.4g/cm³)20~25g/L,过硫酸铵 4~8g/L, pH 10.5~10.8。

过氧化氢漂白还可以在间歇式的绳状染色机、溢流染色机中进行。

过氧化氢对棉织物的漂白是在碱性介质中进行的,兼有一定的煮练作用,能去除棉籽壳等天然物质,因此对煮练的要求较低。

氧漂完成后,织物上残存的双氧水会对后续加工产生不良影响,如染色时破坏活性染料的结构,造成色浅、色花等染色疵病,因此漂白后要进行充分水洗,洗去织物上残存的双氧水。在采用溢流和喷射等染色机间歇式浸漂工艺中,漂白后可以直接在漂白废液中加入过氧化氢酶,酶能在很短的时间内将残留的双氧水分解成水和氧气,能极大地缩短时间,减少用水量。

棉织物用过氧化氢漂白,有许多优点,例如产品的白度较高,且不泛黄,手感较好,同时对退浆和煮练要求较低,便于练漂过程的连续化。此外,采用过氧化氢漂白无公害,可改善劳动条件,是目前棉织物漂白的主要方法。

(三)亚氯酸钠漂白

1. 亚氯酸钠溶液性质

亚氯酸钠的水溶液在碱性介质中稳定,在酸性条件下不稳定,要发生分解反应:

$$NaClO_2 + H_2O \rightleftharpoons NaOH + HClO_2$$

$$5ClO_2^- + 2H^+ \longrightarrow 4ClO_2 + Cl^- + 2OH^-$$

$$3ClO_2^- \longrightarrow 2ClO_3^- + Cl^-$$

$$ClO_2^- \longrightarrow Cl^- + 2[O](少量)$$

亚氯酸钠溶液主要组成有 ClO_2^-、$HClO_2$、ClO_2、ClO_3^-、Cl^- 等。一般认为 $HClO_2$ 的存在是漂白的必要条件,而 ClO_2 则是漂白的有效成分。ClO_2 含量随着溶液 pH 的降低而增加,漂白速率也加快,但 ClO_2 是毒性很大的气体,因此在亚氯酸钠漂白时,必须加入一定量的活化剂,在开始浸轧漂液时近中性,在随后汽蒸时,活化剂释放出 H^+,使漂液 pH 下降,促使 $NaClO_2$ 较快分解出 ClO_2 而达到漂白的目的。常用的活化剂是有机酸与潜在酸性物质,如醋酸、甲酸、六亚甲基四胺、乳酸乙酯、硫酸铵等。

2. 亚氯酸钠的漂白工艺

(1)连续轧蒸工艺流程:浸轧漂液→汽蒸(95～100℃,pH 4.0～5.5,1h)→脱氯($Na_2S_2O_3$ 或 Na_2SO_3 1～2g/L)→水洗。漂液组成:$NaClO_2$(100%)15～25g/L,活化剂 xg/L(根据所用活化剂而定),非离子型表面活性剂 1～2g/L。

(2)冷漂工艺:在无合适漂白设备的条件下,亚氯酸钠还可用冷漂法。漂液组成与轧蒸工艺接近,因是室温漂白,故常用有机酸作活化剂。织物经室温浸轧打卷,用塑料薄膜包覆,布卷缓慢转动,堆放 3～5h,然后脱氯、水洗。

由于二氧化氯对一般金属材料有强烈的腐蚀作用,亚漂设备应选用含钛 99.9% 的钛板或陶瓷材料。

亚氯酸钠的酸性溶液兼有退浆和煮练功能,能与棉籽壳及低分子量的果胶物质等杂质作用而使之溶解,因此对前处理要求比较低,甚至织物不经过退煮就可直接进行漂白。

亚氯酸钠漂白的白度好,洁白晶莹透亮,手感也很好,而且对纤维损伤很小,适用于高档棉织物的漂白加工。但亚漂时释放出来的 ClO_2 气体有毒,需要有良好的防护措施。另外,亚漂成本比较高,因而受到很大的限制,目前国内仅用于亚麻织物的漂白。

(四)增白

棉织物经过漂白以后,如白度未达到要求,除进行复漂进一步提高织物的白度外,还可以采用荧光增白剂进行增白。荧光增白剂能吸收紫外光线并放出蓝紫色的可见光,与织物上反射出来的黄光混合成为白光,从而使织物达到增白的目的。由于用荧光增白剂处理后织物反射光的强度增大,所以亮度有所提高。荧光增白剂的增白效果随入射光源的变化而变化,入射光中紫外线含量越高,效果越显著。但荧光增白剂的作用只是光学上的增亮补色,并不能代替化学漂白。

(1)增白工艺:棉织物二浸二轧含荧光增白剂 VBL 0.5~3.0g/L,pH8~9、40~45℃的增白液,轧液率 70%,然后拉幅烘干。

(2)漂白与增白同浴工艺流程:二浸二轧漂白增白液(轧液率 100%)→汽蒸(100℃、60min)→皂洗→热水洗→冷水洗。漂白增白液组成:H_2O_2(100%)5~7g/L、水玻璃(密度1.4g/cm³)3~4g/L、磷酸三钠 3~4g/L、荧光增白剂 VBL 1.5~2.5g/L,pH=10~11。

六、棉织物短流程前处理工艺

退浆、煮练、漂白三道工序并不是截然隔离的,而是相互补充的,如碱退浆的同时,也有去除天然杂质、减轻煮练负担的作用。而煮练有进一步的退浆作用,对提高白度也有好处,漂白也有进一步去杂的作用。传统的三步法前处理工艺稳妥,重现性好,但机台多,能耗大,时间长,效率低。从降低能耗,提高生产效率出发,可以把三步法前处理工艺缩短为二步或一步,这种工艺称为短流程前处理工艺。由于短流程前处理工艺把前处理练漂工序的三步变为两步或一步,原三步所要除去的浆料、棉蜡、果胶质等杂质要集中在一步或二步中去除,因此必须采用强化方法,提高烧碱和双氧水用量。与常规氧漂工艺相比,OH⁻浓度要提高 100 倍以上,双氧水用量也要提高 2.5~3 倍,同时还需添加各种高效助剂。因此,短流程前处理工艺一方面对棉蜡的乳化、油脂的皂化、半纤维素和含氮物质的水解、矿物质的溶解及浆料和木质素的溶胀十分有利,但另一方面在强碱浴中双氧水的分解速率显著提高,增大了棉纤维损伤的危险性,所以,短流程前处理需严格掌握工艺条件。

(一)二步法前处理工艺

二步法前处理工艺分为织物先经退浆,再经碱氧一浴煮漂和织物先经退煮一浴,再经常规漂白两种工艺。

1. 织物先经退浆,再经碱氧一浴煮漂工艺

这种工艺由于碱氧一浴中碱的浓度较高,易使双氧水分解,需选用优异的双氧水稳定剂。另外,这种工艺的退浆和随后的洗涤必须充分,以最大限度地去除浆料和部分杂质,减轻碱氧一浴煮漂的负担。这种工艺适用于含浆较重的纯棉厚重紧密织物,其工艺举例如下(纯棉厚织物):

轧退浆液打卷常温堆置 3~4h〔亚溴酸钠(以有效溴计) 1.5~2g/L,NaOH 5~10g/L,PD—820 3~5g/L〕→95℃以上高效水洗→浸轧碱氧液(100%双氧水15g/L,100%NaOH 25~30g/L,稳定剂15g/L,PD—820 8~10g/L,渗透剂 8~10g/L)→履带汽蒸箱 100℃汽蒸60min→

高效水洗→烘干。

2. 织物先经退煮一浴,再经常规漂白工艺

这种工艺是将退浆与煮练合并,然后漂白。由于漂白为常规工艺,对双氧水稳定剂的要求不高,一般稳定剂都可使用。而且,由于这种工艺碱的浓度较低,双氧水分解速度相对较慢,对纤维的损伤较小。但浆料在强碱浴中不易洗净,会影响退浆效果,因此,退浆后必须充分水洗。这种工艺适用于含浆不重的纯棉中薄织物和涤棉混纺织物,其工艺流程举例如下:

浸轧碱氧液及精练助剂→R 型汽蒸箱 100℃汽蒸60min进行退煮一浴处理→90℃以上高效水洗→浸轧双氧水漂液(pH 10.5～10.8)→L 汽蒸箱 100℃汽蒸 50～60min→高效水洗。

(二)一步法前处理工艺

一步法前处理工艺是将退浆、煮练、漂白三个工序并为一步,采用较高浓度的双氧水和烧碱,再配以其他高效助剂,通过冷轧堆或高温汽蒸加工,使半制品质量满足后加工要求。其工艺分为汽蒸一步法和冷堆一步法两种。

退煮漂汽蒸一步法工艺,由于在高浓度的碱和高温条件下,易造成双氧水快速分解,引起织物过度损伤。而降低烧碱或双氧水浓度,会影响退煮效果,尤其是对重浆和含杂量大的纯棉厚重织物有一定难度,因此,这种工艺适用于涤棉混纺织物和轻浆的中薄织物。

冷堆一步法工艺是在室温条件下的碱氧一浴法工艺,由于温度较低,尽管碱浓度较高,但双氧水的反应速率仍然很慢,故需长时间的堆置才能使反应充分进行,使半制品达到质量要求。冷堆工艺的碱氧用量要比汽蒸工艺高出 50%～100%。由于作用条件温和,对纤维的损伤相对较小,因此该工艺广泛适用于各种棉织物。

棉织物冷轧堆一步法工艺举例如下:

1. 工艺流程

浸轧碱氧液(常温二浸二轧,轧液率 100%～110%)→打卷室温转动堆置(4～5r/min,25h)→98℃以上热碱处理→高效水洗→烘干。

2. 工艺条件

(1)冷轧堆浸轧液组成:NaOH(100%)46～50g/L,H_2O_2(100%)16～20g/L,水玻璃 14～16g/L,精练剂10g/L,渗透剂2g/L。

(2)热碱洗液组成:NaOH(100%)18～28g/L,煮练剂5g/L。

冷堆后必须加强热碱处理,以提高氧化裂解后的浆料、果胶质、蜡质等杂质在碱溶液中的溶解度,并促使这些杂质在碱性溶液中进一步水解、皂化和去除,提高织物的毛效和白度。

七、丝光

(一)丝光原理

所谓丝光,通常是指棉织物在一定张力作用下,经浓烧碱溶液处理,并保持所需要的尺寸,结果使织物获得丝一般的光泽。棉织物经过丝光后,其强力、延伸度和尺寸稳定性等力学性能有不同程度的变化,纤维的化学反应和对染料的吸附性能也有了提高。因此,丝光已成为棉织物染整加工的重要工序之一,绝大多数的棉织物染色前都要经过丝光处理。碱缩是棉制品在

松弛状态下用浓烧碱溶液处理,其目的是增加织物的组织密度,并使织物富有弹性,碱缩不能提高织物的光泽。碱缩多用于棉针织物特别是台车编织的汗布。

棉纤维在浓烧碱作用下生成碱纤维素,并使纤维发生不可逆的剧烈溶胀,其主要原因是由于钠离子体积小,不仅能进入纤维的无定形区,而且还能进入纤维的部分结晶区;同时钠离子又是一个水化能力很强的离子,钠离子周围有较多的水,其水化层很厚。当钠离子进入纤维内部并与纤维结合时,大量的水分也被带入,因而引起纤维的剧烈溶胀,一般来说,随着碱液浓度的提高,与纤维素结合的钠离子数增多,水化程度提高,因而纤维的溶胀程度也相应增大。当烧碱浓度增大到一定程度后,水全部以水化状态存在,此时若再继续提高烧碱浓度,对每个钠离子来说,能结合到的水分子数量有减少的倾向,即钠离子的水化层变薄,因而纤维溶胀程度反而减小。

(二)丝光棉的性质

1.光泽

所谓光泽是指物体对入射光的规则反射程度,也就是说,漫反射的现象越小,光泽越高。丝光后,由于不可逆溶胀作用,棉纤维的横截面由原来的腰子形变为椭圆形甚至圆形,胞腔缩为一点(图3-7),整根纤维由扁平带状(图3-8天然棉纤维)变成了圆柱状(图3-8丝光棉纤维)。这样,对光线的漫反射减少,规则反射增加,因而光泽显著增强。

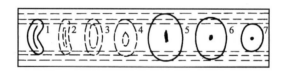

图3-7　棉纤维在丝光过程中横截面的变化

1~5—棉纤维在碱液中继续溶胀　6—溶胀后,再转入水中开始发生收缩　7—完全干燥后

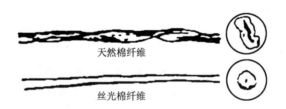

图3-8　棉纤维丝光前后的纵向和横截面

2.定形作用

由于丝光是通过棉纤维的剧烈溶胀、纤维素分子适应外界的条件进行重排来实现的,在这过程中纤维原来存在着的内应力减少,从而产生定形作用,尺寸稳定,缩水率降低。

3.强度和延伸度

在丝光过程中,纤维大分子的排列趋向于整齐,取向度提高,同时纤维表面不均匀的变形被消除,减少了薄弱环节。当受外力作用时,就能由更多的大分子均匀分担,因此断裂强度有所增加,断裂延伸度则下降。

4. 化学反应性能

丝光棉纤维的结晶度下降,无定形区增多,而染料及其他化学药品对纤维的作用发生在无定形区,所以丝光后纤维的化学反应性能和对染料的吸附性能都有所提高。

(三)丝光工艺

布铗丝光时,棉织物一般在室温浸轧 180～280g/L 的烧碱溶液(补充碱 300～350g/L),保持带浓碱的时间控制在 50～60s,并使经、纬向都受到一定的张力。然后在张力条件下冲洗去烧碱,直至每千克干织物上的带碱量小于70g后,才可以放松纬向张力并继续洗去织物上的烧碱,使丝光后落布门幅达到成品门幅的上限,织物上 pH 为 7～8。

影响丝光效果的主要因素是碱液的浓度、温度、作用时间和对织物所施加的张力。

烧碱溶液的浓度对丝光质量影响最大,低于105g/L时,无丝光作用;高于280g/L,丝光效果并无明显改善。衡量棉纤维对化学药品吸附能力的大小,可用棉织物吸附氢氧化钡的能力—钡值来表示:

$$钡值 = \frac{丝光棉纤维吸附 Ba(OH)_2 的量}{未丝光棉纤维吸附 Ba(OH)_2 的量} \times 100$$

一般丝光后棉纤维的钡值为 130～150。

棉织物在松弛状态下用不同浓度的烧碱溶液处理后的经向收缩和钡值情况如图 3-9 所示。从图中可知,单从钡值指标来看,烧碱浓度达到180g/L左右就已经足够了(钡值 150)。实际生产中应综合考虑丝光棉各项性能和半制品的品质及成品的质量要求,确定烧碱的实际使用浓度,一般在 260～280g/L。近年来一些新型设备采用的烧碱浓度较高,达到 300～350g/L。

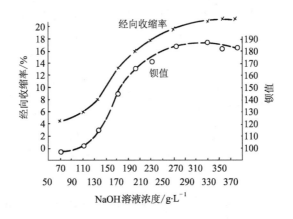

图 3-9　棉织物练漂半制品经不同浓度烧碱溶液处理后的
经向收缩率与钡值(碱液处理温度 10℃)

烧碱和纤维素纤维的作用是一个放热反应,提高碱液温度有减弱纤维溶胀的作用,从而造成丝光效果降低。所以,丝光碱液以低温为好。但实际生产中不宜采用过低的温度,因保持较低的碱液温度需要大功率的冷却设备和电力消耗;另一方面,温度过低,碱液黏度显著增大,使碱液难于渗透到纱线和纤维的内部去,造成表面丝光。因此,实际生产中多采用室温丝光,夏天通常采用轧槽夹层通入冷流水使碱液冷却即可。

丝光作用时间20s基本足够,延长时间对丝光效果虽有增进,但作用并不十分显著。另外,作用时间与碱液浓度和温度有关,浓度低时,应适当延长作用时间,故生产上一般采用50~60s。

棉织物只有在适当张力的情况下,防止织物的收缩,才能获得较好的光泽。虽然丝光时增加张力能提高织物的光泽和强度,但吸附性能和断裂延伸度却有所下降,因此工艺上要适当控制丝光时经、纬向的张力,兼顾织物的各项性能。一般纬向张力应使织物门幅达到坯布幅宽,甚至略为超过,经向张力以控制丝光前后织物无伸长为好。

(四)丝光工序

棉织物的丝光按品种的不同,可以采用原布丝光、漂后丝光、漂前丝光、染后丝光或湿布丝光等不同工序。

对于某些不需要练漂加工的品种如黑布,一些单纯要求通过丝光处理以提高强度、降低断裂伸长的工业用布以及门幅收缩较大,遇水易卷边的织物宜用原布丝光,但丝光不易均匀。漂后丝光可以获得较好的丝光效果,纤维的脆损和绳状折痕少,是目前最常用工序,但织物白度稍有降低。漂前丝光所得织物的白度及手感较好,但丝光效果不如漂后丝光,且在漂白过程中纤维较易损伤,不适用于染色品种,尤其是厚重织物的加工。对某些容易擦伤或匀染性极差的品种可以采用染后丝光。染后丝光的织物表面无染料附着,色泽较匀净,但废碱液有颜色。

棉织物丝光一般是将烘干、冷却的织物浸碱,即所谓干布丝光。如果将脱水后未烘干的织物浸碱丝光,即所谓湿布丝光。湿布丝光省去一道烘干工序,且丝光效果比较均匀。但湿布丝光对丝光前的轧水要求很高,带液率要低且轧水要均匀,否则将影响丝光效果。

棉织物除用浓烧碱溶液丝光外,生产上也有以液氨丝光的。液氨丝光是将棉织物浸轧在-33℃的液氨中,在防止织物经、纬向收缩的情况下透风,再用热水或蒸汽除氨,氨气回收。液氨丝光后棉织物的强度、耐磨性、弹性、抗皱性、手感等力学性能优于碱丝光。因此,特别适合于进行树脂整理的棉织物,但液氨丝光成本高。

(五)丝光设备

棉织物丝光所用的设备有布铗丝光机、直辊丝光机和弯辊丝光机三种,阔幅织物用直辊丝光机,其他织物一般用布铗丝光机丝光。弯辊丝光机由于在弯辊伸幅时容易使纬纱变成弧状,造成经纱密度分布不匀(布的中间经纱密度高,两边经纱密度低),目前已很少使用。

1. 布铗丝光机

布铗丝光机由轧碱装置、布铗链扩幅装置、吸碱装置、去碱箱、平洗槽等组成。

轧碱装置由轧车和绷布辊两部分组成,前后是两台三辊重型轧车,在它们中间装有绷布辊。前轧车用杠杆或油泵加压,后轧车用油泵加压。碱槽内装有导辊,实行多浸二轧的浸轧方式。为了降低碱液温度,碱槽通常有夹层,夹层中通冷流水冷却。为防止表面丝光,后碱槽的碱浓度高于前碱槽。为防止织物吸碱后收缩,后轧车的线速度略高于前轧车的线速度,给织物以适当的经向张力,绷布辊筒之间的距离宜近一些,织物沿绷布辊的包角尽量大一些,此外,还可以加些扩幅装置,织物从前轧碱槽至后轧碱槽历时约40~50s。

布铗链扩幅装置主要是由左右两排各自循环的布铗链组成。布铗链长度为 $14\sim22m$，左、右两条环状布铗链各自敷设在两条轨道上，通过螺母套筒套在横向的倒顺丝杆上，摇动丝杆便可调节轨道间的距离。布铗链呈橄榄状，中间大，两头小。为了防止棉织物的纬纱发生歪斜，左、右布铗长链的速度可以分别调节，将纬纱维持在正常位置。

当织物在布铗链扩幅装置上扩幅达到规定宽度后，将稀热碱液（$70\sim80℃$）冲淋到布面上，在冲淋器后面，紧贴在布的下面，有布满小孔或狭缝的平板真空吸水器，可使冲淋下的稀碱液透过织物。这样冲、吸配合（一般五冲五吸），有利于洗去织物上的烧碱。织物离开布铗时，布上碱液浓度低于 $50g/L$。在布铗长链下面，有铁或水泥制的槽，可以贮放洗下的碱液，当槽中碱液浓度达到 $50g/L$ 左右时，用泵将碱液送到蒸碱室回收。

为了将织物上的烧碱进一步洗落下来，织物在经过扩幅淋洗后进入洗碱效率较高的去碱箱。箱内装有直接蒸汽加热管，部分蒸汽在织物上冷凝成水，并渗入织物内部，起着冲淡碱液和提高温度的作用。去碱箱底部成倾斜状，内分成 $8\sim10$ 格。洗液从箱的后部逆向逐格倒流，与织物运行方向相反，最后流入布铗长链下的碱槽中，供冲洗之用。织物经去碱箱去碱后，每千克干织物含碱量可降至 $5g$ 以下，接着在平洗机上再以热水洗，必要时用稀酸中和，最后将织物用冷水清洗。

2. 直辊丝光机

直辊丝光机由进布装置、轧碱槽、重型轧辊、去碱槽、去碱箱与平洗槽等部分组成。

织物先通过弯辊扩幅器，再进入丝光机的碱液浸轧槽。碱液浸轧槽内有许多上下交替相互轧压的直辊，上面一排直辊包有耐碱橡胶，穿布时可提起，运转时紧压在下排直辊上，下排直辊为耐腐蚀和耐磨的钢管辊，表面车制有细螺纹，起到阻止织物纬向收缩的作用。下排直辊浸没在浓碱中。由于织物是在排列紧密且上下辊相互紧压的直辊中通过，因此强迫它不发生严重的收缩，接着经重型轧辊轧去余碱，而后进入去碱槽。去碱槽与碱液浸轧槽结构相似，也是由上、下两排直辊组成，下排直辊浸没在稀碱洗液中，以洗去织物上大量的碱液。最后，织物进入去碱箱和平洗槽以洗去残余的烧碱，丝光过程即告完成。

近年来，使用布铗与直辊联用的丝光机，并取得了较满意的丝光效果。

(六)热丝光

传统的丝光为冷丝光，碱液温度为 $15\sim20℃$，而热丝光碱液温度为 $60\sim70℃$。前面已提到，烧碱与棉纤维的反应是一放热反应，提高碱液温度会降低纤维的溶胀程度，所以都是以冷碱丝光的。但随着热丝光理论和工艺设备的发展以及生产实践的技术积累，热丝光工艺正在逐步得到人们的认可和应用。

棉纤维在浓烧碱溶液中发生不可逆的剧烈溶胀是棉织物获得性能改善的根本原因。提高碱液温度会降低纤维的溶胀程度，这是从热力学即从反应平衡来考虑的，但从动力学来考虑，纤维的溶胀是需要一定时间的。丝光时织物浸碱溶胀的时间很短，一般为 $30\sim60s$，纤维的溶胀难以达到平衡。但提高温度可以加速纤维的溶胀，缩短达到平衡所需要的时间（当然，温度越高，平衡溶胀率越低）。

例如，在烧碱浓度为 320g/L 时，$20℃$ 的平衡溶胀率为 115%，$60℃$ 的平衡溶胀率为 80%。在烧碱浓度为250g/L时,漂白织物在20℃时达到平衡溶胀需要20min,在60℃时仅需要2min。退浆织物在60s的时间内,60℃时溶胀已达到平衡溶胀的90%,但在15℃时的溶胀仅是平衡溶胀的15%。

从碱液渗透的时间来考虑,温度低时碱液黏度高,渗透时间长。如60℃时的渗透时间仅为15~20℃渗透时间的一半左右。

从纤维的溶胀均匀性来看,冷丝光时,棉纤维溶胀速度慢,但溶胀程度剧烈,纤维的直径增大较多,这一剧烈的溶胀增加了纱线边缘层的密度,阻碍了碱液向纱线芯层的渗透。冷的NaOH溶液黏度很高,也增加了向芯层扩散的阻碍。这一现象导致了纱线芯层的丝光化程度低,光泽不如热丝光好。同时由于纱线表面层纤维排列紧密,使织物的手感较硬。热丝光时NaOH溶液的温度为60℃,棉纤维溶胀速度加快,但溶胀程度小,纤维直径增大的程度比冷丝光小,纱线边缘层密度没有冷丝光大,因而碱液向芯层的渗透较好。另外在60℃时,NaOH溶液的黏度大幅度降低,使碱液向芯层的扩散渗透更容易,芯层和外层的丝光程度一致,可以达到整个纱线截面的均匀丝光,从而使光泽提高。同时由于纤维在纱线中排列较疏松,手感变得柔软。

因此,热丝光工艺与冷丝光工艺相比,具有光泽更好,手感柔软,染色均匀性获得提高(溶胀均匀)等特点。热丝光还可以加速溶胀,使浸碱溶胀时间缩短一半左右,可使设备单元变短,这已引起了机械制造商的极大兴趣,热丝光机也应运而生。

八、天然彩棉织物的前处理

天然彩色棉本身具有天然色彩,不需要进行漂白、染色等传统工艺处理。但是,彩棉坯布仍含有与普通白棉织物基本相同的各种杂质,因此,仍需要进行前处理。

天然彩棉织物前处理的工艺流程为:烧毛→退浆→精练→丝光。

1. 烧毛

工艺条件为:一正一反,车速100~110m/min,火焰高度1.2~1.5cm。天然彩色棉纤维长度短,尤其是绿色系彩棉,长度只有普通白棉的70%~80%,强力较差,织物表面易起毛,纺纱、织造也造成彩棉织物布面毛羽多。经烧毛处理后,织物表面变得光洁。烧毛时必须采取调整火焰的高度,使布面在通过火口的瞬间,利用氧化焰完成烧毛,这样纤维损伤小,织物强力不受影响,并且布面光洁。

2. 退浆

天然彩棉织物在退浆时既要保持原来的色泽,又要保证颜色之间互不沾色。由于织物上浆时使用的是淀粉浆,可采用符合环保要求的酶退浆工艺,退浆率可达到95%以上。

天然彩棉机织物的酶退浆工艺为:高效退浆酶2g/L,高效渗透剂1g/L。织物浸轧退浆酶液,汽蒸15min,然后用90℃以上热水洗,再冷水洗。织物经退浆后颜色变深,这是由于去除了纤维表面包覆的浆料以后,织物显现出了本来的颜色。另外,彩棉经过湿处理,颜色一般也会变深。

3. 精练

天然彩棉含有与普通白棉类似的天然杂质,必须经过精练,才具有良好的服用性能。天然彩棉织物可以采用碱精练的方式,也可采用生物酶煮练的方式。

天然彩棉机织物的碱精练工艺为:烧碱15g/L,高效渗透精练剂5g/L,亚硫酸钠 2g/L。织物浸轧精练液后汽蒸45min,用 90℃以上热水洗,冷水洗,烘干。精练后织物颜色进一步加深,色泽丰满,而且处理前呆板、僵硬的手感大为改善,毛效可达到10cm/30min以上。

4. 丝光

烧碱的浓度在 180～230g/L,在普通的丝光机上进行。天然彩棉织物丝光后整个布面的色泽、色光趋向一致,光泽的耐久性得到提高,并增加了织物的平整性。另外,彩棉织物的尺寸稳定性得到提高,缩水率降低。经过丝光后,彩棉织物的断裂强力也略有提高。

第二节　麻织物的前处理

一、苎麻织物的前处理

苎麻是麻类纤维中品质最良好的一种。苎麻可纯纺加工成麻织物,其织物制成成衣后,穿着挺括、吸湿和散湿快、不贴身、透气、凉爽,是夏季服装的良好面料,也是抽绣工艺品种如床单、被罩、台布、窗帘的理想材料。

苎麻织物的练漂,基本上与棉织物的练漂相似,系由烧毛、退浆、煮练、漂白和半丝光等工序组成。

1. 烧毛

苎麻织物一般用接触式圆筒烧毛机烧毛。由于苎麻纤维刚性大,纤毛粗,毛羽较多,如烧毛不净,在服用中苎麻织物有刺痒感。

2. 退浆

根据织物上浆料的种类和性质,选择合适的退浆工艺,如是淀粉浆,可用酶退浆。

3. 煮练

每升煮练液中含有18g烧碱、7g纯碱,在0.196MPa的压力(120～130℃)下,煮练 5h。对于稀薄织物,可在松式绳状练漂机上进行,每升煮练液中含有5g烧碱、5g纯碱和3g肥皂,浴比为1:10,95～100℃,煮练2h。

4. 漂白

苎麻织物漂白可以绳状或平幅进行。绳状漂白是浸轧每升含1.8 g有效氯的次氯酸钠溶液,然后堆置1h。平幅漂白可避免折皱条痕,且不易造成漂斑。氯漂后用 H_2O_2 脱氯,可获得良好的漂白效果。

5. 半丝光

苎麻织物一般用 150～180g/L烧碱溶液进行所谓半丝光。由于苎麻的结晶度和取向度都很高,吸附染料的能力比棉低得多,通过半丝光可明显提高纤维对染料的吸附能力,从而提高染料的上染率。如果进行常规丝光,苎麻渗透性大大提高,染料易渗透入纤维内部,使苎麻织物表观得色量降低,并且织物强度下降,手感粗硬,效果反而不好,这也是苎麻织物丝光工艺与棉织物的不同之处。

二、亚麻织物的前处理

亚麻是纺织原料之一,亚麻织物具有吸湿散热快、透气性好、纹理自然、色调柔和、挺括大方等独特风格,广泛用于服装、服饰等领域。

亚麻织物的练漂,基本上与苎麻织物的练漂相似,其工艺流程一般为:翻缝→烧毛→退浆→煮练→漂白→烘干→烧毛→半丝光。

1. 烧毛

亚麻织物一般用接触式圆筒烧毛机烧毛。由于亚麻织物坯布表面的麻屑、麻皮很多,会影响织物的外观和使用性能,需采用二正二反烧毛工艺。经退煮漂后,由于不断受到机械作用,又会有粗硬的麻皮和纤毛重新露出布面,因此在半丝光前再进行第二次烧毛,可以得到理想的布面光洁度。

2. 退浆

如是淀粉浆,可用酶退浆。淀粉酶退浆工艺条件为:织物浸轧含淀粉酶 1.5～3g/L、渗透剂 2～3g/L 的退浆液,带液率 100%,在 60～70℃堆置 2～4h,最后进行水洗。

3. 煮练

每升煮练液中含有25g烧碱、3g亚硫酸钠、5g渗透剂、3g水玻璃,在 100℃煮练4h,最后用 90～95℃热水充分水洗。

4. 漂白

采用氯、氧双漂工艺。氯漂工艺条件为:织物先浸轧含有效氯 10～12g/L、pH 9～10 的氯漂液,室温堆置 50～60min。然后浸轧 1.5～2g/L硫酸,堆置30min,再用大苏打脱氯。接着进行氧漂,织物浸轧含双氧水 5～6g/L、稳定剂4g/L、渗透剂3g/L的氧漂液,在 100～102℃汽蒸60min。

5. 半丝光

亚麻织物一般用 140～150g/L的烧碱溶液进行所谓半丝光,丝光后织物的钡值达到 120～125,布面的 pH 为 7～8。纯亚麻织物本身光泽较好,但为了增强吸色能力,保证上色率,提高染色深度和色泽鲜艳度,需要进行丝光加工。由于亚麻织物中纤维素含量少,延伸度较低,在浓碱下强力下降,织物易脆损;同时引起纤维的过度收缩,造成扩幅困难,影响织物的手感。因此,全丝光不可取。但是,如果碱浓过低,又无法形成碱纤维素,达不到丝光的目的。所以,采用半丝光工艺条件,可使织物达到平整光洁的效果。

第三节　羊毛初步加工和毛织物的漂白

从绵羊身上剪下来的羊毛称为原毛。原毛中含有大量的杂质,通常杂质的含量占原毛重的 40%～50%。原毛中的杂质可分为天然杂质和附加杂质两类,天然杂质主要为羊毛身上的分泌物羊脂和羊汗,附加的杂质主要为草屑、草籽及沙土等。

羊毛初步加工,就是对不同质量的原毛进行区分,然后采用机械与化学的方法,去除原毛中的各种杂质,使它成为符合毛纺生产要求比较纯净的羊毛纤维。

羊毛的初步加工主要包括选毛、洗毛和炭化等工序。

一、选毛

羊毛的种类很多,根据来源不同有国产毛和进口毛。国产毛按羊种不同,又分为土种毛和改良毛。改良毛根据其细度再分为改良细毛和改良半细毛。土种毛的品质也有很大的差异,即使是同一只羊身上的毛,因部位不同,羊毛的品质也不同。

为了合理地使用原料,工厂对进厂的原毛,根据工业用毛分级标准和产品的需要,将羊毛的不同部位或散毛的不同品质,用人工分选成不同的品级,这一工序叫作选毛,也称为羊毛分级。选毛的目的是合理地调配使用羊毛,做到优毛优用,在保证和提高产品质量的同时,尽可能降低原料的成本。

二、洗毛

原毛在纺织前,要先洗毛以去除羊毛脂、羊汗及尘土杂质。

羊毛脂主要是高级脂肪酸、高级一元醇及其复杂混合物,其熔点一般为 40～45℃。羊汗主要是碳酸钾等盐类。

洗毛的方法一般有皂碱法、合成洗涤剂纯碱法和溶剂法等。

(一)皂碱洗毛

皂碱洗毛一般用含 4% 油酸肥皂和 2% 纯碱(对原毛重)、pH 9～10、温度 50℃的皂碱液,在耙式洗毛机(图 3-10)上进行洗毛,时间 10～20min。该机一般由四个洗毛槽组成,通常前两槽为洗涤槽,利用皂碱洗除羊毛上的绝大部分脂、汗和其他杂质,后两槽为漂洗槽,以清水洗涤羊毛上残余的杂质和皂碱液。

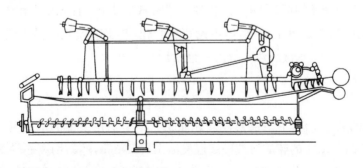

图 3-10　耙式洗毛机

皂碱洗毛时,肥皂起主要作用。洗毛时肥皂液润湿纤维表面并渗入羊毛纤维和羊毛脂及污物之间,改变两者之间的接触角,再借机械作用使羊毛脂及污物脱离纤维,转移到洗液中,并稳定地分散在洗液中,不再重新沉积到纤维表面上去。

洗液的 pH 和温度对洗毛作用及纤维的损伤有很大影响。pII 低于 9,由于肥皂水解,其乳化去污能力下降,pH 高于 10,即使在较低的温度,也能使羊毛的强度和弹性受到损伤。从洗涤效果考虑,在碱性条件下,温度越高越有利于羊毛脂和其他杂质的去除,但羊毛的损伤越严重,还容易发生毡缩和结块,故洗毛的温度稍高于羊毛脂的熔点,一般为 50℃左右。

洗毛质量的好坏,是用羊毛含脂率来衡量的。羊毛中所含的非脂杂质越少越好,而羊毛脂则保留一定量。一般国产毛羊毛脂保持在 1.2% 左右,使羊毛的手感柔软丰满,并有利于梳毛和纺织过程的进行。

(二)合成洗涤剂纯碱洗毛

由于肥皂不耐硬水,且易于水解。因此,选用合成洗涤剂,如净洗剂 LS、209 洗涤剂、烷基磺酸钠、烷基苯磺酸钠来代替肥皂,并加一定量的纯碱,称为合成洗涤剂纯碱洗毛,属于轻碱型洗毛。

(三)溶剂洗毛

溶剂洗毛的基本原理是将开松过的羊毛用有机溶剂洗涤,使羊毛脂溶解其中,然后将有机溶剂回收并分离出羊毛脂。脱脂后的羊毛经水洗去除羊汗及其他杂质。溶剂法洗毛,羊毛不发生碱损伤,不毡缩,不泛黄,洗净毛上残留的羊毛脂分布均匀,纤维松散,梳毛时纤维断裂较少,羊毛脂能回收,耗水量少,但设备投资费用大,有机溶剂易燃烧。

三、炭化

经过洗毛后,大部分天然杂质及尘土已被去除,但羊毛纤维还缠结着植物性杂质,如枝叶、草籽等碎片杂质。这些杂质的存在,不但会给后道工序带来麻烦,还有损于羊毛织物的外观,易造成染疵,特别是在染深色时尤为显著,故必须经炭化处理将其除去。

炭化是基于羊毛和纤维素物质(植物性杂质的主要成分)对强无机酸具有不同的稳定性而实现的。一般使用硫酸,在高温时使纤维素脱水炭化,强度降低,再通过碾碎、除尘而除去,只要控制好工艺条件,羊毛本身并不会受到明显的损伤。

根据炭化时纤维制品的形态不同,炭化的方式有散毛炭化、毛条炭化和匹炭化三种。这里重点介绍散毛炭化,其次是毛条炭化,但不论哪种炭化,其工艺流程都是由浸轧酸液、脱酸、烘干、焙烘、碎炭除杂、中和、水洗和烘干等工序组成。

(一)散毛炭化

1. 浸酸

浸酸是炭化的关键工序,它直接影响炭化质量。干羊毛在室温的水中浸渍 20~30min,经离心脱水后,在 32~55g/L 的硫酸溶液中室温浸渍 15~20min,然后用离心脱水机脱酸,使羊毛带液率为 36%~38%,含酸量为 6%~8%。羊毛和草杂的吸酸量随酸浓度的增加而增加,在其他条件相同的情况下,酸浓度越高,羊毛纤维损伤越大。因此,酸液浓度应根据羊毛的品种、粗细和草杂含量的多少适当调节。酸液温度升高,羊毛的吸酸量随之增加,但对草杂的吸酸量影响不大,因此,浸酸槽中酸液的温度应采用室温。延长浸酸时间,羊毛的吸酸量逐渐增加,而草杂的吸酸量变化不大,因此,浸酸时间不宜过长,一般为 15~20min。

2. 烘干和焙烘

脱酸后羊毛在60～80℃烘干，使羊毛含水率降至15%，再在100～110℃焙烘，羊毛的含水率在3%以下，羊毛中的草杂炭化，变成焦黄色或黑色的易碎物质。烘干和焙烘时间一般为30～45min，烘干温度过高，时间过长都会引起羊毛水解，损伤纤维。但另一方面，烘干必须充分，否则在焙烘过程中会引起羊毛水解。焙烘温度过高，时间过长，羊毛的损伤越严重，因此焙烘温度不要超过110℃，时间不宜太长。

3. 碎炭除杂

自烘房出来的羊毛上混有已炭化的纤维杂质，经过压炭机将焦脆的草屑、草籽碾碎，再通过机械作用和风力使碾碎的尘屑脱离羊毛纤维。

4. 中和与水洗

羊毛经清水洗后，再用1%～2%的纯碱溶液中和，最后用水清洗去碱，使羊毛含酸率在1%以下。由于碱对羊毛损伤更大，中和后的羊毛不能达到中性时，含碱不如含酸。

5. 烘干

中和水洗的羊毛通常在帘式烘干机上以60～70℃的温度进行烘干，然后成包。

散毛炭化通常在散毛炭化联合机中进行。

(二)毛条炭化

毛条炭化的工艺流程与散毛炭化相似，在改进后的毛条复洗机上进行。毛条炭化设备简单，占地面积小，水电耗用量低，劳动生产率高，炭化质量好。炭化处理前的毛条由于预先经过梳理及针梳，纤维比较松散，大的草杂已在梳毛中去除，因此可以采用较低浓度的硫酸、较短的浸渍时间和在较低的焙烘温度下进行炭化。毛条炭化对纤维损伤小，草杂的炭化比较彻底，并可大大减少织物的修补工时。

四、毛织物的漂白

羊毛织物的漂白可以用氧化剂，也可以用还原剂，或者两者联合使用。氧化剂漂白一般采用双氧水在碱性条件下进行。双氧水能使羊毛中的色素破坏，但也会使纤维受到损伤，特别是工艺条件控制不当时，羊毛纤维损伤严重，强力明显下降，影响产品质量。因此，羊毛织物用双氧水漂白时，一定要严格控制好工艺条件。

双氧水在酸性、室温条件下，加入过氧化氢分解酶，可以有效地控制双氧水的分解，减少双氧水的损失，并使漂白浴中双氧水的有效成分保持一定的浓度，不断与羊毛中的色素起反应，达到漂白的效果。漂白后的羊毛织物不但白度很好，而且纤维强力下降与其他漂白工艺相比要轻微得多。

采用过氧化氢分解酶双氧水漂白的工艺条件为：双氧水（30%）10g/L，过氧化氢分解酶4mL/L，稳定剂8g/L，pH5.5，浴比1：20，室温浸漂60min。该工艺还节约能源，节省时间。

五、有色动物纤维的漂白

山羊绒和牦牛绒都是有天然色泽的纤维。这些有天然色泽的纤维不能生产色泽鲜艳的产品,只能利用这种天然色泽或染成深色产品,使用受到一定限制。对有色纤维进行漂白,使白度接近白纤维,而损伤又很小,并保持纤维的原有特性,这样可提高其使用价值,扩大原料的使用范围。

有色纤维的色泽来源于纤维中的天然色素。这些色素颗粒存在于毛纤维的表皮细胞中,称黑色素。色素颗粒呈椭圆形,其化学结构尚未完全清楚,是一种聚合体,结合在角蛋白上,形成色素角蛋白,对还原剂非常稳定,因此一般的羊毛漂白方法,不适用于这种有色纤维的脱色漂白。

有色纤维漂白的机理,是利用色素纤维能较白纤维吸收多量的金属离子,先用金属离子进行前处理,然后用过氧化合物漂白。金属离子在氧化漂白中起催化作用,以二价铁离子最适用,不仅价格低廉,且有高度的选择性,并为色素纤维所吸收。在处理浴中,色素与铁离子生成螯合物,这种化合物能溶解于碱性氧化物溶液中。因此有色纤维的漂白是先用硫酸亚铁前处理,然后用双氧水漂白。为防止漂白时损伤纤维,在前处理时加入甲醛作为交联剂,以保证漂白质量。硫酸亚铁、过氧化氢用量以及处理的温度、时间应根据纤维的品种、色泽及对漂后白度的要求而定。漂白工艺举例如下:

1. 漂白工艺流程

前处理→水洗→漂白→水洗。

2. 漂白工艺条件

(1)前处理工艺条件:$FeSO_4$ 1‰～10‰,甲醛 5‰～10‰,70～80℃,pH＝3～6,时间30min。

(2)双氧水漂白工艺条件:双氧水(30%) x%,焦磷酸钠 5‰～20‰,pH＝9～10,在80℃下浸漂1h。

第四节 丝织物前处理

蚕丝织物含有大量杂质,这些杂质主要是纤维本身固有的丝胶及油蜡、无机物、色素等,此外,还有在络丝前进行浸渍处理所加入的浸渍助剂,为识别捻向所用的着色染料(如酸性染料)和操作过程中沾上的油污等。这些天然的和附加杂质的存在不仅有损于丝织物柔软、光亮、洁白的优良品质,影响服用性能,而且还使坯绸很难被水及染化料溶液所润湿,妨碍印染加工。坯绸精练的目的主要在于去除丝胶,在丝胶去除的同时,附着在丝胶上的杂质也一并除去,因此,蚕丝织物的精练习惯上又称为脱胶。

桑蚕丝所含的天然色素很少,而且大部分存在于丝胶中,所以桑蚕丝织物在脱净丝胶后已很洁白,一般无需进行漂白处理。但在实际生产中,完全脱胶是较难控制和不适宜的,因此对白度要求较高的产品在精练后还要加以漂白,甚至增白。柞蚕丝的色素含量较高,其色素不但存在于丝胶中,而且还存在于丝素中。所以,即使丝胶脱净,也不能完全将色素去除。因此柞蚕丝织物脱胶后必须经过漂白,才能获得洁白的白度。

一、丝织物的脱胶

(一)脱胶原理

丝胶与丝素虽然都是蛋白质,但它们的氨基酸组成、大分子链排列以及超分子结构都存在着很大的差异。丝胶蛋白质的极性氨基酸含量比丝素蛋白质高得多,而且分子间的排列远不如丝素整齐,结晶度低,几乎是无取向。由于丝素与丝胶的上述差异,导致两者性质上的不同。丝素在水中不能溶解,而丝胶在水中,特别是在近沸点的水中发生剧烈溶胀,以至溶解。丝素对酸、碱等化学药品及蛋白水解酶等有较高的稳定性,而丝胶的稳定性很低。利用这一特点,采用适当的方法和工艺条件,将丝胶从织物上去除,而少损伤或不损伤丝素,从而达到脱胶的目的。

(二)脱胶方法和工艺

蚕丝织物的脱胶方法主要有皂碱精练法、酶精练法和复合精练剂精练法等多种。

1. 皂碱精练

丝胶具有两性性质,而且丝胶蛋白质的等电点偏酸性,因此,丝胶在碱性溶液中能吸碱膨化溶解或水解成可溶性的氨基酸盐。碱也能使纤维上的油脂皂化,因而碱既可以脱胶,也可以去除油脂。在精练过程中,随着丝胶的溶解和水解,练液的 pH 会不断下降,需加入缓冲剂来维持练液的 pH,肥皂是一种理想的缓冲剂。

肥皂属于高级脂肪酸盐,能水解生成游离碱而使溶液呈碱性(pH 为 9~10),当精练液的 pH 降低时,由肥皂分解出的游离碱可起缓冲作用而控制练液的 pH。肥皂又是一种表面活性剂,它不仅能减小溶液的表面张力而有助于脱胶均匀,还能通过乳化作用去除丝纤维上的油脂。皂碱法精练不仅脱胶效果好,而且精练品的强力、弹性和手感等性能优异,所以皂碱法精练作为一种传统的蚕丝精练方法经久不衰,并沿用至今。

皂碱法常以肥皂为主练剂,碳酸钠、磷酸三钠、硅酸钠和保险粉为助练剂,并采取预处理、初练、复练和练后处理等工序对蚕丝织物进行精练。磷酸三钠有软化硬水的作用,硅酸钠可吸附练液中的铁、铜等金属离子及其他杂质,有助于提高织物的白度,但必须在练后完全洗净,否则将影响织物的手感、光泽,还会造成染色疵病。预处理使丝胶溶胀,有助于脱胶均匀和缩短精练时间。初练是精练的主要过程,在较多的精练剂和较长的时间中除去大部分丝胶。复练的主要目的是漂白以及除去残留的丝胶和杂质。练后处理则为水洗、脱水和烘干等,除去黏附在纤维上的肥皂和污物等。皂碱精练后的蚕丝织物手感柔软滑爽,富有弹性,光泽肥亮,但精练时间较长,不适用于平幅精练,且精练后的白色织物易泛黄。

皂碱法精练的工艺举例如下:

预处理(纯碱4g/L,pH=11,60℃,40min,浴比 1∶45)→初练(丝光皂5g/L,纯碱0.75g/L,35%硅酸钠2.25g/L,保险粉0.25g/L,pH=9.5~10,98~100℃,100min,浴比 1∶45)→复练(丝光皂4g/L,纯碱0.6g/L,35%硅酸钠1.75g/L,保险粉0.33g/L,pH=9.5~10,98~100℃,100min,浴比 1∶45)→碱洗(纯碱0.4g/L,100℃,20min)→水洗(100℃,20min)→水洗(80℃,20min)→水洗(50℃,20min)→酸处理(冰醋酸0.4g/L,室温,15min)。

逐步降温水洗是为了防止织物上的皂液因突然遇冷凝聚而难以去除。丝织物经水洗后如不染色,可用醋酸在常温下处理,以改善织物的手感、光泽并增进丝鸣。

2. 酶精练

酶精练是将蛋白质分解酶应用于蚕丝织物的脱胶。酶精练对丝纤维作用温和,脱胶均匀,手感柔软,精练效果好于传统的皂碱脱胶法,特别是在降低起毛方面尤为明显。目前国内用于蚕丝织物精练的酶主要有 ZS724、S114 和 1398 中性蛋白酶;209、2709 碱性蛋白酶和胰酶等。各种酶皆有最适宜的作用条件。

由于酶精练在较低的温度和弱酸或弱碱的条件下进行,故不能完全去除天然蜡质、油污和浸渍助剂。如先用碱性溶液对蚕丝织物进行短时间的预处理,则将有助于丝胶的膨化,还能去除蜡质和油剂,从而获得较好的精练效果。因此酶精练往往不单独使用,而是与其他精练方法,如皂碱法、合成洗涤剂碱法等结合使用。

酶精练的工艺举例如下:

预处理(纯碱0.5g/L,磷酸三钠0.5g/L,35%硅酸钠1.5g/L,分散剂WA 1.2g/L,保险粉0.25g/L,pH=9.5,98~100℃,50~60min,浴比1:50)→水洗(60~70℃,10min)→酶处理[2709 碱性蛋白酶(3 万单位)1g/L,纯碱1.5g/L,pH=10,43~47℃,50~60min,浴比1:50]→水洗(60~70℃,10min)→精练(磷酸三钠0.5g/L,35%硅酸钠1.5g/L,分散剂 WA 4g/L,保险粉0.65g/L,pH=9,98~100℃,50~60min,浴比1:50)→水洗(90~95℃,10~15min)→水洗(50~60℃,10min)→水洗(室温,10min)。

3. 复合精练剂精练

由于真丝绸的精练不仅是脱胶,还要去除诸多杂质,故需在精练液中加入多种起不同作用的精练剂。为了便于精练操作和提高精练质量,国内外推出了不少复合型精练剂。如德国Henkel 公司的 Miltopan SE、国内的 AR—617、SR—875、SR—821 等。它们主要由油酸钠、螯合剂、碱剂、丝素保护剂和还原剂等组成。

复合精练剂的精练工艺举例如下(浴比 1:40~1:50):预浸(AR—630 洗涤剂1g/L,35%硅酸钠 1~1.25g/L,55~60℃,60~80min)→初练(AR617 精练剂 4~5g/L,AR—630 洗涤剂2g/L,35%硅酸钠1.25g/L,保险粉0.3g/L,磷酸三钠1g/L,98~100℃,70~90min)→水洗(70~80℃,20min)→复练(AR—630 洗涤剂4g/L,磷酸三钠1g/L,35%硅酸钠1.5g/L,保险粉0.7~0.8g/L,98~100℃,70~90min)→水洗(80~85℃,20min)→水洗(40~50℃,20min)→水洗(室温,10min)。

脱胶一般在挂练槽中进行,它是一种间歇式的生产设备,劳动强度较大,所需时间长,并易产生皱印、擦伤、白雾等疵病。脱胶还可以在绳状染色机、溢流染色机等间歇式染色设备中进行。

较新型的松式平幅连续精练机,适用于不能绳状脱胶的丝织物,这样在挂练槽中脱胶所产生的疵病大有改善。另外,还有一种松式绳状连续练漂机,此机只适用于不怕皱印的织物,如乔其纱等织物的脱胶。

二、丝织物的漂白

一般桑蚕丝所含天然色素不多,并可随丝胶一同去除,故蚕丝织物脱胶后已很洁白。而且桑蚕丝织物也不需要漂得太白,否则失去了真丝织物的风格特点。为了提高织物的白度,常在脱胶液中加入适量的漂白剂如保险粉、双氧水等,以破坏色素和织造时施加的着色剂。所以实际生产中桑蚕丝织物的脱胶和漂白是同时进行的。但对白度要求高的以及黄丝坯绸经脱胶后仍呈浅黄色,需进行漂白。丝织物常用双氧水进行漂白,次氯酸钠不能用来漂白丝织物,因为它会损伤丝素且使织物泛黄。

双氧水漂白的工艺流程:漂白→热水洗→冷水洗。

漂液组成:双氧水(30%)2～4g/L,硅酸钠(密度1.4g/cm³)1～2g/L,平平加 O 0.2～0.3g/L。在浴比1:20～1:30,pH＝8～8.5,温度70℃的条件下,漂白60～120min。

第五节　化学纤维及其混纺织物的前处理

化学纤维在制造过程中,已经过洗涤、去杂甚至漂白,因此化学纤维比较洁白无杂质。但化学纤维织物在织造过程中要上浆且可能沾上油污,因此仍需进行一定程度的练漂。为了改善织物的服用性能,通常将化学纤维与天然纤维混纺或将一种化学纤维与另一种或多种化学纤维混纺,以便相互取长补短,这给染整加工带来了新内容。本节对几种常见的化学纤维及其混纺织物的前处理作一简要介绍。

一、再生纤维素纤维织物的前处理

1. 黏胶纤维织物的前处理

黏胶纤维的物理结构较天然纤维素纤维松弛,因此化学敏感性较大,湿强度较差,且易产生变形,在加工时,不能应用过分剧烈的工艺条件,同时要采用松式设备,以免织物受到损伤和发生形变。

黏胶纤维织物的练漂加工工序与棉织物基本相同,一般需烧毛、退浆、煮练、漂白等。黏胶纤维织物烧毛条件应缓和,可用气体烧毛机进行烧毛。退浆是黏胶纤维织物前处理的重要工序,根据所上浆料的种类,采用不同的退浆方法。黏胶纤维织物一般多用以淀粉为主的浆料上浆,淀粉浆有各种退浆方法,但因黏胶纤维对化学试剂的稳定性较棉纤维差,宜采用淀粉酶退浆,退浆率要求在80%以上。纯黏胶纤维织物一般不需要煮练,必要时可用少量纯碱或肥皂轻煮。如果黏胶纤维织物上的是化学浆,则可把退浆、煮练合在一起。练液组成:纯碱1g/L,磷酸钠0.3g/L,净洗剂5g/L。黏胶纤维织物经退浆、煮练后已有较好的白度,一般不必漂白。如要求较高的白度,可用次氯酸钠、过氧化氢及亚氯酸钠漂白,其漂白方式与棉织物基本相同。用次氯酸钠漂白时,漂液中有效氯含量一般不超过1g/L。漂后经水洗、酸洗、脱氯并充分水洗。黏胶纤维织物本身有光泽,由于耐碱性差,一般不丝光。如与棉混纺,练漂时应采用无张力机械,如绳状松式浸染机。

2. Lyocell 纤维织物的前处理

Lyocell 纤维为新一代绿色再生纤维素纤维,纤维湿模量大,易于原纤化,在染整加工中易产生死折痕、擦伤、露白等疵病。因此,对 Lyocell 纤维织物来说,原纤化的控制是染整加工成败的关键,在前处理过程中有时需采用专门的防原纤化助剂进行处理。

Lyocell 纤维织物的前处理工艺流程为:烧毛→碱氧一浴法退浆→原纤化→纤维素酶处理。

(1)烧毛。Lyocell 纤维在织造过程中由于机械摩擦会产生大量长的绒毛,这些长绒毛是产生初级原纤化的主要位置,在烧毛工序中必须彻底加以去除,否则会加重原纤化及纤维素酶处理的负担。烧毛采用二正二反气体烧毛,车速 70~80m/min,使用预刷毛装置,烧毛质量应达到 4~5 级。

(2)退浆。Lyocell 纤维本身无杂质,在织造过程中施加了以淀粉或变性淀粉为主的浆料,可采用酶或碱氧一浴法退浆。采用碱氧一浴法退浆时,加入的氧化剂为双氧水,双氧水不仅有退浆作用,而且对 Lyocell 纤维织物还有一定的漂白作用,使后续的染色得色鲜艳。碱氧一浴法的退浆液中应加入具有良好润湿、渗透和分散作用的表面活性剂如 GJ—101。退浆液的组成为:烧碱(100%)20g/L,双氧水(100%)7g/L,GJ—101 10g/L,精练剂 22 6~10g/L。40℃浸轧,轧液率 90%~100%,堆置 16~18h。退浆率高,有利于后续的原纤化加工。

(3)原纤化。Lyocell 纤维是一种易原纤化的纤维。所谓原纤化是微纤维沿纤维表面开裂伸出,形成相互捻接。微纤维绒毛很容易起球,严重影响织物的外观,必须均匀而彻底地去除。原纤化的目的是在松弛和揉搓状态下,将纱线内部的短纤维末端尽量释放出来。机械控制和助剂的选用是控制原纤化程度的基本手段。同时采用低浴比,升高温度,加强机械摩擦等方法均有利于原纤化。暴露出来的绒毛,在以后的工序中用纤维素酶去除。

原纤化加工在气流染色机中进行,织物在气流染色机中不断频繁地变换接触面。为了防止擦伤和折痕的产生,需要加入润滑剂。工作液组成为:润滑剂 Cibafluid C 2~4g/L,Na$_2$CO$_3$ 2~5g/L,温度 95~105℃,机械的运转速度一般在300m/min,时间 60~100min,保证一次原纤化充分。暴露出来的绒毛,在以后的工序中用纤维素酶去除,形成光洁表面。原纤化是酶处理的基础。

(4)纤维素酶处理。酶处理的目的是去除原纤化过程中所形成的绒毛,这一过程对光洁织物来说非常重要。选用丹麦诺和诺德公司生产的纤维素酶。酶液的组成为 Culousil P 3~5g/L,润滑剂 2~3g/L,浴比 1:10,pH=4.5~5.5,温度 60~65℃,运转 45~60min。处理完毕后加入 NaOH 2g/L,使 pH=9~10,然后升温至80℃,运转 10~15min,使酶失活,再在 60℃清洗。生产中一定要控制好温度和 pH,否则会影响处理效果,使织物表面不光洁,或过度降解使织物强力受到损伤。

3. Modal 纤维织物的前处理

Modal 纤维系第二代再生纤维素纤维,具有高湿模量、高强力,因此,Modal 纤维织物对染整加工设备适应性强,无特殊工艺要求。

Modal 纤维织物的练漂加工工序与黏胶织物基本相同,一般需烧毛、退浆、煮练、漂白等,由于 Modal 纤维具有高湿模量,可进行半丝光加工。Modal 斜纹织物的前处理一般工艺流程为:冷堆→烧毛→漂白→半丝光。

冷堆液组成:烧碱(100%)35~45g/L,双氧水(100%)10~15g/L,精练剂8g/L,渗透剂

2g/L,螯合剂 1～2g/L,稳定剂 6～8g/L。多浸二轧(轧液率 100%),旋转堆置24h。

烧毛采用二正二反气体烧毛机烧毛,车速100m/min,烧毛等级 4 级。

漂液组成:双氧水(100%)3～4g/L,螯合剂 1～2g/L,稳定剂 4～5g/L,烧碱(100%)0.6～0.9g/L,pH=10.5。多浸一轧,轧液率 90%,汽蒸 100℃×45min,汽蒸后充分清洗。

半丝光的烧碱浓度为 110～120g/L,车速 35～40m/min,透风50s,扩幅至坯布幅宽,70℃热碱五冲五吸,直辊槽、70L 蒸箱和五格平洗,落布 pH=7～7.5。Modal 纤维本身光泽很好,但半丝光后能提高织物的尺寸稳定性和染色得色量。

4. 竹浆纤维织物的前处理

竹浆纤维的韧性和耐磨性较好,但强力较差,尤其是湿强力低,在染整加工中要特别注意减少其强力损伤。

竹浆纤维织物的练漂加工工序与黏胶纤维织物基本相同,一般需烧毛、退浆、漂白等。竹浆纤维由于强力低,常与棉等纤维混纺,竹/棉织物一般还需要进行丝光。纯竹浆纤维织物的前处理一般工艺流程为:烧毛→退浆→漂白。

(1)烧毛。竹浆纤维表面存在着不同程度的绒毛,为了提高竹浆纤维织物表面的光洁度,需要进行烧毛处理。烧毛工艺为二正二反,烧毛等级 4 级以上。

(2)退浆。竹浆纤维所含杂质较少,主要含有织造时上的淀粉浆料,故需要退浆。由于竹浆纤维不耐碱,一般采用淀粉酶冷轧堆工艺进行退浆处理。退浆液组成为:淀粉酶2g/L,渗透剂 1～2g/L,织物二浸二轧退浆液,在 30～35℃堆置 8～10h。退浆后应充分水洗,以洗去布面残留浆料。

(3)漂白。由于竹浆纤维表面含有微黄色素,在染浅色及鲜艳色泽前,需进行漂白处理。漂白液组成为:双氧水(100%)2.5～3g/L,纯碱3g/L(调节 pH),稳定剂4g/L,95～98℃汽蒸40～60min。汽蒸后应充分水洗,使白度均匀,毛效好。

二、合成纤维织物的前处理

合成纤维织物的练漂在于去除纤维在制造过程中所施加的油剂,织造时所黏附的油污和上面的聚丙烯酸酯或 PVA 等合成浆料。

纯涤纶织物可用 3～5g/L肥皂、1g/L纯碱和0.3g/L硅酸钠溶液进行退浆、煮练,在 100℃处理60min左右,然后充分水洗。如需漂白,可平幅浸轧双氧水漂液(100% H_2O_2 1～3g/L、硅酸钠 2～5g/L、pH=10～11)或亚氯酸钠漂液($NaClO_2$ 5～20g/L,pH=3～4),然后汽蒸、水洗。

纯锦纶织物可在卷染机上精练,工艺为:在含有5g/L纯碱、5g/L 613 净洗剂和2.5g/L渗透剂 JFC 的溶液中,在 80～90℃处理 2 道,98～100℃处理 4 道,60℃水洗 2 道,室温水洗 1 道。如需漂白,可用 0.5～2g/L亚氯酸钠溶液,用醋酸调整其 pH=3～4,然后在 80℃处理 30～60min,再充分水洗。

三、混纺和交织织物的前处理

(一)涤棉混纺和交织织物的前处理

涤纶和棉以一定比例混纺或交织,既保持了涤纶的优点,又改善了穿着不透气等缺点。涤纶与棉的比例,通常以涤为主的品种为涤65棉35,以棉为主的品种为涤45棉55或涤40棉60。也有涤50棉50的,这类织物习惯上称之为低比例涤/棉,代号CVC。

涤棉织物的前处理工序一般包括:烧毛、退浆、煮练、漂白、丝光和热定形等。

1. 烧毛

涤棉混纺织物使用气体烧毛机,一般进行一正一反烧毛。

由于涤纶的燃烧温度为485℃,熔点为250～265℃,为了获得良好的烧毛效果,涤纶烧毛必须采用高温快速,绒毛的温度高于485℃,但布身的温度低于180℃,落布时布身温度要低于50℃。

2. 退浆

涤棉混纺织物的上浆剂,我国目前采用以聚乙烯醇为主的混合浆料。在各种浆料中,聚乙烯醇的退浆是比较困难的,可采用热碱退浆或氧化剂退浆。热碱退浆工艺为:织物浸轧80℃的含烧碱5～10g/L的溶液,堆置或汽蒸30～60min,然后用热水或冷水充分洗涤至织物上的pH为7～8。氧化剂退浆工艺为:织物浸轧含H_2O_2 4～5g/L、适量烧碱、非离子表面活性剂的溶液→汽蒸→热水洗→冷水洗。

3. 煮练

涤棉混纺织物因含有棉的成分,必须通过煮练去除棉纤维中的天然杂质及涤纶上的油剂和齐聚物。涤棉混纺织物煮练一般工艺为:织物浸轧含烧碱8～10g/L、渗透剂2～5g/L的煮练液后,在95～100℃汽蒸,然后用热水和冷水充分洗涤。如涤棉混纺织物中棉的比例高,则烧碱用量适量增加。但烧碱对涤纶有一定的损伤,因此应严格控制好工艺条件,既使棉纤维获得良好的煮练效果,同时又使涤纶的损伤限制在最低点。

4. 漂白

涤棉混纺织物的漂白主要是去除棉纤维中的天然色素,故用于棉织物的各种漂白剂均可用于涤棉混纺织物的漂白,其漂白的工艺条件与棉织物基本相同,但漂白剂用量相对低一些。例如用亚氯酸钠轧漂涤棉混纺织物的工艺为:浸轧含亚氯酸钠12～25g/L,适量活化剂的漂白液,在100℃左右汽蒸45～60min,可获得良好的漂白效果。

由于涤纶耐碱性差,不可能进行充分的煮练,而漂白剂具有去杂能力。因此,涤棉混纺织物退浆、煮练、漂白三道工序应统筹考虑,根据不同品种和加工要求,采用一步、二步或三步法工艺。

(1)漂白涤棉混纺织物产品:亚—氧双漂工艺、碱煮—氧—氧双漂工艺。

(2)中浅色涤棉混纺织物:亚漂工艺、碱煮—氧漂工艺、碱煮—氧—氧双漂工艺。

(3)深色涤棉混纺产品:碱煮—氧漂工艺、碱煮—氯漂工艺。

5. 丝光

涤棉混纺织物丝光是针对其中棉纤维组分而进行的,其工艺条件基本可参照棉织物丝光。考虑到涤纶不耐碱,因此涤/棉织物丝光时碱液浓度可适当降低一些,去碱箱的温度低一点,为70～80℃。

6. 热定形

涤棉混纺织物热定形是针对其中的涤纶组分而进行的,其工艺条件基本上可参照纯涤纶织物的热定形。由于棉是热固性纤维,涤棉混纺织物干热缩率一般都比纯涤纶织物低。另外,高温下棉纤维易泛黄,所以涤棉混纺织物热定形温度宜低一些,一般为180～200℃。

(二)粘棉混纺和交织织物的前处理

黏棉混纺和交织织物的前处理工艺随黏/棉的比例不同而有差异,通常比例为黏50/棉50或黏25/棉75等。棉成分高,其前处理工艺与棉织物相同;棉成分低,前处理的条件应缓和些。工艺流程一般为:烧毛→退浆→煮练→漂白→丝光。烧毛时,如黏胶纤维比例大,烧毛速度要稍快一些。黏/棉织物一般上淀粉浆,由于黏胶纤维对酸、碱稳定性差,所以多采用酶退浆。粘/棉织物需煮练去除棉纤维上的天然杂质。棉纤维比例高的可用烧碱进行低压煮练,压力为0.0784～0.098MPa;棉纤维比例低的可采用烧碱和纯碱的混合碱剂进行开口煮练。粘/棉一般用次氯酸钠漂白,漂白工艺可参照棉织物的漂白工艺。丝光时,由于黏胶纤维的耐碱性差,碱液浓度应适当降低。

(三)涤黏中长混纺和交织织物的前处理

中长纤维织物混纺比例一般涤/黏织物为涤65/黏35或涤70/黏30;涤/腈织物为涤60/腈40、涤65/腈35和涤50/腈50;涤/腈/黏织物为涤50/腈33/黏17。由于化学纤维含杂较少,所以中长化纤织物的练漂工艺比较简单,只需要进行烧毛、退浆煮练、定形等工艺,其总的要求是既简又松,即工艺简单且为松式加工,中心是"松"。涤/黏织物的前处理工艺一般为:采用强火快速一正一反烧毛。如果烧毛不匀,将导致染色时上染不匀。采用高温、高压染色的织物,最好采用染后烧毛。烧毛后直接用过氧化氢进行一浴法前处理,不但退浆率高,而且还有煮练和漂白作用,退煮后在松式烘燥设备上烘干,再在SST短环烘燥热定形机上,在190℃适当超喂条件下进行热定形。

第六节 其他织物的前处理

一、绒类织物的前处理

(一)绒类织物的前处理

绒类织物的单面或双面覆盖着蓬松的绒毛,其绒毛通常是从织物的纬纱中拉出来的。因此原布纬纱的线密度不能过高,捻度也不宜过大。另外织物的经纬密度也不宜过大。绒类织物前处理的一般工艺流程为:翻布缝头→退浆→煮练→漂白→开轧烘(→上柔软剂)→起绒。

1. 退浆与煮练

为了使半制品上保留较多的蜡状物质便于起绒,绒类织物前处理应尽量去净浆料,保留蜡质,可采用绳状汽蒸退煮工艺,织物浸轧含烧碱20～25g/L,适量表面活性剂、90℃的溶液,然后在70℃堆置90min,重复上述过程,再经热水洗、冷水洗,经退煮后织物的毛细管效应要求达到6～8cm,毛细管效应过高反而不利于起绒。

2. 漂白

织物退煮后布面上有棉籽壳,白度未达到要求,可用次氯酸钠漂白。浸轧有效氯3～4g/L

的漂液,工艺流程同一般棉织物。

3. 起绒

起绒在拉绒机上进行,一般起绒 6～8 次,要求拉出的绒毛短、密、匀,这样才能使起绒后的织物绒面丰满,绒毛不易脱落。起绒不能过度,否则将严重影响织物的纬向强度。

(二)灯芯绒的前处理

灯芯绒织物包括地组织和绒组织两部分。地组织就是灯芯绒的底布,由一组经纱和一组纬纱组成,绒组织则由另一组纬纱组成,称为绒纬。在染整加工过程中,将绒纬割断,再通过刷绒,使绒毛竖立起来,才能在织物表面形成灯芯绒条,故称灯芯绒。灯芯绒前处理的工艺流程一般是:翻布缝头→轧碱缩幅或喷汽缩幅→割绒→检验修补→退浆→烘干→刷绒→烧毛→煮练→漂白。

1. 轧碱缩幅

灯芯绒坯布布身很软,且不平服,对割绒不利。将织物浸轧 12～16g/L 烧碱溶液,再经烘筒烘干,则织物的幅宽收缩率 10% 左右、布身平挺、条路齐直、绒纬突出,对割绒有利。

2. 割绒

割绒是灯芯绒生产中的特有工艺,一般采用圆刀式割绒机割绒。

3. 退浆

退浆是为了去除织物上的浆料,使绒毛初步松懈,布身柔软,有利于刷绒。全棉、人造棉灯芯绒用淀粉上浆,可采用酶退浆。平幅浸轧含 2000 活力单位的 BF7658 酶 1～2g/L、食盐 2～5g/L、60℃、pH＝6～7 的酶液,然后在 60℃保温堆置 1～2h,最后经热水洗,冷水洗。

4. 烘干

烘干是为了有利于刷绒和烧毛,烘干一般采用普通的单面烘筒烘燥机。

5. 刷绒

通过刷绒可使绒毛进一步松懈、竖立,绒条圆润。刷绒是在平板履带联合刷绒机上进行,先经蒸汽给湿,使织物含湿率在 12%～13%。刷绒后烘干出布,含湿率在 7% 以下。

6. 烧毛

经刷绒后,织物表面有大量浮毛,绒毛的长短不齐,绒条也不够清晰,必须经过烧毛才能使半制品的绒面光洁,绒条清晰圆润。烧毛一般在气体烧毛机或铜板烧毛机上进行。

7. 煮练

灯芯绒煮练不宜以紧式绳状进行,一般以平幅形式加工,可在煮布锅或履带式汽蒸机上进行。灯芯绒轧碱卷轴工艺为:浸轧由 20～30g/L烧碱、8～10g/L 渗透剂组成的 90℃ 碱液后卷轴放在煮布锅中,循环碱浓度 10～12g/L,在 95℃ 以上煮练 8～12h,然后排液、水洗,再在平洗机中充分水洗。

8. 漂白

利用平洗机,将煮练水洗后的灯芯绒浸轧次氯酸钠漂液、堆置、水洗、轧酸、堆置、水洗、脱氯、水洗、中和、水洗。漂液有效氯浓度 3.5～6g/L,室温浸轧后堆置 30～60min,酸洗的硫酸浓度为 3～5g/L,轧后堆 15～30min。

灯芯绒织物在整个染整加工过程中,应始终保持顺毛加工,这样才能使成品具有良好的绒面和光泽。为此,在每道工序之后都要进行翻箱。

二、色织物的前处理

色织物是用色纱线(包括漂白和本白纱线)借织物组织变化而织成的织物。色织物花型变化多,美观大方,染色牢度较高,用途广泛。色织物的前处理是在色织物的整理过程中进行的。

(一)纯棉色织物的前处理

纯棉色织物的整理可分为小整理和大整理两种。不需经过丝光的整理称为小整理,其一般工艺流程是:翻布缝头、烧毛、退浆、煮练,并根据需要增加上浆、轧光、防缩防皱等工序,多用于高特纱(粗支纱)色织物。凡在色织整理过程中,必须经过丝光处理的工艺,称为大整理工艺。现将常用的三种大整理工艺简述如下:

1. 丝光整理工艺

该工艺是色织物整理工艺中应用最广泛的工艺之一,常用于深、中色及地色中没有白色或只有少量白色嵌条的色织产品。有些浅色织产品,由于采用不耐漂的染料,不能进行漂白的也采用本工艺。丝光整理中前处理工艺流程为:翻布缝头→烧毛→退浆→丝光→烘干→后整理。色织物烧毛、丝光的工艺和设备与一般棉织物相同。经过丝光后,织物的白度有一定下降。

2. 漂白、丝光整理工艺

该工艺适用于对白度要求较高的中、浅色,白纱占 1/4 以上的色织产品。白纱一般采用煮白纱或普漂纱,色纱选用耐漂白的还原染料和不溶性偶氮染料染色的纱。漂白一般采用绳状次氯酸钠漂白,并用荧光增白剂进一步提高织物的白度和色泽鲜艳度。漂白、丝光整理工艺中的前处理工艺流程为:翻布缝头→烧毛→退浆→漂白→开轧烘→丝光→烘干→后整理。

对白度要求高的产品,可在丝光后进行复漂。荧光增白一般在后整理过程中结合拉幅或柔软整理在拉幅机上进行。

3. 煮漂、丝光整理工艺

该工艺适用于白纱占 1/4 以上的府绸、细纺等色织物。采用该工艺,要求使用的染料能耐碱煮和氧化剂漂白。煮漂、丝光整理工艺中的前处理工艺流程为:翻布缝头→烧毛→退浆→煮练→漂白→开轧烘→丝光→烘干→后整理。

(二)涤/棉色织物的前处理

涤/棉色织物一般是用涤 65 棉 35 的色纱织造而成。

1. 深色织物的前处理工艺

该工艺适用于色织涤/棉花呢类深色织物及部分色织细纺、府绸等深色织物。色纱基本上采用分散染料和还原染料染色,织物中几乎无白纱。其前处理的工艺流程为:翻布缝头→烧毛→退浆→丝光→热定形→后整理。工艺条件可参考一般涤/棉织物的前处理。

2. 不漂浅色织物的前处理工艺

该工艺适用于漂白纱和部分不耐漂的色纱织成的浅色涤/棉色织物,其前处理工艺流程为:翻布缝头→烧毛→退浆→丝光→涤增白→热定形→皂洗→烘干→后整理。

3. 漂白浅色织物整理

该工艺适用于采用漂白纱和耐漂色纱织成的浅色涤/棉色织物。漂白可采用次氯酸钠或过氧化氢,处理后的织物白度高,色泽鲜艳。其前处理工艺流程为:翻布缝头→烧毛→退浆→漂白→丝光→涤增白→热定形→皂洗→烘干→后整理。棉纤维增白可结合后整理在热拉机上进行。

三、棉针织物的前处理

棉针织物由线圈套结而成,初始模量低,延伸性好,在湿态、外力作用下易伸长,导致缩水率增加,所以应采用低张力设备加工,尽量避免织物在湿态下伸长。此外,针织物的线圈在外力作用下易脱散,单面组织的针织物还易发生卷边,使化学加工和染色不匀,也会使平幅加工难以进行,影响加工质量。这些现象在针织物的染整加工中应特别注意。

针织纱在织造前不上浆,故针织物不含浆料,无须退浆处理。棉针织物的前处理,除了用于制作高档 T 恤的单面织物需要烧毛和丝光外,主要是精练(煮练)和漂白,目的是去除棉纤维上的果胶、含氮物质、油脂、蜡质、矿物质、色素、棉籽壳等纤维素伴生物和纺纱、织造过程中沾污的油污,使织物获得良好的吸水性和一定的白度,以利后续加工。

染深色的棉针织物一般不需漂白,只需采用烧碱和精练剂精练或直接采用精练剂精练即可;染浅、中色的产品和漂白产品需要精练和漂白,一般采用碱氧煮漂一浴法进行,对白度要求较高的产品,还需进行荧光增白处理,或直接在煮漂液中加入荧光增白剂进行煮漂增白一浴处理。由于棉针织物的结构比较疏松,同时为了使织物上保留较多的棉蜡,以免影响织物手感和造成缝纫破洞,煮漂条件一般比棉机织物温和。次氯酸钠、亚氯酸钠漂白会对环境造成污染,棉针织物主要采用双氧水进行漂白。

1. 棉针织物前处理的加工形式

棉针织物的前处理在加工形式上主要分为筒状间歇式和平幅连续式两种。

(1)筒状间歇式加工。筒状间歇式加工是在同一台设备(主要是溢流染色机)内以浸渍方式分步完成练、漂、增白等工序,是目前棉针织物前处理的主要方式,具有设备简单、工艺成熟、生产周期短等特点,能够适应小批多变的市场需求,而且也适合针织物易卷边、宜低张力(松式)加工的特点。但坯布长时间与喷嘴和机件摩擦,易出现细折皱、布面起毛、擦伤和磨损痕等质量缺陷,而且生产效率低、生产成本高(与连续式加工相比,生产成本高 20%～25%),水、电、汽消耗大。

(2)平幅连续式加工。棉针织物平幅连续前处理是棉筒状纬编针织物剖幅后以平幅的形式进行连续练漂加工,是棉针织物前处理的发展方向。采用平幅连续方式对棉针织物进行前处理有以下优点:

①加工质量好,可避免机械擦伤,无绳状加工的折皱印,织物表面光滑,无磨毛起球,无毛羽,纹路清晰,能有效控制缩水率。

②节能减排,与间隙、浸渍法加工相比,耗汽、耗水量降低 50% 以上,生产成本可降低 20%～30%。

③采用干布开幅,几乎没有开幅疵布。

但棉针织物剖幅后以平幅状进行连续前处理需要解决针织物因结构松、对张力敏感易卷边、易伸长的问题。

2.棉针织物平幅连续前处理设备

贝宁格纺织机械有限公司采用转鼓水洗机加工对张力敏感的棉针织物,可使织物处于最佳的低张力状态下进行平幅、高效水洗,在进行连续平幅前处理时不会产生卷边、伸长等问题。

转鼓水洗机有两套防卷边系统,如图3-11所示:主动系统,在进入水洗区前和进入轧车前配置了主动扩幅辊;被动系统,各个导布辊之间的间距很小,以防止织物在其自由段卷边。水洗机除了采用喷淋外,还采用了分格逆流的水洗原理,可将清污程度不同的水洗液分隔开,在进布区的分格中水洗液的污浊程度最高,后道分格中水洗液的污浊程度逐格降低,清洗过的织物总是与后面相对干净的水接触。水洗箱内有蒸汽直接或间接加热系统加热。

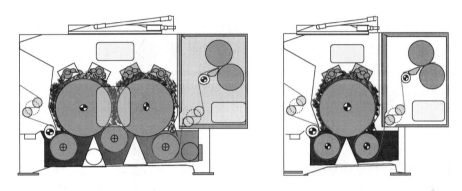

图3-11　针织物平幅连续前处理设备的转鼓水洗箱

图3-12是贝宁格生产的棉针织物连续平幅前处理设备,它还可以对棉与氨纶混纺的弹力针织物进行平幅连续处理。

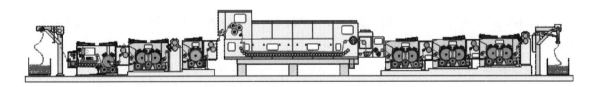

图3-12　针织物平幅连续前处理设备

3.棉针织物平幅连续前处理的工艺流程

毛坯布→渗透除油脱矿物质(预水洗)→堆置→水洗(二道)→浸轧氧漂剂→堆置汽蒸→热水洗→酸中和→水洗→轧水平幅落布。

织物首先浸轧含有除油剂、渗透剂和螯合剂的溶液(目的是去除织物上的油污和矿物质,并提高织物的润湿性),随后在小型堆置箱内60~90℃堆置2~8min,然后进行喷淋水洗。完成预水洗后,织物经轧水后进入浸轧槽浸轧练漂剂,然后在汽蒸箱内堆置汽蒸20~40min。汽蒸后进行高温水洗、中和、水洗。

4. 棉针织物平幅连续前处理的工艺处方及工艺条件举例

(1)渗透除油脱矿物质配方及工艺条件：

渗透精练剂 GS	1.5g/L
螯合剂	1g/L
除油剂	1g/L
液温	60℃
堆置箱温度	80～90℃
堆置时间	5～8min

(2)氧漂汽蒸中和水洗配方及工艺条件：

渗透剂	1g/L
快速氧漂剂 BLG	10～15g/L
27%双氧水	10～15mL/L
汽蒸箱温度	98～100℃
汽蒸时间	35～40min
热水洗温度	80℃
中和酸浓度	1.0～1.5g/L
车速	35～40m/min

四、含氨纶弹性织物的前处理

含氨纶混纺(交织)弹性织物，以棉/氨弹性织物为多，尤其是纬向弹性织物品种繁多。考虑到氨纶的理化性能，在对棉组分进行前处理时应尽量减少对氨纶的损伤，并保持弹力织物形态的相对稳定。一般棉/氨纬弹织物如府绸、纱卡、平纹等织物的前处理工艺流程主要有以下两种：

(1)坯布检验→平幅松弛处理→烧毛轧酶堆置→水洗烘干→预定形→冷轧堆(煮练漂白)→丝光。

(2)坯布检验→酶退浆(平幅松弛处理)→水洗烘干→预定形→冷轧堆(煮漂)→水洗烘干→烧毛→(复漂)→水洗烘干→丝光。

1. 松弛处理

松弛处理是保证含氨纶弹性织物形态稳定，染整加工均匀，防止产生皱条、卷边，使幅宽、平方米质量等指标易于控制的关键工序。氨纶在纺丝、织造时受到一定的张力而产生较大的拉伸形变，虽然氨纶具有较好的回复能力，但仍有一部分缓弹形变，使坯布存在较大的残余应力，使织物结构变形，并产生皱条、卷边等问题。所以在染整加工前必须进行松弛处理，使织物收缩并将织物内部的应力释放出来。松弛处理主要有热水处理、汽蒸处理和溶剂煮练3种方式，一般采用热水处理(用60℃、70℃、80℃、90℃逐步升温的热水进行处理)，对坯布缩幅，使织物幅宽充分回缩至恒定。处理后收缩率一般在25%左右。

2. 预定形

含氨纶弹性织物在染整加工时极易导致布面起皱、卷边，幅宽达不到要求。松弛处理虽然能起到一定的定形作用,但作用较弱,只有当温度高于150℃时,氨纶硬链段的氢键才能拆开,才有较好的定形作用,所以松弛后通常要进行热定形,控制其回缩率,以达到规定的幅宽并防止布面起皱和卷边。热定形是含氨纶弹性织物在染整加工中控制幅宽、稳定尺寸、防止织物起皱和卷边的一个十分重要的关键工序。

热定形最好在前处理湿热加工之前如精练前进行,但在精练前定形,纤维上的杂质(如油剂、润滑剂等)在定形时会渗入纤维内部,影响精练效果。所以热定形可先采取适当温度进行预定形,然后再进行温和的后定形。目前大部分采用先进行湿热处理(松弛预缩),然后进行预定形,再进行煮练漂白的工序。预定形的工艺条件一般为:温度180~195℃,时间30~60s。温度升高,定形效果增加,但纤维泛黄程度也随之增加,所以定形温度通常控制在180~190℃,最高不应超过195℃。

3. 烧毛

由于氨纶的特性,烧毛一般都采取高温快速的工艺,车速在100m/min以上、二正二反,烧毛效果达4级以上。烧毛前的缝头要平整,布幅两端要缝边,最好用包角缝头,以减少和防止后道工序中的脱边、卷边和起皱。对烧毛工序的先后安排原则一般是:在平幅松弛处理之后,烧毛可结合酶退浆进行;如重浆织物或是采用化学浆、混合浆上浆的织物,应先进行退浆或松弛处理结合退浆,然后进行预定形,再进行烧毛。

4. 酶退浆、冷轧堆煮漂

氨纶中的 —O—CO—NH— 基团会受到碱和有效氯的攻击,因此在煮练、丝光时碱的浓度必须控制好,对漂白剂的选用也要特别注意。实践表明,随着碱浓度的增大和温度的提高,氨纶的弹性损失增大,而且温度越高,弹性损失随碱浓度增加而递增的程度也越大。汽蒸煮练对弹性的损失要比在100℃下煮练大得多,因此,应避免采用轧碱汽蒸工艺,如必须汽蒸,也应尽可能缩短汽蒸时间。只能选用含氧漂白剂如双氧水,不宜选用含氯漂白剂。如果双氧水浓度或汽蒸时间超过控制范围,也会影响织物弹性,如汽蒸时间在40min内,弹性损失不大,当汽蒸时间增加到50min,则弹性损失急剧增加,因此氧漂时间以不超过40min为宜,并尽量降低双氧水浓度。氨纶弹性织物的退煮漂最好采用酶退浆和冷轧堆(煮漂)工艺。冷轧堆(煮漂)工艺条件一般为:烧碱(100%)30~35g/L,双氧水15~18g/L,冷堆20~24h。汽蒸氧漂工艺为:双氧水3~5g/L,温度98~100℃,时间40min,pH=10.5~10.8。

5. 丝光

棉/氨包芯纱织物,氨纶仅占织物总量的3%~10%。丝光对棉纤维有膨化定形作用,经严格控制的丝光工序,有利于织物尺寸稳定,同时也提高了棉纤维对染料的吸附,故丝光同样是稳定含氨纶弹性织物形态的关键工序,所以棉/氨弹性织物一般要经过丝光处理。但丝光时要严格控制工艺条件,特别是浸碱浓度、丝光幅宽、蒸洗温度等。碱浓度一般控制在180~200g/L,丝光幅宽控制在成品幅宽的上限,淡碱控制在40~45g/L,落布要求中性。丝光与定形工序先后的原则一般为:练漂半制品幅宽低于成品幅宽时,先进行预定形,后丝光;如半制品幅宽高于成品幅宽时,则先进行丝光。目前大多数产品的半制品幅宽低于成品幅宽,故大部分是先进行预定形,后进行丝光。

第四章　纺织品的染色

第一节　概述

纺织品的染色一般是指使纺织品获得一定牢度的颜色的加工过程。染料对纤维的染色是利用染料与纤维发生物理化学或化学的结合，或者用化学方法在纤维上生成颜料，从而赋予纺织品一定的颜色。

染色已有几千年的生产历史，染色工业是随着染料和纤维的发展而发展的。人们按纤维的性质和加工要求使用各种各样的染料，每一类染料都有它们适用的染色对象。如何合理地选择染料，制定适宜的染色工艺，以获得质量满意的染色产品是染色的研究内容。

一、染料概述

(一)染料概述

染料是指能使纤维染色的有色有机化合物，但并非所有的有色有机化合物都可作为染料。染料对所染的纤维要有亲和力，并且有一定的染色牢度。有些有色物质不溶于水，对纤维没有亲和力，不能进入到纤维内部，但能靠黏着剂的作用机械地黏着于织物上，这种有色物质称为颜料。颜料和分散剂、吸湿剂、水等进行研磨制得涂料，涂料可用于染色，但更多的是用于印花。有些染料在应用时还不能称为染料，但可在染色过程中在纤维中偶合而生成色淀，如不溶性偶氮染料。

染料可用于棉、毛、丝、麻及化学纤维等的染色，但不同的纤维所用的染料也有所不同。纺织纤维的染色，主要用水作为染色介质，所用的染料大都能溶于水，或通过一定的化学处理转变为可溶于水的衍生物，或通过分散剂的分散作用制成稳定的悬浮液，然后进行染色。

很早以前，人们是用从植物和动物体中提取的天然染料进行染色的。用于染色的天然染料多数是媒染染料，这类染料不能直接上染纤维，染色时必须先用金属氧化物如铝、铁、锡等的氧化物浸渍处理纤维，然后才能对纤维染色。这些金属氧化物称为媒染剂。用不同的媒染剂处理，染色产品的颜色不同，如从茜草中提取的茜素，用氧化铝作媒染剂，可使纺织物染得红色；用氧化铁作媒染剂，可染得紫色与黑色；用氧化铝和氧化铁混合媒染剂能得到各种棕色。由于天然染料的染色过程复杂、颜色鲜艳度差以及染色牢度差等原因，已很少用于纺织品的染色。合成染料具有价格便宜、色谱齐全、染色方便等优点，目前的染色绝大多数采用合成染料。随着人们的自我保护意识和环境保护意识的增强，合成染料中许多对人体或环境有害的染料被禁止使用。

(二)染料的分类

染料的分类方法有两种,一种是根据染料的性能和应用方法进行分类,称为应用分类;另一种是根据染料的化学结构或其特性基团进行分类,称为化学分类。

染料按照应用分类法来分,用于纺织品染色的染料主要有以下几类:直接染料、活性染料、还原染料、可溶性还原染料、硫化染料、不溶性偶氮染料、酸性染料、酸性媒染染料、酸性含媒染料、阳离子染料、分散染料等。

根据化学分类的方法,染料的主要类别有偶氮染料、蒽醌染料、靛类染料、三芳甲烷染料等。偶氮染料分子结构中含有偶氮基团($—N{=\!=}N—$),这类染料品种最多,约占 60%,包括直接、酸性、活性和分散等染料。蒽醌染料结构中含有蒽醌基本结构,在数量上仅次于偶氮染料,包括酸性、分散、活性、还原等染料。一般来说,蒽醌类染料的日晒牢度比偶氮类高,价格较贵。

各类纤维各有其特性,应采用相应的染料进行染色。纤维素纤维可用直接染料、活性染料、还原染料、可溶性还原染料、硫化染料、不溶性偶氮染料等进行染色;蛋白质纤维(羊毛、蚕丝)和锦纶可用酸性染料、酸性媒染染料、酸性含媒染料等染色;腈纶可用阳离子染料染色;涤纶主要用分散染料染色。但一种染料除了主要用于一类纤维的染色外,有时也可用于其他纤维的染色,如直接染料也可用于蚕丝的染色,活性染料也可用于羊毛、蚕丝和锦纶的染色,分散染料也可用于锦纶、腈纶的染色。

(三)染料的命名

染料的品种很多,每个染料根据其化学结构都有一个化学名称。但大多数染料都是结构复杂的有机化合物,如按照其结构命名,则名称十分复杂,同时也不能反映出染料的颜色和应用性能,而且商品染料并不是纯物质,还含有同分异构体、填充剂、盐类、分散剂等,有些染料的结构尚未公布,无法用化学名称进行命名。国产的商品染料采用三段命名法命名:第一段为冠首,表示染料的应用类别;第二段为色称,表示染料染色后呈现的色泽的名称;第三段为字尾,用数字、字母表示染料的色光、染色性能、状态、用途、纯度等。

如酸性红 3B,"酸性"是冠首,表示酸性染料;"红"是色称,说明染料在纤维上染色后所呈现的色泽是红色的;"3B"是字尾,"B"说明染料的色光是蓝的,"3B"比"B"更蓝,这是个蓝光较大的红色染料。

在染料的名称中往往有百分数,如 50%、100%、200%,它表示染料的强度或力份。商品染料并不是纯染料,还含有填充剂、盐、分散剂等。染料强度是一个比较值,不是染料含量的绝对值,它是将染料标准品的力份定为 100%,其他染料的浓度与之相比,所得染料相对浓度的大小。在相同染色条件下,染相同浓淡程度的色泽时,若所需要的染料量为标准品染料用量的 0.5 倍,则染料的力份为 200%;若所需要的染料量为标准品染料用量的 2 倍,则染料的力份为 50%。

(四)染色牢度

染色产品的色泽应鲜艳、均匀,同时必须具有良好的染色牢度。染色牢度是指染色产品在使用过程中或染色以后的加工过程中,在各种外界因素的作用下,能保持其原来色泽的能力(或不褪色的能力)。保持原来色泽的能力低,即容易褪色,则染色牢度低,反之,称为染色牢度高。

染色牢度是衡量染色产品质量的重要指标之一。染色牢度的种类很多,随染色产品的用途和后续加工工艺而定,主要有耐晒牢度、耐气候牢度、耐洗牢度、耐汗渍牢度、耐摩擦牢度、耐升华牢度、耐熨烫牢度、耐漂牢度、耐酸牢度、耐碱牢度等,此外,根据产品的特殊用途,还有耐海水牢度、耐烟熏牢度等。

染料在某一纤维上的染色牢度,在很大程度上决定于它的化学结构。此外,染料在纤维上的状态(如染料的分散或聚集程度,染料在纤维上的结晶形态等)、染料与纤维的结合情况、染色方法和工艺条件等对染色牢度都有很大的影响。染色后充分洗除浮色或进行固色处理,对提高染色牢度有利。同一染料在不同纤维上的染色牢度不同,这主要是由于染料在不同纤维上所处的物理状态以及染料与纤维的结合牢度不同。如还原染料在纤维素纤维上的日晒牢度很好,但在锦纶上很差。染色牢度的高低还与被染物的色泽浓淡有关,例如,浓色产品的耐日晒牢度比淡色的高,而摩擦牢度的情况则与此相反。在评价染料的染色牢度性能时,应将染料在纺织品上染成规定色泽的浓度,然后才能进行比较。主要颜色各有一个规定的所谓标准浓度参比标样,这个浓度写作"1/1"染色浓度。一般染料染色样卡中所载的染色牢度都注有"1/1""1/3"等染色浓度。"1/3"的浓度为 1/1 标准浓度的 1/3。

染色牢度的评价,一般是模拟服用、加工、环境等实际情况,制定了相应的染色牢度测试方法和染色牢度标准。由于实际情况很复杂,这些试验方法只是一种近似的模拟。根据试验前后试样颜色的变化情况,与标准样卡或蓝色标样进行比较,得到染色牢度的等级。染色牢度一般分为五级,如皂洗、摩擦、汗渍等牢度,一级最差,五级最好;日晒牢度、气候牢度分为八级,一级最差,八级最好。

染色产品的用途不同,对染色牢度的要求不同。具有全面染色牢度的染料往往价格较高或染色方法复杂,应针对染色产品的不同牢度要求,选择既实用又经济的染料。例如,作为内衣的织物与日光接触的机会很少,洗涤的机会很多,因此它的耐洗牢度必须很好,而日晒牢度的要求并不高;夏季服装面料则应具有较高的耐晒、耐洗和耐汗渍牢度。

(五)天然染料

在 19 世纪中叶以前,纺织纤维染色所用的染料都来源于自然界,称为天然染料。天然染料是从植物、动物及矿物中提取的,根据来源的不同,天然染料可分为植物染料、动物染料和矿物染料三类。植物染料是从植物的叶、花、果实及根茎中提取得到的,大多数天然染料属于植物染料,如从红花草的花中可提取红色染料;从茜草根中可提取茜素,这种染料在中东称为土耳其红。动物染料是从某些昆虫和贝类的躯体中提取的,如从胭脂虫的雌体中可提取红色染料。某些无机盐在纤维上可形成无机颜料而使纤维染色,称为矿物染料。天然染料中黄色、红色和棕色的品种较多,蓝色、绿色和黑色品种较少。

天然染料根据化学结构的不同,可分为靛类、蒽醌类、黄酮类、多元酚类、α—萘醌类、二氢吡喃类、花色素、类胡萝卜素等。靛类天然染料为蓝色和紫色,如靛蓝、菘蓝、泰尔红紫等。天然染料中大多数红色染料属于蒽醌类,包括茜草、紫胶、胭脂虫粉、胭脂红等。天然染料中的黄色染料主要是黄酮类,如黄木樨草、洋葱等。多元酚类天然染料为褐色、灰色和黑色,如河子、石榴等。α—萘醌类天然染料有指甲红花、核桃醌等。二氢吡喃类天然染料中的苏木染料和巴西红木染料是历史上重要的丝绸、羊毛和棉染色用黑色天然染料。花色素包括 C. I. 天然橙 5 和 C. I. 天然蓝 3。类胡萝卜素类染料为橙色,如胭脂树橙和藏红花。

天然染料中大部分染料对纤维没有亲和力或直接性,需要和媒染剂一起使用才能固着在纤维上,属于媒染染料,如茜草、苏木、胭脂红等。常用的媒染剂为金属氧化物或金属盐,如铝、铁的氧化物等。茜素在用铝盐处理过的棉纤维上可染得红色,而采用氧化铁作为媒染剂时,可染得紫色与黑色。从苏木中提取的苏木精用氧化铬作为媒染剂,可染得黑色,称为苏木黑。

天然染料中也有部分染料对纤维具有直接性,无须媒染处理,可直接对纤维进行染色,如靛蓝、姜黄、海石蕊等。

由于多数天然染料对纺织纤维没有亲和力或直接性,需要和媒染剂一起使用才能固着在纤维上,同时由于天然染料的耐光牢度和耐水洗牢度较差,色泽鲜艳度不及合成染料,因此合成染料出现后,天然染料在纺织纤维上的应用越来越少。但由于合成染料在生产和使用过程中会污染环境,某些合成染料甚至对人体具有过敏性和致癌性,而天然染料与生态环境的相容性好,可生物降解,毒性较低,无过敏性和致癌性,而且生产原料可以再生,因此天然染料现在又重新引起人们的重视。

(六)禁用染料

在染料品种中,某些染料或染料的分解产物含有对人体具有致癌性、过敏性、致畸性等危害性作用的物质,属于禁用染料。

致癌染料是指未经还原等化学变化即能诱发人体癌变的染料,其中 C. I. 碱性红 9 早在一百多年前就已被证实与男性膀胱癌的发生有关。目前已知的致癌染料有 12 种,如 C. I. 酸性红 26、C. I. 酸性红 114、C. I. 直接蓝 6、C. I. 直接棕 95、C. I. 碱性黄 2、C. I. 分散蓝 1 等,致癌染料在纺织品上应绝对禁用。

有些偶氮染料本身并无致癌性,但染料被人体吸收后,人体内的还原性酶会引起染料的还原分解,其分解产物中含有对人体具有致癌作用的芳香胺。如 C. I. 直接蓝 15 的还原分解反应为:

反应产物 3,3′-二甲氧基联苯胺具有致癌性。

还有一些染料从化学结构上看不存在致癌的芳香胺,但由于在染料的合成过程中,中间体及副产物的分离、去除不彻底,使染料中含有致癌芳香胺物质,这类染料也属禁用染料。

1994年德国政府首次以立法的形式,禁止使用可以通过一个或多个偶氮基分解而形成MAK(Ⅲ)A1及A2组芳胺类的偶氮染料,其中MAK(Ⅲ)A1组为对人体有致癌性的物质;MAK(Ⅲ)A2组为对动物有致癌性,对人体有致癌危险性的物质。在A1组中包括4种芳胺:4-氨基联苯、联苯胺、4-氯-2-甲基苯胺和2-萘胺。在A2组中包括16种芳胺,如:2-氨基-4-硝基甲苯、2,4-二氨基苯甲醚、4,4'-二氨基二苯甲烷等。

除上述20种芳香胺外,欧共体还将对氨基偶氮苯和邻氨基苯甲醚两种芳香胺作为可疑致癌物。

目前的禁用染料主要是含有上述22种致癌芳香胺或在还原条件下可分解放出致癌芳香胺的偶氮染料。德国首批禁用的染料有118种,它们都是以有毒芳香胺作为重氮组分的偶氮染料,这类染料经还原分解后仍能得到原来的芳香胺。含致癌芳香胺的禁用染料多数为直接染料,如在德国禁用的染料中,直接染料有77种,酸性染料有26种,分散染料有6种。

禁用染料除致癌染料以及分解放出致癌芳香胺的染料外,还包括使人体过敏的致敏染料。Oeko-Tex Standard 100将19种分散染料定为致敏染料,应避免使用。

自从德国颁布禁用染料法令后,世界上许多国家也纷纷开始禁止使用含有致癌芳香胺的染料。目前禁用染料已成为国际纺织品与服装贸易中最重要的检测项目之一,也是生态纺织品最基本的质量指标之一。

二、光、色、拼色和电子计算机测配色

(一)光和色

任何东西都具有颜色,颜色是人的一种感觉,它由光引起。光是一种电磁波,包括各种不同波长的波,可见光只是其中极小的一部分,其波长范围是380~780nm。当一束太阳光通过棱镜时,会形成一连续的光谱,即红、橙、黄、绿、青、蓝、紫等色,称为光的色散。具有一定波长的光称为单色光。人们把单色光的颜色称为光谱色。

白光可以色散,反之,也可以由单色光"合成"白光。当一定量的两束有色光相加,若形成白光,则称这两种光互为补色关系,这两种光的颜色互为补色。如一定量的黄光和蓝光混合成为白光,则黄光和蓝光互为补色光。

当光照射到物体上时,由于各种物体对入射光的反射、折射及吸收等作用不同,物体的反射光就不同,对人眼的刺激也不同,因而使人感受到不同的颜色。若可见光完全透过物体,则该物体是无色透明的;如可见光全部被物体吸收,则该物体是黑的;如可见光全部被物体反射,则该物体是白色的;当各波段可见光被物体均匀地吸收一部分时,则该物体呈现灰色;当物体对不同波长的可见光产生选择性吸收时,则物体就呈现出被吸收光的补色,是带有一定颜色的彩色。例如物体选择吸收435~488nm的蓝色光波后,则物体就呈现蓝光的补色黄色。

颜色可分为彩色和非彩色两类。黑、白、灰色都是非彩色,红、橙、黄、绿、蓝、紫等为彩色。

颜色有三种基本属性:色相、明度和彩度。色相又称色调,表示颜色的种类,如红、橙、黄、绿、蓝、紫等。光谱色的色相由波长决定,其他颜色的色相由光谱分布决定。明度表示物体表面

色的明亮程度。凡物体吸收的光越少,反射率越高时,明度越高。非彩色中白色的明度最高,黑色的明度最低;在彩色中,黄色的明度较高,蓝色的明度较低。彩度又称纯度或饱和度,表示色彩本身的强弱或彩色的纯度。单一波长的光谱色,完全不含非彩色的成分,故彩度最高。在某色相的颜色中,非彩色的成分越少,则该颜色的彩度越高。

(二)拼色

在印染加工中,为了获得一定的色调,常需用两种或两种以上的染料进行拼染,通常称为拼色或配色。品红、黄、青三色称为拼色的三原色。用不同的原色相拼合,可得红、绿、蓝三色,称为二次色。用不同的二次色拼合,或以一种原色和黑色或灰色拼合,则所得的颜色称为三次色。它们的关系表示如下:

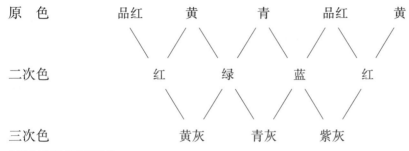

(三)计算机测配色

纺织品染色需依赖配色这一环节把染料的品种、数量与产品的色泽联系起来,长期以来,均由专门的配色人员担任这一工作。这种传统的配色方法,不仅工作量大,而且费时、费料。经过长期的努力,由于色度学、测色仪器和计算机的发展,现已实现了计算机测配色。

计算机测配色大致有三种方式:色号归档检索、反射光谱匹配和三刺激值匹配。所谓色号归档检索就是把以往生产的品种按色度值分类编号,并将染料配方、工艺条件等一起汇编成文件后存入机内,需要时凭借输入标样的测色结果或直接输入代码而将色差小于某值的所有配方全部输出。较之人工配色,具有可避免实样保存时的变褪色问题及检索更方便等优点,但对许多新的色泽往往只能提供近似的配方,遇到这种情况仍需凭经验调整。

对染色的纺织品,最终决定其颜色的是反射光谱,因此使染样的反射光谱能匹配标样的反射光谱,就是最完善的配色,它又称无条件匹配。这种配色只有在染样与标样的颜色相同,纺织材料也相同时才能办到。但这在实际生产中却不多。

计算机测配色最普遍和最有意义的是三刺激值匹配。由于所有的颜色都可以三种原色混合配制,因此一种颜色可用三个参数来定义。测色时,在标准光源的照射下,光度计视野一侧用试样反射光照射,另一侧用红、绿、蓝三种原色光混合照射,适当调整三原色的比例,使视野两侧颜色完全一致,这时三种原色光的相对强度为颜色的三刺激值,通常以 X、Y、Z 来表示。尽管按这种方式所得配色结果在反射光谱上和标样并不相同,但因三刺激值相等,也可得到等色。由于三刺激值须由一定的施照态和观察者色觉特点决定,因此所谓的三刺激值相等是有条件的。如果施照态和观察者两个条件中有一个与达到等色的前提不符,等色就被破坏,从而出现色差。因此这种方式被称为条件等色配色。计算机测配色运算时,大多是以 CIE 标准施照态 D_{65} 和 CIE 标准观察者为基础。所输出的配方是指能在这两个条件下染得与标样同样色泽的配方。

为把各配方在施照态改变后可能出现的色差预告出来,计算机测配色还提供在 CIE 标准施照态 A、冷白荧光灯 F 或三基色荧光灯 TL—84 等条件下的色差数据,染色工作者可据此衡量每只配方的条件等色程度。但目前对于观察者的条件等色程度尚无良好的预测方法。尽管如此,电脑测配色能在多种照明光源下预测各配方色差的能力,已非人工配色所能比及,这是它的一大优势。

计算机测配色是把各种常用染料在不同浓度下染某一纤维后,进行测色,将测色仪测得的颜色参数储存在计算机内,对于每种染料对该纤维的用量和颜色定向坐标关系加以数字拟合成一关系式,然后把来样的颜色经测色仪和电子计算机计算后,按照已存入数据检索。计算机测配色可输出多个配方,再根据染料的成本、相容性、匀染性、牢度以及染色条件等要求,选择一适当的配方。配方选定后,应在化验室打小样,以确定能否达到与标样等色。若色差不符要求,应把染出的样品送到计算机测配色系统进行一次测色,然后调用配方校正程序进行校正,按新的配方再次试染。一般计算机测配色只需校正一次即可。

计算机测配色具有速度快,试染次数少,提供配方多,经济效益高等优点。但它也需要一定的条件,如染化料质量必须相对稳定,染色工艺必须具有良好的重现性,作为体现色泽要求的标样不宜太小或太薄等。

三、染色基本理论

(一) 染料在溶液中的状态

染料按其溶解度的大小,可分为水溶性染料和难溶性染料。

水溶性染料一般含有水溶性基团,如磺酸基、羧基等,这类染料能溶解在水溶液中,溶解度的大小与染料种类、温度、染液 pH 等因素有关;在染液中加入助溶剂如尿素、表面活性剂等,有利于染料的溶解。水溶性染料一般都是电解质,在溶液中会发生电离,生成染料离子。如直接、活性、酸性等染料在水中离解为:

$$DM \rightleftharpoons D^- + M^+$$

D^- 代表染料阴离子(通常含有 $—COO^-$、$—SO_3^-$),M^+ 表示伴随的金属离子。

阳离子染料在水中离解为:

$$DX \rightleftharpoons D^+ + X^-$$

D^+ 代表染料阳离子,X^- 代表伴随的阴离子(多数为 Cl^-,少数为 $1/2SO_4^{2-}$ 等)。

在染液中,染料离子之间或染料离子与分子之间会发生不同程度的聚集,形成染料聚集体,使染液具有胶体的性质。染料的聚集倾向与染料分子结构、温度、电解质、染料浓度等有关。染料分子结构复杂,相对分子质量大,具有同平面的共轭体系,则染料容易聚集;染液温度低,染料聚集倾向大,温度升高,有利于染料聚集体的解聚;染液中加入电解质,会使染料的聚集显著增加,甚至出现沉淀;染料浓度高,聚集倾向大。

在染液中,染料离子、分子及其聚集体之间存在着动态平衡关系。染料对纤维的上染是以单分子或离子状态进行的,随着染液中染料分子或离子的不断上染纤维,染液浓度逐渐降低,染料聚集体不断解聚,直至染色达到平衡。

难溶性染料在水中的溶解度很小，如分散染料、还原染料等，在实际染色中，染料用量远大于其溶解度，染料在水中主要以分散状态存在，即染料颗粒借助表面活性剂的作用，稳定地分散在溶液中，形成悬浮液。在染液中，一部分染料以细小的晶体状态悬浮在染液里，一部分染料溶解在分散剂的胶束里，小部分染料成溶解状态，这三种状态保持一定的动态平衡关系。难溶性染料染色时，必须保证染液的分散稳定性，避免染料沉淀。染料的分散稳定性与染料颗粒大小、温度、电解质、分散剂性能等有关。为保证染液的分散稳定性，染料颗粒一般要求小于$2\mu m$，染料颗粒过大，容易发生沉淀；染液温度升高，染液分散稳定性变差，甚至沉淀；染液中加入电解质，会使染液的分散稳定性降低；分散剂分散性能对染液稳定性有很大影响。

(二)上染过程

所谓上染，就是染料舍染液(或介质)而向纤维转移，并使纤维染透的过程。染料上染纤维的过程大致可以分为以下三个阶段：

(1)染料从染液向纤维表面扩散，并上染纤维表面，这个过程称为吸附。

(2)吸附在纤维表面的染料向纤维内部扩散，这一过程称为扩散。

(3)染料固着在纤维内部。

上染过程的三个阶段是很复杂的，既有联系又有区别，并彼此相互制约。

1. 染料的吸附

染料要上染纤维，必须首先能离开染液而向纤维表面转移，即能吸附在纤维表面。染料能对纤维发生吸附，主要是由于染料和纤维之间具有吸引力，这种吸引力主要是由分子间作用力构成的，它主要包括范德瓦尔斯力、氢键和库仑力等。

范德瓦尔斯力是分子间的引力，它的大小决定于分子的结构和形态，并和它们的接触面积及分子间的距离有关。染料的相对分子质量越大，共轭系统越长，分子呈直线长链形，同平面性好，并与纤维的分子结构相适宜，则范德瓦尔斯力一般较大。这种引力在各种纤维染色时都是存在的，而以分散染料对疏水性纤维染色，或中性浴染色的耐缩绒性酸性染料对羊毛染色中表现得比较突出。

氢键是一种通过氢原子而产生的特殊形式的分子间引力，氢原子与电负性较强的原子如氮、氧原子结合后，可与另一电负性较强的原子如氧、氮原子形成氢键。染料和纤维通过羟基（—OH）、氨基（—NH_2）、酰氨基（—$CONH_2$）、偶氮基（—N＝N—）等基团，可产生氢键而发生结合，如直接染料和纤维素纤维的结合。

库仑力即静电荷间的引力或斥力。有些纤维在染液中会带电荷，染料离子和纤维离子间存在库仑力，若染料与纤维所带电荷相同，表现为电荷斥力；若所带电荷不同，则表现为电荷引力。例如蛋白质纤维、聚酰胺纤维在酸性染液中带有正电荷，会对带负电荷的染料离子如酸性染料发生库仑引力，使染料吸附在纤维上。而纤维素纤维在溶液中带负电荷，与阴离子性染料如直接、活性等染料之间存在电荷斥力，阻碍染料对纤维的吸附。

范德瓦尔斯力、氢键、库仑力在染料的上染过程中往往同时存在，但每种力在上染过程中所起作用的大小，在不同染料对不同纤维的染色中各不相同。

染料的上染性能一般用直接性或亲和力表示。染料能从染液中向纤维表面转移的特性，称为染料对纤维的直接性。直接性是一个定性的概念,只表示染料在一定条件下的上染性能,受到温度、电解质、浴比、染液 pH、染色浓度等因素的影响。直接性高的染料,容易吸附在纤维上,吸附速率快。直接性可用上染百分率表示,上染百分率高的染料称之为直接性高。所谓上染百分率是指上染在纤维上的染料量与原染液中所加染料量的百分比值。染料对纤维的直接性是由染料与纤维的分子间引力产生的。亲和力表示染料从溶液中的标准状态向纤维上的标准状态转变的趋势和量度。亲和力是一个热力学概念,在指定纤维上,亲和力是温度和压力的函数,是染料的属性,不受其他染色条件的影响。每种染料都有其亲和力数值,亲和力越大,染料从溶液向纤维转移的趋势越大,因此可从亲和力的大小判断染料的上染能力。

染料的吸附是一个可逆过程,在上染过程中吸附和解吸同时进行,已上染到纤维上的染料会解吸而扩散到染液中,然后又重新被吸附到纤维的另一部分,如此反复有利于染色的均匀。染色初期,染液中的染料浓度较高,纤维上的染料浓度较低,染料的吸附速率较快,解吸速率较慢,纤维上的染料量逐渐增加。随着上染的进行,染液中的染料浓度逐渐降低,纤维上的染料浓度逐渐提高,染料的吸附速率逐渐降低,解吸速率逐渐增高,最后染料的吸附速率和解吸速率相等,吸附达到平衡。

染料在纤维上的吸附受多种因素如染色温度、染液 pH、电解质和助剂等的影响。提高染色温度可使吸附速率加快,达到平衡的时间缩短,但使平衡上染百分率降低。染液中加酸,会加快酸性染料在羊毛纤维上的吸附,但会减缓阳离子染料在腈纶上的吸附。染液中加盐,会影响带电荷的染料和纤维之间的库仑力。若染料和纤维所带电荷相同,染液中加盐后,会降低纤维对染料的电荷斥力,提高吸附速率和增加吸附量,具有促染作用,例如可加速直接、活性等染料对纤维素纤维的吸附。若染料和纤维所带电荷相反,染液中加盐后,会降低纤维对染料的电荷引力,降低染料的吸附速率和减少吸附量,具有缓染作用,如可减缓阳离子染料对腈纶的吸附。染液中加入阳离子缓染剂,也可降低阳离子染料对腈纶的吸附速度。

染料在纤维上的吸附是否均匀,对最终染色是否均匀有很大影响。为了保证染料的吸附均匀,要求被染物的染前处理,如退浆、煮练、丝光、热定形等加工过程应均匀;染色时,要求染液中各处的染化料浓度、温度等均匀。染料对纤维的吸附速率过快,易造成染色不匀。

2. 染料的扩散

当染料分子被吸附在纤维表面后,染料在纤维表面的浓度高于在纤维内部的浓度,使染料向纤维内部扩散。染料向纤维内部的扩散速率可用菲克(Fick)公式表示:

$$F_x = -D\frac{dc}{dx}$$

式中:F_x 为扩散速率,即单位时间内通过单位面积的染料量;D 为扩散系数;$\frac{dc}{dx}$ 为沿扩散方向的染料浓度梯度;负号表示染料由浓度高向浓度低的方向扩散。

关于染料向纤维内部的扩散,人们提出了两个模型:孔道模型和自由体积模型。孔道模型认为:在纤维中存在许多曲折而相互贯通的小孔道,染色时,水分子会进入纤维内部而引起纤维的溶胀,使孔道直径增大,染料分子或染料离子可通过这些充满水的微隙向纤维内部扩散。染料分子在孔道中扩散的同时,可吸附在孔道的壁上,吸附在孔道壁上的染料不再扩散,在孔道中染料的吸附与解吸处于平衡状态。孔道模型适用于染料在亲水性纤维和在玻璃化温度以下染色的疏水性纤维中的扩散。对于在水中溶胀很小的疏水性纤维,如涤纶,用孔道模型难以解释,一般用自由体积模型解释。自由体积模型认为:在纤维总体积中存在未被纤维分子链段占据的一部分体积,这部分体积称为自由体积。在玻璃化温度 T_g 以下,自由体积以微小的孔穴形式分布在纤维中。当温度达到玻璃化温度 T_g 以上时,纤维分子的链段开始运动,有可能出现体积较大的自由体积,染料分子沿着这些较大的自由体积向纤维内部扩散。自由体积模型适用于在玻璃化温度以上染色的疏水性纤维。根据自由体积模型,只有自由体积大于染料分子的体积时,染料才能扩散进纤维的内部,自由体积越大、越多,染料的扩散越容易。

染料在纤维中的扩散速度比染料在纤维上的吸附速度慢得多,因此,扩散是决定染色速度的关键阶段。

染料的扩散速率高,染透纤维所需的时间短,有利于减少因纤维微结构的不均匀或因染色条件不当造成吸附不匀的影响,从而获得染色均匀的产品。因此,染色时提高染料的扩散速率具有重要的意义。

染料的扩散性能一般用扩散系数表示。扩散系数大的染料,其扩散性能好,染色时容易得到均匀的染色产品。染料的扩散系数与染料的结构、纤维的结构、染料直接性(或亲和力)、染色温度、纤维溶胀剂等有关。染料分子小,纤维微隙大,染料在纤维内扩散所受阻碍小,有利于染料分子的扩散。凡能使纤维微隙增大的因素(如用助剂促使纤维吸湿溶胀、提高染色温度等)都可加快染料的扩散。合成纤维在生产过程中,由于拉伸或热处理不匀,会使纤维的微结构不均匀,染色后会出现不匀现象。染料和纤维分子间的作用力大,直接性高,染料在纤维中的扩散困难。提高染色温度,可增加染料分子的动能,同时促进纤维膨化,使纤维微隙增大,能有效提高染料的扩散速率。

染料的扩散和吸附一样也是可逆过程,染色进行到一定时间后,吸附和扩散都会达到平衡,此时染色达到平衡,纤维上的染料量不再增加。达到染色平衡时的上染百分率称为平衡上染百分率,它是在规定条件下所能达到的最高上染百分率。在恒温染色条件下,染料的上染百分率随染色时间的变化曲线叫上染速率曲线。上染百分率达到平衡上染百分率一半所需的染色时间,称为半染时间。半染时间短,表示染料的染色速率快,半染时间是染料的一个重要性能指标。染料拼色时,应选用半染时间相近的染料,否则,所染产品的色泽,会因染色温度和时间的不同而有差异。

3. 染料在纤维中的固着

染料在纤维中的固着是上染的最后阶段。这一阶段进行较快,它对染色牢度的影响很大。染料与纤维主要通过范德瓦尔斯力、氢键、离子键和共价键结合。染料和纤维结合牢固,可获得较高的染色牢度。

染料和纤维的结合,可以在上染的同时进行,这类染料的染色过程只有吸附和扩散;有的染料在上染以后,还要经过固色处理,以提高染色牢度,如直接染料染色;有的染料在上染后,要经化学处理,使染料固着在纤维上,染色才能完成,如活性染料染色。

四、染色方法和染色设备

(一)染色方法

染色方法按纺织品的形态不同,主要有:散纤维染色、纱线染色、织物染色三种。散纤维染色多用于混纺织物、交织物和厚密织物所用的纤维;纱线染色主要用于纱线制品和色织物或针织物所用纱线的染色;织物染色应用最广,被染物可以是机织物或针织物,可以是纯纺织物或混纺织物。除上述方法外,还有原液着色、成衣染色等方法。原液着色是在纺丝液中加入颜料,制成有色原液,然后进行纺丝,从而得到有色纤维的加工方法。原液着色产品牢度较好,对环境污染少,用染色方法难以染色的合成纤维,可采用原液着色的方法得到有色纤维,如丙纶着色纤维。所谓成衣染色是指将纺织品制成衣服后再染色。成衣染色最初多用于衣服的复染及改色,由于人民生活水平的提高,目前在这方面的应用已很少,而白坯成衣的染色,因其能适应市场快速变化的特点而发展较快。成衣染色的主要优点是可小批量生产,交货时间短,能适应市场的变化,而且成衣染色的产品具有柔软、蓬松、手感好、不缩水的特点。

根据把染料施加于被染物和使染料固着在纤维中的方式不同,染色方法可分为浸染(或称竭染)和轧染两种。

浸染是将纺织品浸渍在染液中,经一定时间使染料上染纤维并固着在纤维中的染色方法。浸染时,染液及被染物可以两种同时循环,也可以只有一种循环。浸染适用于散纤维、纱线、针织物、真丝织物、丝绒织物、稀薄织物、毛织物、网状织物等不能经受张力或压轧的染物的染色。浸染一般是间歇式生产,生产效率较低。浸染时被染物重量(kg)和染液体积(L)之比叫做浴比。浴比的大小对染料的利用率、能量消耗和废水量等都有影响,一般来说,浴比大对匀染有利,但会降低染料的利用率和增加废水量。浸染时,染料用量一般用对纤维重量的百分数(owf)表示,称为染色浓度。浸染时,染液的温度和染化药剂的浓度应均匀,否则会造成染色不匀。

轧染是将织物在染液中浸渍后,用轧辊轧压,将染液挤入纺织品的组织空隙中,同时将织物上多余的染液挤除,使染液均匀地分布在织物上,再经过汽蒸或焙烘等后处理使染料上染纤维的过程。浸轧液要求均匀,以得到均匀的染色效果。浸轧方式一般有一浸一轧、一浸二轧、二浸二轧、多浸一轧等几种形式,根据织物、设备、染料等情况而定。浸轧时织物的带液率一般宜低些,带液率过高,织物不易烘干,而且还容易造成染料泳移,导致染色不匀。所谓泳移是指浸轧染液后的织物在烘干过程中,织物上的染料会随水分的移动而移动的现象。泳移产生的染色不匀,在以后的加工过程中无法纠正。为减少染料的泳移,烘干时可先用红外线预烘,然后再用热风烘燥或烘筒烘燥。轧染是连续染色加工,生产效率高,但被染物所受张力较大,通常用于机织物的染色,丝束和纱线有时也用轧染染色,但不能经受张力或压轧的织物不宜采用轧染。轧染适合于大批量织物的染色。

(二)染色设备

染色设备是染色的必要手段。它们对于染色时染料的上染速度、匀染性、染料的利用率、染色操作、劳动强度、生产效率、能耗和染色成本等都有很大的影响。染色设备应具有良好的性能,应将被染物染匀、染透,同时尽量不损伤纤维或不影响纺织品的风格。一般再生纤维的湿强力很低,加工时应将张力减小至最低限度;合成纤维是热塑性纤维,加工时也不应使其承受过大的张力,因此都应采用松式加工的染色设备。对于涤纶,一般须在130℃左右的温度染色,应采用密封的染色设备,即高温高压染色设备。

染色设备的类型很多,按被染物的状态不同,可分为散纤维、纱线、织物染色设备三类。

1. 散纤维染色机

这种设备所染纺织物的形态为散纤维、纤维条。散纤维染色可得到匀透、坚牢的色泽。由于散纤维容易散乱,所以一般采用被染物添装而染液循环的染色机。羊毛纤维以毛条状态在毛条染色机内染色较为普遍。

散纤维染色机是间歇式加工设备,换色方便,适宜于小批量生产,主要用于混纺织物或交织物所用纤维的染色。散纤维染色大都采用吊筐式染色机,如图 4-1 所示。

吊筐式散纤维染色机主要由盛放纤维的吊筐 1、染槽 2、循环泵 3 及贮液槽 4 等部分组成。在吊筐的正中有一个中心管 5,在吊筐的外围及其中心管上布满小孔。

染色前,将散纤维置于吊筐内,吊筐装入染槽,拧紧槽盖 6,染液借循环泵的作用,自贮液槽输至吊筐的中心管流出,通过纤维与吊筐外壁,回到中心管形成染液循环,进行染色。染液也可做反向流动。染毕,将残液输送至贮液槽,放水环流洗涤。最后将整个吊筐吊起,直接放置于离心机内,进行脱水。

2. 纱线染色机

纱线根据其形状有绞纱(包括绞丝、绒线)、筒子纱、经轴纱等,纱线染色产品主要供色织用。纱线染色机根据加工产品的不同,可分为绞纱染色机、筒子纱染色机、经轴染纱机和连续染纱机。毛线染色一般多采用旋浆式绞纱染色机,绞丝的染色可采用喷射式绞纱染色机。涤纶及其混纺纱可采用高温高压绞纱染色机。连续染纱机适宜大批量的低支数的纱、线或带的染色。筒子纱、经轴纱采用筒子纱染色机、经轴纱染色机,染色后可直接用于织造,比绞纱染色的工序简单。图 4-2 为筒子纱染色机。

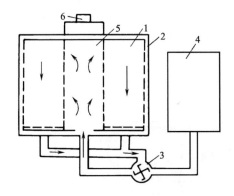

图 4-1　吊筐式散纤维染色机

1—吊筐　2—染槽　3—循环泵
4—贮液槽　5—中心管　6—槽盖

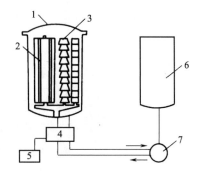

图 4-2　筒子纱染色机

1—染槽　2—筒子架　3—筒子纱
4—循环泵　5—循环自动换向装置
6—贮液槽　7—加液泵

筒子纱染色机由染槽 1、筒子架 2、筒子纱 3、循环泵 4、循环自动换向装置 5、贮液槽 6 和加液泵7组成。

染色前,纱线先卷绕在由不锈钢或塑料制成的筒管上。筒管有各种形状,如柱状、锥状等。染色时,将筒子纱安装到筒子架上,先用水使纱线均匀湿透,除尽纱线内的空气,然后将染液从贮液槽借助加液泵送入染槽,染液自筒子架内部喷出,穿过筒子纱层流入贮液槽。染色一定时间后,通过循环泵由循环自动换向装置使染液做反向流动。染毕,排去残染液,清洗筒子纱。

3. 织物染色机

针织物染色时要求所受的张力小,大都以绳状的形式进行染色,也有少量的以平幅形式进行染色。常用的染色设备有绳状染色机(图4-3)、常温溢流染色机(图4-4)、高温高压染色机(图4-5)等绳状染色设备和经轴平幅染色机等。针织成衣或袜子等产品,常采用转鼓式染色机和旋桨式染色机。

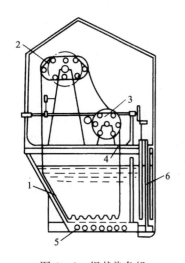

图4-3 绳状染色机

1—染槽 2—主动导布辊 3—导辊
4—分布档 5—蒸汽加热管 6—加液槽

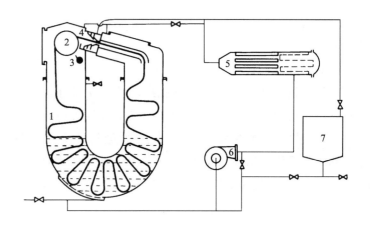

图4-4 常温溢流染色机

1—储布槽 2—提升辊筒 3—织物打结报警装置 4—超低压
溢流喷嘴 5—过滤器及热交换器 6—循环泵 7—加料桶

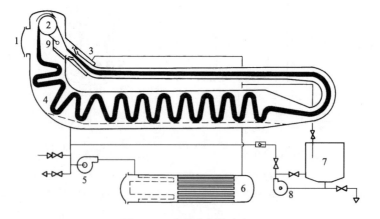

图4-5 高温高压染色机

1—工作门 2—送布辊筒 3—超低压溢流喷嘴 4—储布槽 5—循环泵
6—过滤器及热交换器 7—加料桶 8—加料泵 9—自动织物打结报警装置

绳状染色机是织物绳状浸染设备。染色时,织物所受张力较小,多用于毛、丝、黏胶纤维织物的染色。

绳状染色机由染槽1、椭圆形或圆形主动导布辊2、导辊3、分布档4、直接或间接蒸汽加热管5和加液槽6组成。染色前,染料溶液倒入加液槽流至染槽中。染色时,织物经椭圆形主动导布辊的带动送至染槽中,在染槽中向前自由推动,逐渐染色。然后穿过分布档,通过导布辊继续运转,直至染成所需色泽。染毕,织物由导布辊2导出机外。

常温溢流染色机由储布槽1、织物提升辊筒2、循环泵6、热交换器5和加料桶7等组成。染色时,绳状织物在储布槽前部由提升滚筒提起后送进溢流喷嘴4,通过喷嘴的染液带动织物穿过独特的摆布装置,不断做横向摆动折叠在储布槽的后部。织物沿着平滑性的底部,在重力和循环泵吸力的作用下,滑移到储布槽前部。在整个染色过程中,织物重复循环,完成染色。这种设备配置有可调节的溢流喷嘴和无级变速的提升辊筒,织物与染液可以接近同步速度运行,可避免织物起毛和变形磨损。

高温染色机也由储布槽4、送布辊筒2、循环泵5、热交换器6、加料桶7、加料泵8等组成。染色时,绳状织物由无级变速滚筒提升并输送进超低压溢流喷嘴,被超低压染液包裹,经输布管流向染色机储布槽尾部,然后有节奏地向储布槽前部推进,如此重复循环,直至完成整个染色过程。

高温染色机最高染色温度可达到140℃,适用于含涤纶织物的染色;也可以在常温下进行染色,因此,也适用于其他织物的染色。

液流喷射染色机具有生产灵活性强、适宜小批量织物染色、染色织物手感好等特点,是一种普遍应用的染色设备。但由于传统的液流染色机是通过液流带动被染物运行,因此其具有染色浴比大、能耗高、排污多的缺点。

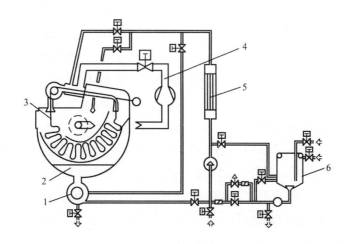

图4-6 气流染色机

1—染液循环泵 2—染缸 3—织物 4—空气循环系统 5—热交换器 6—加料桶

气流染色机是目前比较先进的染色设备,包括高温高压和常温常压两种。气流染色机(图4-6)主要由染液循环泵、染缸、空气循环系统和热交换器等组成。与液流染色机不同,气流染色机在染色时,高压风机产生的气流在通过喷嘴后形成高速气流,这种高速气流带动织物在染色机内运行,并同时使染液以雾状喷向织物,从而使织物均匀染色。

气流染色机的喷嘴是设备的关键部位,决定高速气流的产生及染化料雾化效果的优劣。气流染色机的喷嘴可分为圆形和方形两种类型,圆形喷嘴的优点是织物运行顺畅,运行速度快,不易产生有规律的折痕;方形喷嘴的优点是织物在染色过程中不易产生扭转,适合比较厚重织物的染色。

气流染色机具有许多优点,如染色浴比小(1∶3～1∶4),染化料、蒸汽及水的消耗少,染色废水排放量小;染色效果好,染色织物的匀染性及手感好,在染色过程中不存在传统液流染色机的堵布和织物打结现象;染色适应性强,可用于多种织物的染色,对染色织物的损伤小;可进行高温排液,使高温染色后的降温时间大大缩短,染色周期短,生产效率高。

气流染色机对于比表面积大、上染速率快的织物具有良好的匀染效果。目前气流染色机主要用于超细纤维织物、Lyocell 纤维织物、化纤仿真织物(如仿桃皮绒织物和仿麂皮织物)等的染色。

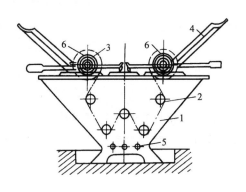

图 4 - 7 卷染机
1—染缸 2—导布辊 3—卷布辊
4—布卷支架 5—蒸汽加热管 6—布卷

机织物染色的形状也有绳状和平幅,相应地有绳状染色机和平幅染色机两类。绳状染色机和常温溢流染色机、高温染色机、气流染色机等绳状染色设备,均适用于机织物的染色,但一般用于稀薄、疏松以及弹性好的织物如毛织物和双绉、乔其纱等丝型产品的染色,容易产生折痕的机织物不宜在绳状染色机上进行染色。平幅染色机有星形架染色机、卷染机(图 4 - 7)、连续轧染机、轧卷染色机等。

卷染机是织物平幅浸染设备,常用于多品种、小批量棉或黏胶纤维织物的染色。

卷染机由染缸 1、导布辊 2、卷布辊 3、布卷支架 4、直接或间接蒸汽加热管 5 组成。染色前,先将需染色的布卷放在布卷支架 4 上,然后卷绕到一只卷布辊上,如图 4 - 7 中 6 所示。染色时,白布进入染缸浸渍染液后,带染液被卷到另一只卷布辊上,直到织物快要卷完,称为第一道。然后两只卷布辊反向旋转,织物又入染缸进行第二道染色。在布卷卷绕过程中,由于布层间的相互挤压,染料逐渐渗入织物内,并向纤维内部扩散。织物染色道数由染色织物色泽浓、淡决定。染毕,放去染液,进水清洗织物。两只卷布辊中,退卷的一只为被动辊,卷布的一只为主动辊。染槽底部有直接蒸汽或间接蒸汽加热管。

卷染机运行的调头和停车都可以自动控制的染色机,称为自动卷染机。

自动卷染机染色时,两只卷布辊均为主动辊,织物所受张力较小,适宜于湿强力较低的织物,如黏胶纤维织物的染色。除自动卷染机外,还有用于合成纤维织物染色的高温高压卷染机(通过在卷染机上加盖来实现高温高压染色)。

连续轧染机是织物平幅连续染色机,生产效率高,但织物所受张力较大,多用于大批量织物,如棉和涤棉混纺织物的染色加工。连续轧染机由多台单元机联合组成。不同染料染色适用的轧染机,由不同单元机排列组成。棉织物染色常用的轧染机,如还原染料悬浮体轧染机、不溶性偶氮染料轧染机和活性染料轧染机等,它们的单元机组成并不完全相同,按各自的染色工艺要求而定。还原染料悬浮体轧染机的单元机组成如图4-8所示。

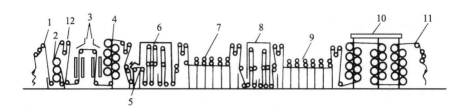

图4-8　还原染料悬浮体连续轧染机

1—进布架　2—三辊轧车　3—红外线预烘机　4—单柱烘筒　5—升降还原槽　6—还原蒸箱

7—氧化平洗槽　8—皂煮蒸箱　9—皂洗、热洗、冷水槽　10—三柱烘筒　11—落布架　12—松紧调节架

织物轧染时,常用两辊或三辊轧车,使织物浸轧染液。带染液织物先用红外线预烘,再用烘筒(或热风)烘干,然后织物进入蒸箱还原汽蒸,使染料向纤维内部扩散,最后,织物经氧化、皂煮和水洗。

涤纶织物染色使用的热熔轧染机的单元机组成如图4-9所示。

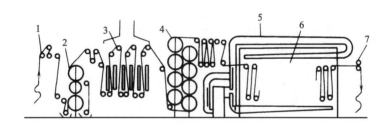

图4-9　热熔轧染机

1—进布架　2—三辊轧车　3—红外线预烘机　4—单柱烘筒　5—热风道　6—热熔室　7—落布架

织物热熔轧染时,先经浸轧、预烘、烘干,然后进入热熔室(200℃左右)热熔染色,最后皂煮和水洗。

第二节　直接染料染色

直接染料是一类应用历史较长、应用方法简便的染料。这类染料品种多、色谱全、用途广、成本低,分子结构中大多具有磺酸基、羧基等水溶性基团,能溶解于水,在水溶液中可直接上染纤维素纤维和蛋白质纤维,可用于纤维素纤维和蛋白质纤维的染色。但其耐洗牢度不好,日晒牢度欠佳,除染浅色外,一般都要进行固色处理,以提高其牢度。在其他新型染料如活性、还原等染料发展后,这类染料的应用量已逐渐减少,但由于其价格便宜,工艺简单,至今仍在使用。经改进的直接染料新品种,如直接铜盐染料、直接耐晒染料等,日晒牢度较高。在棉织物的染色中,直接染料主要用于纱线、针织品和需耐日晒而对湿处理牢度要求较低的装饰织物,如窗帘布、汽车座套以及工业用布等的染色。

一、直接染料的分类及其染色性能

(一)直接染料的分类

直接染料根据其染色性能,可分为下列三类。

1. 匀染性染料

这类染料分子结构比较简单,在染液中染料的聚集倾向较小,染色速率高,匀染性好。但水洗牢度差,适于染浅色,如直接冻黄 G,其结构式为:

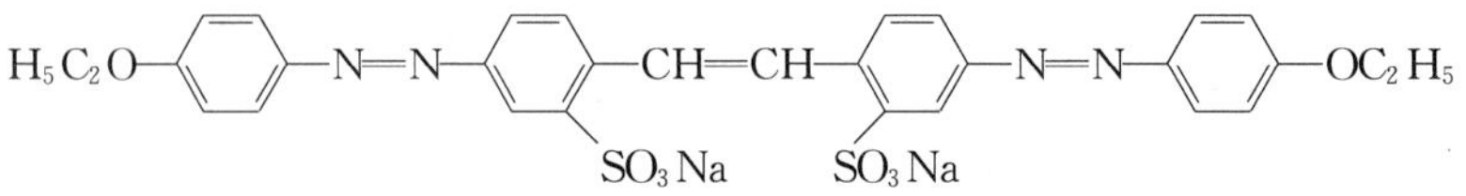

直接冻黄 G

2. 盐效应染料

这类染料分子结构较复杂,匀染性较差,但染料分子中含有较多的磺酸基,上染速率较低,染色时,加盐能显著提高上染速率和上染百分率,促染效果明显,所以称为盐效应染料。这类染料在染色过程中必须严格控制盐的用量和促染方法,否则难以染得均匀的色泽。它们一般不适于染浅色,如直接湖蓝 5B,其结构式为:

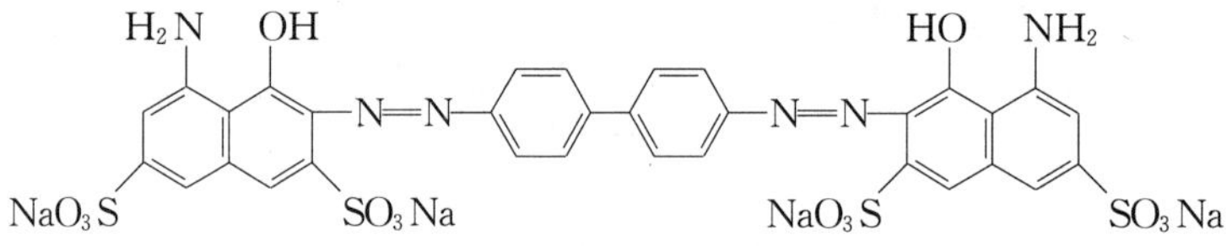

直接湖蓝 5B

3. 温度效应染料

这类染料分子结构复杂,匀染性很差,染色速率低,染料分子中含有的磺酸基较少,盐的促染效果不明显,而温度对它们的上染影响较大,提高温度,其上染速率加快。这类染料要在比较高的温度下才能很好地上染,但染色时需要很好地控制升温速度,以获得均匀的染色效果。这类染料的水洗牢度较好,一般宜染浓色,如直接黄棕 3G,其结构式为:

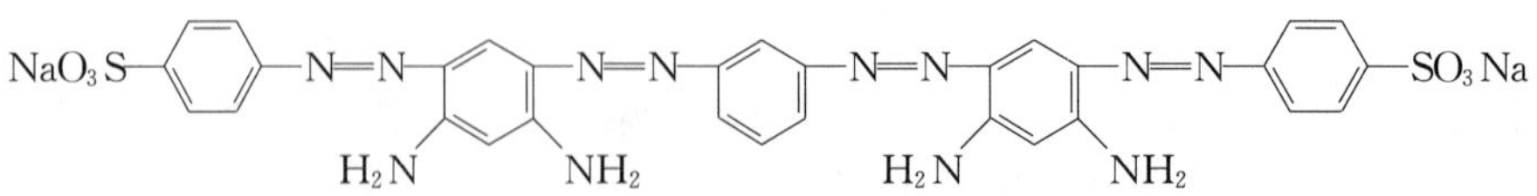

直接黄棕 3G

在拼色时,应选用染色性能相近的染料。

(二)直接染料的染色性能

直接染料相对分子质量较大,分子结构呈线型,对称性较好,共轭系统较长,具有同平面性,染料和纤维分子间的范德瓦尔斯力较大;同时,直接染料分子中具有氨基、羟基、偶氮基、酰胺基等,可与纤维素纤维中的羟基、蛋白质纤维中的羟基、氨基等形成氢键,这些使直接染料的直接性较高。

直接染料都溶于水,溶解度随温度的升高而显著增大。溶解度差的直接染料可加一些纯碱助溶。

直接染料在溶液中离解成色素阴离子而上染纤维素纤维,纤维素纤维在水中也带负电荷,染料和纤维之间存在电荷斥力,这种现象对黏胶纤维染色更为明显。在染液中加盐,可降低电荷斥力,提高上染速率和上染百分率。盐的促染作用对不同的染料是不同的,对于染料分子中含磺酸基较多的盐效应染料,盐的促染作用显著;对于温度效应染料,盐的作用不明显。染色时盐的用量根据染料品种和染色深度而定。对上染百分率低的染料需要多加盐;对盐效应染料促染所用的盐应分批加入,以得到均匀的染色产品;对于温度效应染料,染色时可不加盐或少加盐。对匀染要求高的浅色产品要适当减少盐的用量,对深浓色泽产品应增加盐的用量。

温度对不同染料上染性能的影响是不同的。对于上染速率高、扩散性能好的直接染料,在60~70℃得色最深,90℃以上上染率反而下降,这类染料染色时,为缩短染色时间,染色温度采用80~90℃,染一段时间后,染液温度逐渐降低,染液中的染料继续上染,以提高染料上染百分率。对于聚集程度高、上染速率慢、扩散性能差的直接染料,提高温度可加快染料扩散,提高上染速率,促使染液中染料吸尽,提高上染百分率。在常规染色时间内,得到最高上染百分率的温度称为最高上染温度。根据最高上染温度的不同,生产上常把直接染料分成:最高上染温度在70℃以下的低温染料,最高上染温度在70~80℃的中温染料,最高上染温度在90~100℃的高温染料。在生产实际中,棉和黏胶纤维纺织品通常是在95℃左右进行染色;丝绸的染色温度较低,因为过高的温度有损纤维光泽,其最佳染色温度为60~90℃,适当降低温度而延长染色时间对正常生产有利。

直接染料不耐硬水,大部分能与钙、镁离子结合生成不溶性沉淀,降低染料的利用率,而且会造成色斑等疵病,因此,必须用软水溶解染料。染色用水如果硬度较高,应加纯碱或六偏磷酸钠,既有利于染料溶解,又有软化水的作用。

二、直接染料的染色方法

(一)直接染料染棉

直接染料可用于各种棉制品的染色,可用浸染、卷染、轧染和轧卷染色。

直接染料浸染时,染液中一般含有染料、纯碱、食盐或元明粉。染料的用量根据颜色深浅而定。纯碱用量一般为1~3g/L。食盐或元明粉用量一般为0~20g/L,主要用于盐效应染料,对于促染作用不显著的染料或染浅色时,可不加盐或少加盐。染色浴比一般为1:20~1:40。染色时,染料先用温水调成浆状,在水中加入纯碱,然后用热水溶解,将染液稀释到规定体积,升温至50~60℃开始染色,逐步升温至所需染色温度,染色10min后加入盐,继续染30~60min,

染色后进行固色后处理。直接染料浸染时,多采用续缸染色,即一批被染物染完后,在染过的染液中补加适量的染料和助剂,再进行染色,这样可节省染化料,尤其是染中、深色时,但续染次数不宜过多。

棉织物的直接染料染色一般多用卷染方式进行。卷染的情况基本上和浸染相同,浴比为1∶2～1∶3,染色温度根据染料性能而定,染色时间60min左右。为避免前后色差,染料分两次加入,染色前加60%,第一道末加40%,盐在第三、第四道末分批加入。

直接染料仅有少量用于棉织物的轧染。轧染时,染液中一般含有染料、纯碱(或磷酸三钠)0.5～1g/L,润湿剂2～5g/L。其工艺流程一般为:二浸二轧→汽蒸(100～103℃,1～3min)→水洗→固色→水洗→烘干。染料在汽蒸过程中向纤维内部扩散,从而固着在纤维上,所以轧染又称轧蒸法。轧染对纤维的遮盖力和卷染一样,不及绳状浸染,而且轧染不够匀透。

轧卷染色是将织物浸轧染液后,打卷,在缓慢转动的情况下堆置一段时间,再进行后处理。若保温(如80～90℃)堆置,则堆置时间可较短。

(二)直接染料染黏胶纤维

直接染料染黏胶纤维时,染色方法和工艺流程基本上与棉相同。但由于黏胶纤维具有皮芯结构的特性,其染色与棉有些不同。黏胶纤维的湿强力较低,在水中的膨化较大,宜在松式绳状染色机或卷染机上进行染色,一般不宜采用轧染。黏胶纤维的结晶度低于棉纤维,而且芯层结构疏松,因此黏胶纤维制品吸收染料的速度和数量比棉快而多。但是,黏胶纤维的皮层比棉的外层结构更为紧密,阻碍了染料向黏胶纤维内部的扩散,因此,为将被染物染透,黏胶纤维的染色温度比棉高,染色时间也较长。

(三)直接染料染蛋白质纤维

直接染料在蛋白质纤维上的应用,主要用于染蚕丝。用直接染料染色的蚕丝织物,染色牢度较好,但光泽、颜色鲜艳度、手感不及酸性染料染色的产品。因此,在蚕丝的染色中,除黑、翠蓝、绿色等少数品种用直接染料来弥补酸性染料的色谱不足外,其余很少应用。

直接染料染蚕丝可在中性或弱酸性条件下进行,以中性浴染色较多,其上染类似于直接染料对纤维素纤维的上染(吸附和扩散),但染料在纤维上的固着,除范德瓦尔斯力和氢键外,还有离子键。

丝绸的染色一般是在松式绳状染色机上进行,在40℃左右开始染色,逐渐升温到90～95℃,保温染色60min,染色后进行水洗、固色处理。

三、直接染料的固色处理

直接染料可溶于水,上染纤维后,仅依靠范德瓦尔斯力和氢键固着在纤维上,湿处理牢度较差,水洗时容易掉色和沾污其他织物,应进行固色后处理,以降低直接染料的水溶性,提高染料湿处理牢度。

直接染料的固色处理常用以下两种方法。

(一)阳离子固色剂处理

直接染料是阴离子型染料,当用阳离子固色剂处理时,染料阴离子可与固色剂阳离子结合,

生成分子量较大的难溶性化合物而沉积在纤维中,从而提高被染物的湿处理牢度,其作用原理可表示为:

$$DSO_3^- Na^+ + F^+ X^- \longrightarrow DSO_3F\downarrow + NaX$$

式中:D 表示染料母体;F^+ 表示固色剂的阳离子部分。

阳离子型固色剂主要是聚季铵盐化合物,如聚二甲基二烯丙基氯化铵,其结构式如下:

$$\left[\begin{array}{c} -CH_2-CH-CH-CH_2- \\ \\ CH_2 \quad CH_2 \\ \\ N^+ \\ \\ H_3C \quad CH_3 \end{array}\right]_n$$

这类固色剂的固色性能优良,毒性小,固色时被染物的颜色基本不变,对耐晒牢度和耐氯牢度的影响小。

采用阳离子固色剂固色时,固色剂用量为 1%～5%(owf),在 30～50℃ 的条件下,固色处理 20～30min,然后烘干。

(二)反应型固色剂处理

反应型固色剂也称为固色交联剂,其活性官能团主要是羟甲基和环氧基,无醛固色交联剂的活性官能团一般是环氧基,如固色剂 C、交联剂 EH、固色交联剂 DE 等。固色交联剂可与纤维和染料发生反应,形成网状结构,从而提高染色产品的湿处理牢度。有些固色交联剂为阳离子型,同时具有阳离子固色剂的固色作用和固色交联剂的交联作用,如固色交联剂 DE:

$$\left[\begin{array}{c} H_2C-CH-CH_2-N^+-CH_2- \bigcirc -OH \\ O \qquad CH_3 \\ CH_3 \qquad CH_2 \\ H_2C-CH-CH_2-N^+-CH_2- \bigcirc -OH \\ O \qquad CH_3 \end{array}\right] \cdot 2Cl^-$$

采用固色交联剂 DE 对染色产品进行固色时,固色交联剂 DE 的用量一般为 2～5g/L,固色温度 60～70℃,处理时间 20～30min。

四、直接染料的发展

一般直接染料的最大缺点是染色牢度较差。为了解决这一问题,人们早期是在染色后处理方面进行改进,应用较广的是进行铜盐后处理及重氮化后处理,对适于这类处理的染料分别称为直接铜盐染料和直接重氮染料;随后出现的是有铜络合结构的直接染料,这类染料的主要特点是耐晒牢度达 4 级以上,称为直接耐晒染料。

为提高直接染料的染色牢度,人们开发出了直接交联染料,如 Sandoz 公司的 Indosol 染料。

直接交联染料包括两种组分,一种组分是含有羟基、氨基、取代氨基等活泼基团的直接染料,主要是铜络合直接染料,如:

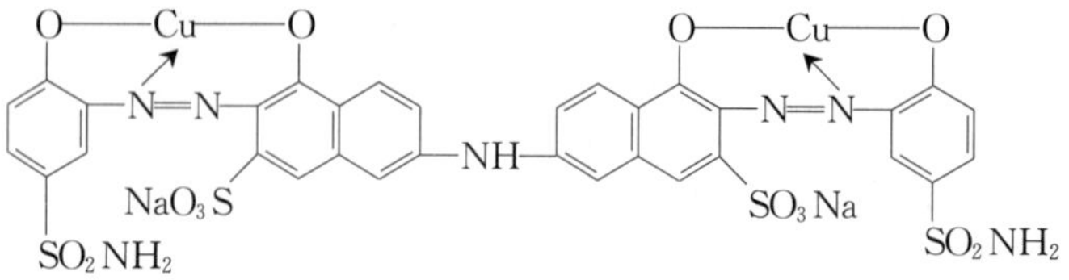

另一组分为交联固色剂,具有能与纤维及染料发生反应的活性基团,如 Sandoz 公司的 Indosol CR 由羟甲基树脂初缩体、高分子反应性阳离子化合物和缩合催化剂组成。

直接交联染料染色时,先用染料组分对被染物进行染色,然后再用交联固色剂组分进行固色处理。固色可采用浸轧→烘干→焙烘的工艺进行。

直接交联染料与纤维之间的作用力除范德瓦尔斯力、氢键外,还有共价键结合,从而使染料的染色牢度得到提高。

为适应涤棉、涤粘混纺产品的同浴染色,在 20 世纪 70～80 年代又开发出不同于以往直接染料的新型染料,这类染料在 130℃以上的高温条件下稳定,不降解,具有较高的直接性和上染率,其湿处理牢度明显高于以往的直接染料。这类染料有瑞士 Sandoz 公司的 Indosol SF 型染料(中文名称是直接坚牢素染料)和日本化药公司的 Kayacelon C 型直接染料,我国的 D 型直接混纺染料和 TD 型直接混纺染料也属此类。直接混纺藏青 D—R 的结构如下:

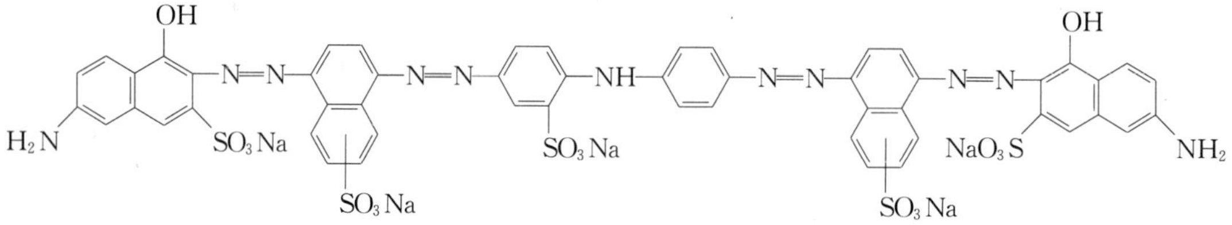

直接混纺染料与分散染料的相容性好,能与各种分散染料同浴染色。采用直接混纺染料和分散染料一浴一步法对涤棉、涤粘混纺织物进行染色,可缩短生产流程,提高生产效率,节省能源。

第三节　活性染料染色

活性染料是水溶性染料,分子中含有一个或一个以上的反应性基团(习称活性基团),在适当条件下,能与纤维素纤维中的羟基、蛋白质纤维及聚酰胺纤维中的氨基等发生反应而形成共价键结合。活性染料也称为反应性染料。

活性染料制造较简便,价格较低,色泽鲜艳度好,色谱齐全,一般无需与其他类染料配套使用,而且染色牢度好,尤其是湿处理牢度。但活性染料也存在一定的缺点,染料在与纤维反应的同时,也能与水发生水解反应,其水解产物一般不能再和纤维发生反应,染料的利用率较低,难以染得深色;有些活性染料品种的日晒、气候牢度较差;大多数活性染料的耐氯漂牢度较差。

活性染料自 1956 年作为商品染料投放市场以来,发展很快,新品种不断涌现,染料的固色率、色牢度及其他各项性能不断改进。如毛用活性染料新品种的相继出现,取代了部分酸性染料,提高了染色产品的耐洗牢度;为提高活性染料的固色率,开发生产出了双活性基团的活性染料。一般的活性染料直接性较低,浸染时必须使用大量的盐才能取得满意的染色效果,但使用大量的盐不仅增加生产成本,而且造成环境污染,破坏水质,导致水生物的死亡。为了降低染色的用盐量,推出了低盐染色的活性染料,如汽巴(Ciba)公司的 Cibacron LS 活性染料。活性染料品种繁多,性能和牢度差别较大,使用时应根据纺织品的性质和用途加以选择。

活性染料可用于纤维素纤维、蛋白质纤维、聚酰胺纤维的染色。活性染料的染色一般包括吸附、扩散、固色三个阶段,染料通过吸附和扩散上染纤维,在固色阶段,染料与纤维发生键合反应而固着在纤维上。

一、活性染料的类型及其染色性能

活性染料的化学结构通式可用下式表示:

$$S—D—B—Re$$

式中:S 为水溶性基团,一般为磺酸基;D 为染料发色体;B 为桥基或称连接基,将染料的活性基和发色体连接在一起;Re 为活性基,具有一定的反应性。例如活性橙 X—G 的结构为:

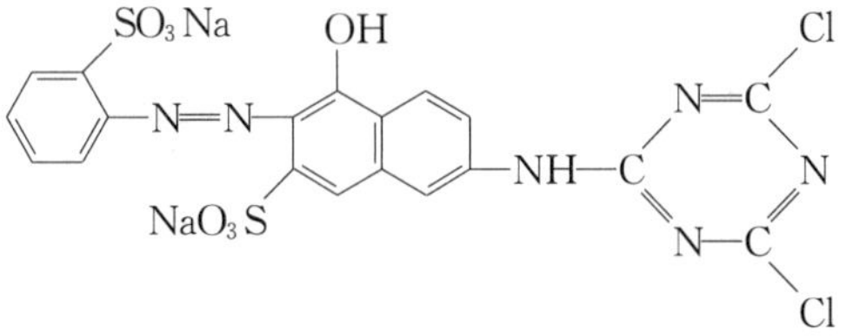

活性橙 X—G

活性染料结构中,每一部分的变化都会使染料的性能发生变化。活性基主要影响染料的反应性以及染料和纤维间共价键的稳定性;染料母体对染料的亲和力、扩散性、颜色、耐晒牢度等有较大的影响;桥基对染料的反应性及染料和纤维间共价键的稳定性也有一定的影响。

(一)活性染料的类型

活性染料根据染料活性基的不同,可分为以下几类:

1. 均三嗪型活性染料

这类染料的活性基是卤代均三嗪的衍生物,染料结构可表示如下:

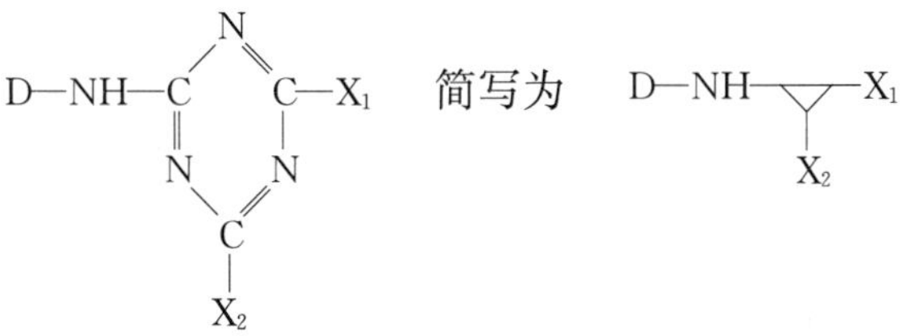

其中 X_1、X_2 可为卤素原子,如 Cl 或 F,根据卤素原子的种类和数目的不同,又可分为二氯均三嗪、一氯均三嗪、一氟均三嗪等几类。

若 X_1、X_2 为氯原子,这类染料称为二氯均三嗪型活性染料。它的反应性较高,在较低的温度和较弱的碱性条件下就能与纤维素纤维反应。染料的稳定性较差,在贮存过程中,特别是在湿热条件下容易水解变质。这类染料与纤维反应后生成的共价键耐酸性水解的能力较差。国产的这类染料称为 X 型活性染料。

若 X_1、X_2 中只有一个为氯原子,另一个被氨基、芳胺基、烷胺基等取代,这类染料称为一氯均三嗪型活性染料。其反应性较低,需要在较高浓度的碱液中且较高的温度下,才能与纤维发生反应而固色。染料的稳定性较好,溶解时可加热至沸而无显著分解,国产的这类染料称为 K 型活性染料。

一氟均三嗪型活性染料是为低温染色而设计的,其反应性较高,反应活泼性介于 X 型和 K 型活性染料之间,适用于 $40 \sim 50\,^{\circ}\mathrm{C}$ 染色,对棉有很好的固色效果,染料—纤维键的稳定性与一氯均三嗪型相同。这类活性染料主要有汽巴(Ciba)公司的 Cibacron F 型活性染料和德司达(Dystar)公司的 Levafix EN 型活性染料等。

2. 卤代嘧啶型活性染料

这类染料的活性基为卤代嘧啶基。根据嘧啶基中卤素原子的种类和数目的不同,可分为三氯嘧啶、二氟一氯嘧啶、二氯一氟嘧啶、一氯嘧啶等类型的活性染料,其中以三氯嘧啶型和二氟一氯嘧啶型活性染料应用较广。

三氯嘧啶型活性染料的反应性较低,即使在高温酸性条件下也不水解,可与分散染料同浴染涤棉混纺织物,染料—纤维键耐酸、耐碱、耐水解稳定性能较好。这类染料有 Drimarene X 型活性染料和 Reactone 活性染料。

二氟一氯嘧啶型活性染料的反应性较高,有较高的固色率,适合 $40 \sim 80\,^{\circ}\mathrm{C}$ 染色,染料—纤维键耐酸、碱的稳定性能较好,但价格较高。这类染料有国产的 F 型活性染料、国外的 Drimarene R 型活性染料和 Verofix 型活性染料等,其结构式可表示如下:

3. 乙烯砜型活性染料

这类染料的活性基是 β-硫酸酯乙基砜,结构通式为 $\mathrm{D-SO_2CH_2CH_2OSO_3Na}$。国产的 KN 型活性染料属于此类。这类染料的反应性介于 X 型和 K 型之间,在酸性和中性溶液中非常稳定,即使煮沸也不水解,溶解度较高,但染料—纤维键耐碱性水解的能力很差。

4. 膦酸基型活性染料

膦酸基型活性染料包括国产的 P 型活性染料、国外的 Procion T 型活性染料等,其结构通式为:

膦酸基型活性染料的固色催化剂为氰胺或双氰胺,染料可在弱酸性条件下与纤维素纤维发生反应,形成共价键结合。这类染料适用于分散染料/活性染料—浴法对涤纶/纤维素纤维混纺织物的染色,固色率高达 90% 左右。

5. α-卤代丙烯酰胺型活性染料

α-卤代丙烯酰胺型活性染料如 Ciba 公司的 Lanasol 染料等,结构通式如下:

$$D-NH-\overset{\overset{\displaystyle O}{\|}}{C}-\underset{\underset{\displaystyle X}{|}}{C}=CH_2 \quad 或 \quad D-NH-\overset{\overset{\displaystyle O}{\|}}{C}-\underset{\underset{\displaystyle X}{|}}{CH}-\underset{\underset{\displaystyle X}{|}}{CH_2}$$

式中:X 为卤素原子,如 Br 或 Cl。

这类染料主要用于蛋白质纤维的染色,属于毛用活性染料,具有反应性强、固色率高、色泽鲜艳、耐光和耐晒牢度好等特点。

6. 羧基吡啶均三嗪型活性染料

羧基吡啶均三嗪型活性染料包括国内的 R 型活性染料、国外的 Kayacelon React 染料等,其结构式如下:

$$D-NH-\text{(三嗪环)}-NH-Ar-NH-\text{(三嗪环)}-NH-D$$

（吡啶-COOH） （吡啶-COOH）

式中:Ar 为芳香环。这类染料对纤维素纤维染色时,直接性大,反应性强,能在高温和中性条件下与纤维素纤维反应,可用于涤纶/纤维素纤维混纺织物的一浴一步法染色。

7. 双活性基活性染料

早期活性染料在印染过程中有水解副反应发生,活性染料的固色率不超过 70%。为提高活性染料的固色率,出现了双活性基的染料,目前这类染料的活性基主要有以下三种:

(1)一氯均三嗪基和乙烯砜基:这类染料的活性基为一氯均三嗪基和乙烯砜基(或 β-硫酸酯乙基砜),如国产的 M 型、ME 型、Megafix B 型、EF 型等活性染料,国外的 Sumifix Supra 型、Remazol S 型等,结构通式为:

$$D-NH-\text{(三嗪环, Cl)}-NH-\text{(苯环)}-SO_2CH_2CH_2OSO_3Na$$

其中,β-硫酸酯乙基砜可处于对位或间位位置,如 EF 型活性染料的 β-硫酸酯乙基砜处于对位位置,ME 型活性染料的 β-硫酸酯乙基砜处于间位位置。

这类染料的反应性较强,反应活泼性介于 X 型和 K 型活性染料之间,固色率高,具有良好的染色性能和染色牢度,染料—纤维键耐酸、碱的稳定性较 K 型、KN 型染料好。因这类染料具有良好的染色性能,目前已成为一类重要的活性染料,染料品种较多,应用范围广泛。

(2)一氟均三嗪基和乙烯砜基:Cibacron C 型活性染料中含有一氟均三嗪基和乙烯砜两种活性基,染料的结构为:

$$D{-}NH{-}\underset{\underset{F}{\overset{\displaystyle N}{\bigcirc}}}{}{-}NH{-}L{-}SO_2CH_2CH_2OSO_3Na$$

式中:L 为连接基,可以是 $-C_2H_4-$、$-C_3H_6-$、$-C_2H_4OC_2H_4-$ 等。这类染料的反应性强,染料母体分子较小,染料对纤维的亲和力和直接性较低,有良好的移染性和易洗涤性,染色牢度好,适用于轧染染色。

(3)两个一氯均三嗪基:国产的 KE 型、KP 型活性染料属于此类染料。KP 型活性染料的直接性很低,主要用于印花。

(二)新型活性染料

近年来,为了适应染整加工的发展要求,如生态友好加工,采用活性染料对合成纤维进行染色,缩短生产流程等,人们开发出了一些新的活性染料,如低盐染色活性染料、活性分散染料等。

1.低盐染色活性染料

普通活性染料采用浸染方法染色时,为了提高染料的上染百分率,需在染液中添加大量的盐,但这样会导致染色废水中盐的浓度较高,对环境造成污染。近年来许多染料生产厂家对活性染料母体、连接基及活性基进行了改进,以提高染料对纤维的亲和力和染色性能,从而开发出了低盐染色的活性染料,如 Cibacron LS 型、Remazol EF 型、Sumifix Supra E—XF 型、Sumifix Supra NF 型、Kayacion E—LF 型等。染料结构如下:

$$D{-}NH{-}\underset{\underset{F}{\overset{\displaystyle N}{\bigcirc}}}{}{-}NH{-}L{-}NH{-}\underset{\underset{F}{\overset{\displaystyle N}{\bigcirc}}}{}{-}NH{-}D$$

Cibacron LS 型

式中:D 为染料母体,L 为连接基。

$$D{-}NH{-}\underset{\underset{Cl}{\overset{\displaystyle N}{\bigcirc}}}{}{-}NH{-}\bigcirc{-}SO_2CH_2CH_2OSO_3Na$$

Sumifix Supra 型

低盐染色活性染料一般分子结构较大,在染料分子中磺酸基含量相对较少,染料分子同平面性较强,含有可形成氢键的基团,染料对纤维的亲和力较大。

采用低盐染色活性染料对纤维素纤维染色时,盐的用量一般可降至普通活性染料染色的 50%～65%,若采用 Cibacron LS 型活性染料染色时,盐的用量只有普通活性染料染色的 1/3 左右。

2. 活性分散染料

活性分散染料是含有活性基的难溶性染料,染料分子中不含磺酸基、羧基等水溶性基团,染料在水中以悬浮状态存在。这类染料的活性基类型有一氯均三嗪、二氟均三嗪、乙烯砜、环氧基等,如:

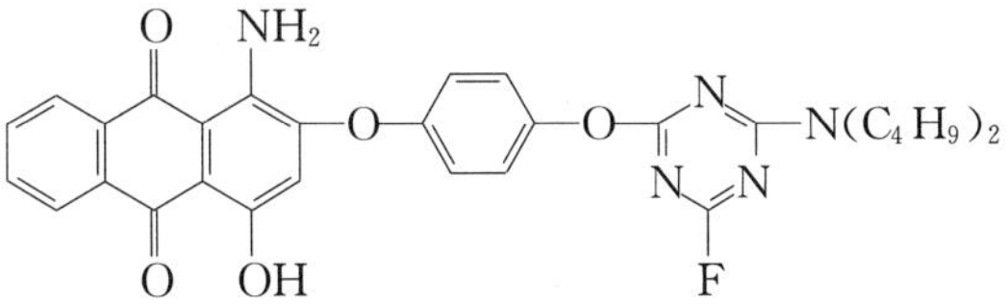

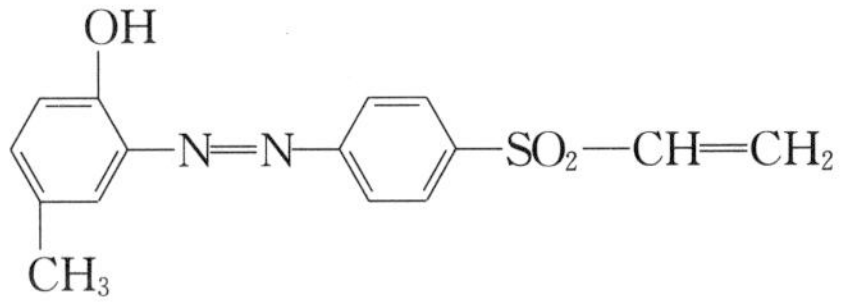

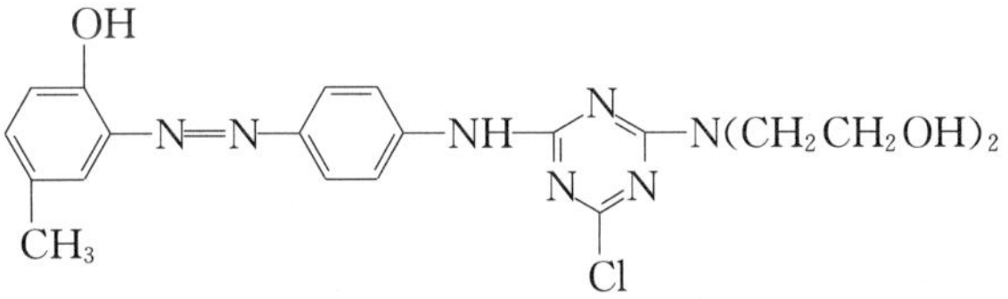

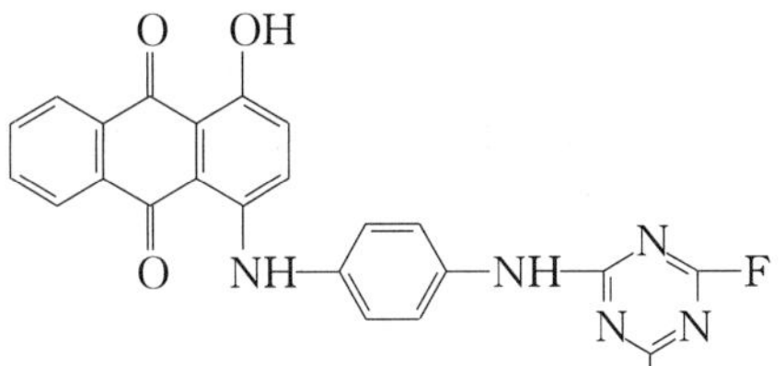

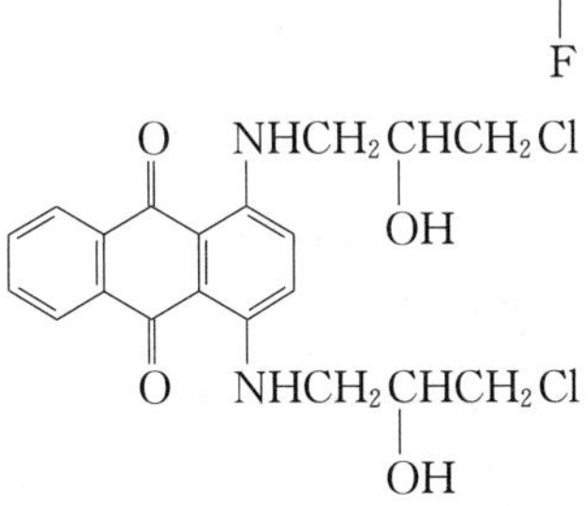

活性分散染料可对纤维素纤维、锦纶、涤纶等纤维进行染色,特别适用于纤维素纤维与合成纤维混纺织物的一浴法染色,可同时对两种纤维进行染色。

二、活性染料与纤维的反应

活性染料与纤维的反应,按其反应历程来分,主要可分为亲核取代反应和亲核加成反应。X 型、K 型活性染料在碱性介质中与纤维素纤维的化学反应是纤维素负离子取代染料活性基团上的氯原子的亲核取代反应,KN 型活性染料与纤维素的反应为亲核加成反应。活性染料在染色过程中除了和纤维反应外,也能与水发生水解反应,使染料失去活性。由于染料对纤维的直接性,使吸附在纤维上的染料浓度较高,而且纤维素负离子的活性较大,所以染料和纤维间的反应占主导地位。

二氯均三嗪活性染料和纤维素纤维的键合反应以及和水的水解反应式如下:

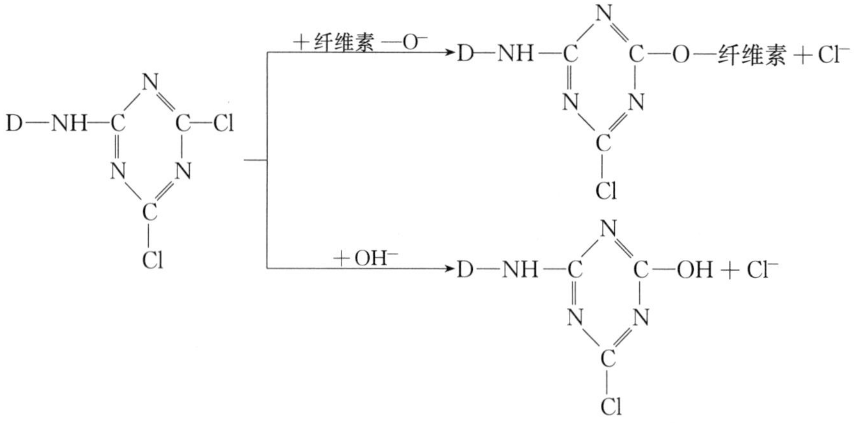

当染料上第一个氯原子与纤维素纤维反应以后,第二个氯原子的反应活泼性就降低,需要在比较剧烈的条件下才能与纤维素负离子或水中的氢氧根负离子发生化学反应。一氯均三嗪活性染料与纤维素纤维的反应活泼性比二氯均三嗪染料要低,染色时反应温度要高一些,所用碱剂的碱性要强一些。

乙烯砜型活性染料和纤维素纤维在碱性介质中的反应如下:

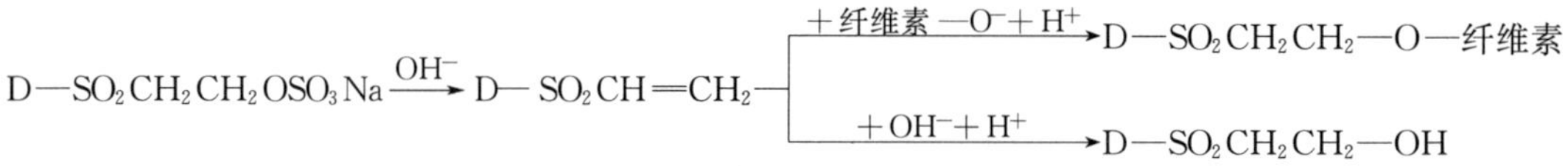

以上两类反应,都需要在碱性条件下进行,所以,染料上染纤维素纤维后,染浴中需要加入碱剂,使纤维素纤维成负离子而和染料反应。

含膦酸基的活性染料在氰胺或双氰胺的催化作用下,在高温和弱酸性条件下可形成膦酸酐,然后再与纤维素纤维发生反应,以酯键的形式结合在一起,其反应过程如下:

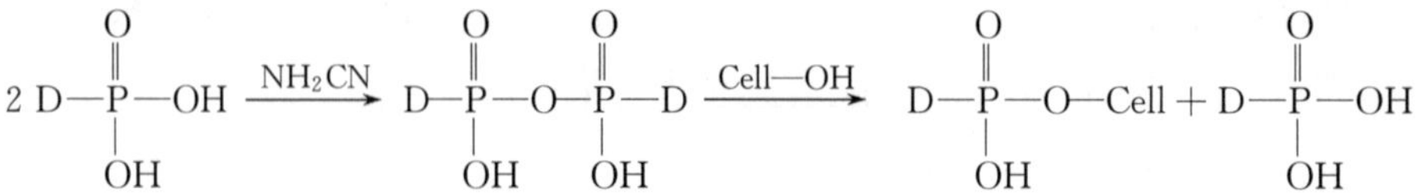

含 α-溴代丙烯酰氨基的活性染料与羊毛纤维反应时,可发生亲核取代和亲核加成反应,其反应过程如下:

$$\text{D—NH—C—C=CH}_2 + \text{H}_2\text{N—W}$$

取代　　　　　　　　加成

$$\text{D—NH—C—C=CH}_2 \qquad\qquad \text{D—NH—C—CH—CH}_2$$

$$\text{NH—W} \qquad\qquad\qquad\qquad \text{Br} \quad \text{NH—W}$$

$$\text{D—NH—C—CH—CH}_2$$

$$\text{N}$$

$$\text{W}$$

三、活性染料的染色过程

活性染料的染色过程包括上染（吸附和扩散）、固色和皂洗后处理三个阶段。活性染料染色时，染料首先吸附在纤维上，并扩散进纤维内部，然后在碱的作用下，染料与纤维发生化学结合而固着在纤维上，此时，在纤维上还存在未与纤维结合的染料及水解染料，应通过皂煮、水洗等后处理，将这些浮色洗除，以提高染色牢度。

活性染料分子结构比较简单，在水中的溶解度较高，在染液中以阴离子状态存在，染料与纤维素纤维之间的范德瓦尔斯力和氢键力较弱，染料对纤维的亲和力较小，上染率低。在浸染或卷染时，为提高染料的上染百分率和染料利用率，降低染色污水的色度，通常要加大量的盐促染。染液中盐的用量增加，染料的上染速率和上染率也增加；但盐的用量过大，会使溶解度低的活性染料发生沉淀，同时也将加重对环境的污染。染液中食盐的用量应根据染色深度、浴比、续缸情况、染料溶解度和染料的亲和力等因素决定。

活性染料与纤维的反应一般是在碱性条件下进行的。常用的碱剂有烧碱、磷酸三钠、纯碱、小苏打等。染色时，应根据染料的反应性选择适当的 pH。pH 太低，染料与纤维的反应速率慢，即固色速率慢，对生产不利；碱性增强，染料与纤维的反应速率提高，但染料的水解反应速率提高更多，染料的固色率降低。所谓固色率是指与纤维结合的染料量占原染液中所加的染料量的百分比。染料固色率的高低是衡量活性染料性能好坏的一个重要指标。反应性强的染料，可在碱性较弱的条件下进行固色，反应性低的染料，应采用较强的碱进行固色。

活性染料固色时，提高固色温度，固色反应速率加快；温度每升高 10℃，固色反应速率可提高 2～3 倍。但温度提高，水解反应速率提高更快，水解染料的比例将上升，固色率降低。同时，温度升高，平衡上染百分率降低，也影响固色率。因此，固色时必须选择适当的温度，在规定的时间内，使染料与纤维充分反应，获得较高的固色率。对于反应性高的染料，固色温度应低些；对反应性低的染料，固色温度应高些，否则应延长固色时间。对固色时间短的工艺，必须采用较高的固色温度。此外，固色温度的高低还与固色所用碱的强弱和用量有关，在较强的碱性条件

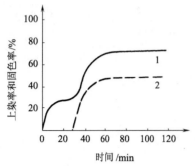

图 4 - 10 活性艳蓝 X—BR 的上染速率曲线

染色浓度 1%,浴比 1：20,染色温度 20℃,

固色温度 40℃,食盐 50g/L,染色 30min

后加入 Na_2CO_3 10 g/L

1—上染速率曲线 2—固色速率曲线

下,可采用较低的固色温度。

染液中加入电解质,可提高染料在纤维上的吸附量,从而提高固色率。

活性染料的染色过程,可用活性染料浸染的上染速率曲线表示,如图 4 - 10 所示。活性染料在浸染时,常在中性染液中染色一段时间,然后加碱进行固色。在最初染色阶段,染料上染速率较快,以后逐渐减慢,染色约 30min 时,基本上达到上染平衡,加入碱剂后,染料与纤维发生键合反应的同时,原染色平衡被破坏,染液中的染料会继续上染纤维,最后达到新的平衡。加入碱剂后,上染率增高的程度随染料的直接性而不同,直接性高的染料提高较少,反之则提高较多。

从图 4 - 10 可以看出,固色率比上染率低,这是因为上染在纤维上的染料不能完全与纤维反应而固着在纤维上,在纤维上还有未与纤维键合的染料及水解染料,这些未固着在纤维上的染料应在后处理过程中洗除,否则会影响染色产品的牢度。

四、活性染料竭染的染色特征值——SERF 值

活性染料采用竭染方法(如浸染、卷染)染色时,染料的染色性能常用上染速率曲线和固色速率曲线上的某些特征值表示,如图 4—11 所示。

这些染色特征值包括以下几项。

1. S 值

S 值是活性染料在未加碱只加盐的染色条件下,在染色达到上染平衡时,染液中染料对纤维的上染百分率,即第一次上染的上染量,它反映了染料对纤维的直接性和亲和力的大小。

2. E 值

E 值是活性染料在加碱固色后,染料对纤维的上染百分率,它反映了染料对纤维的竭染性能。(E—S)值称为染料第二次上染的上染量。

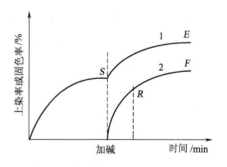

图 4 - 11 活性染料竭染染色曲线

1—上染速率曲线 2—固色速率曲线

3. R 值

R 值是活性染料在加碱固色 5min(有的资料为 10min)时的固色率,它反映了染料对纤维的反应性能及固色速率的大小。

4. F 值

F 值是活性染料在染色结束时的固色率,它反映了染料的利用率。

活性染料竭染的染色特征值表明了染料在上染阶段和固色阶段的染色性能,如染料的移染性和匀染性与染料的 S 值、E 值和 R 值有关,染料的固色性能与染料的 R 值和 F 值有关;染料

的染深性和染料利用率与染料的 E 值和 F 值有关。

五、活性染料的染色方法

(一)活性染料染纤维素纤维

活性染料的染色有浸染、卷染、轧染、冷轧堆染色等方法,一般用于中、浅色泽的染色,一些新型活性染料的染深性较好,可用于较深色泽的染色。

1. 浸染

活性染料采用浸染方法染色时,宜采用直接性较高的染料。根据染色时染料和碱剂是否一浴以及上染和固色是否一步,浸染可分为三种方法:一浴一步法、一浴二步法、二浴法。

一浴一步法也称全浴法,是将染料、促染剂、碱剂等全部加入染液中,染料的上染和固色同时进行。这种染色方法操作简便,但由于染料水解较多,不适于续缸染色,染料的利用率较低。此法在染绞纱、毛巾等疏松产品时,使用较为普遍。应用此法较多的是 X 型活性染料,并且以浅、中色为主。

一浴二步法是先在中性浴中染色,染色一定时间,染料充分吸附和扩散后,加入碱剂固色。加入碱剂后,由于破坏了原有平衡,染料上染率提高。该法主要适用于小批量、多品种的染色,染料吸尽率较高,被染物牢度较好。

二浴法是先在中性浴染色,染色一定时间后,再在碱性浴中固色。由于上染和固色是在两个浴中分别进行,染料水解较少,可续缸染色,染料利用率高。

现以一浴二步法为例说明活性染料的染色工艺。其工艺流程为:染色→固色→水洗→皂煮→水洗→烘干。染色时,染料的用量根据染色的深浅决定;盐的用量一般为 20~60g/L,深色产品的用量较浅色大,为了匀染,盐可分批加入,染色前加入一半,染色一段时间后加入另一半。染色浴比不宜过大,否则染料上染率低,而浴比过小对匀染不利,一般采用 1:20~1:30。染色温度根据染料的性能而定,X 型为 30~35℃,K 型为 40~70℃,KN 型为 40~60℃,M 型为 60~90℃。染色时间一般为 10~30min。固色用碱常用纯碱和磷酸三钠,碱剂的用量应根据染料的反应性和染料用量选择,反应性强的染料或染料用量低时,可用较少量的碱。一般纯碱的用量为 10~20g/L,磷酸三钠为 5~10g/L。固色温度根据染料的性能而定,X 型为 40℃左右,K 型为 85~95℃,KN 型为 60~70℃,M 型为 60~95℃。固色时间一般为 30~60min。固色处理后应进行水洗和皂煮,去除浮色,保证染色物的染色牢度。皂煮条件为合成洗涤剂1g/L,温度 95~100℃,时间 10~15min。

2. 卷染

活性染料卷染一般采用一浴二步法染色。X 型、M 型和 KN 型染料较适于卷染,可采用较低温度染色,对节约能源有利。卷染的染色和固色一般采用相同的温度,以便于控制,X 型染料为 30℃,KN 型、M 型为 60~65℃。

3. 轧染

织物在轧染时,染液是通过浸轧转移到纤维上的,采用直接性较低的染料容易匀染,前后色差小,而且水解染料容易洗净。活性染料的轧染有一浴法和二浴法两种。一浴法染液中含有染料和碱剂,其工艺流程为:浸轧染液→烘干→固色(汽蒸或焙烘)→水洗→皂洗→水洗→烘干。二浴法轧染的染液中,一般不加碱,染液的稳定性较好,在固色液中一般用较强的碱,可在较短的时间内固色。二浴法轧染的工艺流程为:浸轧染液→烘干→浸轧固色液→汽蒸→水洗→皂洗→水洗→烘干。在染液中,通常加入适量的尿素,尿素能促进染料的溶解、纤维的吸湿和溶胀,有利于染料在纤维中的扩散,提高染料的固色率。尿素的用量一般为 0~100g/L,X 型、KN 型染料可用较少量的尿素,K 型、M 型染料可用较多量的尿素。为使染液便于渗透到织物内部,可加润湿剂 1~3g/L。织物浸轧染液后进行烘干时,宜用红外线或热风预烘,以减少染料的泳移。活性染料固色时,对于反应性高的染料(如 X 型)或耐碱性差的染料(如 KN 型),一般采用较弱的碱,如小苏打;对于反应性低的染料(如 K 型),可采用较强的碱剂,如碳酸钠。活性染料轧染的固色方法有汽蒸固色法和焙烘固色法,一般 X 型染料适合于汽蒸固色,得色较深,汽蒸温度 100~103℃,汽蒸时间根据染料的反应性、碱剂的种类和用量决定,一般在 1~2min 左右。K 型宜用焙烘固色法,焙烘温度 150~160℃,热风焙烘3min或远红外线焙烘30~40s。

4. 冷轧堆染色法

冷轧堆染色具有设备简单、匀染性好、能耗低、染料利用率较高的特点。其工艺流程为:浸轧染液→打卷堆置→后处理(水洗、皂洗、水洗、烘干)。冷轧堆染色一般选择反应性和扩散性较高的活性染料染棉或黏胶,可获得较好的染色效果。

冷轧堆染色的轧染液中含有染料、碱剂、助溶剂、促染剂、渗透剂等。染料可采用 X 型、K 型、KN 型、M 型等。碱剂应根据染料的类型选择。X 型一般用纯碱,用量为 5~30g/L;K 型一般用烧碱 12~15g/L;KN 型和 M 型可用磷酸三钠 5~8g/L+烧碱 3~4g/L。由于碱性较强,通常将染料和碱剂分别配制,染色时,将染料和碱剂通过混合器计量加入轧槽。浸轧时,轧液率一般控制在 60% 以下,带液过多,容易产生深浅色的横档。织物浸轧染液后,平整地打成卷,用塑料薄膜包裹起来,在缓慢转动的情况下进行堆置。堆置时间根据染料的反应性和用量、碱剂的种类和用量决定,一般 X 型为 2~4h,K 型为 16~24h,KN 型和 M 型为 4~10h。

为了缩短反应性低的染料的堆置时间,可采用保温堆置的方法,即在打卷时用蒸汽均匀地加热织物,打卷后放入保温蒸箱中堆置。

5. 短流程湿蒸工艺

活性染料连续轧蒸染色工艺简单,生产速度快,应用广泛,但工艺流程较长,轧液后需进行烘干,能耗较大。在 20 世纪 80 年代,Hoechst 公司提出了 Eco-Steam 活性染料短流程湿蒸染色工艺,简称为湿短蒸工艺。织物浸轧染液后,不进行烘干,而是利用安装在固色箱前部的电热红外加热器对织物进行加热,然后在固色箱中进行湿态汽蒸。固色箱中的加热介质是少量的蒸汽和干热空气组成的混合气体,通过调节固色箱内的干、湿球温度,控制固色的温度和相对湿度,使活性染料在织物低带液率的条件下充分渗透和固色。染色后进行后处理,去除浮色。

活性染料采用短流程湿蒸工艺染色时,染料与碱剂处于同一染浴中,其中活性染料可采用 K 型、KN 型、M 型、ME 型、B 型等类型的染料,染料用量根据染色深度决定;碱剂可采用碳酸氢钠,用量为 10~20g/L。与传统的浸轧→烘干→焙烘工艺和浸轧→烘干→浸轧→汽蒸工艺不同,在湿短蒸染色工艺的染色液中,可不添加尿素,同时可降低碱的用量。

活性染料短流程湿蒸染色工艺流程为:浸轧染液→湿蒸→水洗→皂洗→水洗→烘干。染液的浸轧采用均匀轧车,根据织物的不同,轧液率为 60%～70%;另外,浸轧液温度不宜过高,以防止染料水解,染液温度一般在 20～25℃。轧槽的容积应尽可能小(如 20～25 L),以减少色差。湿蒸时,蒸汽的相对湿度和温度应根据染色所用的染料种类确定,如 KN 型活性染料在干球温度 120℃、相对湿度 25%～30%的条件下固色;反应性较低的 K 型活性染料,湿蒸条件为干球温度 160℃、相对湿度 40%～45%;M 型或 ME 型活性染料,湿蒸条件为干球温度 140℃、相对湿度 35%左右。湿蒸时间一般控制在2min左右。

活性染料短流程湿蒸染色工艺具有工艺流程短、节能、重现性好、固色率和得色量高、色泽鲜艳等特点,而且还可避免由于烘燥不匀所产生的染料泳移现象,匀染性好。

(二)活性染料染蛋白质纤维

活性染料染羊毛制品时,一般用毛用活性染料,可染得具有超级耐洗牢度的毛纺织品。这类染料有 α-溴代丙烯酰胺型、二氟一氯嘧啶型等。毛用活性染料的优点是鲜艳度高,固色率高,水解染料少,耐晒牢度和耐湿处理牢度高。但这类染料的移染性较差,不易匀染,而且染料价格贵。因此,毛用活性染料主要用在高档毛纺产品上。

活性染料染羊毛制品时,一般采用浸染方法,可用散毛、毛条、绞线、织物和成衣染色。由于羊毛纤维存在鳞片层,阻碍了染料向纤维内部的扩散,因此羊毛纤维的染色一般在沸染的条件下进行。染色时,染液中含有染料、硫酸铵、醋酸、匀染剂、元明粉等,硫酸铵用量为 4%(owf),80%醋酸用量为 0.5%～2.4%(owf),匀染剂 1%～2%(owf)。染液为弱酸性,染深色时,pH 可低些。在 50℃左右开始染色,逐渐升温至沸,沸染 30～90min,染毕降温至 80℃,换清水,加氨水调 pH 至 8.5,在 80℃保温处理15min,以洗除未固着的染料。

活性染料染丝绸,不仅能获得鲜艳的色泽,而且能获得较高的染色牢度。与羊毛染色所用活性染料相比,蚕丝染色一般选用反应性较高的活性染料。蚕丝的染色主要以绞丝或丝绸制品为主,染色方法可有浸染、卷染、冷轧堆等。蚕丝染色可在弱酸性、中性或弱碱性条件下进行。现以中性浴法为例说明其染色方法。中性浴法多用 X 型染料进行,X 型染料可在低温染色,工艺简便,可避免高温染色引起的织物表面擦伤现象。染色时,在室温染色15min 后,加入 10～25g/L 的食盐,染至30min时,再加入 10～25g/L的食盐,续染30min,再以2g/L的纯碱固色处理40min,最后水洗去除浮色。

(三)活性染料染锦纶

锦纶分子中含有末端氨基等反应性基团,可用活性染料进行染色。普通活性染料(如 X型、K 型、KN 型等)对锦纶染色时,染料主要是与纤维中的末端氨基反应,以共价键与纤维结合。此外,活性染料也可通过离子键与纤维中离子化的氨基结合。普通活性染料染锦纶时,可采用酸性浴染色、中性浴染色或酸性浴上染碱性浴固色等方法。

活性染料中性浴染锦纶时,在 60℃开始染色,逐渐升温至沸,沸染60min,然后进行水洗,这种染色方法得色量较低,仅用于染浅色。

活性染料酸性浴染锦纶时,染料与纤维主要以离子键结合,虽然得色量较高,但湿处理牢度较差。

为提高染色牢度和得色量,锦纶用活性染料染色时,可采用酸性上染、碱性固色的方法。先在弱酸性浴(pH4 左右)中染色,始染温度为 60℃,然后逐渐升温至沸,沸染10min,再加入纯碱,调节染液 pH 为 10~10.5 进行固色,固色时间为60min左右,固色时染料会进一步上染。

普通活性染料染锦纶,主要用于锦纶弹力袜、针织衫等,染色产品具有良好的湿处理牢度和鲜艳度,但由于锦纶分子中末端氨基含量较少,染料上染百分率较低,染深性及匀染性较差。为了解决这一问题,人们开发了专用于锦纶染色的活性分散染料,这种染料分子结构中不含有水溶性基团,染料在染液中以悬浮体状态存在。如英国卜内门(ICI)公司的 Procinyl 活性分散染料:

采用活性分散染料染锦纶时,先在酸性条件下染色,此时染料以分散染料的形式上染锦纶,染料的迁移性和匀染性较好,对纤维疵点的遮盖性好。然后再在碱性条件下固色,使染料的活性基与锦纶分子中的端氨基发生反应,将染料固着在纤维上。

染色时,染液中活性分散染料的用量根据染色深度决定,分散剂用量1g/L,用醋酸调节染液 pH 至 3.5~4。始染温度为40℃,然后将染液缓慢升温至95℃,在 95℃保温 30~60min,最后加入纯碱,调节染液 pH 至8~9,在95℃固色 30~60min。染色后进行水洗、皂洗、水洗,洗除浮色。

活性分散染料除了能通过共价键与锦纶结合外,还能像分散染料一样与纤维结合,染色产品色泽鲜艳,匀染性好,能遮盖因纤维不匀所造成的疵点。

第四节　还原染料和可溶性还原染料染色

还原染料分子结构中含有两个或两个以上的羰基,没有水溶性基团,不溶于水,对棉纤维没有亲和力。染色时需在强还原剂和碱性的条件下,将染料还原成可溶性的隐色体钠盐才能上染纤维,隐色体上染纤维后再经氧化,重新转变为原来不溶性的染料而固着在纤维上。

还原染料色泽鲜艳,染色牢度好,尤其是耐晒、耐洗牢度为其他染料所不及。但其价格较高;红色品种较少,缺乏鲜艳的大红色;染浓色时摩擦牢度较低;某些黄、橙色染料对棉纤维有光敏脆损作用,即在日光作用下染料会促进纤维氧化脆损。

还原染料常用于棉、维纶的染色,但由于还原染料要在碱性介质中染色,因此一般不用于蛋白质纤维的染色。

可溶性还原染料大多数是由还原染料经还原和酯化而生成的隐色体的硫酸酯钠盐或钾盐。这类染料可溶于水,对纤维素纤维有亲和力,与相应的还原染料隐色体相比,它的亲和力较小,但扩散性好,容易匀染,染色牢度高。可溶性还原染料上染纤维后,在酸及氧化剂的作用下显色,转变为不溶性的还原染料而固着在纤维上,其染色工艺比还原染料简单,染液较稳定。

可溶性还原染料价格较高,递深力低,主要用于中、浅色的染色。

一、还原染料的染色过程及染色方法

(一)还原染料的染色过程

还原染料的染色过程包括染料的还原溶解、隐色体的上染、隐色体的氧化、皂洗处理等四个阶段。

1. 染料的还原溶解

还原染料的还原通常采用保险粉和烧碱。保险粉的化学性质活泼,在烧碱溶液中即使在室温或浓度较低时,也有强烈的还原作用,染料被还原为隐色酸,溶于碱液中生成隐色体,保险粉分解为 $NaHSO_3$ 等酸性物质:

靛蓝 → 靛蓝隐色体

$$Na_2S_2O_4 + 2H_2O \longrightarrow 2NaHSO_3 + 2[H]$$

还原染料的还原性能主要包括两个方面,即还原的难易和还原速率。染料还原的难易可用隐色体电位衡量,隐色体电位是指染料在这一还原电位时,正好能被还原为隐色体。隐色体电位为负值,其绝对值越小,表示染料越容易被还原,可采用较弱的还原剂还原。只有当还原剂的还原电位低于染料隐色体电位时,染料才能被还原。还原速率表示还原的快慢,即还原反应速率的大小。还原速率一般用半还原时间表示。半还原时间是还原达到平衡浓度一半时所需的时间。半还原时间越短,表示还原速率越快。还原速率除决定于染料的分子结构外,还与染料颗粒的大小及还原条件有关。染料颗粒越小,还原速率越快。还原条件如还原温度、烧碱和保险粉的浓度等对还原速率有重要的影响。提高温度以及提高保险粉、烧碱的浓度,都可提高还原速率。

还原染料进行还原时,应根据还原染料的还原性能,确定适当的还原条件。若还原条件控制不当,染料会发生过度还原、水解、分子重排、脱卤等不正常的还原现象,影响染色产品的色光和牢度。

还原染料过去一直使用保险粉作为还原剂,但由于保险粉稳定性差,受潮易燃、易分解,溶于水后分解更快,还原能力迅速下降,而且在使用过程中分解损耗大,并放出二氧化硫刺激性气体,污染环境,人们近年来采用二氧化硫脲代替保险粉,用于还原染料的还原。

二氧化硫脲(Thiourea Dioxide,简称 TD)是一种白色结晶粉末,稳定性好,既无氧化性,又无还原性,在水中的溶解度为26.7g/L(20℃),饱和水溶液的 pH 为 5。二氧化硫脲在酸性溶液

中稳定,但在加热和碱性条件下,二氧化硫脲会发生分解,形成尿素和具有强还原性的亚磺酸,其反应为:

$$\underset{H_2N-C-NH_2}{O=S=O} \xrightarrow[\text{H}_2\text{O}]{\text{OH}^-} \underset{H_2N-C-NH_2}{O} + H_2SO_2$$

由于二氧化硫脲在碱性条件下的还原能力强,还原电位绝对值大于保险粉,如在还原剂用量为5g/L、NaOH用量为15g/L、还原温度为20℃的条件下,二氧化硫脲的还原电位为-1040mV,保险粉为-800mV;此外,二氧化硫脲还原液的稳定性较好,在使用过程中因空气氧化引起的损耗小,而且气味小,因此,二氧化硫脲作为一种新型还原剂,可代替保险粉,用于还原染料的染色,特别适用于还原染料的悬浮体轧染及染色温度较高的隐色体染色。

二氧化硫脲用于还原染料的悬浮体轧染时,可完全代替保险粉,其用量为保险粉的1/5~1/6,如还原液中,二氧化硫脲用量为3.5g/L,35%氢氧化钠(40°Bé)34mL/L,食盐14g/L。二氧化硫脲也可与保险粉混合使用,可减少保险粉的用量,提高染液的稳定性,如还原液中,二氧化硫脲用量为1g/L,保险粉用量为10g/L,35%氢氧化钠(40°Bé)29mL/L。

由于保险粉属于电解质,而二氧化硫脲不属于电解质,因此,二氧化硫脲代替保险粉用于还原染料隐色体染色时,染液中应适当增加盐的用量。

二氧化硫脲作为还原染料的还原剂时,会使某些还原染料产生过度还原现象,尤其是蓝蒽酮类还原染料,导致被染物色光变萎,得色量下降。为避免过度还原现象,可在还原液中加入适量的过还原防止剂,如丙烯酰胺、黄糊精等。

2. 隐色体的上染

还原染料的隐色体对纤维素纤维的上染与阴离子染料相似,首先以阴离子形式吸附于纤维表面,然后再向纤维内部扩散。染色时可用食盐等电解质促染。还原染料隐色体的上染速率和上染百分率较高,特别是初染速率很高,匀染性较差。

3. 隐色体的氧化

还原染料的隐色体上染纤维后,必须经过氧化,使其在纤维内恢复为不溶性的还原染料。大多数还原染料隐色体的氧化速率较快,可通过空气氧化,只要进行水洗和透风就能达到氧化的目的。对于氧化速率较慢的染料隐色体,可用氧化剂氧化,常用的氧化剂有双氧水、过硼酸钠等。

4. 后处理

还原染料隐色体被氧化后,应进行水洗、皂煮处理。皂煮不但可以去除纤维表面的浮色,提高染色牢度,而且还能改变纤维内染料微粒的聚集、结晶等物理状态,从而可获得稳定的色光。

(二)还原染料的染色方法

根据上染时还原染料形态的不同,还原染料的染色方法有隐色体染色法(包括浸染、卷染)和悬浮体轧染法。

1. 隐色体染色法

该法是将还原染料先还原为隐色体,染料以隐色体的形式上染纤维,然后进行氧化、皂洗的染色方法。

还原染料还原时,根据操作方法的不同,一般有干缸法和全浴法两种还原方法。对于还原速率较慢的染料如还原黄G,可采用干缸还原法,即把烧碱和保险粉加入到较少量的水(约染液总量的1/3)中,使染料在较浓的还原液和较高的还原温度下还原10~15min,染料完全还原溶解后,再加入到染液中。全浴法是直接在染浴中加入烧碱和保险粉,在规定温度下对染料进行还原。全浴法适合于还原速率较快,隐色体溶解度低,容易碱性水解的染料,如还原蓝RSN。

在隐色体染色中,应根据染料的还原性能和上染性能,选择适当的烧碱、食盐用量及染色温度,根据上染条件的不同,一般有甲、乙、丙三种染色方法。

甲法:染浴中烧碱浓度较高,不加盐促染,染色温度55~60℃。该法适用于隐色体聚集倾向较大而扩散速率较低的染料。

乙法:烧碱用量中等,染色温度45~50℃,染中、深色时,可加盐促染,元明粉用量10~15g/L。

丙法:烧碱用量较少,染色时需加较多的盐促染,元明粉用量15~25g/L,染色温度20~30℃。一般聚集倾向较小而扩散速率较大的染料适于用此法。

染色结束后,根据染料氧化速率的不同,采用不同的氧化方法。有的采用空气氧化,有的采用水洗氧化,有的采用水洗后空气氧化,对于较难氧化的染料隐色体,可水洗后用氧化剂氧化。氧化剂氧化的条件为:双氧水0.6~1g/L,30~50℃,10~15min或过硼酸钠2~4g/L,30~50℃,10~15min。

氧化后进行皂煮,工艺条件为:肥皂3~5g/L,纯碱3g/L,在95℃以上处理5~10min。

还原染料隐色体染色法操作麻烦,匀染性和透染性较差,染色产品有白芯现象,宜选用匀染性较好的染料。

2. 悬浮体轧染法

还原染料悬浮体轧染法的工艺流程为:浸轧染料悬浮体→(烘干)→浸轧还原液→汽蒸→水洗→氧化→皂煮→水洗→烘干。

配制悬浮体轧染液时,为保证染液的稳定性,要求染料颗粒的直径小于$2\mu m$,染料颗粒越小,对织物的透染性越好,还原速率越快。在浸轧染液时,轧槽中的染液温度不宜超过40℃,温度太高,染料易发生凝聚,从而使染色产品产生色差、色点等疵病。织物浸轧染液后,可直接进行还原,也可经烘干后再还原。还原液中烧碱和保险粉的用量应根据染料的浓度而定,染深色时用量较大,烧碱和保险粉的用量比例一般为1:1。还原汽蒸时,温度应保持在102~105℃,时间一般为40~60s。由于轧染为连续化加工,设备车速较快,氧化时间较短,除很浅的颜色外,一般采用氧化剂氧化,常用的氧化剂是双氧水0.5~1.5g/L或过硼酸钠3~5g/L,氧化液温度为40~50℃,织物浸轧氧化液后进行透风,延长氧化时间,使隐色体充分氧化。染料氧化后,织物应进行皂煮、水洗等后处理,去除浮色,提高染色牢度。

悬浮体轧染法对染料的适应性较强,不受染料还原性能差别的限制,可用具有不同还原性能的染料拼色。这种方法具有较好的匀染性和透染性,可改善白芯现象。

二、可溶性还原染料的性能和染色方法

可溶性还原染料按母体染料结构的不同,可分为溶靛素和溶蒽素两种,两者统称印地科素。

可溶性还原染料可溶于水,对纤维素纤维具有亲和力,染料的扩散性、匀染性较好。这类染料对碱和还原剂稳定,但染料分子中的酯键对无机酸很不稳定,容易发生水解,生成还原染料的隐色体。染料在碱性条件下,对氧化剂较稳定,但在酸性条件下,染料对氧化剂不稳定,会发生水解、氧化而生成相应的还原染料,这一过程称为显色。显色所用酸为硫酸,常用氧化剂为亚硝酸钠。如溶靛素艳桃红 IR 的显色反应为:

溶靛素艳桃红 IR

可溶性还原染料可直接上染纤维素纤维,然后在酸和氧化剂的作用下显色,转化为不溶性的还原染料而固着在纤维上。可溶性还原染料对纤维素纤维的亲和力比相应的还原染料低得多,浸染时应加食盐或元明粉促染,否则,染料的上染百分率较低。由于可溶性还原染料的亲和力较低,因此这类染料更适合轧染生产。

可溶性还原染料染色产品的牢度较好,染色比较匀透,主要用于浅、中色泽的染色。其染色方法有卷染和轧染两种。

可溶性还原染料卷染的工艺流程为:染色→显色→水洗→中和→皂煮→水洗。

卷染时,染液中含有染料 0.3～5g/L,亚硝酸钠 0.7～5g/L,纯碱 0.5～1.5g/L,食盐 10～30g/L。染料分两次加入,染前加入 60%～70%,第一道末加入剩余的染料;食盐可在第三、第四道末各加入一半。染液中加入纯碱是为了抵消空气中酸性气体的影响,使染液稳定。染色浴比 1∶3～1∶5,染色温度 30～60℃。对于溶解度大、直接性低的染料,可在室温染色;对于直接性较高的染料,可采用较高的染色温度,以有利于染料的透染和匀染。显色时,硫酸的用量根据染料的用量和显色性能而定,一般为 20～40g/L。对于显色较慢的染料,可适当提高硫酸浓度和温度。带有染料和亚硝酸钠的织物进入硫酸浴后,染料发生水解、氧化而显色。显色后,织物先经水洗、纯碱中和(纯碱 2～3g/L),再充分皂煮、水洗。皂煮对染色产品的色光十分重要。

可溶性还原染料轧染的工艺流程为:浸轧染液→烘干(或透风)→显色(浸轧显色液→透风)→水洗→中和→皂煮→水洗→烘干。染液中一般含有染料、亚硝酸钠、纯碱、分散剂等。轧染温度一般为 50～70℃。织物浸轧染液后,可烘干后再显色(干显色)或透风 10～15s 后再显色(湿显色),干显色能减少织物上的染料在显色液中的溶落,而且显色液的浓度容易控制,匀染性较好,但烘干应均匀。显色液中硫酸的浓度一般为 25～40g/L,显色温度为 50～70℃。浸轧显色液后的透风是为了延长显色时间,使染料充分显色,透风时间一般为 10～20s。织物上残余的酸用纯碱进行中和,纯碱的浓度为 5～8g/L,温度 50～60℃。最后进行皂煮、水洗和烘干。

第五节　硫化染料染色

硫化染料是一种含硫的染料,分子中含有两个或多个硫原子组成的硫键,其分子结构式可用通式 R—S—S—R′ 表示。硫化染料不溶于水,染色时,应先用硫化钠将染料还原成可溶性的隐色体,硫化染料的隐色体对纤维素纤维具有亲和力,上染纤维后再经氧化,在纤维上形成原来不溶于水的染料而固着在纤维上。

硫化染料是由某些有机化合物如芳胺、酚等与硫、硫化钠一起熔融,或者在多硫化钠的水或丁醇溶液中蒸煮而制得的。硫化染料的精制较困难,无法制成晶体或提纯,其化学结构难以确定,商品染料一般是混合物,其组成随制造条件的不同而异。如硫化蓝的可能结构为:

硫化染料制造简单,价格低,水洗牢度高,耐晒牢度随染料品种不同而有较大差异,如硫化黑可达 6~7 级,硫化蓝达 5~6 级,棕、橙、黄等一般为 3~4 级。大多数硫化染料色泽不够鲜艳,色谱中缺少浓艳的红色,耐氯牢度差。硫化染料染色的纺织品在贮存过程中纤维会逐渐脆损,其中以硫化元染料较为突出。

硫化还原染料(海昌染料)的化学结构属于硫化染料,其染色性能和染色牢度介于硫化染料和还原染料之间。硫化还原染料较难还原,需在较强的还原条件下进行还原,其色光较硫化染料好。

硫化染料的一般商品为粉状固体,此外还有液体硫化染料。液体硫化染料是一种新型的硫化染料,是加工精制的染料隐色体,由硫化染料隐色体、还原剂和助溶剂等组成,其中染料含量为 15%~40%,还原剂可采用硫化钠或硫氢化钠(NaHS),助溶剂可采用二甘醇乙醚($HOCH_2CH_2OCH_2CH_2OCH_2CH_3$)、2,4-二甲基苯磺酸钠等。液体硫化染料呈碱性,pH 大于10,可与水以任何比例混溶,染色时可直接加水稀释配制染液。液体硫化染料与粉状硫化染料相比,颜色鲜艳,使用方便,可直接用于纤维的染色,染色过程较粉状硫化染料简便,但成本比粉状硫化染料高,稳定性较差,贮存时发生氧化会产生析出现象。

硫化染料在纤维素纤维的染色中应用较多,也可用于维纶的染色。随着染色废水处理和环保要求的加强,硫化染料的应用有所减少。

一、硫化染料的染色过程

硫化染料的染色过程可分为四个阶段。

(一)染料还原成为隐色体

硫化染料比较容易还原,可采用还原能力较弱、价格较低的硫化钠进行还原,硫化钠既是强碱又是还原剂。

硫化染料的还原反应如下:

$$Na_2S + H_2O \longrightarrow NaHS + NaOH$$

$$2NaHS + 3H_2O \longrightarrow Na_2S_2O_3 + 8[H]$$

$$R-S-S-R' + 2[H] \xrightarrow{NaOH} R-SNa + NaS-R'$$
$$\text{硫化染料隐色体}$$

硫化钠的用量对硫化染料染色的影响较大。用量不足,染料不能充分还原、溶解,而且会使染物的摩擦牢度降低;用量过多,染料隐色体不易氧化固着,并使染色产品颜色变浅。硫化钠的用量一般为染料的 $50\% \sim 200\%$。

(二)染料隐色体上染纤维

硫化染料隐色体染色时,一般采用较高的染色温度,以增强硫化钠的还原能力,并降低染料隐色体的聚集,提高吸附和扩散速率,提高上染率和匀染性。一般硫化黑染料染色温度为 $90 \sim 95℃$,硫化蓝、绿、棕等色染料,在温度 $65 \sim 80℃$ 时可获得较高的上染率。为提高染料的上染率,染色时应加盐促染,元明粉的用量为 $5 \sim 15g/L$。

(三)氧化处理

上染纤维的硫化染料隐色体经氧化而固着在纤维上。硫化染料隐色体的氧化比较容易,氧化方法有两种,即空气氧化法和氧化剂氧化法。对于易氧化的硫化染料隐色体可用空气氧化,对于难氧化的硫化染料隐色体可用氧化剂氧化。

1. 空气氧化法

将硫化染料隐色体染色后的被染物充分水洗,再经轧干或离心脱水,在空气中透风 $20 \sim 30min$,利用空气中的氧气进行氧化。

2. 氧化剂氧化

硫化染料染色常用的氧化剂有重铬酸钠、双氧水、溴酸钠、过硼酸钠、碘酸钠等,其中重铬酸钠的氧化效果较好,但染色产品的手感较粗糙,而且存在重金属污染问题,现在一般采用双氧水氧化。

(四)净洗、防脆或固色处理

硫化染料隐色体上染纤维并氧化后,应进行水洗、皂洗等后处理,以去除染物上的浮色,提高染色牢度和增进染物的色泽鲜艳度。

为提高硫化染料的日晒和皂洗牢度,可在染色后进行固色处理。固色处理的方法有两种:金属盐后处理和阳离子固色剂处理。常用的金属盐有硫酸铜、醋酸铜等,常用的阳离子固色剂有固色剂 Y 和固色剂 M。

某些硫化染料的染色产品在贮存过程中,硫化染料中含有的不稳定的硫,在一定的温度、湿度条件下,易被空气中的氧所氧化,生成磺酸、硫酸等酸性物质,使纤维素纤维发生酸性水解,导致强力降低而脆损。为避免脆损现象的发生,可用碱性物质对染色产品进行防脆处理。常用的防脆剂有醋酸钠、磷酸三钠、尿素等。

二、硫化染料的染色方法

硫化染料成本低廉,一般适用于中、低档产品的染色,染色方法有浸染、卷染、轧染。

硫化染料的浸染以硫化黑为例说明。染液中,染料用量11%～13%(owf),52%硫化钠用量为染料重的80%～100%,纯碱用量为2～3g/L。浴比1：20～1：30,沸染60～80min,充分水洗后再防脆处理。硫化染料隐色体对纤维素纤维的亲和力小,上染百分率低,染色残液中含有大量的染料,为提高染料的利用率,常采用续缸染色。

硫化染料卷染的工艺流程为:制备染液→染色→水洗→氧化→水洗→皂洗→水洗(→固色或防脆处理)。染料用量根据颜色深浅而定;52%硫化钠用量为染料重的70%～250%,染深色时用量较低,染浅色时用量较高。硫化元染色产品用水洗、透风氧化,不皂洗,应进行防脆处理。硫化什色可用氧化剂氧化,如采用双氧水(浓度30%)氧化,其用量为0.3%～0.5%(owf)。染深色时一般采用续缸染色。

硫化染料轧染工艺流程为:浸轧染液→湿蒸(→还原汽蒸)→水洗→(酸洗)→氧化→水洗→皂洗→水洗→(固色或防脆)→烘干。

硫化染料颗粒较大,杂质含量较多,还原速率慢,一般采用隐色体轧染。轧染液中,染料的用量根据颜色深浅而定,52%硫化钠用量为染料重的100%～250%,纯碱1～3g/L。轧液温度70～80℃。湿蒸是在蒸箱底部放有一定染料浓度的染液,织物交替进入底部染液和上层蒸汽,有利于染料的扩散和透染。还原汽蒸采用还原蒸箱,温度为101～105℃,时间45～60s,使染料隐色体向纤维内部进一步扩散。轧染时,因氧化时间较短,除硫化黑外都采用氧化剂氧化,如采用双氧水(浓度30%)氧化,其用量为1.2～6g/L。氧化前进行酸洗,对促进氧化,提高耐晒、耐洗牢度有利。

三、液体硫化染料的染色

液体硫化染料可采用浸染或轧染的方法进行染色。液体硫化染料在染色时,为了避免染液中的染料被氧化,常在染液中加入一定量的防氧化剂。防氧化剂一般采用多硫化合物,也可采用葡萄糖,其用量是否合适,直接关系到染色效果的好坏。如果防氧化剂用量过少,染液中的染料会发生氧化,在织物上产生色斑;而防氧化剂用量过多,在氧化前水洗时,染料从织物上脱落较多,颜色变浅,另外在氧化时也会耗用较多的氧化剂。防氧化剂的用量与液体硫化染料的用量有关,一般随染料用量的增加而减少,当染料用量增加到一定程度时,染液中还原剂浓度较高,可不加防氧化剂。

液体硫化染料上染到纤维上后,需进行氧化。氧化剂可采用与染料配套的氧化剂,也可采用重铬酸钠、双氧水、溴酸钠、过硼酸钠、亚氯酸钠等。采用双氧水氧化时,应控制好双氧水的浓度、pH 和氧化的温度,以避免过度氧化或氧化不充分。溴酸钠在醋酸液中氧化效果较好,对于难氧化的液体硫化红棕染料可通过添加催化剂 $CuSO_4$ 或 $NaVO_3$ 进行氧化,氧化温度控制在 60~70℃。

液体硫化染料采用轧染工艺时,染液中包括液体硫化染料、防氧化剂和渗透剂,其中染料的用量根据染色深度决定,渗透剂用量为 1~2g/L。染色时,由于液体硫化染料对纤维具有直接性,染槽补充液的浓度应高于染液的浓度,以保证染色的均匀性。染色工艺流程为:浸轧染液→汽蒸→水洗→氧化→水洗→皂洗→水洗→烘干。浸轧液温度一般控制在 40~60℃,对于液体硫化黑,染液可控制在 70~80℃。轧液率根据被染物的厚薄和染色深度而定,一般在 70%~80%之间。汽蒸温度为 102~105℃,汽蒸时间 60~90s。氧化前水洗采用 40~60℃的水,洗除织物上的还原剂和浮色,使布面 pH 为 7~8,以保证氧化的正常进行。氧化时,若采用双氧水氧化,双氧水的浓度为 1~2g/L,温度 40~50℃;若采用溴酸钠氧化,溴酸钠用量为 2~3g/L,醋酸 7~9g/L,偏钒酸钠 0.05~0.1g/L,氧化液 pH 为 3.5~4,氧化温度 60~70℃。氧化后的水洗主要是去除织物上残余的氧化剂。

液体硫化染料采用浸染工艺时,染液中包括液体硫化染料、防氧化剂和盐,其中染料的用量根据染色深度决定;防氧化剂用量随染料用量增加而减少,一般为 1~5g/L;盐对液体硫化染料的上染具有促染作用,其用量随染料用量的增加而提高,一般为 10~30g/L,可在上染过程中加入。液体硫化染料采用绳状染色时,浴比为 1:15~1:20;采用溢流染色时,浴比为 1:8~1:12。染色工艺流程为:染色→水洗→氧化→水洗→皂洗→水洗→烘干。染色时,染液温度根据染料品种确定,如液体硫化蓝可采用 50℃染色,液体硫化黑可采用 90~95℃染色。采用过硼酸钠氧化时,过硼酸钠用量为 1.5~2g/L,氧化温度 60~70℃,氧化时间 5~10min。

此外,液体硫化染料也可采用卷染方法染色。

四、硫化还原染料的染色

硫化还原染料大多采用浸染和卷染,其染色方法与硫化染料和还原染料都有相同之处,主要有烧碱—保险粉法、硫化碱—保险粉法两种。烧碱—保险粉法染色可按还原染料甲法进行,上染温度为 65℃左右。硫化碱—保险粉法染色成本较低,但色泽鲜艳度较差,染色时可将织物先在加有染料、硫化碱和烧碱的染液中沸染一定时间,然后降温至 60~70℃,加入保险粉,续染 20~25min,然后水洗、氧化、水洗、皂洗、水洗。

第六节　酸性染料染色

酸性染料色泽鲜艳,色谱齐全,分子中含有酸性基团,如磺酸基、羧基等,易溶于水,在水溶液中电离成染料阴离子。酸性染料和直接染料相比,分子结构比较简单,分子中缺少较长的共轭系统,对纤维素纤维缺乏直接性,一般不能用于纤维素纤维的染色,而一些结构比较复杂的酸性染料,在一定程度上也能上染纤维素纤维,但染色牢度低。酸性染料可在酸性、弱酸性或中性染液中上染蛋白质纤维和聚酰胺纤维。

根据染料的化学结构、染色性能、染色工艺条件的不同,酸性染料可分为:强酸性浴染色的酸性染料、弱酸性浴染色的酸性染料和中性浴染色的酸性染料。三种酸性染料的性能比较见表4-1。

表4-1　酸性染料的染色性能

项　目	强酸性浴染色的酸性染料	弱酸性浴染色的酸性染料	中性浴染色的酸性染料
分子结构	较简单	较复杂	较复杂
溶解度	大	较小	较小
颜色鲜艳度	好	较差	较差
匀染性	好	中	较差
湿处理牢度	较差	较好	较好
染浴 pH	2~4	4~6	6~7
染色用酸	硫酸	醋酸	硫酸铵或醋酸铵

强酸性浴染色的酸性染料因匀染性好又称为匀染性酸性染料,弱酸性浴染色的酸性染料和中性浴染色的酸性染料能耐羊毛缩绒处理而称为耐缩绒性酸性染料。酸性染料在蚕丝上的水洗牢度,一般不如在羊毛上好。蚕丝的染色主要采用耐缩绒性酸性染料。

一、酸性染料的染色原理

蛋白质纤维中含有氨基和羧基,在水中氨基和羧基发生离解而形成两性离子:

$$^{+}H_3N—W—COO^{-}$$

当溶液在某一 pH 时,纤维中电离的氨基和羧基数目相等,纤维不带电荷,这一 pH 称为该纤维的等电点。羊毛(角质)的等电点为 pH 4.2~4.8。当溶液 pH 在等电点以下时,纤维中—NH_3^+ 的含量高于—COO^-,纤维带正电荷;当溶液 pH 在等电点以上时,纤维中—COO^- 的含量高于—NH_3^+,纤维带负电荷。

强酸性染料结构简单,相对分子质量较小,与纤维的范德瓦尔斯力和氢键力较小,染料与纤维的结合主要是离子键结合。酸性红 G 是强酸性染料,其结构式为:

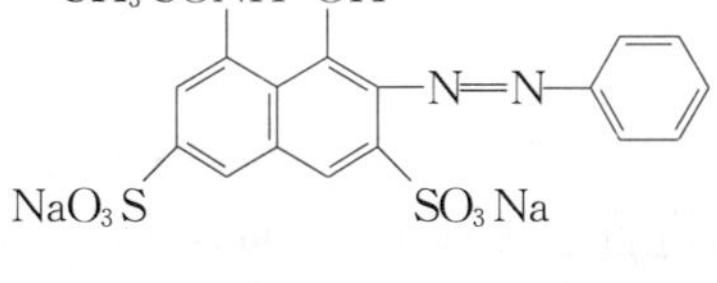

强酸性染料对纤维染色时,存在染色饱和值,该值相当于按纤维中氨基含量计算所得的数值。在酸性较弱时,纤维上—NH_3^+ 的数量较少,纤维带的正电荷少,染料与纤维分子间的库仑引力较小,染料的上染速率和上染百分率较低。随着酸用量的增加,染料的上染速率显著提高。强酸性染料染色的 pH 一般为 2~4,染色时,染液中加入盐,会降低染料与纤维分子间的库仑引力,起缓染作用。

弱酸性染料的分子结构较复杂,染料与纤维之间有较大的范德瓦尔斯力和氢键力,若染色的 pH 在强酸性条件下,染色速率过快,容易造成染色不匀。因此,弱酸性染料染色一般在 pH 4~6 的弱酸性条件下进行。当染液的 pH 为等电点时,纤维不带电荷,染料靠范德瓦尔斯力和氢键力上染纤维。上染后,染料阴离子再与纤维中的—NH_3^+ 成离子键结合。在等电点条件下染色时,加入中性电解质,对染料的吸附影响较小,但能延缓染料阴离子与纤维中的—NH_3^+ 的结合,起缓染作用,但作用较小。在羊毛等电点以上染色时,羊毛带负电荷,染料与纤维之间存在库仑斥力,染料通过范德瓦尔斯力和氢键力上染纤维。染料上染纤维后,染料与纤维通过离子键、范德瓦尔斯力和氢键力结合在一起,结合较牢固,湿处理牢度较好。弱酸性染料染色的饱和值,超过按纤维中氨基含量计算的饱和值。弱酸性染料如弱酸大红 FG,其结构式为:

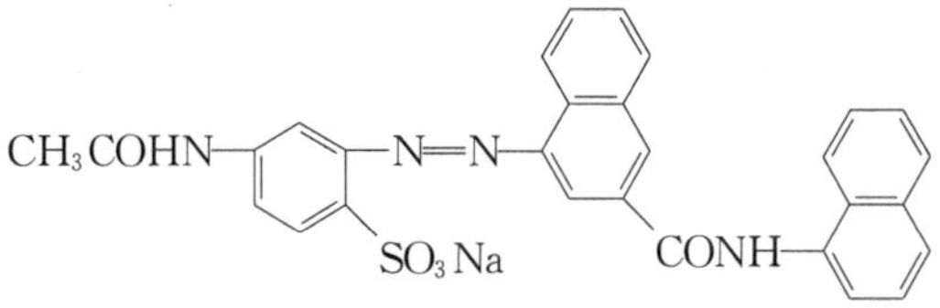

中性浴染色的酸性染料相对分子质量更大,染料与纤维间有较大的范德瓦尔斯力和氢键力,染料对羊毛的染色是在中性条件下进行,纤维带有较多的负电荷,染料与纤维间存在较大的电荷斥力,染料阴离子通过范德瓦尔斯力和氢键力上染纤维。染液中加入盐,可提高染料的上染速率和上染百分率,起促染作用。染料与纤维的结合主要是依靠范德瓦尔斯力和氢键力,结合较牢固,湿处理牢度较好。如弱酸艳绿 G 的结构式为:

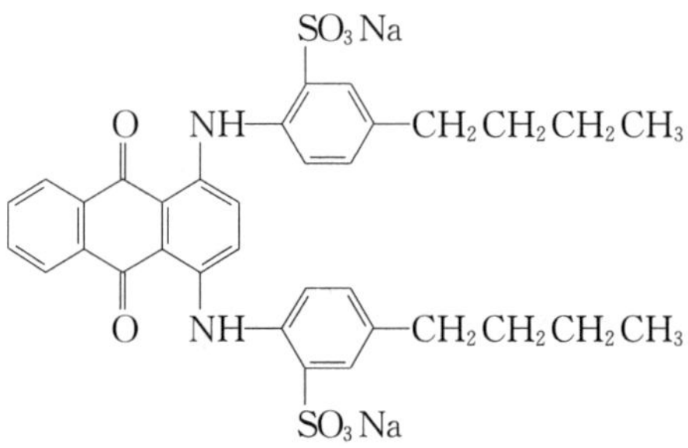

二、酸性染料的染色方法

(一)酸性染料对羊毛的染色

酸性染料染羊毛时,染色所用染料和加工方式,应根据产品的用途和染色后的加工工序对染色牢度的影响来选择。染色后进行缩绒加工的产品,在染色时应选用耐缩绒的酸性染料。羊毛纤维制品根据其品种的不同,可采用不同的染色方法。粗纺呢绒一般先染后纺,采用散毛染色,也有织成呢坯后匹染的;精纺花呢一般先染后织,采用毛条或毛纱染色;素色产品则是织造后匹染。针织用毛纱和绒线,一般采用绞纱染色;素色羊毛衫也可成衫后染色。

羊毛纤维由鳞片层、皮质层和髓质层组成。鳞片层处于纤维的最外层,对染料的扩散有很大的阻力,因此羊毛纤维纺织品一般在沸染的条件下染色,而且染色时间较长。

强酸性染料染羊毛时,染液中含有染料、元明粉、硫酸。染料的用量根据颜色的深浅而定,元明粉5%～10%(owf),硫酸(96%)2%～4%(owf),调节染浴 pH2～4,染深色时硫酸用量应高些,以获得较高的上染百分率。染色浴比 1：20～1：30。染色时,被染物于 30～50℃入染,用30min升温至沸,再沸染 45～60min,然后水洗。

弱酸性染料染羊毛时,染液中一般含有染料、渗透剂、醋酸,渗透剂有利于纤维的润湿、膨化及染料的扩散,并有缓染和匀染作用。醋酸用于调节 pH,pH 一般为 4～6,匀染性差的染料或染浅色时,pH 可适当高些。弱酸性染料在 60℃以下时,对羊毛的上染速率很低,其始染温度较高,一般为 50℃。染色时,用30min升温至沸,再沸染 45～60min,然后水洗。

中性浴染色的酸性染料染羊毛时,染液中含有染料、元明粉、硫酸铵。元明粉起促染作用,用量 5%～10%(owf),在染色一段时间后加入。硫酸铵调节 pH,用量 2%～5%(owf)。

染色时,始染温度为 40℃,用 30～60min升温至 95℃,保温染色 60～90min,然后水洗。

(二)酸性染料对蚕丝的染色

蚕丝是由两根单丝的丝缕构成。单丝的主体是丝素。丝素中氨基的含量为 0.12～0.20mol/kg纤维,比羊毛的氨基含量低。丝素的等电点为 3.5～5.2。

酸性染料是蚕丝染色的主要染料,丝素对酸的稳定性比羊毛低,在强酸性条件下染色时,蚕丝的光泽、手感、强力都会受到影响,因此强酸性染料在蚕丝染色中很少应用,大都采用弱酸性和中性浴染色的酸性染料染色。染液 pH 一般为 4～4.5,用醋酸调节。

蚕丝织物一般比较轻薄,对光泽要求高,织物经长时间沸染,容易引起擦伤,光泽变暗,因此一般采用 95℃左右的温度染色。与羊毛相比,蚕丝表面没有鳞片层,其无定形区比较松弛,在水中膨化较剧烈,染料在纤维中的扩散比较容易,上染速率较高,而且温度越高,上染越快,在染色时,一般采用逐渐升温的方法,以提高匀染效果。酸性染料在蚕丝上颜色鲜艳,但湿处理牢度比在羊毛上低,染色后一般要进行阳离子固色剂处理,常用的固色剂是固色剂 Y,也可用多胺缩合物类真丝织物专用固色剂 AF、3A 进行固色处理。

蚕丝酸性染料染色有浸染、卷染等方法。丝绸染色设备有绳状染色机、平幅喷淋染色机、星形架染色机、卷染机等。

(三)酸性染料对锦纶的染色

锦纶中含有氨基和羧基,锦纶 66 中氨基含量为 0.03～0.05mol/kg纤维,锦纶 6 中氨基含量为0.098mol/kg纤维。锦纶的等电点为 5～6。

酸性染料是锦纶染色的常用染料,得色鲜艳,上染百分率和染色牢度均较高,但匀染性、遮盖性较差,常用于染深色。

强酸性染料在锦纶上的染色饱和值低,湿处理牢度差,而且染色 pH 过低,对锦纶有一定的损伤,故应用较少。弱酸性染料对锦纶染色时,染色饱和值一般高于按氨基含量计算所得的数值,湿处理牢度较高,是锦纶染色的常用染料,染液的 pH 一般为 5～6。染液 pH 降低,染料的上染速率提高,但 pH 过低,在较高染色温度下,纤维可能发生酸性水解。

酸性染料染锦纶时,染色温度对上染速率影响很大。锦纶的玻璃化温度较低,始染温度应低于 50℃,然后逐渐升温至沸,沸染一定时间。弱酸性染料染锦纶时,上染速率较快,扩散性、移染性较差。此外,锦纶在纺丝过程中,由于加工条件不同,纤维微结构有一定的差异,染色时易产生不匀。因此,染色时除采用较低的始染温度外,升温速率宜慢,染液中可加阴离子表面活性剂等作为匀染剂,以降低染色速率。

锦纶中氨基含量较少,染色饱和值较低,当用两个或两个以上染料拼染时,会发生染料对染色位置的竞争,即所谓竞染现象。如果拼色所用的染料上染速率不一致,染色过程中,被染物的色光会随时间的延长而变化,造成色差、批差等现象,因此拼色时应选用上染速率相近的染料。

根据锦纶制品品种的不同,其染色加工方式有绞纱染色、成袜或成衣染色、平幅匹染等。

锦纶采用酸性染料染色后,为提高染色产品的湿处理牢度,对于中、深色产品需进行固色处理。常用的固色剂有单宁酸—吐酒石、含磺酸基的甲醛酚类缩合物、硫酚类化合物、二羟基苯砜(DOS)的化合物等。单宁酸的分子式为 $C_6H_7O_6[C_6H_2(OH)_3—COO—C_6H_4(OH)_2CO]_5$,吐酒石为半水合酒石酸锑钾,两者发生反应后生成不溶性的单宁酸锑:

$$2 单宁酸 + 吐酒石 \longrightarrow (单宁酸)_2SbOH\downarrow + KHC_4H_4O_6$$

单宁酸锑沉积在锦纶的孔隙中,阻碍了纤维中酸性染料的再溶出,从而提高了湿处理牢度。

锦纶酸性染料染色的固色工艺如下:

单宁酸处理:

      单宁酸   2%(owf)

      醋酸   2%(owf)

      浴比 1:20,温度 60~70℃,处理时间 15min。

吐酒石处理:

      吐酒石   1%(owf)

      浴比 1:20,温度 60~70℃,处理时间 15min。

采用单宁酸—吐酒石对锦纶染色产品进行固色,可提高湿处理牢度,对摩擦和日晒牢度的影响较小,但固色剂的用量不能过多,否则会影响织物的手感。

第七节　酸性媒介染料染色

酸性媒介染料含有磺酸基、羧基等水溶性基团,是一类在分子结构中的偶氮基的邻,邻′位置上有—OH、—NH_2 或—COOH,或在分子末端有水杨酸结构,能和某些金属离子生成稳定络合物的酸性染料。其染色条件与酸性染料相似,只是在工艺过程中多了一道媒染剂处理,因此称为酸性媒介染料,也称为酸性媒染染料。如酸性媒染黑 A 的分子结构式为:

　　酸性媒介染料染色时，若不经媒染剂处理，湿处理牢度很差，经媒染处理后，在染料、纤维、金属离子之间生成络合物，从而使染物具有良好的湿处理牢度，能经得起煮呢和缩绒加工，耐日晒牢度很高。酸性媒介染料色谱较全，价格便宜，匀染性好，是羊毛染色的重要染料，常用于羊毛的中、深色染色。酸性媒介染料染色的色泽一般比酸性染料深暗。常用的媒染剂是重铬酸钾和重铬酸钠，因此，染色后废水中含有铬离子，对环境有污染。

一、酸性媒介染料的染色机理

　　酸性媒介染料染色时，必须进行媒染处理，以提高染色牢度。媒染剂处理一般在 pH 为 3~4的溶液中进行，pH 太低，容易造成媒染不匀，同时纤维会受到氧化损伤。在 pH 为 3~4 时，羊毛带正电荷，可吸附重铬酸盐产生的 $Cr_2O_7^{2-}$ 及 $HCrO_4^-$，并将它们还原为 Cr^{3+}，Cr^{3+} 可与进入羊毛纤维中的染料络合，在纤维中形成络合物。因染料的发色基团参与络合反应，酸性媒介染料在媒染处理前后的色泽会发生很大的变化。在媒染处理时，为减少羊毛的氧化损伤，可采用具有还原性的甲酸(甲醛)、乳酸。重铬酸盐在硫酸存在下，被羊毛中二硫键的分解产物或加入的还原性有机酸还原为 Cr^{3+}，Cr^{3+} 与酸性媒介染料及羊毛中的 —COO$^-$ 形成络合物，其反应如下：

$$K_2Cr_2O_7 + 4H_2SO_4 + 3HCOOH \longrightarrow Cr_2(SO_4)_3 + K_2SO_4 + 3CO_2\uparrow + 7H_2O$$

　　酸性媒介染料在纤维内部形成金属络合物后，染料与纤维的结合力增强，染料溶解度降低，从而使染色牢度提高。

二、酸性媒介染料的染色方法

(一)酸性媒介染料对羊毛的染色

酸性媒介染料的染色方法有预媒染法、同浴媒染法及后媒染法三种。

1. 预媒染法

预媒染法是羊毛先用媒染剂处理，然后再用酸性媒介染料染色。其工艺流程为：媒染剂处理→水洗→染色→水洗。媒染浴中重铬酸钠 1%~5%(owf),甲酸 1.5%(owf),浴比 1∶20。在 60℃开始处理,以 1℃/min 升温至沸,保温处理 60~90min。媒染处理是否均匀,直接影响染色的均匀性,因此,媒染处理起始温度不能太高,升温速率要慢。媒染处理后,应充分水洗,以免染色时在被染物表面形成色淀,产生浮色。染色时,染浴 pH 用醋酸调节,染深色时醋酸用量可高些。染色在 40~50℃开始,逐步升温至沸,沸染 60~90min。预媒染法虽然仿色较方便,但染色过程繁复,染色时间长,能耗大,成本高,应用较少。

2. 同浴媒染法

同浴媒染法是媒染剂和染料同浴染色。这种染色方法一般是在近中性的条件下进行,染料的上染、媒染剂的吸附及还原、染料与 Cr^{3+} 的络合在染色过程中先后完成。染色时,染液中有染料、重铬酸盐、硫酸铵、元明粉等。染色在 40~50℃开始,在 40~60min 内升温至沸,沸染 60~90min,然后水洗。同浴媒染法染色时间短,工艺较简单,仿色较方便,对羊毛损伤小,适合于溶解度大,不受重铬酸盐氧化影响,在近中性条件下,对羊毛有较大亲和力的染料,但这种染色法适用的染料品种较少,染色摩擦牢度较低。这种方法在实际中应用不多。

3. 后媒染法

后媒染法是被染物先在弱酸性(pH=4~6)条件下,用酸性媒介染料染色后,再用媒染剂处理的染色方法。一般是在染浴中加醋酸,使染料被羊毛吸尽后,再加重铬酸盐,因此羊毛的铬媒处理和染料与 Cr^{3+} 在纤维上形成络合物的两个反应是同时进行的。染色时,将被染物在染料、98%醋酸 0.5%~2%、元明粉 10%的染浴中染色,始染温度 50℃,在 45min 内升温至沸,沸染半小时。染浴中加媒染剂前,应使染料尽可能充分上染,提高染料利用率,同时可避免加入媒染剂后染料产生沉淀,造成色花。因此染色后,若染浴中染料较多,可补加适量醋酸,再沸染半小时,待染料吸尽后,调整染浴温度至 60~70℃,加重铬酸盐 0.25%~2.5%,升温至沸,沸染 30~60min,然后水洗。后媒染法染色时,被染物的颜色只有在媒染处理后才能确定,媒染处理前很难判断被染物的颜色是否符合要求,若媒染处理后被染物的颜色不符合要求,复染时又需经染色和媒染处理两个阶段,因此仿色困难。后媒染法染色匀透性好,适用的染料较多,色谱齐全,染色牢度高。在实际生产中,绝大多数酸性媒介染料都采用后媒染法。

(二)酸性媒介染料对丝绸的染色

酸性媒介染料对丝绸染色时,虽然染色牢度较好,但由于染色过程包括染色和媒染,工艺复杂,流程较长,而且会引起丝素的损伤,造成蚕丝断裂,织物表面出现起毛现象,因此,酸性媒介染料在纯丝绸织物的染色中应用很少,但有时可用于蚕丝和黏胶丝交织物中蚕丝的染色。

酸性媒介染料用于交织物中蚕丝的染色时,可采用预媒染法和后媒染法。采用预媒染法时,由于蚕丝结构中无二硫键或其分解产物,若不加还原性的酸类如甲酸、乳酸,六价铬不能还原为三价铬,因此一般不用重铬酸盐作为媒染剂,而是采用硫酸铬钾[$KCr(SO_4)_2 \cdot 12H_2O$]。但采用后媒染法时,对于某些酸性媒介染料,硫酸铬钾的媒染效果不及重铬酸盐。酸性媒介染料染色时需用铬盐作媒染剂,从而造成污水排放不达标,故逐步淘汰。

第八节　酸性含媒染料染色

酸性含媒染料是从酸性媒介染料发展而来的。酸性媒介染料的染色需要经过染色和媒染两个步骤,工艺复杂。为应用的方便,在染料生产时,把某些金属离子以配位键的形式引入酸性染料的母体,制成酸性含媒染料,也称金属络合染料。根据染料分子和金属离子的比例关系,酸性含媒染料可分为1:1型和1:2型两种。1:1型酸性含媒染料在强酸性条件下染色,称为酸性络合染料,1:2型酸性含媒染料在弱酸性或近中性条件下染色,称为中性络合染料,简称中性染料。酸性含媒染料对蛋白质纤维有直接性,不需铬媒处理,废水中不含铬,染色工艺过程比酸性媒介染料简便,染色牢度优良,与酸性媒介染料相似。

一、酸性含媒染料的类型与性能

酸性络合染料是一个铬离子和一个染料分子的络合物。如酸性络合紫3RN的结构式为:

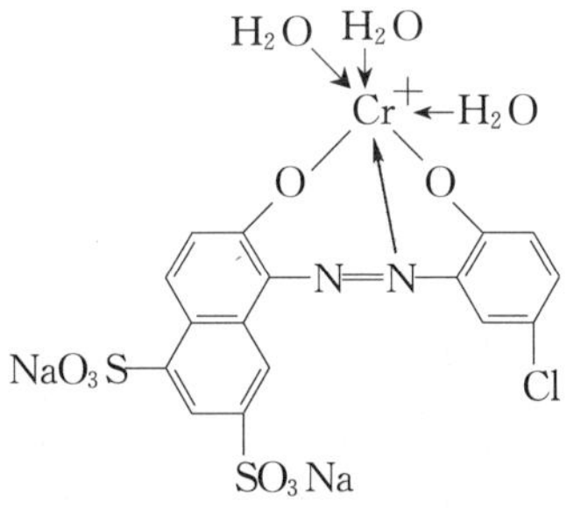

酸性络合染料易溶于水,需在酸性较强的硫酸浴中染色,匀染性较好,遮盖能力强,日晒和耐洗牢度接近酸性媒介染料,色泽比酸性媒介染料艳亮,适合染中、浅色毛织物,但皂煮牢度较差,染物经煮呢、蒸呢后色光变化较大。因染色时染浴pH较低,使羊毛损伤严重,手感粗糙,光泽变差。主要用于羊毛的染色,染色时,吸附在纤维上的染料通过磺酸基与纤维上的—NH$_3^+$形成离子键结合,铬离子与纤维上的—COO$^-$形成共价键结合,与—NH$_2$形成配位键结合。酸性络合染料与羊毛的结合形式如下:

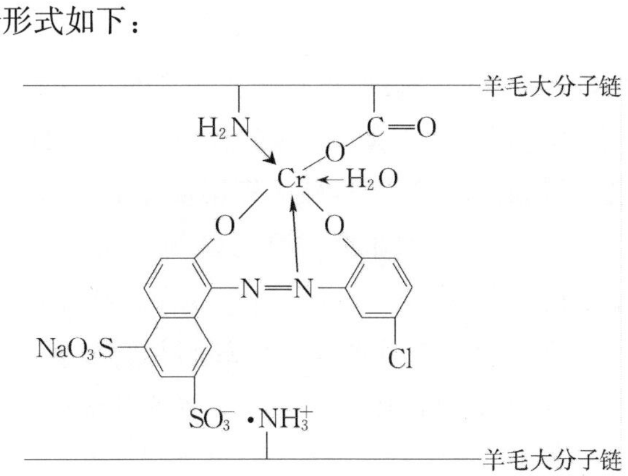

中性染料是一个铬离子和两个染料分子的络合物。这类染料的分子较大,一般不含磺酸基和羧基,而含有亲水性较弱的 —SO_2NH_2、—$NHCOCH_3$ 等基团,因此在水中的溶解度较低。如依加仑棕紫 DL 的结构为:

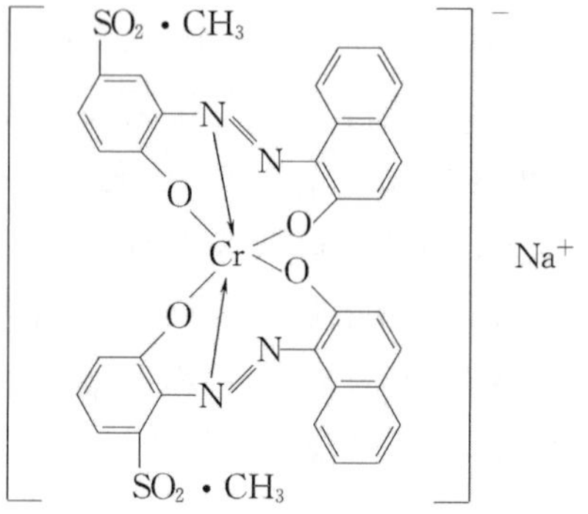

中性染料的各项染色牢度较高,中、浅色耐晒牢度也较好,染色产品经煮呢、蒸呢后色光变化较小,但颜色鲜艳度不及酸性媒介染料,匀染性、遮盖性较差。中性染料应用较广,可用于羊毛、蚕丝、锦纶、维纶的染色。

二、酸性含媒染料的染色方法

(一)酸性含媒染料对羊毛的染色

酸性络合染料对羊毛染色时,染浴中含有染料、硫酸、元明粉或匀染剂等。硫酸的用量以调节染浴 pH 为 1.5~2 为准。染浴 pH 对染色有很大影响,在 pH 为 3~4 时,染料的上染百分率较高,但由于初染速率很高,扩散性差,易产生染色不匀。在染浴 pH 为 1.5~2 时,羊毛纤维中氨基充分离子化,使—NH_2 的含量少,纤维与染料中铬离子络合的几率小,染料上染速率较低,扩散性较好,匀染性较好,但 pH 低,会使纤维受到较大的损伤。为保证匀染,染液中可加入适量的元明粉或非离子型匀染剂。若加入适量的匀染剂,如平平加 O 1.5%~2%,可在 pH 为 2.2~2.4 的染浴中染色,这时染料的上染百分率较高,匀染性较好,羊毛的损伤较小。染色时,始染温度 50℃左右,以 1℃/min 的升温速率逐渐加热升温至沸,沸染 60~90min,逐渐降温至 40℃,换水清洗至 pH 为 4~5,再加碱中和处理 20~30min,最后水洗。

中性染料对硬水敏感,易产生沉淀,染料的溶解要用软水。这类染料的相对分子质量较大,染料对纤维有较大的氢键和范德瓦尔斯力,其扩散性较差,因此,为避免染色不匀,染液 pH 在 6~7 较好,一般用硫酸铵或醋酸铵调节,硫酸铵用量为 1%~3%(owf),或醋酸铵 2%~5%(owf)。为保证染色均匀,染液中可加非离子型匀染剂 0.3%~0.5%(owf)。在常温下,中性染料在染液中的聚集度较高,上染速率较低,当温度升高到一定程度时,染料解聚,上染速率急剧增加,因此,染色时应合理控制升温速率,以获得较高的上染百分率和较好的匀染性。采用中性染料对羊毛染色时,始染温度 40~50℃,逐渐升温至沸,沸染 30~60min,然后逐渐降温水洗。

(二)酸性含媒染料对丝绸的染色

丝绸除可用弱酸性染料染色外,也常用中性染料染色。中性染料用于丝绸染色时,色泽比染羊毛稍艳亮,染料对纤维亲和力较大,上染速率快,移染性和匀染性较差。在染色过程中应严格控制染色条件,以获得均匀的染色效果。

中性染料对丝绸染色时,染液 pH 对染色效果影响显著。染液 pH 降低,染料与纤维之间的库仑引力增加,上染速率加快,匀染性变差;相反,提高染液 pH,上染速率降低,匀染性提高。因此,采用中性染料对丝绸染色时,染液 pH 一般控制在 6~7,有时为提高匀染性,染液 pH 可控制在微碱性(pH=7~8)。染液 pH 通常用硫酸铵、醋酸铵等进行调节。

中性染料对丝绸染色时,染液中染料用量根据染色深度决定,匀染剂(如平平加 O)用量根据染料用量确定,一般在 0.1~0.5g/L,染深色时匀染剂用量可适当减少,染浅色时匀染剂用量可适当增加。在染色过程中,始染温度、升温速率和最高染色温度对染色有很大影响。染色时,始染温度不宜过高,一般在 40~50℃,染色10min后缓慢升温至 90~95℃,保温染色 45~60min,然后降温,水洗。

中性染料对丝绸染色时,有些染料的皂洗和汗渍沾色牢度较差,除浅色外,需进行固色处理。固色可采用阳离子固色剂。

酸性络合染料用于丝绸染色时,染液酸性较强,对纤维损伤大,因此应用较少。

(三)酸性含媒染料对锦纶的染色

酸性络合染料用于锦纶染色时,染液酸性较强,对纤维损伤大,如果在中性浴中染色,则得色浅,匀染性差,因此酸性络合染料在锦纶染色中应用较少。中性染料在锦纶染色中应用较多。

锦纶采用中性染料染色时,染料与纤维可通过离子键、氢键和范德瓦尔斯力的形式结合,染料对纤维的亲和力大,上染百分率高,染色饱和值大,得色量高,拼色性能好,而且染色产品的湿处理牢度、耐日晒牢度等均较高。但由于中性染料分子中含有金属离子,染料色泽鲜艳度较差,因此中性染料对锦纶的染色一般用于深蓝色、咖啡色及黑色等深色产品。

由于中性染料在中性浴中对锦纶具有很大的亲和力,对于中、浅色产品的染色,染浴中一般不加酸,染液 pH 在 7~8;对于深色产品,有时为提高染料的上染率,可在染色后期加入适量的有机酸,以使染料进一步上染。

中性染料染锦纶时,由于染料对纤维的亲和力大,染料上染速率快,而且染料在纤维内的扩散系数小,迁移性能差,导致染色的均匀性差,特别在染浅色时更容易出现染色不匀。为提高染色的均匀性,可在染浴中加入匀染剂,如匀染剂 102、平平加 O 等,同时在染色过程中严格控制染色温度和升温速度,严格控制染液 pH。染液 pH 降低,染料上染速率加快,匀染性变差。对于中、浅色产品,为避免上染速率过快导致染色不匀,可在微碱性染浴中染色。

染色时,染液中染料的用量根据染色深度决定,染液 pH 可用硫酸铵、醋酸、磷酸三钠等进行调节。始染温度为 40℃,在 45~60min内将染液缓慢升温至沸,沸染 30~60min,然后降温、水洗。

锦纶采用中性染料染色后,手感较硬,需进行柔软处理。对于深色染色产品,在柔软处理前应先进行固色处理。

固色时,在 50℃加入单宁酸、醋酸,其中单宁酸的用量为 1.5%~2%,醋酸(80%)的用量为 1%~2%,浴比 1：10~1：20,逐渐升温到 65~70℃,保温处理20min,然后加入吐酒石,其用量 为 0.75%~1%,升温至 75℃,保温处理20min,最后进行清洗。

第九节　分散染料染色

分散染料是一类分子较小,结构上不带水溶性基团的非离子型染料。这类染料难溶于水,染色 时借助分散剂的作用,染料以细小的颗粒状态均匀地分散在染液中,因此这种染料称为分散染料。

分散染料是随着疏水性纤维的发展而发展起来的一类染料。在醋酯纤维出现后,用当时水 溶性的染料很难染色,为解决醋酯纤维的染色问题,人们合成了疏水性较强的一类染料——分 散染料。随着聚酯纤维的迅速发展,早期的分散染料品种和数量已满足不了聚酯纤维印染加工 的需要,于是开发了用于聚酯纤维染色的分散染料。随着合成纤维的发展,出现了许多新品种 的分散染料,染色性能不断改善。目前,分散染料已成为色谱齐全、品种繁多、遮盖性能好、用途 广的一大类染料。

分散染料可用于疏水性纤维的印染加工。由于合成纤维的物理结构和疏水性程度各不相 同,对染料的要求也不同,一般地说,疏水性强的纤维适合用疏水性强的染料。分散染料对于不 同的合成纤维,其染色性能各不相同。分散染料在涤纶上的染色牢度较高,在腈纶上的染色牢 度也较好,但只能染得浅色;在锦纶上的湿处理牢度较低。分散染料主要用于涤纶的染色。

一、分散染料的结构和性能

分散染料按化学结构分,主要有偶氮型、蒽醌型两大类,约占分散染料的 85%。偶氮型分 散染料生产简单,约占分散染料的 50%。蒽醌型分散染料色泽鲜艳,遮盖性及匀染性较好,在 染色条件下对还原和水解反应较稳定,具有较高的耐晒、耐酸碱、耐皂洗等牢度,但升华牢度较 差。偶氮型分散染料如分散红玉 SE—GFL,蒽醌型分散染料,它们的结构分别如下:

分散红玉 SE—GFL

分散染料难溶于水,但其分子中含有硝基、羟基等极性基团,染料在水中仍有一定的溶解度, 而且随着温度的升高,其溶解度提高,在超过 100℃后作用更为显著。一般的分散染料在 80℃时 的溶解度为 0.2~100mg/L,而 100℃时溶解度可达200mg/L以上。在商品分散染料中通常含有较 多的阴离子分散剂,它对分散染料有明显的增溶作用。分散染料的溶解度对其上染有重要意义。

分散染料的染液是悬浮液,染料以细小的微粒分散悬浮在染液中。分散染料染液稳定性的 高低与染色质量有很大的关系,染液中的染料若发生聚集或絮凝,染色时容易造成染色不匀,甚至产生色点。分散染料染液的稳定性与多种因素有关。染料的颗粒直径一般要求在 $0.5\sim$ $2\mu m$,而且大小均匀。染料颗粒直径若超过 $5\mu m$,染色时容易产生色点。为保证分散染料染液的稳定性,商品染料中加入了大量的阴离子分散剂,因此,在染液中不宜加阳离子性助剂。染液的温度升高,染料颗粒碰撞、聚集的机会增加,染液的分散稳定性降低。染液中存在电解质,也会使染液的分散稳定性降低,因此配制染液时,水的硬度不宜过高。

分散染料的结构不同,对酸碱的稳定性不同。不同 pH 的染液常会导致不同的染色结果,影响得色深浅,严重的甚至产生色变。在弱酸性介质(pH=4.5~5.5)中,分散染料处于最稳定的状态。在碱性介质中,分子中含有酯基、酰胺基、氰基的染料在高温条件下易发生水解,使染料的色泽发生变化。分子中含有羟基的染料在碱性条件下,或分子中含有氨基的染料在 pH 较低时,羟基、氨基会发生离子化,使染料的水溶性增加,染料的上染百分率降低。

分散染料分子结构简单,分子极性较小,染料分子之间以及染料分子与纤维分子之间的作用力较小,在高温的情况下,染料会发生升华,导致染色产品褪色。涤纶及其混纺织物在染整加工(如热熔染色、耐久压烫整理)以及使用过程中(如熨烫),由于要进行高温处理,对分散染料的升华牢度有一定的要求。分散染料的升华牢度与染料分子的大小、分子极性的大小有关,染料分子越大,分子极性越强,染料的升华牢度越高。分散染料升华牢度的高低还与纤维上染料的浓度有关,纤维上染料的浓度高,升华牢度低,因此染深色时,一般要选用升华牢度高的染料。

根据分散染料上染性能和升华牢度的不同,国产分散染料一般分为高温型(S 或 H 型)、中温型(SE 或 M 型)和低温型(E 型)三类。高温型分散染料分子较大,移染性较差,扩散性能较差,染料的升华牢度较高。低温型分散染料分子较小,扩散性和移染性较好,但升华牢度较低。中温型染料的性能介于上述两者之间。

二、涤纶的染色性能

涤纶是强的疏水性纤维,吸湿性很差,用于天然纤维染色的水溶性染料不能上染涤纶,因此,涤纶的染色应采用疏水性强的分散染料。涤纶无定形区的结构紧密,大分子链取向度较高,在纤维表面有结构紧密的表皮层,因此应采用结构简单、相对分子质量较低的分散染料染色。

分散染料对涤纶具有亲和力,染液中的染料分子可被纤维吸附,但由于涤纶大分子间排列紧密,在常温下染料分子难以进入纤维内部。涤纶是热塑性纤维,当纤维加热到玻璃化温度 T_g 以上时,纤维大分子链段运动加剧,分子间的空隙加大,染料分子可进入纤维内部,上染速率显著提高。因此,涤纶的染色温度应高于其玻璃化温度。涤纶的玻璃化温度较高,其染色一般在较高的温度下进行。涤纶的染色方法有在干热情况下的热熔染色法,染色温度约 200℃左右;也有以水为溶剂的高温高压染色法,染色温度约 130℃。若在染液中加入能降低涤纶玻璃化温度的助剂(载体),则涤纶可在较低的温度下进行染色,这种方法称为载体染色法。

涤纶为疏水性纤维,分散染料对涤纶染色时的扩散属于自由体积模型。分散染料对涤纶的上染量受自由体积的限制,有一饱和值。染色达到饱和值后,再延长染色时间,上染量不再增加。染色温度提高,纤维自由体积增大,上染量增加,染色饱和值提高。当两种分散染料拼色时,若染料的结构相差较大,染色饱和值具有加和性,此时混合染料的染色饱和值约为两种染料单独染色时的染色饱和值之和。利用这一特性,可以使上染到纤维上的染料量增加,得到较浓的色泽。当两种染料的结构相近时,染色饱和值不具有可加性,混合染料的染色饱和值与它们单独染色时的饱和值相近。

三、分散染料的染色方法和染色原理

(一)高温高压染色法

涤纶高温高压染色法一般是在130℃左右进行染色。在以水为溶剂的染液中,为获得此高温,染色应在密闭的高压设备中进行。

在分散染料的悬浮液中,有少量的染料溶解成为单分子,此外还有染料颗粒以及存在于胶束中的染料。染色时,染料颗粒不能上染纤维,只有溶解在水中的染料分子才能上染纤维。随着染液中染料分子不断上染纤维,染液中的染料颗粒不断溶解,分散剂胶束中的染料也不断释放出染料单分子。在染色过程中,染料的溶解、上染(吸附、扩散)处于动态平衡中,这一过程可简单表示如下:

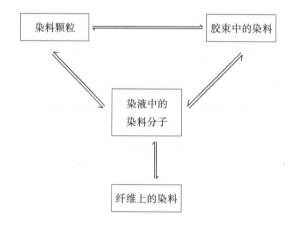

常温下涤纶的溶胀很小,染色难以进行。在高温高压染色条件下,水对涤纶的增塑作用较大,使纤维的玻璃化温度降低;此外,高温高压法染色温度一般在130℃左右,高于涤纶的玻璃化温度,纤维分子链段运动较剧烈,分子间微隙增大,而且微隙形成的机会增加,有利于分散染料进入纤维内部和提高染料的上染量;在高温高压条件下,分散染料在染液中的溶解度提高,染液中以分子状态存在的染料较多,而且在高温条件下,染料在纤维内的扩散速率较高,使分散染料上染涤纶的速率大大提高。染色结束后,当温度降至玻璃化温度以下时,纤维分子链段运动停止,自由体积缩小,染料与纤维通过范德瓦尔斯力、氢键以及机械作用而固着在纤维内。

涤纶的高温高压法染色可分为三个阶段,如图4-12所示。

(1)初染阶段:从染色开始到染液升温到达临界温度 T_1。在这一阶段,染料上染速率较

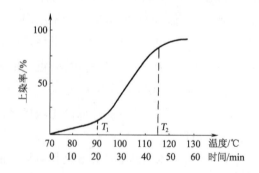

图4-12 分散染料染涤纶时的升温上染
曲线示意图

70℃入染,升温1℃/min

小,约有 20% 的染料上染纤维。

(2)吸收阶段:在 $T_1 \sim T_2$ 的温度范围内,染料上染速率随温度的提高而迅速提高。在这一阶段,约有 80% 的染料上染到纤维上,这一阶段对匀染影响较大,是染液升温控制的最重要阶段,应缓慢升温,$1 \sim 2^{\circ}\text{C/min}$。

(3)终了阶段:染色渐趋平衡,继续加热至最高温度(一般为 $120 \sim 130^{\circ}\text{C}$),最后保温透染。

在高温高压染色的升温阶段,特别是在 $T_1 \sim T_2$ 升温范围内,要求染料的吸附均匀,以利于匀染。一般认为,上染率由 20% 升至 80% 的区间,其温度范围 $T_1 \sim T_2$ 大致为 $70 \sim 110^{\circ}\text{C}$,对于高温型分散染料,$T_1$、$T_2$ 温度较高;对于低温型分散染料,T_1、T_2 温度较低。T_1 和 T_2 约相差 $20 \sim 30^{\circ}\text{C}$。高温高压染色的最高染色温度一般在 130°C 左右比较适宜,此时上染百分率较高,得色较鲜艳,且大多数染料的上染百分率差异较小。高温保温阶段时间的长短,由染料的扩散性能和染色浓度决定,扩散性能好的染料或染浅色时,保温时间可短些。

分散染料高温高压染色的设备有多种形式,如绞纱或筒子纱染色机、溢流喷射染色机、高温高压卷染机等。

分散染料高温高压染色时,染浴中应加入少量的醋酸、磷酸二氢铵等弱酸,调节染浴的 pH 在 $5 \sim 6$。染色时,在 $50 \sim 60^{\circ}\text{C}$ 始染,逐步升温,在 130°C 下保温 $40 \sim 60\text{min}$,然后降温,水洗,必要时在染色后进行还原清洗。

高温高压染色得色鲜艳、匀透,染色织物手感柔软,适用的染料品种较广,染料的利用率较高,但属间歇性生产,生产效率较低。

(二)载体染色法

分散染料在 100°C 以下对涤纶染色时,上染缓慢,完成染色需要很长的时间,也难以染深,而当采用某些化学药剂时,能显著地加快染料的上染,使分散染料对涤纶的染色可采用常压设备进行,这些药剂称为载体。载体一般是一些简单的芳香族化合物,如邻苯基苯酚、水杨酸甲酯等。

载体对涤纶有较大的亲和力,染液内的载体能很快吸附到纤维表面,在纤维表面形成一载体层,并不断地扩散到纤维内部。载体对涤纶有膨化、增塑作用,使纤维的玻璃化温度降低,从而使涤纶能在 100°C 以下染色。此外,载体对染料有增溶作用,吸附在纤维表面的载体层可溶解较多的染料,使纤维表面的染料分子浓度增加,提高了纤维表面和内部的染料浓度差,加快了染料的扩散速率。

染色时,染料在纤维内的扩散速率与载体的用量有关,一般随载体浓度的提高,染料在纤维内的扩散速率提高,染料的上染量增加,但载体用量增加到一定程度后,染料上染量不再增加,反而会降低。

采用载体染色时,要求载体价格低,使用方便,没有毒性,染色效果好,不引起纤维的脆化,染色后容易从纤维上洗除,不影响染色牢度等,但目前还没有能完全满足上述要求的载体。

载体染色法可降低染色温度,对涤毛、涤腈混纺产品的染色有实用价值。因为羊毛不耐高温,高于 110°C 时容易损伤,造成强力下降,而染液中加入载体后,可按羊毛染色的常规工艺进行。但载体染色法染色过程复杂,而且载体对环境有污染,有一定的毒性,不挥发的载体残留在涤纶上,对偶氮类分散染料的日晒牢度有影响。载体染色法的废水必须经过处理才可排放。所以载体染色法应用较少。

(三)热熔染色法

热熔染色法是轧染加工,通过浸轧的方式使染料附着在纤维表面,烘干后在干热条件下对织物进行热熔处理,而且热熔时间较短,因此热熔染色的温度较高,在170~220℃之间。

热熔染色时,在近200℃的高温条件下,涤纶分子链段运动加剧,分子间的瞬间空隙增大,有利于染料分子进入纤维内部。此外,在热熔的高温情况下,利用浸轧方式施加在织物上的染料颗粒升华为气态的染料分子,从而被纤维吸附并快速扩散到纤维内部。当温度降低至玻璃化温度以下,纤维分子间空隙减小,染料通过范德瓦尔斯力、氢键及机械作用固着在纤维内部。由于在热熔时,有部分升华的染料没有被涤纶吸附,而是散失在热熔焙烘箱中,因此染料的利用率没有高温高压法高。

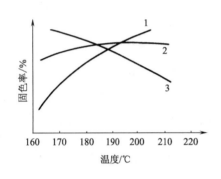

图4-13 固色率与热熔温度的关系曲线
1—升华牢度高的染料 2—升华牢度中等的染料
3—升华牢度差的染料

热熔染色时,热熔温度的高低与纤维的性质和染料的性能有关。染色温度应高于涤纶的玻璃化温度,但不能过高,涤纶在235℃会发生消定向作用,实际生产中,由于热熔时间较短,涤纶热熔染色的温度一般在180~220℃。热熔温度过低,染料上染率低,得色浅;热熔温度过高,散失在热熔焙烘箱中的染料增多,染料的固色率较低,也影响得色率。每种染料都有一个最大的固色率温度范围,可作为热熔染色选择最佳温度的依据。不同升华牢度的染料应采用不同的热熔温度,固色率与热熔温度的关系如图4-13所示。

对于升华牢度较高的高温型染料,随热熔温度的提高,固色率增加,这类染料热熔染色温度一般在200~220℃;对于升华牢度中等的中温型染料,开始时随热熔温度的提高,固色率增加,但温度增加到一定程度后,温度再增加,染料的固色率不再增加,甚至可能下降,这类染料热熔染色温度一般在190~205℃;对于升华牢度较低的低温型染料,随热熔温度的提高,固色率反而下降,这类染料热熔染色温度一般在180~195℃。在进行拼色染色时,应选用升华牢度性能相近的染料。

热熔染色的时间与热熔温度有关。一般采用较高的温度和较短的时间比采用较低的温度和较长的时间更为有利,热熔染色的时间一般为1~2min。

热熔染色时,染液中含有染料、抗泳移剂、润湿剂。染液用醋酸或磷酸二氢铵调节pH在5~6。抗泳移剂用于防止浸轧染液后的织物在烘干时,由于受热不匀而导致染料在织物上的泳移,抗泳移剂一般为具有一定黏度的物质,如海藻酸钠、合成龙胶等。

热熔染色的工艺流程为:浸轧→预烘→热熔→后处理。烘干时为减少染料的泳移,一般先用红外线预烘,然后再热风烘干。在热熔焙烘时,焙烘箱内温度应均匀,否则会产生色差。染色后的织物进行水洗、烘干。

热熔染色法为连续化加工,生产效率高,适合大批量生产,但染料的利用率比高温高压法低,特别是染深浓色时,染料的升华牢度要求较高。热熔法染色织物受的张力较大,主要用于机织物染色。与高温高压染色相比,热熔染色的织物色泽鲜艳度和手感稍差。

(四)常压高温染色法

涤纶常压高温染色是采用浸轧的方式,将分散染料施加在涤纶织物上,然后烘干,再在常压条件下,采用180℃以上的高温过热蒸汽对织物进行汽蒸,使分散染料扩散到纤维内部,从而使纤维染色。常压高温染色方法来源于分散染料印花的常压高温汽蒸固色法,这种染色方法与热熔法相比,染色温度较低,染料选择范围较广,织物手感好,得色鲜艳,与高温高压染色法相比,生产管理和控制比较方便。

采用常压高温染色法对涤纶织物染色时,染液中含有分散染料、海藻酸钠、润湿剂等,染液用醋酸调pH至弱酸性。染色工艺流程为:浸轧染液→烘干→常压高温汽蒸→水洗→还原清洗→水洗→烘干。汽蒸温度在180～190℃之间,汽蒸时间为2～5min。染色后进行水洗、还原清洗,去除浮色。

四、分散染料对其他纤维的染色

分散染料除用于涤纶染色外,还可用于锦纶和腈纶的染色。

分散染料对锦纶的染色方法简单,匀染性较好,对纤维品质差异有覆盖能力,能避免纤维在纺丝时因拉伸程度不同而造成的染色不匀,染色重现性好,但不易染得浓色,皂洗牢度较差,只限于染浅色,主要用于锦纶丝袜及其他针织制品。染色时,锦纶丝袜用边浆式染色机,锦纶绸用卷染机,针织物采用绳状染色机。锦纶吸湿性较好,在水中溶胀程度比涤纶好,玻璃化温度较低,因此染色温度较涤纶低。锦纶的疏水性较涤纶弱,染色所用分散染料的极性应较强。染色时,在30℃起染,逐渐升温至95～100℃,续染30～45min。分散染料也可与弱酸性或中性染料同浴染色,以调整色光,增进匀染度。

分散染料对腈纶的染色均匀性较好,耐晒牢度和湿处理牢度较高,但分散染料在腈纶上的染色饱和值较低,只能染浅色和中色。染色条件与锦纶相似。

第十节　阳离子染料染色

阳离子染料是一类色泽十分鲜艳的水溶性染料,染料在水溶液中电离为阳离子,通过电荷引力,使在染液中带阴离子的纤维染色。阳离子染料主要用于腈纶的染色。

阳离子染料是在碱性染料的基础上发展起来的。碱性染料是含有伯胺、叔胺等碱性基团的盐基染料,在水溶液中能电离出色素阳离子,在棉、羊毛、蚕丝上的染色牢度很差,而在腈纶上的染色牢度较好,皂洗、摩擦、熨烫、汗渍等牢度可在4级以上,只是耐晒牢度较差。由于碱性染料在牢度、品种等方面不能满足腈纶染色的需要,人们在碱性染料的基础上开发出了能适合腈纶染色的新一类染料,即阳离子染料,它是腈纶染色的主要染料。

阳离子染料分为两类,一类是共轭型或非定域型阳离子染料,它的阳离子基直接与染料母

体的共轭体系相连,如阳离子黄 2RL:

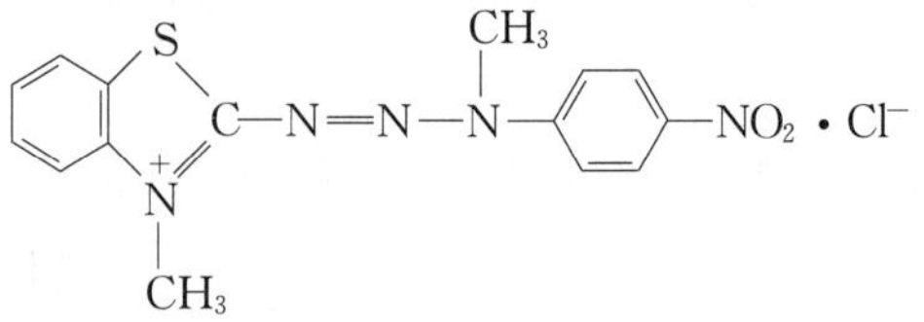

另一类是非共轭型或定域型阳离子染料,它的阳离子基不与染料母体的共轭体系贯通,而是通过次乙基等隔离基连接起来的季铵盐染料,如阳离子红 GTL:

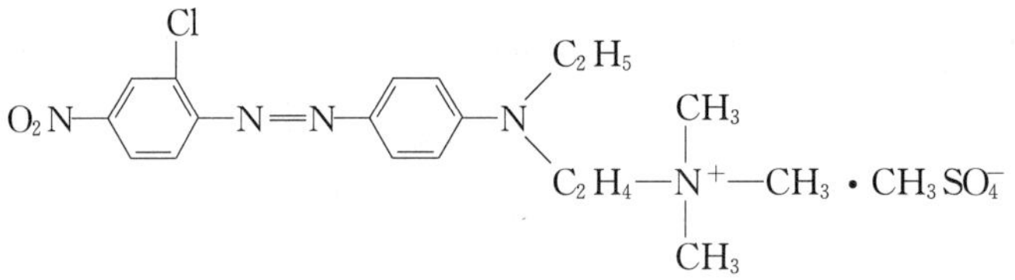

腈纶用阳离子染料染色,色泽鲜艳,上染百分率高,给色量好,湿处理牢度和耐晒牢度较高,但匀染性较差,特别是染淡色时。

一、腈纶的染色性能

腈纶的染色性能与第二、第三单体,特别是第三单体的用量有很大关系。第二单体的含量高,纤维结构松弛,对染料的扩散有利。第三单体可提供阳离子染料上染的染座,纤维中的酸性基团是阳离子染料的固着点,第三单体的含量高,阳离子染料的上染速率高,纤维的染色饱和值高。第三单体的种类对纤维的染色性能也有影响。第三单体含有强酸性基团(如磺酸基),比弱酸性基团(如羧酸基)容易电离,而且电离受染液 pH 影响较小,而弱酸性基团的电离受 pH 影响较大,pH 降低,电离受到抑制,纤维所带负电荷减少,使阳离子染料的吸附量减少,上染速率降低。

腈纶的玻璃化温度对染色有很大影响。在玻璃化温度以下,阳离子染料难以进入纤维内部。在染液中,由于水的增塑作用,腈纶的玻璃化温度降低至 70~85℃,当染液温度高于玻璃化温度时,染料的上染速率突然增大。腈纶玻璃化温度对染色速率的影响,一般比酸性基团含量的影响还要大。

腈纶在高温情况下,对张力很敏感,特别是在湿热时容易变形,所以染色应在低张力下进行。

腈纶用阳离子染料染色时,染料以静电吸附为主要形式,在纤维上染料阳离子与纤维中的阴离子基生成离子键。阳离子染料的染色过程可表示如下:

$$纤维—COOH + D^+ \longrightarrow 纤维—COOD + H^+$$

$$纤维—SO_3H + D^+ \longrightarrow 纤维—SO_3D + H^+$$

纤维上酸性基团含量的多少,在很大程度上决定了与纤维结合的最大染料量,即腈纶存在染色饱和值。染色饱和值是指染色达到平衡时可上染纤维的最大染料量。腈纶的染色饱和值越大,表示能上染纤维的染料量越多,容易染深色。纤维的染色饱和值还与染液的 pH 有关。以磺酸类为第三单体的腈纶的染色饱和值受染浴 pH 的影响较小;以羧酸类为第三单体的腈纶的染色饱和值,随染浴 pH 的降低而下降。

腈纶的染色饱和值是指用指定的标准染料(一般用相对分子质量为 400 的纯孔雀绿)在 $100℃$、pH$=4.5$、浴比 1∶100 的染浴中,回流染色 4h,上染百分率达到 95% 时,纤维上的染料质量对纤维质量的百分数。纤维的染色饱和值是衡量纤维染色性能的一个重要参数,饱和值低的腈纶,难以染得深色。

二、阳离子染料的染色性能

阳离子染料易溶于水,在弱酸性介质中比较稳定,在碱性条件下容易发生色光变化,甚至分解沉淀,而 pH 过低也会引起染料色光的变化和染料的分解。阳离子染料染色时,染液 pH 一般控制在 4~5。

不同的阳离子染料对腈纶的上染能力不同,每种染料都有各自的染色饱和值。纤维的染色饱和值 S_f 和某一染料的染色饱和值 S_D 的比值称为该染料的饱和系数 f。饱和系数 f 表示以孔雀绿作为标准,判断某阳离子染料上染腈纶的能力,染料的 f 值越小,说明这一染料的上染量越高。饱和系数对确定的阳离子染料是一个常数。根据染料的饱和系数和纤维的染色饱和值,可计算出该染料在腈纶上的染色饱和值。

由纤维的染色饱和值和所用染料的饱和系数可计算染料的合理用量,或判断染色配方中染料配比的合理性。染色时,染料用量不能超过该染料的染色饱和值,或拼色时各染料的用量的总和不能超过纤维的染色饱和值,否则会造成染料的浪费。即:

$$[D_1]f_1 + [D_2]f_2 + [D_3]f_3 + \cdots\cdots \leqslant S_f$$

式中:$[D_n]$为染料的用量(对纤维重的百分数);f_n 为染料的饱和系数;S_f 为纤维的染色饱和值。

阳离子染料染腈纶时,染料阳离子与纤维上的酸性基团结合,染料的上染属于定位吸附。由于纤维中酸性基团的数目有限,在染色时会出现纤维的染色饱和现象以及染料之间对染座的竞争,因此在拼色时,必须考虑染料之间的竞染性或配伍性能。配伍性表示拼色染色时,各染料上染速率的一致程度。若拼色染色时各染料的上染速率相等,则在染色过程中,上染在纤维上的各染料量的比例不变,被染物只是颜色加深,而色相不变,此时称这些染料是可配伍的(或相容的)。拼色染色时,若采用相容性好的染料进行拼色,则有利于得到均匀的染色产品,而且有利于减少各批染色物的色差,染色的重现性好。决定染料配伍性能(相容性)的主要因素是染料对纤维的亲和力和扩散速率。亲和力大而扩散系数小的染料与亲和力小而扩散系数大的染料相拼,有可能是可配伍的。但实际上以亲和力和扩散系数都相近的染料的配伍性最好。

阳离子染料的配伍性一般通过相互比较而得到,表示方法有配伍值(K 值)、Z 值和分配系数等,其中以配伍值的应用最广。配伍值是反映阳离子染料的亲和力大小和扩散性好坏的综合指标。英国染色家协会(SDC)用数值 1~5 表示染料的配伍值,其中配伍值为 1 的染料亲和力大、上染速率最快;配伍值为 5 的染料亲和力小、上染速率最慢。拼色时应选用配伍值相同或相近的染料,以得到较好的染色效果。一般认为,K 值较大的染料染色速率较慢,匀染效果较好,可用于染浅色,而染深色时可选用 K 值较小的染料。

阳离子染料配伍值的测定是利用具有代表性的黄、蓝两套染料作为参比标准,每套有 5 个染料,其 K 值分别规定为 1、2、3、4、5,将被测染料与这 5 个黄或蓝的参比染料进行拼混染色,根据染色的结果,判断被测染料与哪一个参比染料的配伍性最好,则该参比染料的配伍值就是被测染料的配伍值。

三、影响阳离子染料染色的因素

阳离子染料对腈纶的亲和力大,染色时由于吸附快而扩散慢,容易产生染色不匀现象,而一旦产生染色不匀,很难通过延长染色时间的方法纠正。阳离子染料染色时,为得到均匀的染色结果,应适当降低上染速率。影响阳离子染料上染速率的因素除腈纶的种类外,还有以下几个方面:

1. 温度

温度是控制匀染的重要因素。腈纶用阳离子染料染色时,在 75℃以下上染很少,当染色温度达到纤维的玻璃化温度(75~85℃)时,染料的上染速率迅速增加。因此,当染色温度达到纤维的玻璃化温度时,应缓慢升温,一般每 2~4min 升温 1℃。也可在 85~90℃时保温染色一段时间后,再继续升温至沸。

2. 染浴 pH

染浴中加酸,可抑制腈纶中酸性基团的离解,降低纤维上的阴离子基团的数量,使染料与纤维间的库仑引力减小,染色速率降低。pH 对上染速率的影响以含羧酸基的腈纶更为显著,含磺酸基的腈纶的上染速率受染浴 pH 的影响较小。染色时应合理控制染浴的 pH。阳离子染料一般不耐碱,染色的最佳 pH 一般为 4~4.5,染深色时染浴的 pH 可高些,染浅色时应在较低的 pH 下进行。染浴的 pH 一般用醋酸调节,醋酸既可降低染浴 pH,又能提高染料的溶解度。在染浴中同时加入醋酸钠,可稳定染浴的 pH 在要求的范围内。

3. 电解质

在染浴中加入电解质,如元明粉、食盐等,可降低阳离子染料的上染速率,具有缓染作用。电解质对 K 值为 1~1.5 的染料无明显的缓染作用,对 K 值为 3~5 的染料有缓染作用。电解质的缓染作用随染色温度的提高而降低。染浅色时,电解质的用量可高些,为 5%~10%(owf),染深色时可不加。

4. 缓染剂

在阳离子染料染色中常加缓染剂以降低上染速率,得到均匀的染色效果。阳离子染料的缓染剂有阳离子缓染剂和阴离子缓染剂两类。

阳离子缓染剂是阳离子染料染色最常用的缓染剂,大部分是阳离子表面活性剂,如 1227 表面活性剂(匀染剂 TAN)、1631 表面活性剂(匀染剂 PAN)。阳离子缓染剂对腈纶具有亲和力。对于分子较小、与纤维亲和力较小的阳离子缓染剂,由于扩散速率快,染色时首先占据纤维上的染座,等染料阳离子进入纤维后,由于缓染剂与纤维的亲和力小于染料与纤维的亲和力,会逐步被染料所取代,从而使上染速率降低。这类缓染剂用量不能过大,否则会使上染集中在染色后期,反而造成染色不匀。对于分子结构复杂、与纤维亲和力较大的阳离子缓染剂,染色时能与阳离子染料竞染,从而降低阳离子染料的上染速率,但由于阳离子缓染剂会在纤维中占据一定的染色位置,因而使阳离子染料的上染百分率降低。这类阳离子缓染剂用量越高,缓染作用越显著,但染物得色变浅。

阳离子缓染剂的用量根据所用染料的性质和浓度而定,对 K 值小的染料或染浅色时,阳离子缓染剂用量较高,对 K 值较大的染料或染深浓色时,缓染剂的用量较低。阳离子缓染剂对腈纶也有饱和值,而且与阳离子染料也存在配伍值的问题,对亲和力较高的阳离子染料应采用亲和力较高的阳离子缓染剂。在染色配方中,阳离子缓染剂和阳离子染料的用量之和不应超过纤维的染色饱和值。

除上述阳离子缓染剂外,还有另外一类阳离子缓染剂,即聚合型阳离子缓染剂,如缓染剂A。这类缓染剂分子较大,聚合度达几百,每个大分子含有几百个阳离子基团,它不可能进入纤维内部,只能覆盖在纤维表面,使阳离子染料与腈纶的库仑引力大大降低,从而降低染料的上染速率。这类缓染剂的缓染能力比阳离子表面活性剂更强,而且不占据纤维中的染座,对腈纶的染色饱和值不产生影响。

阴离子缓染剂大多是带负电荷的芳烃磺酸盐,可与阳离子染料结合成溶解度较低的复合物,并借助非离子助剂的分散作用悬浮于染浴中,所形成的复合物对纤维的亲和力较小。染浴中加入阴离子缓染剂后,由于降低了游离的染料阳离子浓度,使染料的上染速率减缓。随着染色温度的提高,复合物逐渐分解,释放出游离的染料阳离子,使上染速率逐渐提高,从而达到匀染的目的。由于复合物的溶解度较低,为避免产生沉淀,在加入阴离子缓染剂的同时,需要加入非离子型表面活性剂。使用阴离子缓染剂,染料上染百分率的降低较用阳离子缓染剂明显。

使用阴离子缓染剂后,阳离子染料和阴离子染料可以同浴染色,为腈纶混纺织物用阳离子染料/酸性染料、阳离子染料/活性染料一浴法染色创造了条件。

四、阳离子染料的染色方法

阳离子染料腈纶染色,包括腈纶散纤维、长丝束、毛条、膨体针织绒、绒线、粗纺毛毯等。散纤维、长丝束、腈纶条可在散毛染色机中染色,长丝束还可以在连续轧染机上染色,腈纶织物可在绳状染色机、经轴染色机、卷染机上染色。

阳离子染料浸染时,染浴中一般含有染料、阳离子缓染剂、硫酸钠、醋酸、醋酸钠等。阳离子染料用稀醋酸调成均匀浆状,加热水溶解,再加入一定量的醋酸和醋酸钠组成的缓冲溶液,以保持染浴的 pH 在 4.5 左右。阳离子缓染剂的用量为 $0\sim2\%$(owf),硫酸钠的用量为 $0\sim10\%$(owf)。染色时,从 $50\sim60℃$ 始染,加热升温至 $70℃$ 以后,缓慢升温至沸,沸染 $45\sim60min$,然后缓慢冷却($1\sim2℃/min$)至 $50℃$,进行水洗等后处理。

阳离子染料轧染主要用于腈纶丝束、腈纶条、腈纶混纺织物的染色,纯腈纶织物受热容易变形,较少应用轧染。轧染液中含有染料、助溶剂、促染剂、酸或强酸弱碱盐等。用于轧染的染料应具有较好的溶解性和扩散性。为了帮助染料的溶解,可加适量的助溶剂。为在短时间内使纤维透染,在染液中可加促染剂,如尿素:甘油(1:1)等。在染液中也可加入少量易于洗涤的非离子型糊料,以防止染料的泳移。染浴的pH一般用醋酸调节,由于醋酸在高温时容易挥发,染液中可加适量的硫酸铵,使织物上保持一定的pH。染色工艺流程为:浸轧→汽蒸→水洗。被染物浸轧染液后,用100~103℃的饱和蒸汽进行汽蒸,汽蒸时间为10~15min。汽蒸时间根据染料的扩散性、染色浓度、汽蒸温度及促染剂等因素决定。由于阳离子染料在腈纶中的扩散较慢,为了获得匀染,汽蒸时间较长。若汽蒸温度为120℃,汽蒸时间可缩短至5~8min。被染物汽蒸后进行水洗,以去除浮色。

五、新型阳离子染料的染色

1. 迁移性阳离子染料

普通阳离子染料对腈纶的亲和力大,在纤维上的迁移性很差,容易导致染色不匀。阳离子染料的迁移性与染料分子中阳离子部分(镓离子)的相对分子质量、染料的亲水性、染料的空间构型等有关,染料阳离子部分越小,染料的迁移性越好。迁移性阳离子染料结构如下:

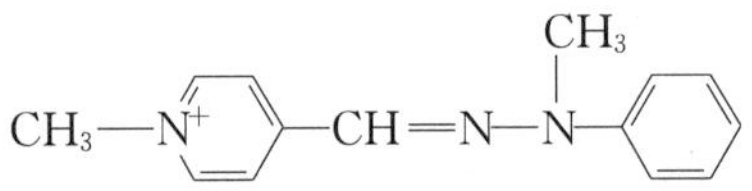

$$CH_3-\overset{+}{N}=\text{(ring)}-CH=N-\underset{}{N}(CH_3)-C_6H_5$$

黄

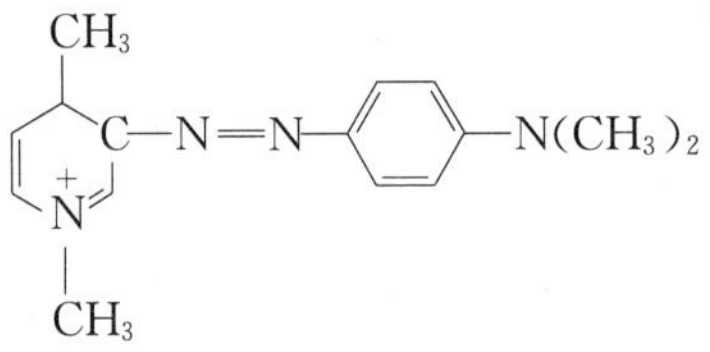

$$\text{红}$$

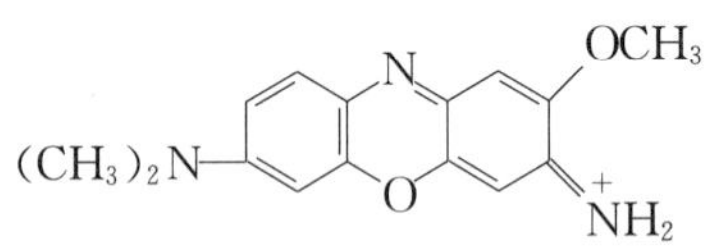

蓝

对于迁移性阳离子染料,即使在染色过程中出现上染不匀,也可通过适当延长高温染色时间,使染料发生迁移,而获得均匀的染色效果。因此,迁移性阳离子染料对腈纶染色,可以缩短染液升温时间,如从80℃升温至100℃的时间可缩短至10~25min;此外,缓染剂用量也可减少,只需0.1%~1.5%。

2. 分散型阳离子染料

普通阳离子染料的阴离子部分一般是Cl^-、$CH_3SO_4^-$、$ZnCl_3^-$、CH_3COO^-等,以使染料具有较好的溶解性。分散型阳离子染料的阴离子部分采用相对分子质量较大的萘磺酸、二硝基苯磺酸等芳香族磺酸,使这种阳离子染料成为溶解度很小的染料,在染液中以分散状态存在。在染液温度较高的条件下,分散型阳离子染料会发生解离,释放出染料阳离子。

将分散型阳离子染料与木质素磺酸钠等分散剂混合、研磨,这类染料可以制成粉状、超细粉状或液状,如我国的 SD 型分散阳离子染料。

分散型阳离子染料在染液中以悬浮状态存在,染色时染料吸附在纤维表面,随着染液温度升高,染料逐渐解离,释放出的染料阳离子向腈纶内部扩散,并与纤维以离子键结合。

与普通阳离子染料相比,分散型阳离子染料的上染速率较低,匀染性好,染色时可不加缓染剂;染料对染液 pH 的变化不敏感,可在 pH 为 3~6 的染浴中染色;可与分散染料或阴离子型染料同浴,用于腈纶混纺织物的染色,染液稳定性好。

分散型阳离子染料可用于腈纶或改性涤纶的染色。用于腈纶织物染色时,在 60℃ 始染,40~50min内逐渐升温至沸,沸染 30~60min,然后进行水洗等后处理。用于阳离子可染型涤纶(CDP)织物染色时,在 70℃ 始染,染液温度以 1℃/min 的升温速率升温至 110~120℃,保温染色 40~50min,然后进行水洗等后处理。

3.活性阳离子染料

活性阳离子染料是一种新开发的染料,染料分子中含有活性基团(一氟均三嗪)和季铵阳离子基。这类染料主要用于羊毛与腈纶混纺产品的染色,可用一种染料同时对羊毛和腈纶染色。

采用活性阳离子染料对羊毛腈纶混纺产品染色时,染料首先吸附在羊毛纤维上,随着染液温度的升高,羊毛纤维表面的一部分染料转移到腈纶上,并扩散进入腈纶内部,通过离子键与腈纶结合;羊毛纤维上的活性阳离子染料通过活性基与羊毛纤维发生反应,形成共价键与羊毛结合在一起。

第十一节　涂料染色

涂料染色是通过黏合剂的黏着作用将不溶性的颜料固着在织物上而获得颜色的一种染色工艺。涂料染色对纤维无选择性,适合于各种纤维织物及其混纺织物的染色,具有色谱齐全、拼色方便、日晒牢度优良等特点,特别适合于中、浅什色布的染色,染色后不必水洗,工艺流程短,节能,节水,成本低。涂料染色可用于棉、麻、丝及其混纺织物,以替代活性、直接、还原、分散/还原等染料的染色。

涂料染色与染料染色相比,色光比较容易控制;对纤维无选择性,可同时在混纺织物的两种纤维上得到一致的颜色;对被染物上疵点的遮盖能力强,染色重现性好。但涂料染色一般只限于染中浅色,染深色时,染色产品的耐刷洗牢度和摩擦牢度较差,手感较硬。此外,在涂料染色过程中,还存在粘辊的问题。涂料染色的手感问题、色牢度问题和粘辊问题是限制其应用的主要原因。

针对上述问题,人们通过对涂料粒度、黏合剂、交联剂、柔软剂、防泳移剂、防粘辊剂等的不断改进,目前涂料染色的手感、色牢度、匀染及粘辊问题已有很大改善,甚至可以用涂料染较浓的颜色。

涂料染色可用于织物,如旅游用品、装饰织物、工业用布、水洗及砂洗服装布、线带织物等的染色;也可用于修正染色布的色光偏差。在涂料印花时,印花布的底色也可采用涂料染色工艺染色。

涂料染色液一般由颜料或涂料色浆、黏合剂、交联剂、柔软剂和防粘辊剂等组成。

涂料染色时,除黑色外,颜料一般采用不易升华、提升力强的有机颜料,颗粒大小应在 $0.25 \sim 1.5\mu m$ 之间,而且大小应均匀。涂料染色一般采用将颜料研磨、分散后的涂料浆。在涂料染色液中,颜料应具有良好的分散稳定性。

黏合剂是一种具有反应性基团的可成膜的物质,可在一定条件下形成网状大分子,从而将涂料颗粒黏附在织物上。涂料染色用黏合剂的性能对染色产品的加工和质量具有重要影响。涂料染色用黏合剂应具有良好的渗透性,不易泛黄,分散稳定性好,在常温下的结膜速度不应过快,不黏结导辊,与染液中其他助剂的相容性好,染色后织物的手感柔软,对涂料的黏结牢固,染色牢度高。涂料染色用黏合剂一般为聚丙烯酸酯乳液、水性聚氨酯等。黏合剂的用量根据染色深度而定,一般为 $20 \sim 30g/L$;对于特殊产品,如用于制作水洗褪色服装的织物,黏合剂的用量可采用10g/L左右。

交联剂为含有多个反应性官能团的物质,可与纤维及黏合剂发生反应。在涂料染色液中加入适量的交联剂,可提高黏合剂的成膜速度和黏结强度,提高涂料染色的牢度。但交联剂的用量过多,会产生粘辊及染色产品手感变差的问题。

为改善涂料染色产品的手感,可在涂料染色液中加入柔软剂。

涂料染色根据生产方式的不同,可分为轧染和浸染两种方法。

1. 涂料轧染

涂料轧染时,染色设备可采用热熔染色机或树脂整理机等。轧染时,轧液率不能太低,以免表面干燥结膜。在染色过程中,为避免粘辊和泳移,应严格控制烘干条件,可先进行红外线预烘,再进行热风烘干。涂料染色轧染液的组成如表 4-2 所示。

表 4-2 涂料染色的轧染液组成

轧染液组成/g·L^{-1}	常 规 染 色	水洗褪色布	轧染液组成/g·L^{-1}	常 规 染 色	水洗褪色布
涂料色浆	$1 \sim 20$	$5 \sim 100$	交联剂	$5 \sim 10$	—
平平加O	$1 \sim 2$	$1 \sim 2$	柔软剂	$10 \sim 20$	$10 \sim 20$
黏合剂	$10 \sim 30$	$5 \sim 10$	防粘辊剂	1	1
抗泳移剂	$20 \sim 30$	$20 \sim 30$			

工艺流程:轧染(二浸二轧)→红外线预烘→热风烘干(70～100℃)→焙烘(150～160℃,2～

3min)。对于水洗褪色布,浸轧后不需烘干,水洗后再经交联剂处理,以提高产品牢度。

纱线涂料轧染的工艺流程为:轧染(二浸二轧)→吸液→湿分绞→红外线预烘→热风烘干→焙烘。

采用涂料轧染时,通过选择具有良好相容性的黏合剂和整理剂,可将染色与防皱、抗静电、阻燃等整理同浴加工。

2. 涂料浸染

涂料浸染主要用于色织物纱线、成衣及小批量织物的染色。由于涂料对纤维无亲和力,在进行涂料浸染时,应先对涂料分散体采用特殊助剂进行处理,使其带有负电荷;并对被染物进行阳离子化处理,使其带有正电荷,以增加颜料对被染物的亲和力。被染物的阳离子化处理采用含有反应性基团的阳离子改性剂,如季铵盐。涂料吸附到被染物上后,再通过黏合剂将涂料固着在纤维上。涂料浸染工艺举例如下:

(1)被染物改性液组成:

	成衣染色	织物染色
阳离子改性剂	2～5g/L	2～5g/L

(2)浸染液组成:

涂料	0.1%～6%(owf)	0.1%～6%(owf)
黏合剂	0.1%～6%(owf)	0.1%～6%(owf)
柔软剂	0%～2%(owf)	0%～2%(owf)

(3)工艺流程:被染物改性(60～70℃,20～30min)→水洗→浸染(80～90℃,30～80min)→水洗→烘干。

第十二节 新型纤维及羊绒的染色

一、涤纶超细纤维的染色

涤纶超细纤维和常规涤纶在分子结构上相同,因此涤纶超细纤维也采用分散染料染色,其染色方法主要是高温高压染色法。但与常规涤纶相比,涤纶超细纤维的纤维直径小、比表面积大,使分散染料在两种纤维上的染色性能相差很大。分散染料对涤纶超细纤维织物染色时,染料上染速率快,容易出现染色不匀的现象,染色重现性差,而且染色牢度较低,对染色工艺控制要求较高。涤纶超细纤维的染色性能及染色加工受纤维形态结构影响很大,不同细度、不同截面的超细纤维染色性能不同,主要表现在以下几个方面:

(1)超细纤维细度小,比表面积大,对分散染料的吸附作用强,染料上染速率快,匀染性差;染色后织物上的浮色较多,难以洗净,使各项染色牢度降低。此外,在高温染色时,涤纶超细纤维中低聚物的析出增多,染色时织物上容易产生色点。

(2)涤纶超细纤维对光的反射作用强,纤维的染深性较差。在相同染料用量的情况下,纤维越细,染色产品的表观颜色深度(K/S 值)越低。若染相同的颜色深度,纤维越细,所需的染料量越大,这也是导致超细纤维织物染色牢度较差的一个原因。

(3)随纤维细度的减小和比表面积的增大,外界因素对染色产品染色牢度的影响增大,使超细纤维染色产品的耐晒牢度、耐升华牢度、耐熨烫牢度、皂洗牢度等明显降低。

(4)超细纤维织物组织结构紧密,织物上的浆料在退浆时难以去净,残余的浆料会影响织物的正常染色。

由于超细纤维的染色性能与常规纤维不同,适用于常规涤纶染色的分散染料并不都适用于涤纶超细纤维的染色。涤纶超细纤维染色所用的分散染料应具有良好的发色强度、提升性、染色牢度、移染性、匀染性、相容性及易洗涤性等性能。目前,用于涤纶超细纤维染色的分散染料,除部分染料的结构是新开发的外,其他主要是从常规涤纶染色所用的分散染料中筛选出来的,其中主要是快速型及高染色牢度、高发色强度类的染料。杂环类分散染料发色强度高,其摩尔消光系数明显大于偶氮类和蒽醌类分散染料,色泽浓艳,适用于涤纶超细纤维的染色。多组分混合染料如 Dystar 公司的 Resolin K 型分散染料等,将不同结构的分散染料混合在一起,使染料的提升性、上染率、染色牢度提高,可获得色泽较深的染色产品,这类染料在超细纤维的染色中应用较多。

涤纶超细纤维织物在高温高压染色时,染色方法与常规涤纶相似,染色在弱酸性条件下进行。但为获得良好的染色效果,需在染液中添加具有匀染作用、分散作用和减少纤维表面低聚物等功能的染色助剂,同时应严格控制染色温度。染色时,涤纶超细纤维的起染温度较低,一般为 40~50℃;染液升温速度应慢,在纤维玻璃化温度以上,可采用阶段升温的方法;染色的最高温度一般比常规涤纶低 5~10℃,可控制在 120~125℃。染色后染液的降温速度不能太快,以免影响染色产品的手感和布面平整性。为提高染色产品的染色牢度,染色后应对被染物进行充分净洗,必要时可进行还原清洗。

针对涤纶超细纤维染色的特点,人们对涤纶超细纤维织物的匀染性、染色方法和染色助剂等进行了大量研究,开发出了分散染料碱性浴染色的方法及碱性染色助剂。

分散染料用于涤纶超细纤维的碱性浴染色时,采用高温高压染色法,染液 pH 在 9.5 左右。所用分散染料应具有良好的耐碱稳定性,染料分子中酯基、酰氨基和氰基等容易发生碱性水解的基团数目少。为保证染色过程中染浴 pH 的稳定,应在染液中加入碱性染色助剂,如 Dystar 公司的 JPH95、Ciba 公司的 Cibatex ALK、明成公司的 Olinax AM80、AM85 等,这些碱性染色助剂通常为复配物,呈阴离子性,有良好的 pH 缓冲作用,并可调节染液的 pH,同时还具有去除纤维表面低聚物的作用。

涤纶超细纤维织物采用分散染料碱性浴染色,可进一步去除织物上残余的浆料,而且可使纤维上析出的低聚物发生碱性水解,成为溶解度较高的水解产物,容易从纤维表面去除,从而可避免由于退浆不净和低聚物析出所造成的染色疵病。此外,碱性染色助剂具有 pH 稳定作用,即使染色前织物上残存碱性物质,它们对染色的影响也较小,从而使染色的重现性得到提高。但采用碱性浴染色时,分散染料的选择范围受到限制。

涤纶超细纤维织物采用分散染料碱性浴染色时,染液中含有分散染料、碱性染色助剂、匀染剂、渗透剂等,始染温度为 40~50℃,染液缓慢升温至 120~125℃,保温染色 30~60min。染色后对被染物进行充分清洗。

二、Lyocell 纤维的染色

Lyocell 纤维属于纤维素纤维,因此棉用染料都可用于 Lyocell 纤维的染色,其中活性染料应用最多。Lyocell 纤维的染色性能优于棉纤维。

Lyocell 纤维的结晶度高,纵向微晶比例大,晶区较长,纤维具有较高的溶胀性,在染色过程中容易发生原纤化现象。在染液中,Lyocell 纤维织物由于吸湿溶胀而使布面较硬,采用常规绳状染色机染色时,容易产生折痕和擦伤现象,因此 Lyocell 纤维织物适宜采用气流染色机或平幅染色设备进行染色。采用绳状染色机染色时,在染液中添加润滑剂,可减轻织物的擦伤及原纤化现象。

Lyocell 纤维织物在染色过程中,应避免纤维不均匀的原纤化现象。织物上纤维的原纤化程度不一致,会使布面对光的反射率不同,影响色泽的均匀性。为保证染色的重现性,在染色过程中应严格控制工艺参数。

Lyocell 纤维织物采用活性染料染色时,染色工艺和棉及黏胶纤维织物的染色相似,可采用绳状染色、轧染和冷轧堆染色等方法。Lyocell 纤维在水中的溶胀性较大,染色时染料在纤维内的扩散性能较好,具有良好的上染性能和固色率。采用双(或多)活性基活性染料对 Lyocell 纤维织物染色,不仅可提高染料的上染百分率和固色率,而且可减轻纤维在染色过程中的原纤化现象。

采用 Cibacron LS 型活性染料对 Lyocell 纤维织物染色时,染料用量根据染色深度决定,元明粉用量为 $10\sim30g/L$,润滑抗皱剂 Cibafluid C 用量为 $2g/L$,纯碱用量 $10\sim15g/L$。染色时,在室温下加入润滑抗皱剂 Cibafluid C,然后升温至 $70\sim80℃$,加入染料,染色30min后加入元明粉,继续上染20min,升温至 $90℃$,保温染色 $30\sim45min$,然后降温至 $70℃$,分两次加入纯碱,固色30min。染色后进行清洗、皂煮和水洗,去除浮色。

Lyocell 纤维织物采用活性染料冷轧堆染色时,以活性染料 Cibacron C 为例,染液中活性染料 Cibacron C 的用量根据染色深度决定,浸透剂 Cibaflow PAD 用量为 $1\sim2g/L$。碱液中 36%硅酸钠($38°Bé$)用量为 $70mL/L$,30%氢氧化钠($36°Bé$)用量根据染料用量而定,一般为 $4\sim16mL/L$。织物浸轧染液和碱液后,在 $25\sim30℃$堆放 $12\sim20h$,然后进行清洗、皂煮、水洗。

三、Modal 纤维染色

Modal(莫代尔)纤维为再生纤维素纤维,其染色性能与黏胶纤维相似,因此棉用染料都可用于 Modal 纤维的染色,其中以活性染料、还原染料应用较为普遍。Modal 纤维染色性能良好,得色量高,色泽鲜艳。

由于 Modal 纤维织物在染色加工中不存在原纤化问题,因此 Modal 纤维织物可用常规染色设备进行染色,其染色方法和染色工艺与棉织物的染色相似。

四、聚乳酸(PLA)纤维染色

聚乳酸(PLA)纤维一般采用分散染料进行染色。由于聚乳酸纤维的结构、性能与聚酯纤维有很大差异,分散染料对这两种纤维染色时,染料的染色性能、染色条件明显不同,适合于聚酯纤维染色的分散染料,不一定适合聚乳酸纤维的染色,有些分散染料对聚乳酸纤维的上染性能差,染色牢度较低,染色产品的耐日晒牢度较差。此外,分散染料在聚乳酸纤维和涤纶上的色相明显不同,分散染料在聚乳酸纤维上的色相一般向短波方向移动,如在涤纶上染得红色的分散染料,在聚乳酸纤维上染得的颜色为橙色。在进行染料配色时,应根据聚乳酸纤维的这种染色特性,选择适宜的染料。

聚乳酸纤维对光的折射率较低(聚乳酸纤维的折射率为1.40,涤纶为1.58),因此,在染料上染量相同的情况下,聚乳酸纤维的颜色较涤纶为深,但由于聚乳酸纤维对分散染料的平衡吸附量较低,因此分散染料对聚乳酸纤维的染深性较差。为提高分散染料在聚乳酸纤维上的上染量,应对染料、助剂及染色条件进行优选,选用上染率较高、染色牢度良好的分散染料,如选用中温型的 Dispersol 和 Palanil 染料可获得较好的耐洗牢度和耐晒牢度。

聚乳酸纤维的熔点在175℃左右,玻璃化温度为57℃,耐热性比涤纶差,在100~130℃的温度范围内,随着染色温度的提高,聚乳酸纤维的强度和延伸性明显降低,因此,采用分散染料染色时,聚乳酸纤维的染色温度应低于涤纶的染色温度,不应超过130℃,最高染色温度一般控制在100~110℃,同时高温染色的时间不应过长。另外,聚乳酸纤维的耐碱性较差,容易发生水解,在采用分散染料染色时,染液 pH 应控制在弱酸性。

由于聚乳酸纤维的玻璃化温度较低,染料容易扩散进入纤维内部,染色时分散染料在70~110℃的温度范围内,随着染液温度的升高,染料的上染速率增加较快,为获得均匀的染色效果,应控制升温速率。另外,染色后处理条件对染色产品的色光影响很大,为获得良好的染色重现性,在染色后处理时,应对处理温度和处理液的碱性进行控制,处理液的碱性不应太强,后处理温度一般控制在60~65℃,处理时间宜短。

聚乳酸纤维采用分散染料染色时,染液用醋酸调节 pH=5~6,从40℃开始染色,染液以2~3℃/min的升温速率升温至70℃,再以1~2℃/min的升温速率升温至100~110℃,保温染色20~30min。染色后以2℃/min的降温速率降温至50℃,然后排液,进行还原清洗、水洗。还原清洗时,保险粉用量为2g/L,碱剂(碳酸钠或碳酸氢钠)1~2g/L,还原清洗温度60~65℃,时间15min。

五、羊绒染色

羊绒与羊毛都属于蛋白质纤维,化学性质有许多相似之处,理论上用于羊毛染色的染料都能用于羊绒染色,但由于羊绒与羊毛的结构及细度的不同,两者的染色性能存在差异。

羊绒由鳞片层与皮质层组成,羊绒的鳞片比羊毛的鳞片薄;羊绒的细度约为13~16μm,而羊毛的细度为30μm左右,羊绒的比表面积比羊毛大30%左右。由于羊绒的鳞片比羊毛的鳞片薄,染料较易进入羊绒纤维内部,而且羊绒的细度小,比表面积大,因此羊绒染色时,染料的吸附和扩散速度较快,具有低温上染的特点。在同样的染色条件下,羊绒的上染速率明显大于羊毛,如用强酸性染料染色时,羊绒在40℃时的上染速率与羊毛在60℃的上染速率相近。

虽然羊绒的上染速率较高,但由于羊绒纤维细度小,比表面积大,在相同的染料用量条件下,羊绒的得色深度比羊毛浅。若要得到相同的染色深度,羊绒染色所需的染料量约比羊毛多16%~17%。

羊绒是一种高档纤维,为保证纤维的风格和手感,在染色过程中应尽量减少纤维的损伤。

由于羊绒皮质细胞的巨原纤结构、细胞的化学组分与羊毛不同,而且纤维细度明显小于羊毛,因此,羊绒与羊毛相比,对酸、碱、热比较敏感,在高温下羊绒鳞片更易发生损伤,露出皮质层,使纤维水解现象更加严重。在羊绒染色过程中,染色温度不应过高,如果采用高温染色,染色时间不应过长。羊绒等电点在 pH＝4.5 左右,在羊绒等电点条件下染色时,羊绒纤维的损伤较小。

由于羊绒染色时染料的上染速度较快,而且织物组织结构比较紧密,特别是精纺羊绒产品,在染色过程中容易出现染花和边中色差等质量问题。为得到均匀的染色效果,染色时必须采取相应的工艺措施,合理地调整染色工艺曲线、工艺参数等,并采用适当的染色助剂,以保证染色产品质量,如染色时,始染温度应适当降低,升温速率宜缓慢或采用分段升温的方法,染浴 pH 应适当等。

羊绒根据原料的颜色可分为白绒、青绒和紫绒,其中白绒价格较高。羊绒染浅色时,一般采用白绒染色;染深色时,除特别鲜艳的颜色外,常用紫绒或青绒染色,这样可降低染料用量,提高染色牢度。

羊绒可采用散纤维、纱线或织物染色。羊绒采用散纤维染色时,散毛装筒后先用净洗剂清洗,然后再加入染料染色。采用绞纱或织物染色时,应选用匀染性好的染料。

羊绒可采用酸性染料、1∶2 型酸性含媒染料、酸性媒介染料、活性染料等进行染色。羊绒产品染中浅色时,可选用活性染料、弱酸性染料、Lanaset 染料;染深色时,可采用毛用活性染料、酸性媒介染料。目前,羊绒染色一般多采用 Lanaset 染料和 Lanasol 染料。

羊绒采用弱酸性染料染色时,染液 pH 为 4～6,始染温度为 50℃,染色时染液缓慢升温至沸,然后保温染色,染色时间根据颜色深浅而定,染色后进行水洗。

Lanaset 染料具有较高的上染率、优良的相容性和染色重现性,染色牢度优异,适合于羊绒及其混纺织物等的染色。采用 Lanaset 染料染羊绒时,染料用量根据染色深度决定,匀染剂 Albegal SET的用量为 1％～2％,染液 pH 用醋酸调至 4.5～5,始染温度为 40～50℃,染色一定时间后逐渐升温至沸,根据染色深度的不同,沸染 30～60min,然后清洗。

Lanasol 染料的母体为带有磺酸基的偶氮型或蒽醌型结构,色泽艳丽,具有优异的耐光牢度和湿处理牢度,而且具有较高的上染率和固色率,适合于羊绒及其混纺织物的染色。

采用 Lanasol 染料对羊绒染色时,染料用量根据染色深度决定,匀染剂 Albegal B 用量为1％,元明粉用量 0～10％,染浴 pH 控制在 4.5～5,始染温度 50℃,染色时染液缓慢升温至沸,沸染 30～60min,然后进行水洗。对于深色产品,染色后降温至 80℃,换清水,用氨水调 pH 至8.5,在 80℃ 条件下处理15min,以洗净未固色的染料,然后进行水洗。

第十三节　混纺和交织织物染色

一、概述

纺织品按其纤维组成不同,可分为纯纺、混纺和交织三大类。混纺产品是用不同纤维混纺的纱线织成,由于混纺的纤维的性能可取长补短,因此,混纺织物的服用性能优于纯纺产品,而且不同混纺比的产品的性能、用途也有区别。交织织物是用两种不同纤维的纯纺纱或长丝交织而成。

在混纺织物和交织织物的染色中,可能要求不同纤维染得同一色泽(称单色产品);也可能要求不同纤维染得不同的色泽,以获得双色或多色效应;有时也可能只染一种纤维而另一种纤维避免染色,得到留白效应。因此,通过对纤维进行混纺或交织得到的纺织品,不但可提高产品的服用性能,而且可增加花色品种。

有色混纺织物和交织织物的生产一般有两种方法,一种是在纺前先将不同的纤维分别进行散纤维(或纤维条)染色,然后将有色纤维进行混纺或交织。这种方法无须考虑染料和染色条件的相互影响,在选用染料和制定工艺条件时有较大的灵活性,对染色的均匀性也要求较低,还可以利用有色纤维的拼混达到调节色光的目的。另一种方法是将混纺纱或织造后的混纺织物或交织织物进行染色。对两种或两种以上纤维组成的纱或织物进行染色时,因为纤维的染色性能不同,染色所用的染料、助剂类别和性能也不同,因此,其染色工艺要比单一纤维织物的染色复杂得多。

混纺或交织织物染色时,若两种纤维的染色性能和化学性质相近(如羊毛与锦纶、棉与黏胶等),可选用一种类型的染料染两种纤维,此时要求染料在两种纤维上的色光基本相同。若两种纤维的染色性能和化学性质相差较大(如涤纶与羊毛、涤纶与黏胶等),可选用两种类型的染料分别上染两种纤维,此时一般要求一种纤维所用的染料在另一种纤维上的沾色要轻。这是因为沾色染料的染色牢度较低,色光萎暗,影响染色产品的牢度和鲜艳度,尤其是染双色或闪色产品时,相互沾色会严重影响产品的风格,所以要特别加强后处理,洗除沾色的染料。混纺或交织织物染色所用的染料,在相应纤维上的染色牢度应基本相同,以免在使用过程中产品色光发生变化。

混纺或交织织物的染色方法一般有以下几种:

1. 一浴一步法

将一种或两种性质不同的染料在一个染浴中对不同的纤维同时染色。一浴一步法染色时间短,生产效率高,操作方便,能耗低,是比较理想的一种染色方法。但采用一浴一步法染色时,两种纤维染色所用的染料、助剂、染色工艺条件等不应相互抵触,相互之间没有明显的不利影响。由于适合这种方法的染料类别有限,其应用还不普遍。

2. 一浴二步法

该法是先以一种染料上染一种纤维,然后再在染浴中加入另一种染料,以另一种染料的染色工艺套染另一种纤维。采用这种方法时,要求第一步染色后的残液对第二步染色没有不利影响。

3. 二浴法

该法是将两种类型的染料分别配制染液,分两次分别对两种纤维进行染色。这种方法生产周期长,生产效率较低,但因分步操作,染色条件容易控制。

采用何种方法进行染色加工,应根据混纺或交织织物的纤维组成、性质以及可选用的染料、助剂种类和性能,染色的深浅及产品品质要求而定。

二、涤棉混纺织物染色

涤棉混纺织物主要是棉型风格,混纺时要求两种纤维的线密度和长度应相近。涤棉的混纺比例不同,产品性能也不同,常见的涤棉混纺比例是 65/35。

涤纶和棉纤维的染色性能相差很大。涤纶一般用分散染料染色,而棉纤维通常采用牢度较好的棉用染料染色。选用两类染料对涤棉混纺织物染色时,要注意减少相互沾色(尤其是染深色时),要特别加强后处理,有时还需要用还原剂进行还原清洗,去除黏附在纤维表面的浮色。此外两类染料的染色牢度要相近,分散染料在涤纶上的皂洗、摩擦牢度较好,因此所用的棉用染料的染色牢度也应较好。

用于棉纤维染色的染料种类较多,有直接染料、活性染料、还原染料、可溶性还原染料、硫化染料等,因此涤棉混纺织物的染色工艺较多。对于相容性较好的染料,可采用一浴法染色;对于相容性较差的染料,可采用二浴法染色。涤棉混纺织物的染色大致可分为以下四种工艺,即只染一种纤维、两种染料一浴法分别染两种纤维、两种染料二浴法分别染两种纤维、一种染料同时染两种纤维,可根据色泽要求、设备条件、染化料情况等因素选择适宜的染色工艺。

涤棉混纺织物应用的几种主要染料的染色性能比较见表 4-3。

表 4-3 涤棉混纺织物应用的几种主要染料的染色性能比较

项目	染料适用性	分 散	可溶性还原染料	分散/直接	分散/可溶性还原	分散/活性	分散/还原	分散/硫化或分散/硫化还原
染色深度	深 色						✓	✓
	中 色			✓	✓	✓	✓	
	浅 色		✓	✓	✓			
	极浅色	✓						
牢度	极 佳				✓		✓	
	较 好	✓	✓		✓	✓	✓	✓
	中 等			✓				

1. 分散染料染色

对于涤棉混纺织物的浅色产品,可只用分散染料对涤纶染色,其染色方法可采用热熔法或高温高压法。染色所用的分散染料应对棉的沾色少,一般在染色后要进行还原清洗,即用稀的烧碱、保险粉溶液处理,以去除沾色和浮色。

2. 可溶性还原染料染色

可溶性还原染料由于价格昂贵,在棉织物上的应用受到限制,但在涤棉混纺织物的染色上却显示出其优越性。这是因为可溶性还原染料不仅可以上染棉纤维,而且对涤纶有黏附作用,经高温处理后这些黏附的染料可固着在涤纶上,因此它能对两种纤维染色,被染物具有均一色泽,牢度优良。可溶性还原染料对棉纤维的亲和力较低,主要用于浅色的涤棉混纺织物染色。与对纯棉织物的染色不同,可溶性还原染料对涤棉混纺织物的染色需要焙烘处理,以使染料固着在涤纶上。可溶性还原染料对涤棉混纺织物的染色有卷染—焙烘法和轧染—焙烘法两种。

卷染—焙烘法适合于小批量加工,选用的染料应亲和力较高和容易显色,这样比较经济。对于溶解度较低和显色较困难的染料,应采用高温染色和显色。其染色工艺流程为:染色→显色→水洗→中和→皂洗→水洗→烘干→焙烘。

轧染—焙烘法以采用亚硝酸钠—硫酸铵氧化显色法较合适。释酸剂硫酸铵在高温下会使可溶性还原染料水解,并在热空气中氧化与热熔,染着于涤纶和棉纤维上。染液中除含硫酸铵外,还可加入适量尿素,以防止棉纤维在高温下脆损并提高染料的溶解度。该法的工艺流程为:浸轧染液→烘干→热熔(200～205℃,1min左右)→浸轧亚硝酸钠溶液→浸轧硫酸溶液→透风→冷水洗→中和→皂洗→水洗→烘干。浸轧亚硝酸钠液和硫酸液主要是辅助显色,可在室温下浸轧。

3. 分散染料/可溶性还原染料一浴法染色

根据染液中是否含有亚硝酸钠和酸性物质,可以有两种加工工艺。若染液中除含有分散染料和可溶性还原染料外,还含有显色剂亚硝酸钠和甲酸铵,则其染色工艺流程为:浸轧染液→烘干→热熔→后处理。在热熔处理的同时,甲酸铵分解放出酸,与亚硝酸钠一起使可溶性还原染料显色。若染液中只含有分散染料和可溶性还原染料,则其染色工艺流程为:浸轧染液→烘干→热熔→浸轧亚硝酸钠液→浸轧硫酸液→透风→水洗→中和→皂洗→水洗→烘干。

4. 分散染料/活性染料染色

采用分散染料/活性染料对涤棉混纺织物染色时,根据分散染料和活性染料是否在同一染浴,染色可分为一浴法和二浴法;根据染色过程中分散染料和活性染料是否同时固着在纤维上,染色可分为一步法和二步法。因此,分散染料/活性染料对涤棉混纺织物的染色有一浴一步法、一浴二步法和二浴法三种。

分散染料对涤纶的染色一般是在弱酸性介质和高温条件下进行的;而活性染料对棉纤维的染色一般是在碱性介质中进行的,染色和固色的温度相对较低。由于染色条件相差较大,大部分活性染料和分散染料对涤棉混纺织物采用二浴法染色。对于某些新型的活性染料及经筛选的活性染料和分散染料,可采用一浴二步法或一浴一步法染色。

(1)分散染料/活性染料二浴法染色:分散染料/活性染料二浴法对涤棉混纺织物染色时,分散染料和活性染料的染液分别配制,染色时先用分散染料染涤纶,染色方法有热熔法、高温高压法等;然后再用活性染料套染棉纤维,染色方法有浸染、卷染、轧染、冷轧堆等。

分散/活性二浴法染色工艺成熟,染料选择范围广,但工艺流程长,生产效率低,能耗大,染色废水多,生产成本较高。

(2)分散染料/活性染料一浴二步法染色:采用分散染料/活性染料一浴二步法对涤棉混纺织物染色时,可采用轧染和竭染方式。

分散染料/活性染料一浴二步法轧染时,分散染料和活性染料处于同一染浴中,但染浴中不加碱剂。染色时,先对涤纶热熔染色,然后再轧碱,对活性染料进行汽蒸固色,其染色工艺流程为:浸轧染液→烘干→热熔→浸轧碱液→汽蒸→水洗→皂洗→水洗→烘干。

分散染料/活性染料一浴二步法轧染时,也可采用短流程湿蒸工艺。染色时,染液中含有分散染料、活性染料、碱剂等,织物浸轧染液后进行湿蒸,使活性染料对棉纤维染色,湿蒸条件为蒸汽含量25%,温度110～130℃,时间2min,然后再在热熔条件下对涤纶染色。染色后对织物进行后处理,去除浮色。染色工艺流程为:浸轧染液→湿蒸→热熔→水洗→皂洗→水洗→烘干。这种染色方法工艺流程短,省去了传统轧染的预烘和蒸化过程,可节省大量能源,染色效果较好。

分散染料/活性染料一浴二步法竭染时，在染液中加入分散染料、活性染料、盐、匀染剂等，染液 pH 为弱酸性。为减少染色过程中高温、酸性条件对活性染料的影响，涤纶的染色宜采用快速高温高压染色法。染色时，始染温度为 40~50℃，染液逐渐升温至 130℃，保温染色 10~30min，使分散染料对涤纶染色，同时使活性染料上染棉纤维，然后将染浴降温至活性染料的固色温度，加入碱剂，使活性染料在碱性条件下对棉纤维固色。染色后进行水洗、皂洗、水洗。

分散染料/活性染料一浴二步法竭染时，也可先在染液中加入分散染料，采用高温高压法对涤纶染色，然后将染浴降温至适宜活性染料染色的温度，再加入活性染料和盐，对棉纤维进行染色，染色一定时间后再加碱固色。

采用一浴二步法染色时，所用的活性染料应在高温高压或热熔条件下稳定性好，与分散染料及染色助剂的相容性好；分散染料应对盐的稳定性好，在染色过程中不发生凝聚、沉淀，对棉沾污少。一浴二步法工艺流程虽比两浴法短，但仍比较长。

(3)分散染料/活性染料一浴一步法染色：分散染料/活性染料采用一浴一步法对涤棉混纺织物染色时，染液中含有分散染料和活性染料，两种染料同时对两种纤维染色，这种染色方法工艺流程短，生产效率高，但对染料限制多，染料选择范围小。分散染料/活性染料一浴一步法染色主要有以下几种工艺：

① 热熔/热固一步法(TT 法)。分散染料/活性染料以热熔/热固一步法对涤棉混纺织物染色时，采用轧染方式。染色时，染液中分散染料和活性染料的用量根据染色深度决定；碱剂采用碳酸氢钠，用量为 5~10g/L，尿素 30~60g/L，防泳移剂10g/L。染色工艺流程为：浸轧染液→烘干→热熔(190~220℃,45~90s)→水洗→皂洗→水洗→烘干。在热熔过程中，分散染料对涤纶染色，活性染料对棉纤维固色。

采用这种方法染色时，要求分散染料与活性染料之间的相容性要好，两者较少或不发生化学反应，而且分散染料的耐碱性要好，对棉的沾染少，此外还要求活性染料具有适当的反应性。

②分散染料/膦酸基型活性染料一浴一步法轧染。英国 ICI 公司的 Procion T 型活性染料、国产 P 型活性染料等属于膦酸基型活性染料。在氰胺或双氰胺的催化作用下，这些染料可在高温、弱酸性条件下与纤维素纤维发生反应，固着在纤维上。由于膦酸基型活性染料的染色条件与分散染料的热熔染色相近，因此这类活性染料可与分散染料一浴一步染色。

染色时，染液中含有分散染料、活性染料、双氰胺类固色剂、匀染剂、渗透剂等，染液 pH 为 5.5~6。染色工艺流程为：浸轧染液→烘干→热熔(205~210℃,40s)→水洗→皂洗→水洗→烘干。

③分散染料/二氟一氯嘧啶型活性染料一浴一步法轧染。二氟一氯嘧啶型活性染料，如国产 F 型活性染料，在双氰胺的催化作用下，可在高温、中性条件下对棉纤维染色。这类活性染料可与分散染料同浴，在热熔条件下对涤棉混纺织物进行一浴一步法染色。

④分散染料/羧基吡啶均三嗪型活性染料一浴一步法竭染：羧基吡啶均三嗪型活性染料如 Kayacelon React CN 型、国产 R 型活性染料等，其染料母体为 KE 型活性染料，离去基为 3-羧基吡啶鎓离子。由于染料分子结构中吡啶阳离子的强吸电子性，使均三嗪环上的电子云密度大

大降低,染料的反应性较强,可在中性条件下与纤维素纤维发生反应。因此,这类活性染料可与分散染料同浴,采用一浴一步法对涤棉混纺织物进行染色。

R型活性染料、Kayacelon React CN型活性染料与分散染料同浴,采用一浴一步法对涤棉混纺织物染色时,染液中含有活性染料、分散染料、元明粉、pH缓冲剂等,染液pH在7左右。染色时,始染温度为40℃,染色10min后,将染液逐渐升温至130℃,保温染色30min。染色后进行水洗、皂洗、水洗等后处理。染浓色时,为提高染色产品的湿处理牢度,可采用聚胺类或季铵盐类固色剂进行固色处理。

5. 分散染料/还原染料染色

分散染料/还原染料对涤棉混纺织物的染色有一浴法和二浴法。一浴法染色的工艺流程是:浸轧染液→烘干→热熔→透风冷却→浸轧还原液→还原汽蒸→水洗→氧化→皂洗→水洗→烘干。二浴法染色时,一般先用分散染料对涤纶染色,然后用还原染料套染棉。

6. 分散染料/直接染料染色

分散染料/直接染料对涤棉混纺织物的染色有一浴法和二浴法。

采用二浴法染色时,先用分散染料染涤纶,再用直接染料染棉。为了提高染色牢度,可进行固色处理。

采用一浴法染色时,所用直接染料应具有良好的上染性能和耐热稳定性,对染浴pH适应范围宽,对涤纶的沾污少,染色牢度好,如直接混纺D型染料、直接混纺TD型染料、Kayacelon C型染料等;分散染料应对电解质的稳定性好,在元明粉存在的条件下,染料的分散稳定性好,对棉纤维的沾污少,染色牢度好,如混纺T型分散染料等。

采用分散染料/直接染料一浴一步法对涤棉混纺织物染色时,染液中含有直接染料、分散染料、匀染剂、元明粉等,染液pH=5~6。染色时,始染温度40~45℃,染液以1~2℃/min的升温速率升至130℃,保温染色30~50min,然后染液以1~2℃/min的速率降温至90℃,续染10min。为了提高染色牢度,染色后可进行固色处理。

7. 分散染料/硫化染料(或分散硫化还原染料)染色

分散染料/硫化染料主要用于黑色涤棉混纺织物的染色,但对需经焙烘处理的树脂整理产品不适用。染色时,先用分散染料染涤纶,再以硫化黑套染棉。

分散硫化还原染料是以高纯度的硫化还原染料为基础,经过高度粉碎,颗粒直径为0.8~1μm,在分散剂的作用下,在水中呈高度分散状态。分散染料/分散硫化还原染料的染色工艺有两种,即一浴二步法和二浴法。一浴二步法的工艺流程为:浸轧染液→烘干→热熔(180~210℃,3~5min)→透风冷却→浸轧还原液→汽蒸(101~103℃,1min)→水洗→氧化→透风→皂洗→水洗→烘干。还原液由保险粉和烧碱组成,染色后氧化可采用氧化剂氧化。二浴法是先用分散染料染涤纶,再用分散硫化还原染料套染棉。

三、毛混纺织物染色

毛混纺织物的主要产品有毛/涤、毛/腈、毛/粘、毛/锦及三种纤维的"三合一"混纺产品。毛混纺织物的染色有散纤维染色、条染、绞纱染色和匹染。

(一)毛涤混纺织物的染色

毛涤混纺织物中的涤纶采用分散染料染色,羊毛可采用酸性染料、酸性媒介染料、金属络合染料等染色。由于羊毛在高温下容易损伤,因此毛涤混纺织物最好采用散纤维染色,其中羊毛可采用散毛或毛条染色,涤纶采用高温高压染色,涤纶和羊毛分别染色后再混纺。这种染色方法简单,但生产流程较为复杂。毛涤混纺织物也可以采用染色的涤纶与本色毛条混纺、织造后,再用匹染的方式套染羊毛。

毛涤混纺织物的匹染,可采用绳状一浴法或二浴法染色,其中涤纶用分散染料载体法染色。但无论采用何种染色方法,所选用的分散染料应对羊毛沾染少或容易从羊毛上洗除,否则会使羊毛得色的色光不正、牢度降低。一浴法一般用中性染料或弱酸性染料和分散染料一浴染色。染液中除含有染料外,还加入适量的载体(如水杨酸甲酯等)、扩散剂、醋酸、硫酸铵等。染色时,在 50~60℃加入醋酸、硫酸铵和已乳化好的水杨酸甲酯液,织物运转均匀润湿后,加入分散染料和毛用染料溶液,逐步升温至沸,沸染90min,再降温清洗。染色后不宜用碱性还原液清洗,否则会损伤羊毛,可采用合成洗涤剂清洗。浅色可不加洗涤剂,在 60~70℃的热水中处理20min。二浴法染色是先用分散染料载体法染涤纶,清洗后,再用中性染料、弱酸性染料或酸性媒介染料染毛。

(二)毛粘混纺织物的染色

毛粘混纺织物的匹染可采用一浴法或二浴法,染色设备一般用绳状匹染机。一浴法是选用弱酸性染料或中性浴染色的酸性染料和直接染料一浴染色。二浴法是用耐缩绒性酸性染料、酸性媒介染料等染毛,然后清洗,再用直接染料套染黏胶纤维。用直接染料套染前,必须清除余酸和调节 pH,使染浴呈弱碱性,以免直接染料在酸性浴中沾染羊毛,造成色泽不艳。二浴法用于羊毛含量较高的精、粗纺产品,染物光泽较一浴法好。

(三)毛腈混纺织物的染色

毛腈混纺织物染中、浅色时,可采用一浴法;染深色时可采用一浴二步法或二浴法。

一浴法染色一般用阳离子染料和弱酸性染料或中性染料。染色所用的阳离子染料应对羊毛的沾色少;弱酸性染料最好选用含氨基、硝基、羟基等亲水性基团的染料,以免形成难溶性沉淀;中性染料大多不含强离子性的磺酸基,与阳离子染料较少形成难溶的沉淀,两类染料同浴染色时,无论染浅色还是深色,效果都较好,但色泽较暗。为防止染料发生沉淀,染液中可加入非离子型分散剂,同时两类染料应分别溶解,并在配液时采用合理的加料顺序。染液中酸的用量应根据毛用染料所需的 pH 决定,为防止染花,一般阳离子染料和弱酸性染料一浴染色的 pH 为 5~5.5。染色时在 50℃始染,逐渐升温至沸,沸染 60~90min,然后降温清洗。

当染料用量较大时,若采用一浴法染色,染液中虽加入分散剂,仍容易发生沉淀,此时可采用一浴二步法染色,以防止色花并提高摩擦牢度,但染色时间较长。染色时可先用阳离子染料染腈纶,染色后降温至 70℃,放去部分染色残液,补充清水,降低残液中阳离子染料浓度,再加入弱酸性染料及分散剂,缓慢升温至沸,沸染60min,然后降温清洗。也可以先用酸性染料染羊毛,在 40℃始染,40min内升温至 80℃,此时染液中剩余染料已不多,先加入分散剂,运转均匀后加入阳离子染料和缓染剂,逐步升温至沸,沸染60min,然后降温清洗。

毛腈混纺织物匹染深色,一般采用二浴法染色,先用弱酸性染料、中性染料或酸性媒介染料染羊毛,然后另换新浴,用阳离子染料染腈纶。

(四)毛锦混纺织物的染色

毛锦混纺织物一般用一浴法染色,可得到一致色泽。羊毛和锦纶都能用酸性染料染色,但染料在两种纤维上的染色性能不同,在锦纶上的染色饱和值较低而上染速率较高,在羊毛上的染色饱和值较高但上染速率较低。染深色时,可通过控制染料用量达到色泽一致;染中、浅色时,采用上染速率较低的弱酸性染料,并加入适量的阴离子表面活性剂和非离子表面活性剂作缓染剂,它们对酸性染料上染锦纶的缓染作用比对羊毛的大。染深色时,可选用中性浴染色的酸性染料,它们在锦纶上有较高的染色饱和值。

四、丝绸类交织物的染色

丝与其他纤维的混合织造物大部分都用长丝交织而成,所用原料有真丝、黏胶纤维、铜氨人造丝、合成纤维长丝等。

丝/黏胶丝交织物以织锦缎和软缎为主要产品,染色时以绳状染色为佳,也可采用卷染机染色。染色产品有纯色、留白或双色等不同风格。染纯色产品时,一般用直接染料染黏胶丝,弱酸性染料染真丝;染色可用一浴法或二浴法。也可用经筛选的酸性染料、活性染料或直接染料同时上染两种纤维,染色时应严格控制染色温度、pH 以及促染剂用量,以获得均匀的色泽。用酸性染料或活性染料染色时,降低染液 pH,有利于染料对真丝上染。用直接染料染色时,温度偏低,直接染料趋向于上染真丝;温度偏高,则逐渐转移到黏胶丝上。在交织物留白染色时,要求一种纤维上染,另一种纤维不上染。采用这种染色工艺,对染料选择要求较高,应选择对另一种纤维沾染少的染料,如在酸性浴中用弱酸性染料或活性染料可只染真丝而不染黏胶丝。交织物双色染色工艺对染料选择要求较高,应选择只能上染真丝而不沾染黏胶丝的弱酸性染料,以及只能上染黏胶丝而不沾染真丝的直接染料。双色染色工艺有一浴一步法、一浴二步法和二浴法。

五、氨纶弹力织物的染色

氨纶的染色性能与纤维结构有关。氨纶的硬段部分结构紧密,具有较好的结晶性,染料分子难以进入,而软段部分结构疏松,玻璃化温度低,染色时染料主要进入纤维的软段部分。采用不同的纺丝方法制得的氨纶形态结构不同,纤维的染色性能也有所差异。在纤维中添加染色性能改进剂,可改善纤维的染色性能。

氨纶的分子结构中不含有离子基团或强亲水性基团,属于疏水性纤维,但含有脲基

$$(-NH-\overset{\overset{\displaystyle O}{\|}}{C}-NH-)$$、氨基甲酸酯基$$(-O-\overset{\overset{\displaystyle O}{\|}}{C}-NH-)$$、酯基和醚基等极性基团,可与染料分子通过偶极力和氢键结合,因此氨纶可用分散染料、酸性染料、酸性媒染染料和金属络合染料等进行染色。由于氨纶软段部分的结构松弛,染色时染料容易扩散到纤维内部,但染料与氨纶的结合力较小,平衡上染百分率较低,染色牢度较差。

氨纶采用分散染料染色时,由于分散染料分子小,极性基团少,染料与纤维的结合力弱,染色牢度差。

氨纶采用酸性染料染色时,必须在较强的酸性条件下才能使纤维中的亚胺基发生质子化,使染料上染,但染料与纤维的结合力弱,皂煮时许多染料会从纤维上脱落下来。酸性染料对氨纶的上染过程可表示为:

$$\underset{\substack{\|\\ O}}{-C}-NH- \ \underset{H^+}{\rightleftharpoons} \ \underset{\substack{\|\\ O}}{-C}-\overset{+}{N}H_2- \ \underset{D^-}{\rightleftharpoons} \ \underset{\substack{\|\\ O}}{-C}-\overset{+}{N}H_2-D^-$$

氨纶采用金属络合染料和酸性媒染料染色时,染色牢度虽比酸性染料好,但仍较低。

氨纶弹力织物主要是由氨纶与纤维素(棉、Lyocell 等)、羊毛、蚕丝、锦纶以及涤纶等纤维组成的交织物,包括针织物和机织物,其中的氨纶可以是裸丝、合捻线、包芯纱或包缠纱等。氨纶弹力织物的染色根据织物中氨纶的含量和暴露程度的不同而有所差异。对于氨纶包芯纱或包缠纱织成的织物染色时,由于氨纶被其他纤维包覆在内部,这种弹力织物在染浅色时,可不必对氨纶染色;在染深色时,一般对氨纶染成同色调的浅色即可。对于经常处于拉伸状态或氨纶含量较高的弹力织物染深色时,应对氨纶充分染色。

氨纶弹力织物染色时受到高温和张力的作用,会引起织物弹性的降低。氨纶含量不同,织物能够承受的张力大小不同,染色所用的设备也不同。对于氨纶含量较高的织物,宜采用低张力的染色设备,如经轴染色机、气流染色机等。

氨纶弹力织物染色所用的染料和染色方法主要取决于与氨纶交织的纤维。

(一)锦纶/氨纶弹力织物的染色

对于锦纶/氨纶弹力织物,采用分散染料可同时对两种纤维染色,通过选择适当的分散染料,可获得较好的同色效果。分散染料适宜对湿处理牢度要求不高的浅色锦纶/氨纶织物的染色。染色时,始染温度为 $40\sim50℃$,染液以 $1℃/min$ 的升温速率升温至 $95\sim100℃$,染色 $30\sim60min$,然后水洗。

采用酸性染料及中性染料对锦纶/氨纶弹力织物染色时,锦纶因含有端氨基,其上染速度远大于氨纶。为了提高染料在氨纶上的上染量,改善同色性,染色时需对染料进行选择,或降低始染温度和加入缓染剂,以降低染料对锦纶的上染速度。为提高染色产品的染色牢度,应选择具有良好染色牢度的染料,如 Lanaset 染料和某些中性染料。

锦纶/氨纶弹力织物采用 Lanaset 染料染色时,染液 pH 用 Na_2HPO_4 调至 $8\sim8.5$,在 $40℃$ 开始染色,染色10min后,染液以 $1\sim2℃/min$ 的升温速率升温至 $100℃$,保温染色 $30\sim60min$。在染色后期可加入适量醋酸,以提高染料的上染率。对于深色产品,染色时染液 pH 可适当降低至 $6\sim6.5$,染色后应进行充分水洗。

(二)涤纶/氨纶弹力织物的染色

涤纶/氨纶弹力织物可用分散染料染色。采用分散染料染涤纶/氨纶弹力织物,由于两种纤维的玻璃化温度不同,在染液升温至 $100℃$ 左右时,大部分分散染料将上染在氨纶上,当染液温度升至 $110\sim120℃$ 时,分散染料才开始慢慢向涤纶转移和上染。

由于氨纶的耐热性较差,涤纶/氨纶弹力织物采用分散染料染色时,染色温度应适当降低,可在120~125℃条件下进行短时间染色,也可采用载体染色。分散染料在氨纶上的耐光牢度和耐洗牢度较差,染色时应对染料进行选择,染色后需进行还原清洗。

涤纶/氨纶弹力织物采用分散染料染色时,由于染色温度相对较低,染色所用的分散染料应对涤纶具有良好的上染性能,且可在较低温度下染色,同时要求染料对氨纶的沾染要轻,通过还原清洗容易去除浮色。此外,所用分散染料还应具有良好的染色牢度。目前,涤纶/氨纶弹力织物染色最大的问题是色泽重现性和染色牢度较差。为了适应涤纶/氨纶弹力织物的染色,日本化药株式会社开发出了涤纶/氨纶弹力织物染色专用分散染料卡雅隆聚酯LW(Kayalon Polyester LW)。

Kayalon Polyester LW用于涤纶/氨纶弹力织物染色时,染液pH为4~5,染料用量根据染色深度决定,匀染剂用量为0.5g/L。为了减少分散染料对氨纶的沾污,可在染液中加入氨纶防沾污剂,如Kayaresister-UN,其用量为1~2g/L。始染温度为40~50℃,染液缓慢升温至120~125℃,保温染色20~40min。

涤纶/氨纶弹力织物用分散染料染色后,应进行还原清洗,去除纤维特别是氨纶表面所沾染的分散染料,提高染色牢度。还原清洗液中除还原剂(如保险粉、二氧化硫脲、亚硫酸氢盐)和烧碱外,还可加入助洗剂,如Cibapon OS、Sandopur PU和Kayasoaper-URE等,这些助洗剂可减少分散染料对氨纶的再沾染。还原清洗时,还原液中二氧化硫脲用量为2~4g/L,烧碱用量为2~4g/L,净洗剂Kayasoaper-URE用量为2~4g/L,还原清洗的温度为80~90℃,时间20min。

(三)纤维素纤维/氨纶弹力织物的染色

纤维素纤维/氨纶弹力织物染色时,纤维素纤维采用活性染料、直接染料、还原染料等进行染色,氨纶采用分散染料、酸性染料、金属络合染料等进行染色。

(四)蛋白质纤维/氨纶弹力织物的染色

蛋白质纤维/氨纶弹力织物染色时,可采用酸性染料、金属络合染料、酸性媒染染料等对两种纤维同时进行染色。由于染料对两种纤维的染色速率、染色饱和值和染色牢度不同,为了获得良好的同色效果,需对染料进行选择,并控制染色条件。

第五章　纺织品印花

第一节　概述

纺织品印花是指将各种染料或颜料调制成印花色浆,局部施加在纺织品上,使之获得各色花纹图案的加工过程。印花过程包括:图案设计、筛网制版、色浆调制、印制花纹、后处理(蒸化和水洗)等几个工序。印花色浆一般由染料或颜料、糊料、助溶剂、吸湿剂和其他助剂等组成。

印花和染色一样,也是染料在纤维上发生染着的过程,但印花是局部着色。为了防止染液的渗化,保证花纹的清晰精细,必须采用色浆印制;因与染色相比,浴比小,所以印花要尽可能选择溶解度大的染料,或加大助溶剂的用量;另外,由于色浆中糊料的存在,染料对纤维的上染过程比染色时复杂,一般染料印花后需采用蒸化或其他固色方法来促进染料的上染;最后印花织物要进行充分的水洗和皂洗,以去除糊料及浮色,改善手感,提高色泽鲜艳度和牢度,保证白地洁白。

纺织品印花主要是织物印花,其中多数是纤维素纤维织物、真丝织物、化纤及混纺织物、针织物印花。纱线、毛条也有印花,纱线印花可织出特殊风格的花纹,毛条印花可织造成具有闪色效应的混色织物。

一、印花工艺

1.直接印花

直接印花是将印花色浆直接印在白地织物或浅地色织物上(色浆不与地色染料反应),获得各色花纹图案的印花方法,其特点是印花工序简单,适用于各类染料,故广泛用于各类织物印花。

2.拔染印花

拔染印花是在织物上先进行染色而后进行印花的加工方法。印花色浆中含有一种能破坏地色染料发色基团而使之消色的化学物质(称拔染剂),印花后经适当的后处理,使印花之处的地色染料破坏,最后从织物上洗去,印花之处成为白色花纹,称为拔白印花;如果在含拔染剂的印花色浆中,还含有一种不被拔染剂所破坏的染料,在破坏地色染料的同时,色浆中的染料上染,从而使印花处获得有色花纹的称为色拔印花。拔染印花能获得地色丰满、轮廓清晰、花纹细致、色彩鲜艳的效果,但地色染料的选择受一定限制,而且印花周期长,印花成本高。

3.防染印花

防染印花是先印花后染色的加工方法。印花色浆中含有能破坏或阻止地色染料上染的化学物质(防染剂),印花处地色染料不能上染织物,织物经洗涤后,印花处呈白色花纹的称为防白印花;若在防白的同时,印花色浆中还含有与防染剂不发生作用的染料,在地色染料上染的同时,色浆中染料上染印花之处,则印花处获得有色花纹,这便是色防印花。防染印花所得的花纹一般不及拔染印花精细,但适用于防染印花的地色染料品种较前者多。

4. 防印印花(防浆印花)

防印印花(防浆印花)是在印花机上通过罩印地色进行的防染或拔染印花方法。

以上印花工艺应根据印花效果、染料性质、花型特征及加工成本进行选择。

二、印花方法

(一)筛网印花

筛网印花是目前应用较普遍的一种印花方法,来源于型版印花。此方法中,筛网是主要的印花工具,有花纹处呈镂空的网眼,无花纹处网眼被涂覆,印花时,色浆被刮过网眼而转移到织物上。

根据筛网的形状,筛网印花可分为平网印花和圆网印花两种。

1. 平网印花

平网印花的筛网是平板形的,印花机有三种类型,即手工平网印花机(又称台板印花机)、半自动平网印花机和全自动平网印花机,这三种设备的基本机构都是由台板、筛网和刮浆刀组成,只是机械化、自动化程度不同而已。

全自动平网印花机如图5-1所示,印花时,由上浆装置在橡胶导带上涂布一层贴布浆,然后自动将布贴在橡胶导带上,当筛网降落到台板上,由橡胶或磁棒刮刀进行刮浆,刮毕,筛网升起,织物随橡胶导带向前运行,这些连锁过程都是由自动印花装置控制的。每只筛网印一种颜色,织物印花后,进入烘燥装置烘干,然后进行后处理,而橡胶导带则转到台板下面,经水洗装置洗除上面的贴布浆和印花色浆。

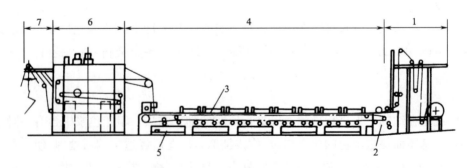

图5-1 全自动平网印花机示意图

1—进布装置 2—导带上浆装置 3—筛网框架 4—筛网印花部分
5—导带水洗装置 6—烘干装置 7—出布装置

全自动平网印花具有劳动强度低、生产效率较高的特点,而且花型大小和套色数不受限制,印花时织物基本不受张力,但如采用冷台板,在连续印花时易出现搭色疵病。

2. 圆网印花

圆网印花机的基本构成与全自动平网印花机相似,如图 5 - 2 所示。与后者的不同在于印花机的花版是圆网,由金属镍制成,网孔呈六角形,刮浆刀系采用铬、钼、钒、钢合金制造。印花时,圆网在织物上面固定位置旋转,织物随循环运行的导带前进。印花色浆经圆网内部的刮浆刀挤压透过网孔而印到织物上。圆网印花是自动给浆,全部套色印完后,织物进入烘干装置烘干。

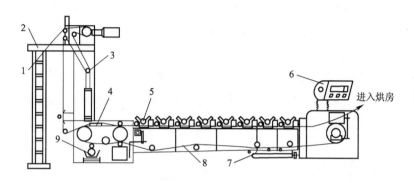

图 5 - 2　圆网印花机示意图

1—织物　2—进布架　3—张力调节器　4—加热板　5—圆网印花单元
6—控制台　7—导带水洗装置　8—印花导带　9—上浆装置

圆网印花具有劳动强度低、生产效率高、对织物的适应性强等特点,能获得花型活泼、色泽浓艳的效果,但对云纹、雪花等结构的花型受到一定限制,花型大小也受到圆网周长的限制。

(二)转移印花

转移印花是改变了传统印花概念的印花方法。先用印刷的方法将花纹用染料制成的油墨印到纸上制成转移印花纸,这一步一般在印刷厂完成,然后将转移印花纸的正面与被印织物的正面紧贴,进入转移印花机,在一定条件下,使转移印花纸上的染料转移到织物上。

转移印花的图案花型逼真,花纹细致,加工过程简单,特别是干法转移印花无须蒸化、水洗等后处理,节能无污染。

转移印花有干法热转移印花和湿法转移印花两种,前者采用具有热升华性能的分散染料,适用于疏水性强的合成纤维;后者也称冷转移印花,适用于各类染料。本节简单介绍分散染料的热转移印花和棉织物用活性染料湿法转移印花。

1. 涤纶等合成纤维织物的转移印花

涤纶等合成纤维织物一般采用干法转移印花中的分散染料升华转移印花工艺,它是通过200℃左右的高温,使化纤(如涤纶)的非晶区中的链段运动加剧,分子链间的自由体积增大;另一方面染料升华,由于范德瓦尔斯力的作用,气态染料运动到涤纶周围,然后扩散进入非晶区,达到着色的作用。

其工艺过程为:染料调制油墨→印制转印纸→热转移→印花成品。

油墨由分散染料、黏合剂和调节流变性的物质组成。其中分散染料的选择原则是升华温度低于纤维的软化点,即选用升华牢度低的分散染料,且分散染料应对纸无亲和力,以利于充分向织物转移。黏合剂有海藻酸钠、纤维素醚、树脂等,它们分别适用于水分散型、醇分散型和油分散型等三种类型的油墨。

转移印花的工艺主要取决于纤维材料的性质和转移时的真空度。在大气压下各种纤维转移印花的温度和时间为:涤纶织物 200~225℃,10~35s;变形丝涤纶织物 195~205℃,30s;三醋酯纤维织物 190~200℃,30~40s;锦纶织物 190~200℃,30~40s。在真空度为 8kPa 的真空转移印花机上,转移的温度可降低 30℃,这是因为在真空条件下染料的升华温度降低。由于降低了转移温度,可使织物获得较好的印透性和手感。

转移印花的设备有平板热压机、连续转移印花机和真空连续转移印花机。

连续式转移印花机能进行连续生产,机上有旋转加热滚筒,织物与转移纸正面相贴一起进入印花机,织物外面用一无缝的毯子紧压,以增加弹性,如图 5-3 所示。这种设备可以抽真空,使转移印花在低于大气压下进行。

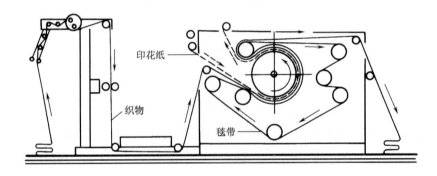

图 5-3　连续转移印花机示意图

2. 棉织物用活性染料转移印花

活性染料是纤维素纤维染色和印花最常用的一类染料,由于它是离子性染料,很难升华转移,所以,研究活性染料在湿态下的转移印花备受关注。1984 年丹麦的 Dansk 开始研究,随后同其他公司合作,共同开发了棉和其他天然纤维的活性染料转移印花,特别是称为"Cotton Art—2000"的活性染料转移印花技术获得了成功。它包括印花色浆、转移印花纸、转移印花设备及转移印花工艺等方面的技术。

转移印花色浆中染料的选择很重要,由于转移印花时,色浆中的水比直接印花少,所以染料的溶解性要好,固色速率要快,而水解稳定性要好;另外,色浆中的其他组分如增稠剂、pH 调节剂等也要仔细筛选。活性染料只有在湿态溶解后才能对纤维发生吸附、扩散和固着,所以一般采用织物先浸轧固色剂(碱剂)后进行转移印花的工艺,印花后冷堆使染料发生上染和固着,然后冲洗烘干。"Cotton Art—2000"活性染料转移印花机示意图如图 5-4 所示。

如图 5-4 所示,织物通过浸液槽浸渍工作液(含有固色碱剂等)后,向上运行进入第 1 道均匀轧车,轧液后与转移印花纸进入第 2 道均匀轧车和第 3 道均匀轧车,使织物和转移纸充分接触,活性染料发生湿转移转印到织物上,转印过的印花纸则在经第 3 道轧车后被剥离卷取,转印

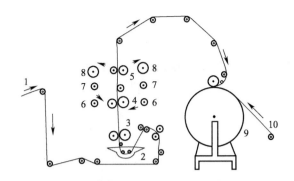

图 5-4 "Cotton Art—2000"活性染料转移印花机运行示意图

1—前处理后的半制品 2—浸液槽 3—第 1 道均匀轧车 4—第 2 道均匀轧车

5—第 3 道均匀轧车 6—转移印花纸供给辊 7—转移印花纸备用辊

8—剥离纸卷取辊 9—卷布装置 10—塑料衬膜供给装置

织物通过导布辊进入有塑料薄膜衬垫的打卷装置打卷和室温堆置 12~20h 充分固色,然后经三格热水槽洗去浮色和其他残余的组分,最后烘干拉幅即可,不必经过蒸化固色,与常规直接印花比可节能 50%。转移纸仅起载体作用,它不吸附染料,染料很易转移,约有 95% 的色浆可以从纸上转移到织物上,其中有 90%~98% 可被固着,因此印花后水洗较容易,只需冲洗即可,和普通直接印花相比,可以省省大量水,而且污水也少。

(三)喷墨印花

喷墨印花集机械、电子、信息处理、化工材料、纺织印染等技术为一体,被誉为 21 世纪纺织品印花的革命性技术,是未来纺织品印花的发展趋势。喷墨印花系将含有色素的墨水在压缩空气的驱动下,经由喷墨印花机的喷嘴喷射到被印基质上,由计算机按设计要求控制形成花纹图案,根据墨水系统的性能,经适当后处理,使纺织品获得具有一定牢度和鲜艳度的花纹。现在数码喷墨印花工艺、颜色深度、鲜艳度、色牢度、墨水、印花速度等方面都有很大的提高,在生态环保方面具有突出优势,迅速占领了许多传统印花工艺的市场份额。

1. 喷墨印花技术的优点

(1)印花工序简单。取消了传统印花复杂的花版制作和配色调浆工序,电脑的彩色图案直接表现在织物上;只需备齐常用的基本色染料墨水,直接在织物上有效混合得到所需的颜色,不需配色操作,就能立刻制作印花样本,而且分辨率高;颜色数据由计算机自动记忆,可保证小样与大样的一致性。

(2)印花品质高档。喷墨印花色彩丰富,过度自然平滑,无套色数限制,能印制层次流畅、具有照相格调的花纹,能逼真地反映出图案的复杂度和精细度,提供新感觉的印花产品。

(3)生产灵活性强。表现为喷印的素材灵活,无颜色、花位的限制,可自由调整图案的大小和位置,实行连续、独幅、定位花的喷印;喷印的数量灵活,允许批量定制,单位生产成本与产量关系不大,特别适合小批量、多品种、个性化的生产;生产安排灵活,要喷印的素材以数字信息保存在电脑中,可随时调出喷印,也可迅速转产。

(4)有利于环境保护。染料是按需喷射到基质上,彻底减少了化学制品的浪费和废水的排放。

2.喷墨印花工艺

喷墨印花工艺流程如图5-5所示,纺织品喷墨印花工艺随喷墨印花所用的染料和纤维品种而异。毛织物用酸性染料,涤纶织物用分散染料,纤维素纤维织物目前研究最多的是活性染料。不同织物的喷墨印花工艺见表5-1。

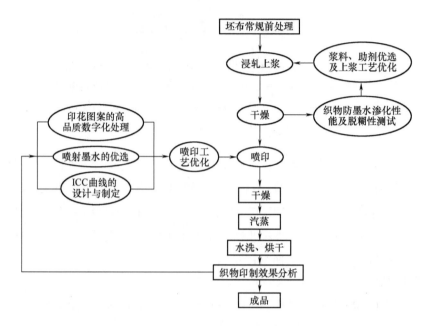

图5-5 数码喷墨印花的工艺流程图

表5-1 不同织物的喷墨印花工艺

织物类型	棉织物	真丝织物	锦纶织物	涤纶织物	羊毛织物
工艺流程	常规前处理—上浆预处理—烘干—喷印—烘干—汽蒸—水洗—烘干	常规前处理—上浆预处理—烘干—喷印—烘干—汽蒸、固色—水洗—烘干	常规前处理—上浆预处理—烘干—喷印—烘干—汽蒸—水洗—烘干	常规前处理—上浆预处理—烘干—喷印—烘干—汽蒸—水洗—烘干	常规前处理—上浆预处理—烘干—喷印—烘干—汽蒸—水洗—烘干
上浆预处理工艺	增稠剂100~300g/L;尿素100~200g/L;碳酸钠20~40g/L;消泡剂20g/L;抗还原剂10g/L。用该处理液对织物进行浸轧,控制带液率70%~80%,然后80~110℃拉幅烘干	增稠剂150~200g/L;尿素50~100g/L;碳酸钠10~15g/L;消泡剂10g/L;抗还原剂10g/L。用该处理液对织物进行浸轧,控制带液率70%~80%,然后80~110℃拉幅烘干	增稠剂200~300g/L;尿素100~150g/L;25%酒石酸铵10~20g/L。用该处理液对织物进行浸轧,控制带液率70%~80%,然后80~110℃拉幅烘干	增稠剂10~50g/L;黏度调节剂10~50g/L;消泡剂10g/L;日晒牢度提升剂50g/L。用该处理液对织物进行浸轧,控制带液率60%~80%。然后80~110℃拉幅烘干	增稠剂200~300g/L;尿素100~150g/L;25%酒石酸铵10~20g/L。用该处理液对织物进行浸轧。控制带液率70%~80%,然后80~110℃拉幅烘干

续表

织物类型	棉织物	真丝织物	锦纶织物	涤纶织物	羊毛织物
喷印工艺	活性染料墨水;车间温度:20～30℃;湿度 60%～70%;烘干温度 90℃	活性染料墨水;车间温度 20～30℃;湿度 60%～70%;烘干温度 90℃	酸性染料墨水;车间温度 20～30℃;湿度 60%～70%;烘干温度 90℃	分散染料墨水;车间温度 20～30℃;湿度 60%～70%;烘干温度 90℃	酸性染料墨水;车间温度 20～30℃;湿度 60%～70%;烘干温度 90℃
汽蒸固色	温度 102～105℃,时间 20～25min·	温度 102～105℃,时间 20～25min	温度 102～105℃,时间 30～45min	温度 180℃,时间 8min	温度 102～105℃,时间 20～30min
水洗、烘干	冷水洗—热水皂洗—温水,冷水漂洗,然后 100℃左右烘干	冷水洗—热水皂洗—温水/冷水漂洗	热水皂洗—温水/冷水漂洗	冷水洗—皂洗—还原清洗—温水/冷水漂洗,然后烘干	冷水洗—热水皂洗—温水/冷水漂洗,然后烘干
固色后处理		固色剂 2～5g/L,pH 6～7,温度 30～50℃,时间 20～30min,然后水洗烘干	固色剂 1～3g/L,pH 4～5,温度 60～70℃,时间 15～20min,然后水洗烘干		

(1)喷墨印花织物的印前处理。用于喷墨印花的织物应具备下述条件:对墨水或色浆吸收要快,能够抑制染液渗化;允许油墨液滴重叠,黏着的液滴不会流动和渗化;墨水液滴印上后保持细小且大小一致的状态;墨水液滴形状呈圆形,圆周光滑;白度好。所以,在喷墨印花工艺中,棉织物经过退浆、漂白和丝光后,为了获得良好的印制效果,必须经过印花前处理。

印花前处理对花纹清晰度、得色深度等都有较大影响,是喷墨印花的关键技术之一。根据纤维原料、织物结构及墨水性能和喷墨印花质量要求的不同,对前处理配方、前处理工艺等要进行优化,以有效抑制墨水在织物表面的润湿扩散程度,尤其是在高出墨量下的墨水渗化程度。

前处理剂配方因染料和纤维品种的不同而不同,一般须加入防渗化剂、促染剂、固色剂、润湿剂、匀染剂、无机填料以及一些表面活性剂和溶剂等。

织物的印前处理,既要防止印花时染液渗化,又要不防碍染料的上染和固着。但用于纺织品喷墨印花的墨水黏度较低,染料溶液容易发生沿织物纱线水平方向的芯吸,造成每个液滴在机织物的经向和纬向渗化开来,形成星形色点,会影响印花拼色效果和精细度。因此,纺织品喷墨印花的墨水中都必须加入具有较高假塑性流变特性的高分子物质或增稠剂溶液,或者用这些增稠剂预先处理印花织物,例如活性染料喷墨印花织物前处理所用的海藻酸钠主要为了防止染料溶液渗化和烘干时染料发生泳移,提高印花的精细度。对活性染料喷墨印花,一些聚胺化合物、季铵类聚合物以及一般的阳离子型聚合物都有很好的防渗化作用,而且活性染料的上染率可以提高 2～4 倍,但要注意的是,阳离子类处理剂容易引起某些染料色变。活性染料喷印厚型棉织物时,由于吸水性好,不容易渗化,仅用碱剂处理,既可加速固色反应,也有一定的防渗化作用。丝绸喷印容易渗化,应选用高保水性的高分子物处理。颜料型墨水与织物的结合主要通过黏合剂的作用,其喷印亲水性纤维前可以不采用增稠剂进行防渗化处理。

喷墨印花所施加的墨水量比常规印花要少,为此要尽量提高染料的上染率和固着率,所以,在喷墨印花前处理时需要加入有助于染料上染和固色的助剂,如酸性染料喷墨印花的前处理剂中需加入酒石酸铵等酸性助剂,以增大染料与纤维的作用力,促进染料与纤维的结合;活性染料喷墨印花的前处理,所用的碳酸氢钠是一种碱剂,可以加速活性染料和纤维素的固色反应,固色越快,越不易渗化。

为了提高墨水对织物的润湿性和保证染料在固色时处于良好的溶解状态(这是保证染料充分上染的一个重要条件),在前处理液中,有时还需加入一些表面活性剂或溶剂。

(2)印花图案的高品质数字化处理。这是指采用扫描仪、数码摄像机、数码照相机等设备将印花图案原稿数字化,然后输入计算机,并采用 AdobePhotoshop、CorelDraw、Painter 等专业软件进一步进行编辑处理,以满足喷墨印花对图案原稿的要求,获得良好喷印效果。

(3)ICC 特性曲线的设计。纺织品喷墨印花的实际效果与计算机屏幕上显示的效果往往存在较大差异,其主要原因是显示器与喷墨印花机所采用的色彩模式、色彩空间不同。因此,若要将数字印花图案真实、精确地再现在织物上,就必需进行正确的色彩空间转换,也就是对特定的面料、墨水、机型及打印模式、RIP(Raster Image Processor,栅格图像处理器)软件进行色彩管理、线性校准以及借助专门的色度仪生成 ICC (International Color Consortum,国际色彩联盟)特性曲线。

(4)喷印工艺。根据面料的纤维特性及织物组织结构的具体情况,通过导入 ICC 特性曲线,实现色彩管理,对喷印模式中的分辨率、墨水通道、出墨量、墨滴大小、喷印 Pass 数、喷印速度等参数进行控制和优化,以解决图像输入、输出的色彩管理兼容问题,提升印花图案的色彩准确度及其与原稿的一致性。

(5)汽蒸。汽蒸的目的是使染料分子在一定湿热条件下与纤维结合。应根据不同的纤维种类、墨水性能及色牢度要求,选择相应的汽蒸固色等后处理工艺。

3. 喷墨印花墨水

喷墨印花墨水是喷墨印花的主要耗材,必须符合严格的物理和化学指标,具有特定的性能,以便能够形成最佳的液滴,适合特定的喷墨印花系统,保证优良的颜色质量和精细逼真的图案效果。

喷墨印花墨水根据使用的溶剂种类不同分为水性墨水(真溶液和水分散墨水)和非水性墨水(溶剂型墨水或油墨);按照配制墨水的着色剂不同分为染料型墨水和颜料型墨水;按物理状态不同分为液态墨和固态墨。

喷墨印花墨水由着色剂(纯化的染料或颜料)、水溶性溶剂、去离子水、添加剂(包括黏度调节剂、防菌剂、防堵塞剂、助溶剂、分散剂、pH 调节剂、消泡剂、渗透剂、保湿剂、金属离子螯合剂等)等组成,添加剂根据需要使用。墨水配方必须满足一定的技术要求如黏度、表面张力、均匀性、粒度、牢度、手感、上色率等。

(1)着色剂。一般作为喷墨印花墨水的着色剂应具有良好的溶解性,良好的色彩和颜色提升性,一定的耐光和化学稳定性,良好的染色性和色牢度。粒径小且均匀,平均粒径应小于 $0.5\mu m$,最大不超过 $1\mu m$,以防止墨水堵塞喷嘴。

（2）溶剂。一般采用去离子水和水溶性有机溶剂混合组成。其作用是提高染料的溶解性并使墨水保持一定的黏度和表面张力，并促使墨水在喷嘴处形成薄而脆的膜，在再次喷射时易溶解，不会堵塞喷嘴。溶剂的用量一般为墨水重量的10％～50％。

（3）黏度调节剂。喷墨印花墨水的黏度对印花产品质量有很大影响。首先，墨水黏度会影响墨滴成型，黏度高，墨水喷射的液滴会拖长，不能得到均匀的圆形液滴；黏度太低，墨水喷射的液滴易于破碎，也不利于成型。墨水黏度还会影响墨滴的喷射速度，黏度太高，会使液滴喷射速度降低，甚至不能喷射到被印织物的正确位置。因此，为了印制轮廓清晰的花纹图案，必须将墨水调节至合适的黏度。聚醚多醇、合成增稠剂、海藻酸钠、非离子型纤维素醚等均可作为黏度调节剂，将墨水黏度控制在适当范围。

（4）pH调节剂。根据喷墨印花墨水中着色剂的染色性能，选择合适的pH调节剂，将墨水调节至合适的pH。

（5）表面活性剂。墨水的表面张力必须低于纤维的表面能，以利于喷墨印花的顺利进行。添加合适种类及适量的表面活性剂，可以使墨水具有适宜的表面张力。而且表面活性剂对染料具有一定的助溶作用，能够提高染料的溶解性和染液的稳定性。表面活性剂一般选用甘醇类或萘磺酸类物质。

（6）催干剂。喷墨印花墨水中加入一些挥发性强的物质（催干剂）有助于印花图案的迅速干燥，防止搭色疵病的产生。常用的催干剂有乙醇、异丙醇、环己基吡咯烷酮等有机溶剂，其用量为墨水重量的1％左右，不能过多，否则会引起喷嘴堵塞和印花中断。

4. 喷墨印花设备

（1）喷射系统。喷墨印花机的关键是喷射系统，可分为连续喷墨式（CIJ）和按需喷墨式（DOD）两种。

①连续喷墨式（CIJ）。目前主要由Millitron、Scitex、Stork以及Image等公司生产。其原理是：墨水由泵或压缩空气输送到一个压电装置，对墨水施加高频震荡压力，使其带上电荷，从微孔喷出形成连续均匀的墨滴流，喷孔处有一个与图形光电转换信号同步变化的电场，喷出的墨滴便会有选择性地带电，当墨流经过一个高压电场时，带电的墨滴的喷射轨迹会在电场的作用下发生偏转，打到基质表面，形成图形。连续喷墨印花有两种方法：

a. 多位偏转。在此方法中，带电的液滴被用于印花，液滴偏转的距离与它们的带电量成正比，未带电的液滴被收集在补集器中，例如每个喷嘴可控制30个不同的点位置。

b. 二位法。在此方法中，未带电的液滴用于印花，而带电液滴被补集器所收集，每一个喷嘴仅能控制一个点位置。

这两种方法的不同在于前者的墨滴在经过压电装置时，可以得到变化的电荷，有的墨滴带电量大，有的墨滴带电量小，这样它们在电场间通过时会有不同程度的偏转，使出自喷头的墨滴在基质上可打中多个位置，这样用少数的喷头就可以覆盖更多的点。

②按需喷墨式（DOD）。目前，主要有Canon、Hewlett－packard、Lexmark、Epson等公司生产该技术的喷墨印花设备。其原理是对喷嘴内的墨水施加高频的机械、电磁或热冲击，使之从喷嘴喷出，形成微小的墨滴流，它的最大特点是在需要时喷墨。该系统又可分为热喷式和压电

式等。

a. 热喷式。热喷墨是由计算机信号加热一根电阻到一定高温使墨水雾化,雾化墨水的冷却和雾化气泡的破灭形成墨滴自喷嘴喷出,同时喷嘴又从"存储器"中重新吸满墨水。这种升温、降温的频率可达每秒数千次,喷出的墨滴极其细微,每滴墨滴的体积为 $150\sim200\mu\mu L$,而且由于气泡产生的冲击力很大,墨滴的喷射速度可达 $10\sim15$ 滴/s。

b. 压电式。压电式包括墨水式、热熔式和微滴式三种。其原理是由计算机控制强加一个电位在一种压电材料上,引起此压电材料在电场方向产生压缩,垂直方向产生膨胀,从而使墨水成滴喷出。其周期时间界定为 14000 滴/s,高于热喷墨,而且墨滴体积在 $150\mu\mu L$ 以下。这种小尺寸的墨滴使得压电式印花具有很高的清晰度(约 1440dpi),其喷嘴寿命也比热喷墨长 100 倍左右。

(2)喷墨印花机。喷墨印花机目前主要有裁片数码印花机、T恤数码印花机、高速导带式数码印花机和 Single-pass 数码印花机。

①裁片数码喷墨印花机也称毛衫数码喷墨印花机或平板数码喷墨印花机,如图 5-6 所示。其既可用于机织物的印花也可用于针织物的印花,产量为 $10\sim50m^2/h$。

②T恤数码印花机是专门在 T恤上印制数码花型的机器,包含单件、双件、多件和数码八爪鱼等几种机型,如图 5-7 所示,速度一般为 $2\sim10min/件$。

图 5-6　裁片数码喷墨印花机　　　　　　图 5-7　T恤数码喷墨印花机

③高速导带数码印花机的面世是数码印花工业化生产的标志,如图 5-8 所示。目前主流的高速导带数码印花机的印花速度已经和传统平网印花速度相当,达到 $1030m^2/h$。

④Single-pass 数码印花机的结构组成与圆网印花机十分相似,如图 5-9 所示。在它长达数米的印花导带上依序排列着 6/8 组喷印单元,每组喷印单元的喷头沿门幅方向固定,这些喷头可布满有效印花宽度。印花时,贴在导带上的织物是连续运行的,而喷头固定不动。这种喷印方式与以前的数码印花机完全不同,使得喷墨打印宽度更宽,质量更好,速度更快,可以实现连续的印花。如 MS 公司(意大利)推出的 LaRio 超高速数码印花机,印花速度达到 4500m/h;Konica Minolta(日本)推出的 Nassenger SP-1,在实现高速度的同时,利用高性能的喷墨控制系统,可实现很高的图像再现性。

图 5 - 8　高速导带数码喷墨印花机　　　　图 5 - 9　LaRio Single - pass 数码印花机

三、印花原糊

印花原糊是具有一定黏度的亲水性分散体系,是染料、助剂溶解或分散的介质,并且作为载递剂把染料、化学品等传递到织物上,防止花纹渗化,当染料固色以后,原糊从织物上洗除。印花色浆的印制性能很大程度上取决于原糊的性质,所以原糊直接影响印花产品的质量。制备原糊的原料为糊料,用作印花的糊料在物理性能、化学性能和印制性能等方面都有一定的要求。

从物理性能方面看,糊料所制得的色浆必须具有一定的流变性,以适应各种印花方法、不同织物的特性和不同花纹的需要。流变性是色浆在不同切应力作用下的流动变形特性,色浆的流变性能可以通过不同切应力作用下黏度的变化来测定。色浆大都属非牛顿流体,黏度随着切应力的增加而下降。这是因为在高分子的浓溶液中,高分子链之间也存在着较大的相互作用,溶液形成了所谓的结构,这种结构性越强,黏度也越大,但这种结构不是很牢固的,随着切应力的增大,会逐渐破坏,黏度随之下降,高分子溶液的这种黏度称为结构黏度。色浆应有良好的结构黏度,印花时,筛网上刮刀压点处压力较大,这时,色浆的黏度下降,有利于色浆的渗透,织物离开压点后,色浆黏度上升,从而防止花纹渗化。糊料要有适当的润湿、吸湿和良好的抱水性能,这对染料的上染和花纹轮廓清晰关系密切。糊料应和染料、助剂有较好的相容性,即对染料、助剂有较好的溶解和分散性能。糊料对织物还应具有一定的黏着力,特别是印制疏水性纤维织物,黏着力低的糊料形成的色膜易脱落。

化学性能方面,糊料应较稳定,不易和染料、助剂起化学反应,贮存时不易腐败变质。

印制性能方面,糊料成糊率要高,所配的色浆应有良好的印花均匀性,适当的印透性和较高的给色量。糊料的易洗涤性要好,否则将影响成品的手感。

糊料按其来源可分为:淀粉及其衍生物、海藻酸钠、羟乙基皂荚胶、纤维素衍生物、天然龙胶、乳化糊、合成糊料等。印花糊料应根据印花方法、织物品种、花型特征及染料的发色条件而加以选择,在生产中常将不同的糊料拼混使用,以取长补短。

(一)淀粉及其变性产物

1. 淀粉糊

淀粉按来源可分为小麦淀粉和玉米淀粉。淀粉难溶于水,在煮糊过程中,发生溶胀、膨化而成糊。

淀粉按分子结构可分为直链淀粉和支链淀粉两种。直链淀粉是 $\alpha-D-$葡萄糖剩基通过1，4苷键连接而成的直链分子：

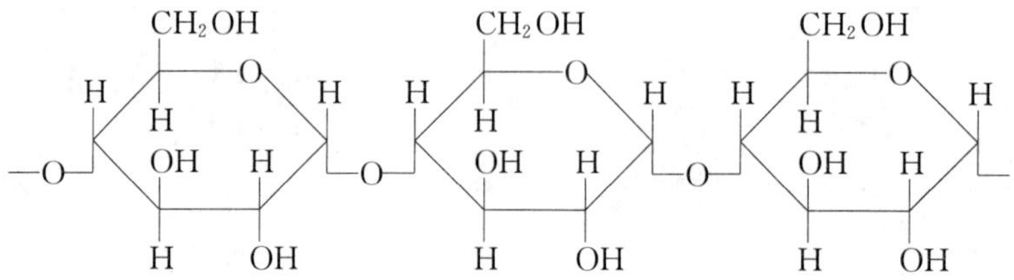

支链淀粉的分子结构上除直链外，还有支链，由葡萄糖剩基以 $\alpha-1,6$ 苷键连接而成：

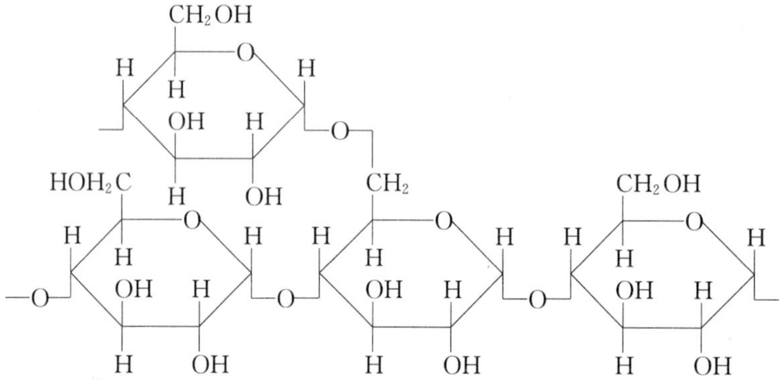

淀粉糊在高温时遇酸性物质会水解，原糊变稀；在碱性中成透明胶态物；与重金属盐类作用会产生沉淀；贮存时易变质腐败。

淀粉糊煮糊方便，成糊率高，给色量高，印制花纹轮廓清晰，蒸化时无渗化，但渗透性差，印制大面积花纹均匀性不好，洗涤性差。它主要用作不溶性偶氮染料、可溶性还原染料的印花原糊，对活性染料印花不适用。

2. 印染胶和糊精

印染胶和糊精均是淀粉加热焙炒后的裂解产物。淀粉经 $200\sim270℃$ 高温裂解，所得产品称为印染胶，少量的酸可加剧裂解过程。淀粉经 $180℃$ 炒焙，加稀酸处理得黄糊精；在 $120\sim130℃$ 用稀酸处理使淀粉水解，最后加以中和可制得白糊精。

淀粉的裂解产物，聚合度下降，分子链末端潜在醛基的还原性有所显示；分子链间氢键减少，结构黏度下降，成糊率低，给色量下降，印透性和印花均匀性比淀粉好，吸湿性强，易于洗涤，但蒸化时易渗化，特别是印染胶，因此，常与淀粉糊拼混，一般用于还原染料印花的糊料。

3. 淀粉衍生物

淀粉衍生物是利用淀粉本身的结构特点，采用适当的试剂使淀粉进行醚化和酯化而得到的产物，如羧甲基淀粉等。取代度 $0.5\sim0.8$ 的羧甲基淀粉可溶于冷水。羧甲基淀粉的分子结构中含有较多的羧基阴离子，糊的黏度对 pH 的变化比较敏感，遇金属离子会发生凝结或沉淀，适用于阴离子染料印花。取代度高的产品可用于活性染料印花。用羧甲基淀粉原糊配制的色浆印花，匀染性和透印性比较好，浆膜比较柔软，也易于洗涤。

(二)海藻酸钠

海藻胶是海藻的主要胶质,由海藻酸和它的钠、钾、铵、钙、镁等金属盐组成,其中钠盐的成分最多,所以简称海藻酸钠。海藻酸由 $\beta-D-$ 甘露糖醛酸剩基和 $\beta-L-$ 古罗糖醛酸剩基所组成:

$\beta-D-$ 甘露糖醛酸剩基　　　　　　　$\beta-L-$ 古罗糖醛酸剩基

海藻酸钠的制糊较简单,将海藻酸钠(6%～8%)在搅拌下慢慢加入含有六偏磷酸钠的温水中,不断搅拌至无颗粒,再用纯碱调节 pH 为 7～8,过滤备用。

海藻酸钠糊呈黄褐色,在 pH＝6～10 的稳定性较好,pH 高于或低于此范围有凝胶产生,遇重金属离子也易产生凝胶。用硬水制糊时,易生成钙盐沉淀,所以,制糊时加入六偏磷酸钠的目的在于络合重金属离子,并起软化水的作用。

海藻酸钠糊印制的花纹均匀,轮廓清晰,印透性和吸湿性良好,易于洗涤。但给色量较低。由于海藻酸钠分子中的羧基负离子与活性染料阴离子存在斥力,有利于活性染料上染纤维,是活性染料印花最好的糊料。

(三)植物胶及其衍生物

1. 合成龙胶

合成龙胶又称羟乙基皂荚胶。皂荚胶是槐树豆荚的果仁磨成的粉,也称皂仁粉,主要成分是甘露糖和半乳糖的聚合物。用皂仁粉与氯乙醇、烧碱在乙醇介质中反应而得合成龙胶。合成龙胶耐酸性较好,但在碱性介质中易凝胶;对硬水和金属离子较稳定;渗透性、给色量中等,洗涤性好,不能用作活性染料印花的原糊。

2. 瓜耳胶

瓜耳胶是植物胶中产量最高的,70%～80%产于印度。瓜耳胶中甘露糖与半乳糖之比约为2:1。瓜耳胶在冷水中就能溶解,但印制效果不尽如人意,现在使用的都是经过醚化等化学改性的瓜耳胶。醚化瓜耳胶易洗涤性好、得色均匀、上色率高。

(四)乳化糊

乳化糊是两种互不相溶的液体在乳化剂作用下,经高速搅拌而制成的乳化体。乳化糊有油分散在水中(称为油/水型乳化液)和水分散在油中(称为水/油型乳化液)两大类。用于印花的乳化糊以油/水型比较适宜。乳化糊的性质和乳化剂的性质、用量有很大关系,为了增加乳化糊的稳定性,除了加乳化剂外,还需加入一些高分子溶液作保护胶体,如羧甲基纤维素或合成龙胶等。

一般乳化糊配方(%):

白火油　　　　　　　　　　　　　70～80

水	15~20
平平加 O(乳化剂)	2~3
羧甲基纤维素或合成龙胶	1~5
合成	100

乳化糊含固量低,刮浆容易,润湿和渗透性好,得色鲜艳,手感柔软,但黏着力低,单独作一般染料印花的糊料渗化严重,主要用于涂料印花,也可和其他亲水性糊料拼混制成半乳化糊。但乳化糊火油用量大,成本高,烘干时火油挥发对环境造成污染。

(五)合成增稠剂

近年来,合成增稠剂代替乳化糊用于涂料印花,并可用于分散染料和活性染料的印花。合成增稠剂是用烯类单体经反相乳液共聚而成,所用的烯类单体一般有三种或三种以上。

第一类单体是丙烯酸、马来酸等含羧基的亲水性单体。它的作用是使合成增稠剂大分子链上含有高密度羧基,中和后羧基负离子互相排斥,体系黏度提高并具有良好的水溶性或水分散性,其含量约为 $50\%\sim80\%$。

第二类单体是丙烯酸酯类疏水性单体,其作用是提高给色量,含量为 $15\%\sim40\%$。

第三类单体是含有两个烯基的交联性单体如亚甲基双丙烯酰胺,在大分子链上形成轻度交联的网状结构,可显著提高增稠效果,其含量为 $1\%\sim4\%$。

使用时,在快速搅拌下将合成增稠剂加入水中,经高速搅拌一定时间即可增稠。合成增稠剂调浆方便,增稠性极强,一般在色浆中只要用 $1\%\sim2\%$(固含量 $0.3\%\sim0.6\%$)即可,但遇电解质黏度大大降低。印后焙烘时氨挥发,有利于黏合剂的交联反应,可提高涂料印花的牢度。由于其用量极少,固含量很低,印后可不经洗涤,手感柔软。合成增稠剂具有高度的触变性,印制轮廓清晰,线条精细,表观给色量高,是筛网印花的理想原糊。但吸湿性强,汽蒸固色时易渗化。用合成增稠剂印制疏水性的轻薄、平滑的合纤织物效果较好。

四、筛网制作

平网系采用一定规格的锦纶丝或涤纶丝等制成,平网花版制作的常用方法是感光法。

感光法是用手工、照相或电子分色法将单元花样制成分色描样片,描样片上有花纹处涂有遮光剂。将分色描样片覆在涂有感光胶的筛网上进行感光,感光时,光线透过无花纹处的透明片,使感光胶感光生成不溶于水的胶膜堵塞网眼,而在有花纹处,光线被遮光剂阻挡,感光胶未感光,仍为水溶性,经水洗露出网孔,便成为具有花纹的筛网,经生漆等加固,制版即完成。圆网制版需先制作圆网(六角形的镍网),然后再用如上所述的感光法制成花版。

五、电子分色制版

电子分色制版是运用计算机、分色软件、激光及喷墨、喷蜡等技术进行印花分色、制网的新技术。电子分色制版的过程如图 5-10 所示。

从图 5-10 可以看出,来样(图案设计稿或布样)用扫描仪或数码照相机输入,经计算机及分色软件对所输入的图案信息处理并分成单色片。单色片信息输出方式根据所使用的制版设

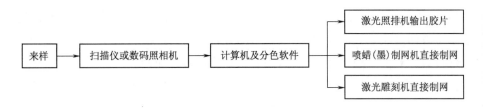

图 5 - 10　电子分色制版过程

备而定,如激光照排机输出的是印花分色胶片,可直接拿到制网间去感光网版;喷蜡(墨)制网机输出是计算机直接将单色片数据喷印在筛网上感光;激光雕刻机输出是计算机直接将单色片数据传送给激光头雕刻网版。

(一)电子分色制版系统组成

电子分色制版系统通过下列工艺路线完成分色胶片制作:来样稿→扫描→接回头→修改→分色→激光成像。

1. 图像输入系统(电子扫描)

图像输入主要采用彩色图像扫描仪,其功能主要用于输入拟进行分色处理的图稿或实样,并以逐行扫描方式转换成数字信号输入电脑主机。扫描仪有平板式和滚筒式两种,其扫描幅面有 A3(297mm×420mm)、A4(210mm×297mm)等数种,对于大门幅的床单或装饰布而言,通常需要用较大幅面的扫描仪,如使用彩色扫描/胶片制图机,其工作面积可达 1.2m×1.2m 及以上,也有个别可达 1.2m×1.8m,不但满足了大型图像扫描输入的需要,也可满足分色胶片制图的要求。

来稿可以是布样,可以是美工人员设计的画稿,也可以是照片和宣传画,扫描的精度可在1200dpi 以下任选,对大花回来样,也可以分块扫描,计算机可自动拼接。当用户提供的花回尺寸不能适合圆网印花机的要求时,比如圆网滚筒的周长不是花回天地的整数倍,就需适当对花样进行缩放,改变花样在计算机内的宽度或高度。

扫描线可任意选择,扫描线数越高,来样失真度就越低,但所需的扫描时间越长,处理图案工作量也大;另外,还要考虑输出设备的精度,扫描线的选择以能被输出设备精度数整除为宜。所以,一般扫描线的确定应以满足分色效果为前提,不宜过高。一般色差大、花型大、以色块为主的花样,扫描线可以低些;细茎、泥点、撇丝等抽象、精细花型扫描线高些;云纹花样一般不宜太高,以有利于色彩层次过渡柔和。

2. 图形工作系统

它由计算机主机、彩色显示器、操作工具及存储器等组成,其功能为显示图像并在软件控制下进行图案设计和分色描稿。分色描稿系统软件即计算机上所安装的自动描稿系统,它具有颜色的测量输入、信息处理与传送功能,可对图样上的所有颜色进行有效的控制,通过显示屏及打印机等输出设备调校与再现图样颜色,通过颜色数据采集、处理、传送及再现,实现所见即所得,提供企业与客户双方对商品的迅速确定,随即输出用于制版的分色片或直接驱动制版机制版。

分色处理是指计算机上接回头、并色、修改及取单色稿的过程。

（1）接回头：由于来样一般是一个小的完整花回（有时回头不十分准确），在出分色胶片时，要在竖直、水平方向上连晒数倍，才能形成整幅图案，计算机分色设计中考虑了工艺上常用平接（1/1）、跳接（1/2、1/3、1/4）的接回头方法，并能自动确定最小花回。

（2）并色：由于来样（布样）带有布纹、杂色、折皱以及色均度差等情况，扫描进入计算机内的图案显现的色彩很杂，经过扫描处理工序后，还需经过专门的并色处理。并色处理就是把图像中相近的颜色合并、归类，减少套色数。通过并色将图案中的各种色彩归类为原图样的颜色种数，并色处理就是将其还原为原来的色彩。系统为用户提供 256 套颜色，并以调色板的形式显现在屏幕上供人们选择，用户可以通过窗口的操作，将图案还原为原来布样所具有的套色数。

（3）修改及分色处理：由于来样带有杂色等情况，并色后还需要经过修改处理。系统专门为花样的修改提供了三十多种修改工具，如橡皮（去杂色）、剪刀（对图案进行裁边处理）、旋转（让花样以任意角度在平面内旋转）、缩放（将花样的宽高缩放至印花工艺所需尺寸）、边缘平滑（将色块、线条的边界自动平滑，或者叫去毛刺）等等，可以满足各种花型的修改和综合处理。经过修改的花样，输出胶片的精度高、色泽纯、线条光洁。如有的图案有压色、借线、合成色、防留白、留白等印花工艺要求时，可以在分色过程使用全部扩张、局部扩张和其他绘图工具进行处理，达到工艺所需要求。常规分色是指在图案中设置几个中心色，然后整幅图像按照该中心色所代表的颜色进行分类。

3. 激光成像

激光成像过程是指每一颜色的黑白稿从彩色稿中分出并连晒，通过印花激光成像机输出胶片的过程。激光成像机采用声光调制器，四路激光同时扫描，并采用真空泵吸附，使胶片严格处于光学平面上，保证了重复成像的高精度。该系统将成像数据压缩发送到控制器的前置存储器内，控制器内设置了二级 CPU，首级 CPU 将前置存储器内的压缩数据恢复输送到后置动态存储器内，由后级 CPU 将恢复的图像数据同步输给激光成像机。采用这种控制方式，对于一般花样，色块的压缩倍数很大，最大在 100 倍以上，这使成像速度主要决定于成像机的成像速度。对于泥点、云纹、抽象等数据复杂、规律性差的花样，只要用相当高的倍数压缩，同样可和一般花样那样具有满意的控制速度。输出精度为 1200dpi，可满足做各种精细花样及云纹的要求。用户如需制作更大面积的花样，系统可以在胶片四角加定位十字线输出，输出胶片后进行拼接，可以做到精确无误。

（二）喷射制网技术

喷射制网采用电子制网一步到位的思想，图案或样稿经扫描仪分色后，计算机将产生的图案文件（分色稿）由 CAD 系统转换成数据文件输入喷射制版机，直接转移到网版。与传统感光制版不同，它不需要制作黑白稿或感光连拍，而是借助喷射技术，按照所需花型对平网或圆网表面进行"射凿"。对因其喷出的介质不同分成喷蜡制网和喷墨制网，它们各有其特点，但运行机理和操作方法基本相同。

1. 喷蜡制网

喷蜡制网技术工作原理是：采用一种新型喷印头，喷印头上装蜡，在喷射前将喷印头加热，通过电脑控制的数字信息，把液体蜡滴喷到光敏性涂层的网上，蜡形成一层对光不受影响的"薄膜"，获得表面正片的功能，然后在整体光源下曝光、显影和固化，最终制成镂空花版。

喷蜡制网工艺路线为：坯网→涂层→喷射制网→曝光、显影、聚合。在这条工艺路线中，坯网、涂层、曝光、显影、聚合和传统的制网工艺相同，所不同的是对原先用激光照排机出胶片并将显影后的胶片拿到曝光机上包网感光的过程，改成电脑直接控制喷印头处理。喷印头通过计算机将分色数字化信息按花型喷出蜡滴对网版进行"射凿"。圆网情况下，是以滚筒围绕纵轴回转，喷蜡头沿其运行。对于平网则是将其插入一个垂直的机架中，喷蜡头一行一行地射凿。

喷蜡制网机采用固态蜡作介质，工作时，喷印头按照花纹图案的要求喷出直径极小的雾状热塑性蜡滴。蜡滴在喷射前在喷印头内被加热，使之具有一定的黏性，它利用压电晶体力的振荡作用将固态蜡融化后的液体蜡喷射出来，当蜡滴喷射到网版表面时，借助于蜡的流动性，产生细微的运行，并相互联结，使到达网版表面的蜡滴微粒在一定的范围内连成一体，并迅速冷却，机械地固着在筛网表面。在喷出的蜡滴中，加有光化性的光吸收添加剂，能防止蜡质点的光透，并使光的透光度大大降低。在喷嘴的输送系统中设有过滤器，防止堵塞喷嘴管道系统。

喷蜡制网的优点在于液态蜡喷到网版上不会溅开，不会使图像产生虚化。蜡与网版结合性紧密，其边缘位置不会出现折射而影响精度。喷蜡制网机的蜡需专业生产，目前售价偏高（今后会有降低趋势），又因为固态蜡融成液态蜡需要加热周期和循环过程，对喷蜡制网机的使用环境和维护会有一些要求。由于喷蜡制网机在国内外推出使用较早，在国内无版制网设备使用的客户中占有较大比例，在使用中有许多成功的经验和工艺技术，国内也有单位在考虑降低喷蜡制网机专用蜡的生产成本，所以在一个较长的时间内，喷蜡制网机还将存在和发展下去。

2. 喷墨制网

喷墨制网机也是一种无版制网机，直接由计算机将分色后的单色图像喷印在网上，与喷蜡制网机所不同的是，两者喷印的遮光介质，喷蜡制网机喷射的是一种遮光蜡，喷墨制网机喷射的是一种墨水。喷墨制网机的主要优势在于使用的墨水较普通，从而降低了生产成本。又因为它的喷头与用于印纸的普通打印机相近，而普通打印机技术发展迅速，从而使喷墨制网机的喷头产品技术发展很快，喷头使用、更换、维修都方便。

对于喷蜡、喷墨技术的评价不仅在于喷蜡和喷墨本身，作为一个制网机，机械喷印方式、精度、容错性、稳定性及性能价格比都是重要的指标。目前除专业生产喷蜡制网机或专业生产喷墨制网机的厂家外，有个别厂家生产喷射制网机，同时带有两种喷印系统，即同一个设备，装上喷蜡头及附件即成为喷蜡制网机，卸去喷蜡头及附件，装上喷墨系统又成为喷墨制网机，供用户选择使用。

(三)激光制网技术

1. 激光雕刻花网

激光雕刻花网的原理是采用二氧化碳大功率激光器，把几百瓦的激光功率聚焦到一点，直接烧蚀一定厚度的感光胶。激光雕刻花网工艺流程是将坯网进行特定的涂层，然后通过计算机将印花花样分色数据传送到激光头，在网版上进行激光雕刻。目前激光雕刻花网仅适宜于圆网，制作时，圆网作旋转运动，激光头作直线运动，激光束按分色的信息瞬时气化圆网上的胶质，雕刻出分色图案花纹。

激光雕刻花网雕刻时间取决于网版速度和分辨率,一般圆网激光雕刻时间在 30min 左右;激光雕刻花网的精细度由激光束聚焦后的光斑直径决定,即与分辨率有关;激光雕刻花网所用感光胶在激光作用后从网上挥发,雕刻后不需显影和水洗,所以工序清洁、简单。

2. 激光电铸花网

激光电铸花网是将镍网制网与花版雕刻结合于一体的制造技术,首先制造出一个无网孔的镍网,再进行雕刻蚀孔。由于不需涂感光胶,雕刻工序简单,只要由计算机将分色后的图案信息传送到激光头直接雕刻。这样,成品网只在图案部分才有网孔,所以花网的耐化学腐蚀性好;而且雕刻机可在同一网上雕出大小不等的网孔,从而在网上可以形成不同形状、大小、密度的网点,使云纹图案层次丰富、细腻、逼真。激光电铸花网技术能生产高水平的花网,完成高精度的印花,但由于设备投资大,一般印花厂难以接受,适合于制网中心使用。

总之,现代电子制版技术不仅大大缩短了印花生产周期,而且能生产出更精细、重现性也更好的网版和花型,特别是解决了云纹花样制网的困难,提高了印花产品的质量和档次。

第二节　涂料印花

涂料印花是借助于黏合剂在织物上形成的树脂薄膜,将不溶性颜料机械地黏着在纤维上的印花方法。涂料印花不存在对纤维的直接性问题,适用于各种纤维织物和混纺织物的印花。另外,涂料印花操作方便,工艺简单,色谱齐全,拼色容易,花纹轮廓清晰,但产品的某些牢度(如摩擦和刷洗牢度)还不够好,印花处特别是大面积花纹的手感欠佳。目前涂料印花主要用于纤维素纤维织物、合成纤维及其混纺织物的直接印花,有时也可以利用黏合剂成膜而具有的机械防染能力,用于色防印花。

一、涂料印花色浆的组成

涂料印花色浆一般由涂料、黏合剂、乳化糊或合成增稠剂、交联剂及其他助剂组成。

(一)涂料

涂料是涂料印花的着色组分,系由有机颜料或无机颜料与适当的分散剂、吸湿剂等助剂以及水经研磨制成的浆状物。选用的颜料要耐晒和耐高温,色泽鲜艳,并对酸、碱稳定。颜料颗粒应细而均匀,颗粒大小一般控制在 $0.1\sim2\mu m$,还应有适当的密度,在色浆中既不沉淀又不上浮,具有良好的分散稳定性。

(二)黏合剂

黏合剂是具有成膜性的高分子物质,一般由两种或两种以上的单体共聚而成,是涂料印花色浆的主要组分之一。涂料印花的牢度和手感由黏合剂决定。作为涂料印花的黏合剂,应具有高黏着力、安全性及耐晒、耐老化、耐溶剂、耐酸碱,成膜清晰透明,印花后不变色也不损伤纤维,有弹性、耐挠曲,手感柔软,易从印花设备上洗除等特点。

黏合剂可分为非交联型、交联型和自交联型三大类。

1. 非交联型黏合剂

在黏合剂分子中不存在能发生交联反应的基团，是线型高分子物。这类黏合剂的牢度较差，需要加入交联剂，通过交联剂自身和交联剂与纤维上的活性基团的反应形成网状结构，才能保证其牢度。按单体原料来划分，一般可分为以下两类。

(1)丙烯酸酯的共聚物。这类黏合剂具有透明、耐光、耐热的特点，但耐干洗、耐磨和弹性稍差，皮膜手感易发黏，与丙烯腈等共聚可改善其性能。

这类黏合剂的典型产品是丙烯酸丁酯和丙烯腈的共聚物，如东风牌黏合剂，其结构式如下：

$$-CH_2-CH-CH_2-CH-$$
$$\overset{|}{H_9C_4OOC} \qquad \overset{|}{CN}$$

改变丙烯酸丁酯和丙烯腈的单体配比，可以调节黏合剂的手感、黏附性和牢度。丙烯酸丁酯含量高，皮膜软而黏，抗张强度较低；反之，丙烯腈用量增加，皮膜抗张强度提高。

(2)丁二烯的共聚物。如丁苯胶乳和丁腈胶乳，分别由丁二烯与苯乙烯或丙烯腈共聚而成。其特点是皮膜弹性好，手感柔软，耐磨性亦好，但由于大分子链中含有双键，耐热和耐光性差。它往往和醋酸甲壳质溶液混合使用，黏合剂 BH 就属此类。

2. 交联型黏合剂

此类黏合剂分子中含有一些反应基团，可以和交联剂反应，形成轻度交联的网状薄膜，提高涂料印花的牢度，但交联型黏合剂不能和纤维素等大分子链上的羟基反应，也不能自身发生反应。这类黏合剂是在共聚物中引入了以下一些单体：

(1)含羧基的单体：如丙烯酸、甲基丙烯酸等。

(2)含氨基和酰氨基的单体：如丙烯酰胺、甲基丙烯酰胺等。交联型黏合剂有网印黏合剂，海立柴林黏合剂 TS 等。这类黏合剂在使用时一定要加入交联剂。

3. 自交联型黏合剂

在自交联黏合剂中，含有可与纤维素上的羟基或自身反应的官能团，如 N -羟甲基丙烯酰胺等，在一定条件下，这些官能团不要交联剂，就能在成膜过程中彼此间相互交联或与纤维素纤维上的羟基反应，因此不需要外加交联剂，所以称为自交联型黏合剂，如 KG—101 等。目前的涂料印花黏合剂主要是自交联型黏合剂。

(三)交联剂

交联剂是一类具有两个或两个以上反应官能团的物质，能和黏合剂分子或和纤维上的某些官能团反应，使线型黏合剂成网状结构，降低其膨化性，提高各项牢度。常用的交联剂 EH 由己二胺和环氧氯丙烷缩合而成，具有两个活泼基团环氧乙烷基。交联剂 FH 可能是六氢-1,3,5 -三丙烯酰三氮苯或 2,4,6 -三环氮乙烷三氮苯，它具有多个反应基团。对于非交联型黏合剂和交联型黏合剂，色浆中一般要加入交联剂，以保证印花织物的牢度，对于自交联型黏合剂，一般不加交联剂。另外，在黏合剂中加入热固性树脂，使线性高分子形成网络状，可使黏合剂皮膜在水中的膨化性降低，牢度提高。

涂料印花一般用乳化糊作原糊，其用量少，含固量低，不会影响黏合剂成膜，手感柔软，花纹清晰。用合成增稠剂代替乳化糊可避免火油挥发造成的环境污染,而且成本低。

二、涂料直接印花工艺

(一)工艺配方

	白涂料(%)	彩色涂料(%)	荧光涂料(%)
黏合剂	40	30~50	30~40
乳化糊或2%合成增稠剂	x	x	x
涂料	30~40	0.5~15	10~30
尿素	—	5	—
交联剂	3	2.5~3.5	1.5~3.0
水	y	y	y
合成	100	100	100

(二)工艺流程

印花→烘干→固着。

固着主要是交联剂和交联型黏合剂、交联剂自身之间、交联剂和纤维上的活性基团或自交联型黏合剂之间及和纤维上的活性基团发生交联反应。固着有两种方式:汽蒸固着(102~104℃,4~6min)和焙烘固着(110~140℃,3~5min)。一般涂料印制小面积花纹可不进行水洗,但若乳化糊中火油气味大,需皂洗。

三、特种涂料印花

(一)金银粉印花

金银粉印花是以性能特殊的高分子黏合剂、高效抗氧化色变剂、稳定剂、手感调节剂、特种印花糊料等组成专门用于金粉(铜锌合金粉末)或银粉(多为漂浮型铝粉)印花的金粉印花浆或银粉印花浆。将这两种不同的印花浆印制在各类纺织品上,甚至可将它延伸到真皮革和湿法PU革的印花上,在各种基材上得到似黄金或白银般高贵华丽的花型图案,起到了镶金嵌银的效果。

20世纪90年代以来出现的新材料,以特殊的晶体为核心,外包增光层、钛膜层、金属光泽沉积层,每层按顺序包覆,组成新的金光或银光颜料粉用于印花。这种晶体包覆新材料不易氧化,具有良好的耐气候、耐高温、耐化学品性,应用性能优于原来的金粉(铜锌合金粉)和银粉(铝粉),但是新材料的光泽与传统的金粉和银粉相比略有差异,人们习惯使用后者,只是在客户订单指定要环保型的金银粉时才会使用前者。

1. 金属颜料

(1)铜粉:铜粉即习惯称为金粉的金属颜料,实际上是铜或铜的合金(一般铜锌合金多)。金粉有170目、240目、400目、600目、800目、1000目等多种规格。金粉目数越低光泽越高,通常用400目金粉印花为多。金粉对化学品比较敏感。耐光性好的金粉在制造时表面涂了一层硬脂酸或其他脂肪酸类润滑剂。铜粉在水相体系中分散不理想，在金粉印花浆中必须加入适当的非离子表面活性剂，以得到均匀饱满的花纹效果。

（2）铝粉：铝粉就是银粉印花用的银白色金属铝颜料。铝粉在空气中比较稳定，因为它本身会形成一层透明氧化膜，但是粉状的铝（细雾状和片状的）可与水反应放出氢而生成氢氧化铝，制造铝粉时在表面涂有硬脂酸，但是在水性的涂料印花浆系统中，经调浆、印花、加热烘干后，光泽会发生变化，明显变暗。现在铝粉制造商和专用印花浆制造专业厂已研制出新型的、所谓即用型金银粉印花浆用于印花。

2. 金银粉专用印花浆组成

金银粉印花对光泽的特殊要求决定了印花浆体系必须具有稳定的抗氧化性能，而且对配入的黏合剂、糊料等都有特定的要求。

（1）抗氧化剂：铜合金或金属铝粉易在空气中氧化变色，常选用的抗氧化剂有米吐尔，学名对甲氨基酚，此外，还有对抑制铜氧化有特效的苯并三氮唑或者进口的 Bright Gold BBC 3324 和 GBV 2837 等可供选用。

（2）糊料：金银粉印花糊与直接印花糊的要求不一样，要求加入金粉或银粉之后，经搅拌易分散，与黏合剂配伍性好，调好的金银粉印花浆应具有一定黏度才能使所印花型饱满、清晰，这就需要有符合这些要求的特殊糊料供配浆应用。

（3）黏合剂：可选择 PA 接硅树脂或 PU 树脂，要求黏合剂稳定性好，手感与牢度能兼顾，同时要能耐干洗，有自润湿组分的优质黏合剂供配浆用。

（4）其他添加剂：包括印浆流变性能调节剂、手感牢度调节剂等多种组分，它们都是改善金粉印花印制性能所必需的助剂。

最好由专业厂按上述要求选择原料，并经合理的复配工艺制成性能良好且质量稳定的金粉印花浆，印染企业只要加入适量金粉（一般 10％～15％金粉）调匀，即可上机印花，十分方便，意大利和日本均有这类即用型商品，可使金粉印花纺织品的质量保持相对稳定。

3. 即用型金银粉印花浆印花举例

这种印花浆使用方便，只需加入适量的金粉调匀即可直接用于印花。印花织物热处理后，能保持良好的金粉光泽，手感及牢度均佳。

（1）参考配方（％）：

金粉印花浆	85
350～400 目金粉	15
合计	100

（2）工艺流程：印花→预烘（105～110℃，2min）→焙烘（130～160℃，1.5min）→成品。

金粉印花花版应排在最后一套色位，这样金粉印花的亮度好。即使采用金粉浆罩印，因为金粉涂料有较强的遮盖力，也能取得较好的效果。金粉印花与染料印花同印，特别是湿罩湿印花时，红色的活性染料对金属离子很敏感，接触后会形成金属络合物而产生色变。为了确保金粉印花后的牢度，最好采用干热风固化工艺，尽量少采用汽蒸工艺，因为采用汽蒸工艺黏合剂固化不完全，会影响牢度。

(二)珠光印花

1.珠光颜料

珠光印花的历史源远流长,早期使用的珠光颜料是从鱼鳞中提取的一种物质,叫做鸟粪素(Cuanine),它的主要成分是 2－氨基－6－羟基嘌呤,因为资源有限、价格昂贵,难以满足纺织品印花的市场需要。此后人们研究了人工珠光体,如碱式碳酸铅等,但是珠光效果决定于表面光滑和完整晶体的形成,制造工艺要求很高,且用此晶体制成的印花浆稳定性较差,宜随配随用,不能贮存,使用运输均不方便。20 世纪 80～90 年代,人们研制了以云母微核包覆钛等金属氧化物的新材料,制得能产生珍珠光泽的颜料,其外观透明、扁平,具有光滑的平面和高折射率及优良的光泽,而且已不局限于单一色调(即银白色)。除白色系列外,还有彩虹色系列、着色系列(不但有珍珠般的光泽,而且带有透明颜料所具有的迷人色彩)、云母铁系列(产生金属光泽)、金色系列(不但具有珍珠光泽,而且呈现出金色光泽,有很好的金粉印花效果)。

2.珠光印花浆的组成

作为高附加值纺织品的印花浆,它的组成关键是成膜之后膜必须无色透明,膜的折射率应在 1.5 左右,与玻璃相似,才能印制出高质量的产品。

(1)黏合剂成膜后应全透明,耐光、耐热等性能要好,最好能耐干洗,同时希望它对珠光颜料的分散性能要好,更希望它有自润湿性能,可在添加 10％～15％的珠光粉成浆后,在 31.5 网孔数/cm(80 目)左右的网上顺利印花,同时要求在加热固化后能有较好的牢度和手感。

(2)增稠剂本身是高分子材料,也会成膜,其具体要求基本上同黏合剂,高温焙烘成膜之后不能泛黄。增稠剂本身不能带色,一般涂料直接印花中所用的外观呈黄色且煤油味重的增稠剂均不可用。

3.即用型珠光印花浆应用举例

(1)参考配方(％):

珠光粉	10～15
珠光印花浆	x
合计	100

可加适量的 A 邦浆或增稠剂糊料调制,在 23.6～31.5 网孔数/cm(60～80 目)筛网上印花。注意 A 邦浆虽有利于印制,但油相系统的糊料对珠光光泽有一定程度的影响。

(2)工艺流程:

①丝织物:印花→预烘(105～110℃,2min)→焙烘(130～140℃,1～5min)→成品。

②棉及涤棉织物:印花→预烘(105～110℃,2min)→焙烘(165～170℃,2～3min)→成品。

印花时筛网一般多选用粗网目的花版,以 23.6～31.5 网孔数/cm(60～80 目)为宜,其中又以 31.5 网孔数/cm(80 目)者为主,少数要求印花后的花纹上带有金属多彩闪烁效果者,可用 19.7～23.6 网孔数/cm(50～60 目)筛网印花。调制印花浆时加入珠光粉,不要长时间高速打浆,以免破坏珠光颜料的晶体结构,造成光泽度下降。

(三)夜光印花

利用自发光材料对纺织品进行印花,使得印花后的织物在黑暗条件下显现出晶莹发亮、美丽多彩的花型图案,在有光条件下,是浅色或无色的,随着光强度的变化而呈现隐隐约约、忽隐忽现的奇特感觉。这种利用不同发光波长和不同余晖的光致发光物质产生的动态印花效果是十分迷人的。

1. 夜光印花浆的组成

(1)发光材料:发光材料目前可以分为两种类型,传统型发光材料是余晖时间短的硫化物复合材料,新型发光材料是稀土金属盐。各种发光材料的余晖时间和发光颜色都是有重要实用价值的参数。印花时材料不能太细,细的发光效果差,当颗粒小至 5nm 即不能发光。

(2)糊料、黏合剂及助剂:因为稀土铝酸盐发光材料易水解,所以配制印花浆时,最好采用标准白火油制备的特种乳化糊(与 A 邦浆类似),与手感柔软、牢度好、成膜透明的黏合剂配伍,一般不加交联剂即可保证其各项牢度符合标准。为改善加入夜光粉后印花浆的流变性能,可以加入油性的流变性能调节剂和手感牢度调节剂,以求得到最佳印花效果。

2. 即用型夜光印花浆夜光印花举例

(1)参考配方(%):

夜光粉	15～25
夜光印花浆	x
合计	100

(2)工艺流程:印花→预烘(105～110℃,2min)→烘焙(130～165℃,1.5min)→成品。

实际生产时,一般均与其他染料或涂料共同印花,花版色位的排列次序,一般染料或涂料色位在先,夜光印花浆在后,不能将夜光浆叠印在其他印花浆上,否则将影响发光。纺织品的地色对发光有很大影响。如以白地色夜光印花的亮度为 100,那么浅地色的印花亮度只有 80～90,而深地色的印花亮度在 80 以下。发光材料受印花浆及外部环境影响很大,在配浆及应用过程中,要避免与强电解质以及铅、钴、镉等重金属离子接触。

(四)金属箔印花

金属箔印花实际上是一种热压转移印花,使用的是特殊的热熔黏合剂,将具有金色或银色的金属薄膜转移到纺织品上的印花方法。金属箔印花的纺织品多为妇女服用的针织布或梭织布,以点、线及流畅的花型为多,因为金属箔的镜面光反射作用强,它的光亮度大大高于常规的金粉或银粉印花,更显现出富丽华贵的效果。

1. 金属箔

在聚酯薄膜上按序加脱膜层、着色层,然后在高温及真空条件下将铝蒸发成气体并均匀地扩散和分布在聚酯薄膜上形成真空镀铝层,这就是一般的铝膜。通过特定的氧化处理及染色可以获得黄色的金箔。最后涂覆热熔黏合层组成金属箔印花的金属箔。

2. 金属箔印花黏合剂

这是一种性能特殊的黏合剂,也是金属箔印花得以成功的关键。它由合适的热熔胶如聚酰胺、聚酯、聚乙烯树脂和黏合树脂如聚氨酯系树脂组成。要求配成的印花浆透网及流动性能良好,能在织物表面上得到均匀的涂层,且能向基布适当而不过度地渗透,还应具有热熔点低,不收缩,耐水洗、耐干洗性好,手感柔软等特点。

3.金属箔印花工艺

金属箔印花工艺有两种,在织物上印热熔黏合剂和在金属箔上印热熔黏合剂。

(1)织物印烫金胶(热熔黏合剂)→预烘(100℃,1min)→金属箔贴合→热压(将金属箔局部转移到织物上,130~160℃,30s)→金属箔与聚酯膜剥离并黏合于织物上。

印烫金胶(热熔黏合剂)可以在手工台板、平网、圆网等设备上进行。

(2)金箔纸→黏合剂印花→预烘(70~80℃,30~60s)→与染色织物贴合热轧(160~170℃,15~30s)→贴合织物打卷→50~70℃熟化堆放→剥离→成品。

为了提高织物与金属箔之间的黏结牢度,在热轧之后,应有一道熟化工序(温度维持在50~70℃之间,时间在20h左右),然后进行剥离即成。

(五)发泡印花

发泡印花是用发泡印花浆,经涂料印花工艺,在纺织品上形成一种立体效果的特种涂料印花,又称立体印花、凸纹印花或浮雕印花。这种印花方法可以印制韵味独特的花型。

严格说发泡印花可分为起绒印花和发泡印花两种方式,虽然都可以产生立体印花的效果,但是前者为物理方法,而后者为化学方法,前者具有绒绣状的绣花效果,而后者只有浮雕效果。

1.物理发泡法

物理发泡法是依靠发泡过程中其本身物理状态的变化来达到发泡的目的。采用"微胶囊"技术,将发泡剂包覆在数十微米大小、稳定的"微胶囊"中,微胶囊的囊壁由偏氯乙烯与丙烯腈共聚体、聚苯乙烯、聚氨酯、聚氯乙烯等组成。微胶囊中贮有易汽化的有机溶剂,如异丁烷等。最后将微胶囊分散在丙烯酸系列的黏合剂中组成发泡印花浆。这种印花浆印在织物上后,在烘干发泡阶段,微胶囊芯材中的有机溶剂受热后很快汽化,将胶囊膨胀成气泡,体积可增加50倍左右。

2.化学发泡法

化学发泡法是采用化学发泡剂产生发泡的气体。将高分子聚合物胶乳和发泡剂等组成化学发泡浆,在织物上印花后,给予烘干热处理,在某一合适的温度下,化学发泡剂分解产生大量气体,将胶乳构成的树脂层膨胀,从而产生浮雕效果。发泡剂多为有机发泡剂,如偶氮二异丁腈、偶氮二甲酰胺等,配方中加入合适的助剂(如尿素)和金属盐(如氯化锌)均有降低发泡温度的效果。在由以上物质组成的发泡浆中,还必须有包覆泡沫、稳定泡沫的黏合剂。为了形成强度好的泡沫孔型结构,只加聚丙烯酸酯黏合剂还不够,还需加入适量的PVC树脂,以使发泡浆印花后的织物有较柔软的手感和较好的弹性。

3.发泡印花工艺举例

(1)印花浆配方(g):

悬浮级聚苯乙烯树脂	180
乙酸乙酯	340
丙烯酸酯共聚体	350
增稠剂 M	17
二丁基苯磺酸钠	5
偶氮二异丁腈	8

偶氮二甲酰胺	60
尿素	30
硬脂酸	10
合计	1000

(2)工艺流程:半制品→印花→烘干→焙烘(压烫或定形,130℃,30s)→柔软拉幅。

发泡印花的关键是严格控制好烘及焙的温度,烘干织物时不能让它发泡,焙烘时既要完成树脂的固化过程,又要完成发泡过程。因为发泡最合理的温度范围很窄,温度不足,发泡高度不够,固化不完全,牢度也不好;温度过头已发起的泡沫结构表层坍塌,造成发泡高度下降,达不到预期效果。进行涂料着色发泡印花时,要注意涂料色浆对发泡高度的负面影响,一般涂料用量不能超过5%。发泡印花浆是一种高固含量的印花浆,操作时,稍有不慎就易出现堵网问题,因此无论是手工台板或是机印均应在冷的条件下进行,不能用热台板印花。当进行多套色印花时,发泡印花的花位(板或筒)应排列在最后的色位进行,不然会影响发泡印花效果。

(六)弹性胶浆印花

弹性胶浆不同于传统的涂料罩印浆,专用于弹力织物,特别是针织物的印花。印花后在织物上形成一种既有弹性和良好遮盖性,同时表面有消光或光泽酷似皮革的字母花型。弹性透明胶浆则可以在弹力或轻薄型的白色织物上印制出具有似透明效果的花型。

1.弹性胶浆的品种与组成

(1)弹性白胶浆:不同于传统的以纯PA树脂为原料的白胶浆,它是以高含固量的PA接硅树脂和PU树脂复配作为弹性主黏合剂,配以不同比例晶型(锐钛型和金红石型)的钛白粉、高效分散剂、稳定剂、印浆流变性能调节剂和手感调节剂等组成的特殊罩白印花浆,可在织物上形成具有橡胶皮膜感的花型。

(2)弹性不透明胶浆:它以改性PA与PU树脂共混乳胶为基材,适量配以不透明聚合物和印浆流变性调节剂及手感调节剂组成。不透明聚合物是采用一种新颖特殊的乳液聚合工艺制造的高分子新材料,能够有效地将入射光散射,借此加强了涂料的遮盖力。

(3)弹性透明胶浆:这种胶浆基材同样为改性PA树脂或PU树脂,同时配以印浆流变性能调节剂及手感调节剂。

弹性透明胶浆可以用于弹性织物涂料直接印花,能在白地色纺织品上得到着色特别鲜艳、更有弹性的花型,使织物具有不同于普通涂料直接印花的特殊手感与风格。它还可用于薄型纺织品的仿烂花印花工艺中,形成酷似烂花印花的透明图案。

2.弹性胶浆印花举例

(1)大日本油墨公司的白色弹性罩印浆S—420等即用型产品可直接用于印花,焙烘固化条件为130℃,2~3min。

(2)彩色弹性罩印浆MS—520,使用时可取原浆100g,加入着色涂料1~5份调制成均匀的色浆即可上机罩印彩色花型于深地色的织物上,它属于即用型罩印浆,焙烘固化条件为130~150℃,2~3min。

(七)反光印花

反光印花是采用特殊的印花工艺,在织物上印上以高折射率反光体为基础的反光单元,将外来光源射来的光线集成锥状光束再向光源反射。当光的折射角在一定范围内都可以保持这种反光特征,故称定向反光印花。

定向反光具有强烈的"醒目"效应,行人穿着该类印花服装,在夜间车灯的照射下,能反射明亮的光,引起驾驶员的高度注意,以避免交通事故。

反光印花中的反射体为球形透镜型的玻璃微珠,由二氧化硅、二氧化钛、氧化钡、二氧化锆、氧化锌等组成,折射率在1.9~2.3,粒径40~90μm。如将玻璃珠做成有色的,则可获得彩色的反光效果。

反光印花工艺举例如下:

(1)色浆配方(g/L):

着色剂	适量
消泡剂	10~50
反射体	300~500
黏结促进剂506	10~200
黏合剂RA—801	x

(2)工艺流程:织物→印花→烘干(100~105℃)→焙烘(150℃,3min)。

反光印花必须选择成膜性强和透明度高的黏合剂。为了提高产品的牢度,必要时应加入交联剂。用不同颜色色浆印制的反光花型其反光强度是不同的,因为不同颜色的着色剂对光的吸收能力不同,着色剂的色泽越深,吸收光的能力越强,反光强度越低。

四、涂料数码喷墨印花

1. 织物预处理

由于喷墨系统对涂料喷墨印花墨水性能的要求,涂料墨水对织物进行喷墨印花不同于筛网印花,墨水中不能添加印花所需的原糊。涂料墨水中的颜料微粒以分子聚集体的形式存在,而染料墨水中的染料一般以离子状态存在,所以喷墨印花时,涂料墨水较染料墨水不易渗化,特别是对亲水性好的纤维织物。因此,亲水性好的织物可以不经过预处理直接进行喷墨印花,但对于亲水性稍差的织物如涤纶或其他合成纤维及其混纺织物,为了防止涂料墨水的渗化并获得清晰的印花图案,需要使用具有一定亲水性的高分子化合物进行预处理。

Ciba公司的Ciba IRGAPHOR TBI HC系列涂料墨水对亲水性差的合成纤维织物喷墨印花的前处理剂配方(%):

Ciba ALCOPRINT PT－RV	0.4
Ciba ULTRAVON 9109(润湿剂)	0.4
水	x
合成	100

预处理采用浸轧方式,轧液率90%~100%。

2. 涂料喷墨印花墨水

颜料不溶于水,通常需将颜料进行超细化加工,再用分散剂分散在水中,制成水基型涂料墨水。涂料墨水属于颜料的微粒状悬浮分散体系,很难制成稳定性良好的高浓度墨水。

颜料对纤维没有亲和力,涂料墨水中需加入适宜类型和适当用量的黏合剂或树脂,以提高印花产品的色牢度。涂料墨水常用的黏合剂有树脂类和聚合微胶乳液类。在涂料墨水中添加黏合剂需考虑黏合剂本身与墨水体系的相容性和其对体系各项性能的影响,特别是黏合剂本身黏度较大,会增大印花墨水的黏度,导致喷墨不畅和堵塞喷嘴。

另一种应用黏合剂的方式是将黏合剂与涂料墨水分散体系分开配制,先将涂料墨水分散体系喷射到织物上,然后再通过一定方式将黏合剂施加到印花织物上,这样可避免黏合剂对墨水性能的影响。

3. 后处理

印花织物在 170～180℃焙烘 3～5min,或在 200～210℃热压 1min。涂料墨水喷墨印花后通常不需要水洗,具有工艺简单、节能减排和适应品种广的特点。

第三节　纤维素纤维织物印花

一、直接印花

(一)活性染料直接印花

活性染料印花工艺简单,色泽鲜艳,湿处理牢度好,中浅色色谱齐全,拼色方便,并能和多种染料共同印花或防染印花,成本低廉,是印花中最常用的染料。但活性染料不耐氯漂,固色率不高,水洗不当易造成白地不白。

选择印花用活性染料要保证色浆稳定,直接性小,亲和力低,有良好的扩散性能,固色后不发生断键现象。

活性染料印花工艺按色浆中是否含碱剂而分为一相法和两相法。

1. 一相法印花

一相法印花是将染料、原糊、碱剂及必要的化学药剂一起调成色浆。

工艺流程:白布印花→烘干→蒸化→水洗→皂煮→水洗→烘干。

色浆配方(%):

活性染料	1.5～10
尿素	3～15
防染盐 S	1
海藻酸钠糊	30～40
小苏打(或纯碱)	1～3(1～2.5)
加水合成	100

一相法印花工艺适用于反应性低的活性染料,主要采用 K 型活性染料,KN 型和 M 型活性

染料也有应用,这样印花色浆中所含的碱剂对色浆的稳定性影响较小。

活性染料与纤维素纤维的反应是在碱性介质中进行的,反应性差的活性染料应选用纯碱为碱剂;反应性较高的宜选用小苏打为碱剂,它的碱性较弱,有利于色浆稳定,在汽蒸或焙烘时,小苏打分解,织物上色浆的碱性增加,促使染料与纤维反应:

$$2NaHCO_3 \longrightarrow Na_2CO_3 + H_2O + CO_2 \uparrow$$

尿素是助溶剂和吸湿剂,可帮助染料溶解,促使纤维溶胀,有利于染料扩散。防染盐S即间硝基苯磺酸钠,是一种弱氧化剂,可防止高温汽蒸时染料受还原性物质作用而变色。海藻酸钠糊是活性染料印花最合适的原糊,因为其分子结构中无伯羟基,不会与活性染料反应,而且海藻酸钠中的羧基负离子与活性染料阴离子有相斥作用,有利于染料的上染。

印花后经烘干、固色,染料由色浆转移到纤维上,扩散至纤维内部与纤维反应呈共价键结合。固着工艺有汽蒸(100~102℃,3~10min 或 130~160℃,1min)和焙烘(150℃,3~5min)。

固色后,印花织物要充分洗涤,去除织物上的糊料、水解染料和未与纤维反应的染料等。活性染料的固色率不高,未与纤维反应的染料在洗涤时会溶落到洗液中,随着洗液中染料浓度的增加,会重新被纤维吸附,造成沾色。保证白地洁白的关键是首先用大量冷流水冲洗,洗液迅速排放,再热水洗、皂洗,否则,在碱性的皂洗液中还会造成永久性沾污。

2. 两相法印花

两相法印花的色浆中不加碱剂,印花后再进行轧碱固色,适用于反应性较高的活性染料,提高了色浆的稳定性,避免了堆放过程中"风印"的产生。最常用的轧碱短蒸法工艺流程为:白布→印花→面轧碱液→蒸化(103~105℃,30s)→水洗→皂洗→水洗→烘干。

轧碱配方(g):

30%烧碱(36°Bé)	30
纯碱	150
碳酸钾	50
淀粉糊	100
食盐	15~30
加水合成	1L

碱液中的食盐可防止轧碱时织物上的染料溶落。淀粉糊能增加碱液的黏度,防止花纹渗化。

两相法印花的固色工艺还有浸碱法,即对高反应性的二氟一氯嘧啶类活性染料可用浸碱法固色而无须汽蒸;轧碱冷堆法,即印花烘干后轧碱、打卷堆放 6~12h 固色;预轧碱法,织物印花前预先轧碱,烘干后印制活性染料色浆,再烘干、汽蒸固色。

(二)还原染料直接印花

还原染料直接印花主要有隐色体印花和悬浮体印花两种方法。将染料、碱剂、还原剂调制成色浆进行印花,然后经还原汽蒸,在高温下染料还原溶解、被纤维吸附,并向纤维内部扩散,最后经水洗氧化等过程,此法称为隐色体印花法,也称全料印花法;把染料磨细后调制成色浆,印花烘干后浸轧碱性还原液,快速汽蒸,最后经水洗、氧化等过程,此法称为悬浮体印花法。

1. 还原染料隐色体印花法

还原染料隐色体印花根据染料还原的难易、颗粒大小、碱剂浓淡及其他工艺条件的不同,在调制印花色浆时,可分别采用预还原法和不预还原法两种。

(1)预还原法色浆的调制:凡是颗粒大,还原电位较高,还原速率慢,较难还原,印花易造成色点的还原染料采用预还原法调制色浆。所谓预还原法,就是先用氢氧化钠、保险粉(H/S)和一定量的雕白粉(R/S)将染料预还原,然后在临用时根据配方再补加碱剂和雕白粉。常用的染料主要有还原绿 FFB、艳绿 4G、还原艳紫 RR 等。

基本色浆的调制(%):

染料	5~6
甘油	5
酒精	1
印染胶/淀粉糊	30~35
30%NaOH(36°Bé)	8~15
保险粉	2
雕白粉	8~14
合成	100

将染料、甘油、酒精在球磨机内研磨 48h,使染料颗粒直径小于 5μm,加少量水调匀后加到原糊中,在搅拌下加入规定量的氢氧化钠溶液,升温至 50~60℃,再在搅拌下慢慢撒入保险粉,搅拌均匀,使染料保温还原 30min,冷却后加入事先溶解的规定量雕白粉。

冲淡浆的调制(%):

印染胶/淀粉糊	50
甘油	5
30%NaOH(36°Bé)	5~6
雕白粉	4~6
合成	100

印花色浆配方(%):

还原染料基本色浆	x
冲淡浆	y
合成	100

基本色浆用量视花样颜色的深度而定,印染厂习惯用 1/1、1/20、4/1 等表示。分子表示还原染料基本浆所用的份数,分母表示冲淡浆所用的份数。

(2)不预还原法色浆调制:不预还原法是在色浆制备时,不加 H/S(保险粉),用甘油、酒精和水将染料经球磨机研磨,制成球磨贮浆作为基本浆。印花时用基本色浆、碱剂、还原剂调成印花浆,要现配现用。此法适用于还原电位低、还原速率快、色浆稳定性差的染料,如还原桃红 R、还原橘 GR 等。

基本浆的调制:将染料、甘油、酒精和适量冷水研磨 20min,再加规定量水冲洗上盖,研磨

24～48h 取出,加水到规定量贮存备用。

冲淡糊调制(%):

	烧碱糊	碳酸钾糊	纯碱糊	混合糊
印染胶	30～35	30～35	30～35	—
或印染胶淀粉糊	—	—	—	30～35
30%NaOH(36°Bé)	10	—	—	—
K_2CO_3	—	12	—	—
Na_2CO_3	—	—	8	4
雕白粉	10	10	10	10
甘油	5	5	5	5
合成	100	100	100	100

K_2CO_3 是还原染料色浆中应用最广的碱剂,溶解度和吸湿性比 Na_2CO_3 好,它能使还原染料获得比较高的给色量,若用 Na_2CO_3 代替 K_2CO_3 得色较浅。

印花色浆配方(%):

冲淡糊	y
染料球磨浆	x
碱剂	补充至需要量
雕白粉	补足至8～10
合成	100

(3)工艺过程:还原染料预还原与不预还原法的印花工艺流程相同。

印花→烘干→透风冷却→蒸化→水洗→氧化→水洗→皂煮→水洗→烘干。

还原染料印花后必须充分烘干,但织物不宜长时间停留在烘筒上,因为雕白粉易在潮湿高温下分解,温度越高分解速度越快。烘干后要马上透风冷却,且应及时进行蒸化,即要烘得干,透风冷,包得严,及时蒸,烘干条件一般为 110℃、30s。

蒸化温度为 102～105℃,采用饱和蒸汽汽蒸 7～10min,其中含湿量为 95%,而箱内空气量要少于 0.3%,以防止雕白粉损失。

蒸化后,一般应根据染料氧化的难易采用不同的氧化方法。易氧化的染料多用水洗氧化,难氧化的染料采用氧化剂氧化,常用的有过硼酸钠溶液,浓度为 3～5g/L,另加小苏打 5g/L,温度为 50℃,一浸一轧,透风水洗。

氧化后,织物上的还原染料经过高温皂煮,使花布白地洁白,花色鲜艳,手感柔软,色牢度提高。工艺条件为肥皂 3～5g/L,纯碱 2～3g/L,温度在 90～95℃以上。

2. 还原染料悬浮体印花法

还原染料悬浮体印花法是在色浆中不加还原剂和碱剂,在印花烘干后,织物经过碱性还原液的处理,再经快速汽蒸,在湿、热条件下使还原染料迅速还原上染,随后进行氧化皂洗等印花后处理,使还原染料固着在纤维上。

这一印花方法所用的还原染料颗粒要细,最好在 $2\mu m$ 以下,若颗粒大,则在浸轧还原液时染料会发生溶落,所以在印花前须将染料加 10% 的酒精、$3\sim5$ 倍染料量的水及少量扩散剂 NNO 在球磨机上进行研磨;所用的染料还原速度要快,能在短时间的汽蒸过程中还原完全,隐色体对纤维素要有较强的亲和力,常用的染料品种有还原红莲 RH、还原蓝 3G、还原蓝 RSN 等。

印花中多使用遇碱即有一定凝固性的糊料,如海藻酸钠、甲基纤维素等,不易使花型渗化,但凝固性也不能太强,否则会影响染料渗透和给色量。常用小麦淀粉与海藻酸钠等量混合的混合浆,但是对大块面的花型可使用甲基纤维素。

(1)工艺流程:印花→烘干→浸轧还原液→快速汽蒸($102\sim105℃$,$20\sim40s$)→水洗氧化→皂洗→水洗→烘干。

(2)色浆配方(g):

还原染料	x
淀粉/海藻酸钠浆	$300\sim500$
水	y
总量	1000

(3)浸轧还原液。印花烘干后即可浸轧还原液。一般轧液率控制在 $70\%\sim75\%$,多采用面轧,即印花布正面向下通过轧车,以湿布状态进入快速蒸化机。

还原液中主要有烧碱和保险粉,也可以用二氧化硫脲或用 H/S 和二氧化硫脲的混合液,参考配方如下:

	I	II	III
85%保险粉(g)	$40\sim80$	—	20
30%NaOH($36°$Bé)(mL)	$80\sim140$	60	60
纯碱(g)	50	—	—
淀粉糊(mL)	100	100	100
98%二氧化硫脲(g)	—	$7\sim10$	2
食盐(g)	—	20	15
总量(mL)	1000	1000	1000

悬浮体印花法中还原剂和碱剂不加入色浆,因而色浆非常稳定,且色浆中无吸湿剂,烘干快,不易造成搭色,此法适用的染料品种多,某些各项牢度优良的仅适用于染色的还原染料也可以采用此法来进行印花。印花中,由于不存在雕白粉的分解,其得色比隐色体法要深,贮存时没有风印等疵病的产生。

(三)可溶性还原染料直接印花

可溶性还原染料直接印花具有使用方便、色浆稳定、色谱较全、色泽艳丽、牢度好的特点。但价格较贵,常用来印制牢度要求高的浅色花纹。

可溶性还原染料直接印花方法可分为湿显色法和汽蒸显色法两种,目前在国内最常用的是工艺相对简单的亚硝酸钠湿显色法。

色浆配方(%):

	易氧化染料	难氧化染料
染料	0.5~3	0.5~3
助溶剂	0~3	0~3
纯碱	0.2	0.2
原糊	40~60	40~60
亚硝酸钠(1:2)	1~3	3~6
加水合成	100	100

色浆中纯碱的作用是使色浆呈碱性,防止染料水解而发色。助溶剂是帮助染料溶解,提高染料的给色量,常用的有尿素、硫代二甘醇、二乙醇乙醚及溶解盐B等。亚硝酸钠在印花色浆中不发生反应,在硫酸显色时,生成亚硝酸使染料水解氧化而发色。其用量根据染料的氧化难易程度而定。原糊一般是中性的,可用小麦淀粉—龙胶拼混糊,相互取长补短,在提高给色量的同时,改善渗透性和均匀性。

工艺流程:印花→烘干→(汽蒸)→轧酸显色→透风→水洗→皂洗→水洗→烘干。

有的染料汽蒸以后能提高给色量,而一般染料不必汽蒸,直接浸轧40~70mL/L 62.53%的稀硫酸(50°Bé),显色温度根据染料显色难易而定,轧酸后透风20~30s,经冷水冲洗后用淡碱中和,再经皂煮、水洗、烘干。

二、防染印花

如前所述,防染印花是通过在防染印花浆中加防染剂而达到对地色染料局部防染的。防染剂可分为物理防染剂和化学防染剂。物理防染剂是局部机械阻碍地色染料与织物接触,一般配合化学防染剂使用;化学防染剂是破坏或抑制染色体系中的化学物质,使其不能发挥有利于染色进行的作用,须根据地色染料发色的条件加以选择。

(一)活性染料地色防染印花

活性染料由于色谱全,色泽鲜艳,牢度好而广泛用于棉织物的染色和印花。用活性染料作地色的防染工艺,以酸防染、Na_2SO_3防染和机械性半防染印花为主。

1. 酸性防染印花

活性染料中浅地色的防染印花是在印花色浆中加入酸性物质如有机酸、酸式盐或释酸剂作防染剂,中和地色轧染液中的碱剂,抑制染料和纤维的键合,从而达到防染的目的。常用的防染剂为硫酸铵,色防染料可选择涂料、不溶性偶氮染料等,它们的发色不受酸性物质的影响。活性染料地色酸防染效果除与酸的种类和用量有关外,主要取决于地色染料与纤维的亲和力,与纤维亲和力大的染料防染效果差,如活性黄X—RN、活性黄K—R、活性艳橙K—R、活性艳橙K—G、活性艳红X—3B。

工艺流程:白布印花→烘干→轧活性染料地色→烘干→汽蒸→水洗→皂洗→水洗→烘干。

（1）印花色浆。

防白印花浆（g）：

配方①

硫酸铵	50～70
龙胶糊	300～400
增白剂 VBL	5
水	x
总量	1000

配方②

硫酸铵	40～50
淀粉印染胶糊	200～300
涂料白	200～400
水	x
总量	1000

配方③

硫酸铵	40～50
涂料白	200～400
黏合剂	40
5%DMEU	50
乳化糊/龙胶糊	x
总量	1000

配方④

柠檬酸（1∶1）	200
耐酸原糊	300～400
水	x
总量	1000

配方①为一般防白浆。当 X 型活性染料地色浓度高时，会发生少量罩色现象，在防白浆中加入涂料及黏合剂有助于提高防白度，如配方②。涂料为机械性防白剂，若加入黏合剂可将涂料固着于纤维表面，产生立体感的白色花纹。用于涂料防白浆的黏合剂应是耐酸的。交联剂宜用 DMEU 代替，以免活性染料吸附而沾污防白涂料花纹，如配方③。配方④适应 KN 型活性染料地色。

涂料色防印花色浆（g）：

涂料	10～100
尿素	50
黏合剂	400～500
乳化糊	x
硫酸铵	30～70

龙胶糊	y
50%DMEU	50
配成	1000

色浆中的黏合剂,以聚丙烯酸酯类为好,不能用带阳荷性的黏合剂,同时也不用交联剂 EH 或 FH,而用 DMEU 代替。色浆中加入合成龙胶糊,以增加色浆黏度,提高防染效果。

(2)轧染地色。

轧地色配方(g):

活性染料	x
尿素	10~15
水	y
海藻酸钠糊	50~100
小苏打	15~20
防染盐 S	7~10
配成	1000

初开车冲淡,浸轧温度 25~30℃,一浸一轧。地色染料在汽蒸时固着,汽蒸条件为 102~104℃,5~7min。

2. 亚硫酸钠防染印花

利用亚硫酸钠可与乙烯砜型(KN 型)活性染料反应,使其失去与纤维的反应能力,而 K 型活性染料对亚硫酸钠较稳定的特点,可进行 K 型活性染料防染乙烯砜型活性染料的印花。

KN 型活性染料中的乙烯砜基遇亚硫酸钠会生成亚硫酸钠乙基砜,使染料失去活性:

$$D—SO_2CH_2CH_2OSO_3Na \longrightarrow D—SO_2CH=CH_2 + Na_2SO_4$$

$$D—SO_2CH=CH_2 + Na_2SO_3 \longrightarrow D—SO_2CH_2CH_2SO_3Na$$

$$D—SO_2CH_2CH_2OSO_3Na + Na_2SO_3 \longrightarrow D—SO_2CH_2CH_2SO_3Na + Na_2SO_4$$

这个反应速率比染料与纤维的反应要快得多,因此对 KN 型活性染料地色,可用 Na_2SO_3 作防染剂进行防染印花。同时,K 型活性染料大部分较耐 Na_2SO_3,可作着色防染染料。因此有活性防活性印花工艺。

(1)工艺流程:白布印花烘干→面轧活性染料地色→烘干→汽蒸→冷流水洗→水洗→皂洗→水洗→烘干。

(2)印花色浆。

防白浆(g):

Na_2SO_3	7.5~20
水	x
白涂料	100~200
淀粉糊/合成龙胶糊	400~500
配成	1000

防白浆中的涂料为机械性防染剂，可改善防染效果和提高花纹轮廓清晰度。

色防浆(g)：

K 型活性染料	x
尿素	50
海藻酸钠糊	400～500
防染盐 S	10
Na$_2$SO$_3$	10～20
小苏打	15
水	y
配成	1000

依次用水溶解后加入色浆合成 100％色防浆。

亚硫酸钠的用量随 KN 型地色的深浅而增减，地色浅用量少，一般用量不宜超过 1.2％，以免使花纹处给色量降低，色浆稳定性差。

(3)地色染液配方(g)：

KN 型活性染料	x
尿素	50
海藻酸钠糊	100
防染盐 S	10
小苏打	12～15
配成	1000

一些结构复杂的 KN 型活性染料，虽然可与 Na$_2$SO$_3$ 反应失去与纤维反应的能力，但靠直接性仍会使花纹处罩色，如翠蓝 KN—G 等。

轧染地色后应及时汽蒸，防止地色产生风印。

3. 半防印花

半防印花又称不完全的防染印花或半色调印花。它利用机械阻隔作用，使花纹处地色不能充分上染，造成花纹处色浅或叠色效应。半防印花工艺过程同一般防染印花，但防染色浆不同于前面的酸性防染或 Na$_2$SO$_3$ 防染。

半防印花方法：

(1)先印上印花原糊，再轧染或罩印地色，地色染液或色浆在花纹处被稀释，即可取得稀释效果，获深浅层次花纹。

(2)印花色浆中加入钛白粉、涂料白、明胶之类机械性防染剂，罩印(面轧)地色时，花纹处地色仅能部分上染，获得深浅色花纹。

(3)醇类防染。利用醇羟基和活性染料反应，使活性染料不能再和纤维反应，也可达到半防印花的目的。如色浆中加入甘油、硫代双乙醇等都能降低花纹处活性染料的得色量。

三乙醇胺的加入也能提高半防印花效果，调节三乙醇胺的用量可以获得深浅不同的花纹层次。

半防印花是不彻底的防染印花,它不仅适用于罩印的防浆印花法,还适用于印花前轧地色或印花后染地色法。活性染料地色的固着可采用汽蒸法,两相汽蒸法和烧碱快速固着法。半防染程度取决于防染剂种类和它的用量及地色浓度,可随需要调节。

半防染印花浆举例(g):

	I	II	III
海藻酸钠糊	500	300	500
钛白粉	—	100	100
乳化糊	—	100	—
三乙醇胺	—	—	30~50
总量	1000	1000	1000

配方 I 半防效果差,配方 III 半防效果最好,配方 II 可与直接印花的活性染料色浆拼混进行叠色印花。

(二)可溶性还原染料地色防染印花

可溶性还原染料主要用于染浅淡的地色,它们必须在酸性介质中氧化显色。碱或还原剂可作为防染剂进行防染印花。

可溶性还原染料可用汽蒸法或亚硝酸钠湿法显色。

1. 先轧后印汽蒸显色法防染举例

轧染液:

染料(g)	5~10
硫氰酸铵(g)	10~15
氯酸钠(g)	3~5
钒酸铵(1%)(mL)	10
氨水(25%)(mL)	5~20
原糊(g)	50~100
加水合成(L)	1

将织物浸轧染液,温和烘干后随即印花。

防白浆(%):

雕白粉	10
醋酸钠	15
氧化锌(1:1)	10
原糊	40
加水合成	100

印花、烘干后,汽蒸,使地色染料显色,然后水洗、皂煮、水洗、烘干。

2. 亚硝酸钠显色法防染举例

防白浆(%):

氧化锌(1：1)	10～15
明胶	8
尿素	3
纯碱(1：2)	15
雕白粉	5～10
原糊	50
加水合成	100

轧染液(g)：

染料	5～10
亚硝酸钠	8～20
纯碱	1～2
原糊	50
加水合成	1000

面轧染液,烘干,稀硫酸显色。用还原染料作色防印花时,常规印花色浆中酌加氧化锌或钛白粉。印花、烘干后,按还原染料所需条件汽蒸,然后面轧可溶性还原染料染液,稀酸显色。

(三)还原染料地色防染印花

靛蓝地色的防染印花已有很悠久的历史。目前,还原染料地色防染印花一般用于中、淡浓度隐色体轧染的地色,常用的防染剂有氯化锌、氯化钙、防染盐、明胶、钛白粉、平平加O等。氯化锌等能中和轧染液中的碱,生成的氢氧化锌在纤维表面形成一层胶状薄膜,起机械防染作用。防染盐等氧化剂用以氧化染液中的还原剂。明胶、钛白粉为机械防染剂,平平加O等能和隐色体发生聚集。

防白浆(%)：

氯化锌	35～40
钛白粉(1：1)	10
平平加	3
明胶	5
原糊	40～50
加水合成	100

织物经印花、烘干后,浸轧(一浸一轧,织物正面向下)隐色体,还原短蒸、透风、酸洗、水洗、皂煮、水洗。

三、拔染印花

拔染印花是利用拔染剂破坏织物地色染料的发色体系,再将被破坏分解的染料从织物上洗除。拔染印花的拔染剂一般是还原剂如雕白粉、氯化亚锡、二氧化硫脲等,其中雕白粉常用于纤维素纤维织物的拔染印花。

拔染印花的地色染料主要是偶氮结构的染料,如不溶性偶氮染料、偶氮类结构的活性染料、直接铜盐染料、酸性染料等。要达到良好的拔染效果,在这些染料中还要再作筛选,所以适用于拔染印花的染料其实并不多。本节简单介绍活性染料地色拔染印花工艺。

1. 活性染料拔染印花机理及影响因素

活性染料拔染印花主要是指母体偶氮染料的偶氮基—N=N—(发色基团)被雕白粉等还原剂分解成两个氨基,分解产物无色或易于从织物上洗涤。但实际上真正能够适合拔染的活性染料并不多,这是因为影响活性染料拔染性能的因素很多。活性染料地色的可拔性与活性染料的品种和结构有着极大的关系。一般来说,乙烯砜型活性染料的拔白性能优于均三嗪型活性染料;染料母体为单偶氮结构的活性染料,其活性基团接在染料的重氮组分上,它的拔白性能优于活性基团接在染料的偶合部分上的染料;染料母体含有络合金属的活性染料,其拔白性能差于不含铜铬的活性染料;母体为溴氨酸和酞菁结构的活性染料,不能被雕白粉所拔染。

活性染料地色的可拔性还与染料—纤维键的稳定性有关。染料—纤维键的稳定性越差,越有利于拔白,因此同种染料若染色后在键合前进行拔白(半拔),将比染色键合后再进行拔白(全拔)的效果好;KN型活性染料的染料—纤维键遇高温、强碱易于断裂,因此在高温、强碱和雕白粉的作用下,易于取得较好的拔白效果。

活性染料地色的可拔性与染色浓度有关。同种染料的浅地色将比其中、深地色易于拔白。

2. 活性染料地色的拔染印花工艺流程

(1)全拔染工艺:轧染或卷染地色→固色→轧烘防染盐 S→印花→汽蒸→水洗→皂洗→烘干。

(2)半拔染工艺:轧染地色(与防染盐 S 同浴)→印花→汽蒸→水洗→皂洗→烘干。

3. 拔染印花色浆

(1)拔白印花浆(%):

	Ⅰ	Ⅱ	Ⅲ
印染胶糊	30~40	30~40	30~40
雕白粉	15~24	15~24	15~24
热水	x	x	x
溶解盐 B	3	3	3
30%NaOH(36°Bé)	15~20	5	—
氧化锌(1:1)	—	—	10~15
白涂料	10	10	—
甘油	—	—	3
加白剂 VBL	0.5	0.5	0.5
咬白剂 W	10	10	10
合成	100	100	100

配方Ⅰ为强碱性拔白浆,配方Ⅱ为弱碱性拔白浆,配方Ⅲ为中性拔白浆,可视活性染料地色所用染料品种和色泽深浅的不同,通过工艺试验选用之。对于难拔染的地色,有时可在拔染色

浆中加入助拔剂(咬白剂 W),其在汽蒸时发生分解,生成的磺酸钙氯化苄能与偶氮基分解物苄化,苄化后的生成物,较原来Ar—NH$_2$的水溶性增加,能在碱、皂液或水玻璃溶液中被洗除,这样就促使拔染后的花纹白度或色拔的色光鲜艳度大幅度提高。ZnO 作为机械辅助拔白剂,白涂料有增加白色花纹立体感的作用。

(2)色拔印花浆:活性染料地色的着色拔染印花常用还原染料和涂料。还原染料色拔印花浆配方与还原染料直接印花浆配方基本相同,只要另配雕白粉浓度增高的冲淡湖,并根据还原染料对蒽醌的适应性,决定是否添加蒽醌。如蒽醌还原染料本身具有蒽醌结构,有催化作用,则色拔色浆中无需另加蒽醌,否则反而会使还原染料发生过还原现象。涂料着色拔染印花浆基本同涂料直接印花浆配方,另加 6%～8% 的雕白粉。涂料拔染印花浆中宜选用聚丙烯酸酯系列中耐还原剂和弱碱的黏合剂。大多数红色、橙色、棕色、酱色涂料不能与雕白粉同浴,不适合涂料着色拔染。蒸化工艺控制在色拔完全,涂料不被破坏,花纹牢度良好为宜。

四、活性染料数码喷墨印花

活性染料喷墨印花的工艺流程为:练漂半制品→印前上浆预处理→烘干→喷墨印花→汽蒸固色→水洗→皂洗→水洗→烘干。

1. 织物预处理

由于喷墨系统对墨水性能的要求,活性染料墨水中不能添加如织物网印所需的化学品和原糊,这些物质必须在喷墨印花前预处理到织物上,以保证喷墨印花的清晰度、固色率和色深值。

预处理剂配方(%):

海藻酸钠	15
尿素	8
硫酸钠	4
碳酸钠	3
防染盐 S	1
水	x
合成	100

预处理采用浸轧法,轧液率 70%～80%,然后 100℃烘干。

2. 活性染料喷墨印花墨水

活性染料喷墨印花墨水的制备比较简单,一般先将染料精制除盐,然后将其完全溶解于水中,在搅拌下加入添加剂,混合均匀,再将 pH、黏度调节至所需范围,最后除去不溶物和杂质。

活性染料喷墨印花墨水配方(%):

精制活性染料	2～15
pH 缓冲剂	0.1～0.5
表面活性剂	15～45
杀菌剂	0.1～0.5
去离子水	x

合成	100

3. 后处理

汽蒸固色条件为100～102℃饱和蒸汽处理1～3min。汽蒸后织物进行水洗,水洗是活性染料喷墨印花后处理的重要工序,其目的是去除未固着的染料、前处理化学药剂及糊料。水洗通常包括冷水洗、40～50℃的热水洗和皂洗等。

第四节　蚕丝织物印花

蚕丝织物印花具有品种多、批量小的特点,常用的有直接印花、拔染印花、防印印花、转移印花、渗化印花和渗透印花等。蚕丝织物目前主要采用筛网印花机印花。

一、蚕丝织物的直接印花

蚕丝织物在实际生产中主要采用弱酸性染料、1∶2型金属络合染料、直接染料以及少量的阳离子染料印花,涂料印花由于手感问题,影响织物的风格,只适合于白涂料印花,用以产生立体效果。

(一)弱酸性染料、直接染料印花

丝织物印花一般以弱酸性染料为主,也可用部分直接染料。

(1)工艺流程:印花→烘干→蒸化→水洗→固色→退浆→脱水→烘干→整理。

(2)印花工艺。

印花配方(%):

染料	20
尿素	5
硫代双乙醇	5
原糊	50～60
氯酸钠(1∶2)	0～1.5
水	少量
硫酸铵(1∶2)	6
合成	100

丝织物印花选用的酸性染料和与之拼色的直接染料都是高温或中温上染的,要掌握染料的最高用量,否则,浮色增多,水洗时易造成白地不白及色泽萎暗。尿素和硫代双乙醇作为助溶剂帮助染料溶解。硫酸铵是释酸剂,提高得色率。氯酸钠是抵抗汽蒸时还原性物质对染料的破坏。原糊对印花的影响很大,不同的设备、不同的丝绸品种对原糊的要求不同。

烘干时不能过烘,以免影响色泽鲜艳度。蒸化采用圆筒蒸箱、星形架挂绸卷蒸或悬挂式汽蒸箱。由于真丝织物较薄,一般不需给湿处理,对于双绉等厚织物,当花纹面积大时可少量给湿。蒸化时蒸汽表压88.4kPa(0.9kgf/cm²),时间30～40min。后处理可用固色剂固色,再用

BF—7658 淀粉酶退浆,去除糊料,最后可用甲酸或醋酸整理,提高色泽鲜艳度和牢度。水洗时宜采用机械张力小的设备以免织物擦伤。

(二)金属络合染料直接印花

金属络合染料牢度较好,但色光较暗。蚕丝织物常采用 1∶2 型金属络合染料印花。其应用方法除色浆中不用酸或释酸剂以及染料的溶解和印花原糊的选择不同外,其余与酸性染料相同。

(三)丝织物酸性染料渗透印花

渗透印花顾名思义是在织物正面印花后尽量渗透到反面,使得织物正反面色泽基本一致的印花方法。渗透印花与织物所选用的纤维、组织规格和织物密度关系很大,一般真丝织物的渗透印花效果最好,一块好渗透印花的丝织物使人难以区分正反面。

1. 渗透印花丝织物必须具备的条件

要获得良好的渗透印花效果,必须从织物的半制品、印花色浆、工艺条件和印花设备等方面加以保证。

(1)对织物的要求:用于渗透印花的织物一定要疏松轻薄。织物在印花前一定要脱胶好、出水净,具有较好的毛细管效应。脱胶率要达到 24% 以上,毛细管效应达 11.5cm 以上。

(2)印花色浆的要求:应选用渗透性能好的染料品种和糊料,必要时还需适当加入渗透剂。印花色浆一般要调制得稍微稀一些,以利于渗透,但要保证印制效果。

(3)印花工艺要求:用树脂贴绸,可获得均匀渗透的效果,如用淀粉浆料贴绸,浆料一定要薄而均匀,否则渗透效果不佳,得色不匀。台板温度要低,最好不超过 40℃。

2. 丝织物渗透印花工艺流程及配方

(1)工艺流程:坯绸准备(卷绸、浸湿)→贴绸(树脂贴绸)→印花→蒸化→水洗→固色→增白。

(2)双绉类织物印花浆配方(g):

酸性染料	x
水	300
尿素	40～60
渗透剂	20～30
糊料	y
合成	1000

(3)电力纺、斜纹绸类织物印花浆配方(g):

酸性染料	x
水	200～250
尿素	40～60
渗透剂	20～30
糊料	y
合成	1000

二、蚕丝织物的拔染印花和防印印花

一般在深地或大块深色花型上有浅细茎的图案时,常选用拔染印花,而地色面积不大时以防印印花为好。

蚕丝织物大都采用含—N=N—结构的弱酸性或直接染料为地色染料,应用最多的拔染剂是氯化亚锡,其在酸性介质中高温汽蒸时具有强还原性,使 Sn^{2+} 被氧化成 Sn^{4+},将染料发色体(—N=N—)破坏。色拔染料采用耐氯化亚锡的三芳甲烷、蒽醌或三偶氮的酸性、直接和中性染料。

印花浆配方(%):

	拔白浆	色拔浆
白糊精—小麦淀粉糊	70	66
尿素	4	4
氯化亚锡	2.5~8	2.5~8
冰醋酸	1.4	1.5
草酸	0.35~0.7	0.3
色拔染料	—	x
水	适量	适量
合成	100	100

氯化亚锡用量由地色深浅、地色染料的易拔性决定。尿素不仅是助溶剂,也是酸吸收剂,防止氯化亚锡高温水解所释放的盐酸使丝绸脆损和泛黄。冰醋酸、草酸的加入可抑制氯化亚锡的水解,加强还原作用,还可使草酸根与锡离子络合,避免染料色光受影响。原糊的选择要考虑其与氯化亚锡的相容性和印制效果,常采用淀粉与白糊精的拼混糊。后处理工艺要注意根据拔染的要求确定蒸化温度和时间、蒸化后的水洗措施,以保证拔染效果。

三、蚕丝织物数码喷墨印花

蚕丝织物既可用活性染料墨水,也可用酸性染料墨水进行喷墨印花,其工艺流程为:练漂半制品→印前上浆预处理→烘干→喷墨印花→汽蒸固色→水洗→皂洗→水洗→烘干。

1. 织物预处理

Ciba 公司用于酸性染料喷墨印花真丝织物的预处理剂配方(%):

尿素	10~15
硫酸铵	2
Ciba ALCOPRINT RD—HT	3
水	x
合成	100

Ciba 公司用于活性染料喷墨印花真丝织物的预处理剂配方(%):

IRGAPADOL MP	15~30

Ciba FLUID C	15～30
尿素	5～10
碳酸氢钠	1～2.5
LYOPRINT RG	1
LYOPRINT AIR(1：1)	1
水	x
合成	100

预处理采用浸轧法,轧液率70%～80%。

2. 酸性染料喷墨印花墨水

酸性染料喷墨印花墨水配方(%):

酸性染料	7
二甘醇	10
丙三醇	10
表面活性剂	0.5
杀菌剂	0.1
去离子水	x
合成	100

3. 后处理

酸性染料喷墨印花蚕丝织物的汽蒸固色条件为100～102℃饱和蒸汽处理20～30min。汽蒸后进行水洗,首先冷水漂洗,然后用Ciba TINEGAL W 0.2%水溶液分别在30℃、40℃、50℃进行三段皂洗,最后热水洗和冷水洗。为了进一步提升酸性染料喷墨印花蚕丝织物的湿处理牢度,可以用CIBAFIX ECO 0.2%～0.5%于pH＝6～7、30～50℃下固色处理20～30min。

活性染料喷墨印花蚕丝织物的汽蒸固色条件为100～102℃饱和蒸汽处理1～3min。汽蒸后进行水洗,包括冷水洗、40～50℃热水洗和皂洗。

第五节 毛织物印花

毛织物的印花一般在平网印花机上进行。羊毛印花从工艺上可分为直接印花、拔染印花和转移印花;从加工对象上可分为匹织物印花、毛条印花和纱线印花。

毛织物印花前需经氯化预处理,破坏羊毛纤维表面疏水的鳞片结构,使羊毛极性增强,更易吸湿膨化,大大提高对染料的吸收能力,可印制浓艳的色泽,而且鳞片的破坏还减轻了羊毛的毡缩倾向,保证了织物的尺寸稳定。氯化过程的主要反应为:

(1)胱氨酸被氧化成磺基丙氨酸:

$$\underset{\underset{C=O}{|}}{\overset{\overset{NH}{|}}{CH}}-CH_2-S-S-CH_2-\underset{\underset{C=O}{|}}{\overset{\overset{NH}{|}}{CH}} \xrightarrow{[O]} 2\underset{\underset{C=O}{|}}{\overset{\overset{NH}{|}}{CH}}-CH_2-SO_3^-$$

(2)羊毛大分子的主链发生水解：

$$R-NHCO-R' + H_2O \longrightarrow R-NH_2 + HOOC-R'$$

氯化剂常用次氯酸钠，为了使氯化均匀，可用 DCCA(二氯异氰酸钠)进行氯化，其冷堆工艺处理毛织物的重现性较好。其浸轧液为：巴索蓝 DC 10～30g/L，非离子润湿剂 5～10g/L，室温浸轧(轧液率 60%～100%)，转动堆置 120min，然后淋洗，脱氯。

一、毛织物直接印花

(一)酸性染料毛织物直接印花

酸性耐缩绒性染料色谱较齐全，色泽鲜艳，是羊毛纺织品印花较合适的染料。

(1)印花色浆组成(%)：

染料	x
尿素	$(1～3)x$
淀粉糊	50
醋酸	2～3
水	y
合成	100

糊料可根据织物的性质、种类、花纹和图案特点及选用的印花机械进行选择。淀粉糊的洗除性和渗透性较差，但给色量高，所印制的花纹轮廓清晰度与鲜艳度均好，适合于印制色泽深浓鲜艳、花纹精细的薄型织物。合成龙胶糊渗透性好，易于洗除，适合于在粗厚毛织物上印制花纹清晰度要求不高的图案。

由于印花色浆中所含染料量远较染色时染液中所含染料量大，所以在调制印花色浆时，需要加入一定量的尿素来帮助染料溶解。此外，由于尿素可以以氢键的形式同水分子相结合，因而在汽蒸时有较大的吸湿性，这对于染料在羊毛纤维上的着色是十分有利的。应该指出的是，这一性能也是造成染料渗化而导致花纹不精细的原因，实际应用中应仔细控制。弱酸性染料同羊毛的结合以酸性条件为宜，色浆 pH 为 4～5，这是因为这一 pH 与羊毛的等电点接近，这将使毛纺织品在印花后的汽蒸中免受损伤，以保持羊毛天然的手感和风格。

(2)工艺流程。毛织物准备→贴坯(平网台板)→印花→(烘干)→汽蒸→水洗→脱水→烘干→整理。

在固色工艺中，粗厚毛织物尤其是花型精细度要求不高时，可直接汽蒸，这样既可以减少一次烘干的能源消耗，又可使得色率提高。如需经烘干再汽蒸，则需在色浆中加入吸湿剂如甘油等，以促进汽蒸时染料的扩散与固着。由于羊毛鳞片阻碍染料的渗透，毛织物印花后汽蒸的温度和时间都要增加,汽蒸工艺要按织物的厚度和紧度、色浆的润湿性、色泽的深浅来决定。一般用 102～110℃的饱和蒸汽汽蒸 30～40min。汽蒸时既要保持蒸汽水分含量在 5%～15%以利于固色,又要防止滴水,以免造成色花、串色。

(二)中性染料(1∶2 型金属络合染料)毛织物直接印花

中性染料因为染色牢度较好,尤其是湿处理牢度较高,所以在毛纺织品的染色与印花中使用越来越多。这类染料的色谱也日趋完善,不少进口染料的鲜艳度也有很大的改进,所以,在毛纺织品印花加工中有着较重要的地位。另一方面,该类染料的使用条件为中性或弱酸性,在此条件下对印制品进行汽蒸固色处理,对羊毛纤维也不会有过大的损伤,而且能满足该条件下糊料与助剂的选择。

(1)印花色浆配方(%):

中性染料	x
尿素(或甘油)	$(1～5)x$
渗透剂 JFC	1
水	40
印染胶(或黄糊精)糊	50
醋酸	3
草酸	2

(2)工艺流程:毛织物准备→贴坯(台板印花)→印花→(烘干)→汽蒸→水洗→脱水→烘干→整理。

(三)酸性媒介染料毛织物直接印花

酸性媒介染料有很好的染色牢度,用于印花,其产品在后处理加工中地色沾污轻,另外使用媒介染料印花经不同的方法和工艺,还可获得不同的印制效果。媒介染料在羊毛纺织品上印花同染色相似,可分为预媒法、后媒法和同媒法。

1. 预媒法印花

预媒法印花必须预先将毛纺织品用醋酸铬或重铬酸钠进行处理,然后以媒介染料调制的色浆直接印花,而且可得到多种色谱。这一方法的缺点是易引起羊毛泛黄,且有大量铬盐造成环境污染。

(1)工艺流程:预媒处理→脱水→烘干→印花→汽蒸→水洗→皂洗→脱水→烘干。

(2)预媒处理(%,owf):

铬盐	2～2.5
甲酸(调 pH=3.8～4.2)	3
元明粉	5～10
浴比(绳状染色机中进行)	1∶20

配好处理浴,室温起始,缓慢升温至 90℃,处理 30～50min,缓慢降温至 40℃以下,脱水、烘干备用。

(3)印花色浆配方(%):

酸性媒介染料	1.5～2
尿素(或甘油)	2～4
热水	50
印染胶或黄糊精糊	30
醋酸	3～5

在预媒法印花时,必须通过试验确定毛织物上的铬盐含量略大于施加到织物上的色浆中染料的络合所需要的量,以避免白地或地色的沾污。相反,如果织物上所含铬盐量小于施加到织物上的色浆中染料的络合所需要的量,势必有多余的染料不能在印花部位充分络合,而在后处理过程中有可能同其他部位的铬盐发生络合造成沾污。

在预媒处理中,使用甲酸以及选用印染胶或黄糊精为糊料,这是因为它们都具有一定的还原性,在铬离子由六价变三价时充当还原剂使用,从而可减少羊毛纤维因氧化而造成的不良影响。另外,印染胶及黄糊精均有耐酸和耐金属离子的作用。

尿素或甘油,一方面在调浆时可帮助染料溶解,另一方面在汽蒸时有一定的吸湿作用,有利于染料的络合与固着。

2. 同媒印花法

同媒印花是指同时将酸性媒介染料与铬盐调入印花色浆之中,而后印花。这一印花方法的关键是尽量避免或减少染料在色浆中发生络合。如控制 pH 尽量偏离 3.8～4.2,因为 pH 在 3.8～4.2 时最有利于络合反应的进行。所以,可采用醋酸或甲酸与硫酸铵并用的方法,使室温下的色浆 pH 保持在 5～6,而当烘干、汽蒸时硫酸铵分解,逸出氨使 pH 下降。另外,选用络合较慢的醋酸铬也是有效的方法之一。

(1)印花色浆配方(%):

酸性媒介染料	1.5～2
热水	40
尿素(或甘油)	2～4
黄糊精(或印染胶)糊	40
醋酸	2
硫酸铵	3～6
重铬酸钾(或醋酸铬)(用前加入)	3～5

(2)工艺流程:同酸性耐缩绒染料直接印花工艺。

3. 先染后媒法

先染后媒法仅限于某些特殊结构的酸性染料。这类染料有两个特征,一是不经络合就有足够的染色牢度,二是具有能同铬离子络合的特殊化学结构。酸性紫红 B 是一个有代表性的染料,其本身是一个强酸性染料,具有一定的染色牢度,在媒染剂重铬酸盐作用下,首先被氧化,而后同铬离子络合变为红光深蓝色,有很好的染色牢度。因此,毛纺织品若先以酸性紫红 B 染地色,再经含媒染剂的色浆印花,可获得独特的印制效果。

(1)染地色配方(%,owf):

酸性紫红 B	3
H₂SO₄	1～2
醋酸	1～2
硫酸钠	5

（2）媒染浆配方（%）：

重铬酸钾	1～2
水	3
醋酸	2
草酸	1～2
印染胶糊（或合成龙胶糊）	50

采用先染后媒法应使印花色浆中施加到织物上的铬盐浓度小于织物上染料的络合所需要的量，以避免多余的未络合的铬离子与地色络合，造成沾污。

印花工艺流程同预媒法印花。

二、毛织物拔染印花

1. 拔白剂

关于拔白剂，首先应能破坏织物上的地色，而且尽量不损伤羊毛纤维。如着色拔染，则必须保证色浆中所含的染料能顺利地对羊毛着色。常用的拔白剂主要是还原剂，如雕白粉，在常温下较稳定，当 100℃汽蒸时分解生成 SO_2·游离基，具有很强的还原作用。

应该注意的是，雕白粉的还原作用发生在碱性条件下，这有可能造成羊毛纤维的损伤。而酸性条件下有还原作用，能破坏地色的则应选氯化亚锡。在酸性条件下，氯化亚锡中的 Sn^{2+} 被氧化为 Sn^{4+}，产生新生态的氢，具有强烈的还原作用，反应如下：

$$4CH_3COOH + 2SnCl_2 \Longrightarrow SnCl_4 + Sn(CH_3COO)_4 + 4[H]$$

式中：醋酸是挥发性的弱有机酸，常用以调节色浆的酸度。色浆中经常加入草酸，草酸能与重金属离子生成不溶性的草酸盐，因此，可减少重金属离子对染料色光的不良影响，并可加剧还原作用。氯化亚锡进行反应时会生成锡离子，有些染料对其很敏感，故色光萎暗，加入草酸可减少其影响。

2. 地色用染料

用于毛纺织品染地色的酸性染料，其中含偶氮基结构者容易被还原剂破坏，有较好的拔白效果。

着色拔染印花时，着色用染料对还原性拔染剂适应性较好的是还原染料。此外，经筛选的 1∶2 型金属络合染料和个别的弱酸性染料也可应用，因为它们能经得起还原剂的作用。

3. 拔白印花浆配方

（1）氯化亚锡拔白印花浆配方（%）：

氯化亚锡	2～8

尿素	4
酸性淀粉糊	60
醋酸	1.5
草酸	0.5~2
水	x

(2)二氧化硫脲拔白印花浆配方(%):

二氧化硫脲	10~20
硫酸锌	4
硫氰化钠	1.5
增白剂 WG	0.5~1
尿素	5
水	x
淀粉糊	60

4. 着色拔染印花浆配方(%)

耐氯化亚锡染料	x
氯化亚锡	1~8
尿素	5
酸性淀粉糊	60
醋酸	1~2
草酸	1
水	y

5. 工艺流程

织物准备→贴坯(台板印花)→印花→汽蒸→水洗→脱水→烘干。

三、毛织物数码喷墨印花

毛织物一般用酸性染料墨水进行喷墨印花,其工艺流程为:去鳞片半制品→印前上浆预处理→烘干→喷墨印花→汽蒸固色→水洗→皂洗→水洗→烘干。

1. 织物预处理

毛织物喷墨印花的预处理剂配方(%):

海藻酸钠(原糊)	2
尿素(吸湿剂)	7
硫酸铵(释酸剂)	3
亚硫酸氢钠	5
渗透剂	1
水	x
合成	100

加冰醋酸将预处理剂的 pH 调节至 4～5。预处理采用浸轧法,轧液率 70%～80%,然后 60℃烘干 3min。

2. 酸性染料喷墨印花墨水

酸性染料喷墨印花墨水配方参见蚕丝织物喷墨印花中的酸性染料喷墨印花墨水配方。

3. 后处理

酸性染料喷墨印花毛织物的汽蒸固色条件为 100～102℃饱和蒸汽处理 20～30min。汽蒸后进行水洗,首先冷水漂洗,然后用 30～50℃温水皂洗,再用温水漂洗,最后冷水漂洗。

第六节　合成纤维织物印花

一、涤纶织物印花

涤纶印花织物应用最多的是涤纶长丝织物、涤纶短纤维织物及以两者为原料所生产的仿毛织物。从印花方法来说有直接印花、拔染印花、转移印花等。

(一)分散染料直接印花

涤纶织物印花主要用分散染料,对所用分散染料在升华温度及固色率方面有较高的要求。升华温度过低的染料会在焙烘固色时沾污白地,固色率不高的染料在后处理水洗时又会沾污白地,一般选用中温型(175℃以上焙烘)或高温型(190℃以上焙烘)的染料。同一织物上印花所用染料的升华温度要一致,以利于控制固色工艺。

工艺流程:印花→烘干→固色→后处理。

印花色浆(%):

分散染料	x
原糊	40～60
防染盐 S	1
六偏磷酸钠	0.3
表面活性剂	适量
加水合成	100

小麦淀粉糊可用于网动式热台板平网印花机印制点、茎花纹;海藻酸钠糊的印透、均匀性好,可与乳化糊拼混,用于布动式平网或圆网印花机,以利刮印。另外,羧甲基纤维素、植物种子胶也可作分散染料的印花原糊;多元羧酸型合成糊料适用于非离子分散剂的分散染料印花。

印花色浆中还需加入适当的助剂。尿素具有吸湿、助溶和溶胀纤维的作用,可加速染料在纤维上的吸附、扩散,还可防止含氨基的分散染料的变色。但考虑尿素的高温分解及对环保的不利,可采用 HLB 值在 4～6 的阴离子或非离子表面活性剂代替。分散染料在 pH5～6 的弱酸性条件下稳定,用酸或释酸剂如硫酸铵调节 pH。防染盐 S 作为氧化剂,可防止含硝基、偶氮基的分散染料高温固色时的还原变色。

分散染料的固色方法有三种:高温高压蒸化法、热熔法和高温连续蒸化。高温高压蒸化法固色是在 125~130℃的高压汽蒸箱内,蒸化约 30min。此法不会产生升华沾色,染料品种的选择不受限制。由于采用饱和蒸汽,纤维和色浆吸湿多,有利于染料向纤维的扩散及糊料的洗除,所以得色量高,织物手感柔软,适用于易变形织物如仿丝绸织物及针织物的固色,此固色工艺属间歇式生产,适合于小批量加工。热熔法是在 165~200℃干热固色 1~1.5min,采用此法固色要防止升华的染料沾污白地,一般选用升华牢度高的染料。由于是干热固色,对织物手感有影响,不适合针织物及弹力纤维织物。此固色工艺属连续式生产,适合大批量加工。常压高温连续蒸化法是在 175~180℃的常压过热蒸汽中蒸化 6~10min,此固色工艺适用的染料比热熔法多,而且在湿热的条件下易使纤维溶胀,有利于染料向纤维的转移。过热蒸汽的热容量大于热空气,升温速度快且稳定,设备上可选用意大利的(Arioli)常压高温汽蒸机及荷兰的(Stork)无压式连续汽蒸机。

(二)涤纶织物防染印花

涤纶织物防染印花主要采用先浸轧分散染料液或全满地印花,低温(不超过 100℃)烘干,确保不使染料染入纤维,然后再印能破坏地色染料的防染印花色浆,此方法称为二步法防染印花,也称之为拔染型防染印花。防染印花的另一种方法是先在织物上印防染色浆,随即罩印全满地色浆,最后烘干,此方法的特点是花色和地色在印花机上一次完成,故称为一步法湿法罩印"防印"工艺,湿法"防印"工艺往往可得到较好的防染效果。也可采用先在织物上印防染色浆,烘干,再罩印全满地色浆的方法。但涤纶织物防染印花一般不能采用先印防染色浆,烘干,再浸轧地色染液的方法,因为涤纶是疏水性纤维,黏附色浆的能力差,若先印花再浸轧染液,会使色浆在织物上渗化,同时防染剂会进入地色染液而难以染得良好的地色。

根据分散染料的结构,有的分散染料可被还原剂破坏,有的能和重金属离子络合成相对分子质量较大的络合物,从而阻止染料扩散入纤维。可采用的还原性防染剂有羟甲基亚磺酸盐、氯化亚锡、二氧化硫脲等。最常用的、能和某些分散染料充分络合的金属盐是铜盐。

1. 浸轧地色染液

地色染液配方举例:

可为防染剂破坏的分散染料	x
抗泳移剂	10~20g
润湿剂	1~2g
防染盐 S	10g
加水合成	1L

用不挥发性的脂肪二元酸如酒石酸或磷酸二氢铵调节染液 pH 至 5.5,防染盐 S 也可改用氯酸钠(2g/L),但必须注意它对所用分散染料是否有影响。若不浸轧染液而采用全满地印花的方法,可将上述染液配方中的抗泳移剂,改为中等黏度海藻酸钠糊调成色浆。印花设备可用圆筒筛网印花机或滚筒印花机。为确保印地均匀,应根据不同织物选用不同圆网目数或控制铜辊雕刻深度。

2. 羟甲基亚磺酸盐法防染印花

羟甲基亚磺酸盐是强还原型的防染剂。雕白粉的水溶性较好,可用于分散染料地色的防白或着色防染印花。碱式羟甲基亚磺酸锌[Zn(OH)SO$_2$CH$_2$OH]较雕白粉稳定,难溶于水,可溶于弱酸液,在80~100℃分解,具有强的还原能力,可用于调制酸性防染印花色浆。羟甲基亚磺酸锌[Zn(SO$_2$CH$_2$OH)$_2$](德科林),室温时水中的溶解度约为25%,能获得很好的防白效果,许多分散染料易被其破坏,所以不常用于调制分散染料着色防染色浆。

可为羟甲基亚磺酸盐等破坏的地色分散染料,都为有偶氮结构的染料,它们的分解产物应无色,且易于洗去。

防白浆配方举例(%):

原糊	45~60
水	x
一缩乙二醇(二甘醇)	2~7
涤纶荧光增白剂	0.5
羟甲基亚磺酸盐	10~15
合成	100

原糊可用醚化刺槐豆胶或白糊精和淀粉等的混合糊。用德科林为还原防白剂时,防白浆中还宜加入2%~3%的有机酸酯类释酸剂,它不像游离酸那样会降低色浆的稳定性。防白浆中的聚乙二醇有助于涤纶的溶胀而提高防白效果,增加其用量往往比增加还原剂用量更有效。着色防染印花色浆在防白浆中加耐还原的分散染料和脂肪酸衍生物类固色促进剂以及2%的防染盐S,以防止着色的分散染料在蒸化过程中受剩余还原物质的影响。织物印花后即行蒸化,170℃常压高温蒸化可得到精细的花纹轮廓。蒸化过程中地色染料遭到破坏,着色染料则染入纤维。织物蒸化固色后,可按常规用保险粉(2~3g/L)和30%(36°Bé)烧碱液(4~6mL/L)组成的还原清洗液70℃,洗10min,然后充分水洗。若用德科林作防染剂时,还原清洗液中还可加入适量的金属螯合剂。

3. 氯化亚锡法防染印花

氯化亚锡是强酸性还原剂类防染剂,可用于涤纶织物的防白或着色防染印花。氯化亚锡法防染印花可采用先浸轧染液(或满地印地色),烘干后再印防染色浆的二步法工艺,也可采用在印花机上一步法的湿法罩印"防印"工艺。

印花色浆配方举例(%):

耐氯化亚锡的分散染料	x
渗透剂	0~2
氯化亚锡	4~6
酒石酸	0.3~0.5
尿素	3~5
原糊	46~60
加水合成	100

氯化亚锡在蒸化过程中产生的盐酸酸雾,不但会腐蚀设备,还会影响防白效果。色浆中加尿素和缓冲剂,可中和在蒸化过程中所产生的氯化氢,缓和上述缺点。

为进一步提高防白效果,防白浆中还可加入六偏磷酸钠、聚乙二醇 300 或丙二醇聚氧乙烯醚以及水玻璃。白度不白(泛黄)的重要原因之一,是由于锡离子在蒸化过程中会和糊料及染料的分解产物结合,生成有色沉淀而附着在纤维上,使纤维泛黄。防白浆中加入六偏磷酸钠后,可和亚锡离子络合成较稳定的络合物,在高温蒸化时才将亚锡离子逐渐释出,同时聚乙二醇或其醚化物兼有吸湿和分散作用,再在水玻璃的作用下,锡离子和糊料或染料的分解产物所产生的沉淀,就不易聚集或固着在纤维上。

印花原糊宜采用耐酸和耐金属离子的醚化刺槐豆糊或其和醚化淀粉的混合糊。水玻璃遇强酸会凝结,调制防白浆时应将水玻璃先调入原糊,再在搅拌下缓慢地加至含有氯化亚锡的糊内。

印花、烘干后,在圆筒蒸化箱中 130℃蒸化 20~30min,或在常压下 170℃蒸化 7~10min,两者都能得到满意的效果。

最后洗涤必须充分,才能获得良好的防白效果。洗涤时除用一般的冷、温水外,还需用酸液酸洗,以洗除锡盐等杂质。

4. 金属盐法防染印花

金属盐法防染印花,是利用某些分散染料能与金属离子形成络合物而丧失其上染涤纶的能力而达到防染效果。分散染料和金属离子络合通常生成 1∶2 型的络合物,相对分子质量成倍增大,对涤纶的亲和力和扩散性能大大下降,因而难以上染。用于金属盐防染法地色的分散染料品种不多,大都属蒽醌类。这些染料必须在蒽醌结构的 α 位上有能和金属盐形成络合物的取代基,如—OH、—NH$_2$ 等,所用金属盐有铜、镍、钴、铁等,其中铜盐的防染效果最好,最为常用的是醋酸铜或甲酸铜。

着色防染印花色浆配方举例(%):

染料(不为铜盐络合的)	x
醋酸铜	5
冷水	y
氨水(25%)	5
憎水性防染剂	5
ZnO(1∶1)	20
防染盐 S	1
原糊	45~50
合成	100

醋酸铜溶解度小,加入氨水形成铜氨络合物,以提高溶解度。氨水还可提高防白浆或色浆的 pH 至中性以上,有利于提高铜盐和分散染料的络合作用和络合物的稳定性,但若氨水过多,又会降低铜离子和染料的络合能力。憎水性防染剂可从常用的柔软剂中选用,如石蜡硬脂酸的乳液或脂肪酸的衍生物等。防白浆中可加 0.2%~0.5%的荧光增白剂。印花原糊应选用耐重金属离子的,如糊精、淀粉醚或刺槐豆醚化衍生物等。

印花采用罩印地色的一步法湿法防染工艺,可取得良好的防染效果。蒸化可在高压蒸化或常压高温设备中进行,在防染地色的同时使着色防染染料固色。织物印花、蒸化后,先充分冷水洗,再用 $10\sim20g/L$ 的稀硫酸液酸洗,以洗除未络合的金属盐和不溶的金属络合物。

(三)涤纶织物拔染印花

按照拔染印花工序在分散染料固色前后的不同安排,涤纶织物分散染料地色的拔染印花可分为全拔和半拔两种工艺。

1.还原剂拔染印花

拔染剂为还原性物质,用得较多的是氯化亚锡,高温汽蒸时破坏偶氮染料结构中的—N=N—(发色基团)使染料消色。地色分散染料含偶氮结构,且被还原分解的产物应无色或易于洗除。色拔染料一般选择能耐还原剂的蒽醌类染料。

涤纶织物包括各种仿真丝的涤纶长丝织物,凡不太深的地色花型,按真丝绸的常规工艺在染色机内染地色,印花前,分散染料还只是吸附在纤维表层而未经热定形固着,都可采用先染色后印花,氯化亚锡拔染。涤纶长丝织物纤维表面光滑,一般丝绸用的淀粉浆印花烘干后容易剥落,海藻酸钠遇氯化亚锡、德科林产生凝聚,应改用淀粉—黄糊精混合浆(5∶1)或合成龙胶糊,它们对氯化亚锡有良好的相容性和印花渗透性。

(1)拔白浆配方(g):

氯化亚锡	$80\sim120$
草酸或酒石酸	$15\sim25$
尿素	25
淀粉混合浆	700
水	适量
增白剂 DT	15
合成	1000

(2)色拔浆配方(g):

氯化亚锡	$50\sim80$
尿素	50
淀粉混合浆	$500\sim600$
耐还原剂分散染料	x
拔染助剂(对苯二酚)	50
加水合成	1000

配方中还原剂用量由地色的深浅、染料的拔白难易程度而定,印花烘干后,在圆筒蒸箱内汽蒸或连续高温蒸化处理,经冷水洗,热水洗,洗净糊料,再还原清洗(保险粉 $1\sim2g/L$,烧碱 $1\sim2g/L$,渗透剂 JFC $0.5g/L$, $70\sim80℃$ 处理 20min),最后水洗烘干。

2.碱拔染印花

利用部分不耐碱的分散染料在碱性条件下水解,达到局部破坏地色分散染料,而产生拔白和色拔的印花效果,其中色拔染料可选择耐碱的分散染料。

(1)拔白印花浆配方(%):

原糊	$50\sim90$

Na₂CO₃	4～10
助拔剂	5～16
增白剂	1～2

Na_2CO_3 4～10
助拔剂 5～16
增白剂 1～2

(2)色拔印花浆配方(%):

原糊 50～90
Na_2CO_3 4～10
助拔剂 5～16
增白剂 1～2
耐碱分散染料 x

助拔剂为芳香酸酯类衍生物,结构与涤纶分子相似,因此,在蒸化过程中,能有效地渗透进涤纶内部,促进涤纶的膨化,而且因其与分散染料具有较好的相容性,已进入纤维内部的助拔剂分子,能萃取已固着于纤维中的分散染料,增加拔染剂与染料的作用,最终助拔剂结合已被破坏分解的染料,并从纤维上洗脱,提高拔白效果。

但在涤纶织物地色上获得花纹图案,通常采用防染印花工艺而不采用拔染工艺。因为涤纶织物一般采用分散染料染地色,当完成染色过程,地色染料扩散入涤纶内部以后,是难以用拔染印花方法将其彻底破坏去除的。

(四)涤纶织物分散染料数码喷墨印花

涤纶织物分散染料喷墨印花的工艺流程为:半制品→印前预处理→烘干→喷墨印花→汽蒸或焙烘固色→还原清洗→烘干。

1.织物预处理

Huntsman 公司推荐用于涤纶织物喷墨印花预处理剂的配方(%):

Ciba ALCOPRINT PDN (抗凝聚剂) 1～5
Ciba ALCOPRINT DI－CS (合成糊料) 1～5
Ciba LYOPRINT AIR (脱气剂) 1
Ciba FAST P 5
水 x
合成 100

预处理采用浸轧法,两浸两轧,轧液率 50%～60%。

2.分散染料喷墨印花墨水

由于分散染料是溶解度很小的非离子染料,分散染料墨水属于分散型墨水。分散染料超细化加工及分散染料墨水配制时,首先将分散染料、分散剂、有机溶剂等助剂和水等混合均匀,然后在研磨机中将染料研磨至颗粒粒径小于 $0.5\mu m$,制成分散染料分散液,最后加入其他助剂制成分散染料喷墨印花用墨水。

分散染料喷墨印花墨水配方(%):

分散染料分散液 35
硫二甘醇 19

二甘醇	11
异丙醇	5
水	x
合成	100

3. 后处理

喷印后的织物在 170～180℃汽蒸 8min 或 180～200℃焙烘 1～2min 再进行固色。固色后首先冷水洗，然后用 0.1%的 ERIOPON 溶液在 40℃皂洗，再用 0.1%保险粉、0.2%烧碱、0.1%ERIOPON 溶液在 40～70℃进行还原清洗，最后 70℃温水洗和冷水洗。

二、腈纶织物印花

腈纶织物印花可选用阳离子染料、分散染料。其印花工艺有直接印花和拔染印花。按印花对象可分为腈纶丝束印花、腈纶纱线印花、腈纶织物印花及腈纶毛毯印花。

(一)腈纶织物阳离子染料直接印花

印花色浆配方(%)：

阳离子染料	x
异丙醇	3
98%醋酸	2～3
热水	适量
原糊	40～60
间苯二酚	3～5
酒石酸	3～5
氯酸钠(1∶2)	2～3
合成	100

原糊采用白糊精和羟乙基淀粉糊相拼混或合成龙胶糊，不能用阴荷性糊。白糊精给色量高、得色鲜艳，花纹清晰，但易洗涤性略差，加入羟乙基淀粉与之拼混可改善。

醋酸及助溶剂异丙醇的作用是提高色浆的稳定性，改善阳离子染料的溶解性。酒石酸主要是防止在印花后和烘干时，由于醋酸挥发，使 pH 升高，造成某些阳离子染料的破坏变色。由于过量的酸将对染料的上染起缓染作用以及酒石酸在高温具有还原性，因此用量要适当。色浆中加入氯酸钠可防止还原性物质对染料的破坏。

间苯二酚是腈纶的膨化剂，有利于汽蒸过程中纤维松弛溶胀，从而使染料向纤维内扩散，大大缩短汽蒸固色时间，提高固色量。

腈纶印花织物的固色工艺：汽蒸(103～105℃，20～30min)→洗涤(1227 表面活性剂 2g/L，60℃)→皂洗→水洗→烘干。

由于腈纶织物在湿热条件下受张力极易变形，所以应采用松式蒸化设备。

(二)腈纶毛毯印花

腈纶毛毯是厚重的双面织物，单位面积给浆率要达到 150%才能双面均匀着色，一般采用平网印花机,色浆比薄织物印花要稀,刮印次数要多。

工艺流程:毯坯→平网印花→烘干(100~105℃,20~30min)→汽蒸(悬挂式蒸箱,105℃,30~40min)→水洗退浆(绳洗机,净洗剂1~2g/L,40℃,30min,温水冲洗,同机用柔软剂0.5~1.0g/L处理)→脱水→烘干→后处理。

印花原糊可用合成龙胶与乳化糊拼混。可在花样边缘的印浆中加入腈纶溶剂(硫氰酸钠90g/L),印花后整理起毛便形成边花凹纹,花样凸起而有立体感。毛毯有时需要大面积的满地花纹,为了使地色均匀正反面得色量相同,印浆中可加入匀染剂TAN、1227表面活性剂等阳离子缓染剂0.1~1.0g/L。

(三)腈纶织物拔染印花

随着市场的变化和印染加工技术的不断发展,腈纶产品种类及其印染加工日趋多样化。在实际生产中,将腈纶经纱线染色后再织成长毛绒织物,然后进行还原剂拔染印花。拔染印花中,染料适应性和印花工艺参数都将显著影响印制效果。

染料品种的选择对于拔染印花至关重要。染料耐还原剂程度不同,拔染效果不同。若采用$SnCl_2$作拔染剂,能耐$SnCl_2$的阳离子染料有:黄X—6G、桃红FG、艳红X—5GN、大红RH、黄X—8GL、紫F3RL等,不耐$SnCl_2$的阳离子染料有:红GTL、红RL、橙3B、棕GH等。

1. 拔白工艺

拔白浆配方(%):

淀粉糊(20%)	60
$SnCl_2$	10
水	30

工艺流程:印拔白浆→烘干→汽蒸(102~105℃,10min)→水洗→烘干。

地色染色所用的染料必须是不耐$SnCl_2$的染料。烘干要均匀,否则拔白效果不一致。汽蒸时间过长(15 min以上),拔白织物明显泛黄,达不到所需要的白度,这是因为腈纶不耐长时间高温处理,尤其在一定的湿度情况下。若汽蒸时间小于8 min,拔白不净。$SnCl_2$用量过少拔白效果不好,用量过高,织物泛黄。

2. 色拔工艺

色拔浆配方(%):

淀粉糊(20%)	60
$SnCl_2$	10
耐$SnCl_2$的染料	x
水	20~30

工艺流程:印色拔浆→烘干→汽蒸(102~105℃,10min)→水洗→烘干。

烘干不宜太干,若太干不利于色拔浆中染料的上染。汽蒸时间也应为10min。但考虑到汽蒸时间短,阳离子染料不易上色,因此,色拔浆中的阳离子染料应尽量选择那些既耐还原稳定性好,又上染较快的染料品种。

三、锦纶织物印花

由于锦纶末端氨基少,再加上锦纶耐酸能力不强,所以,锦纶不宜采用强酸性染料印花。实际生产中,常使用弱酸性染料和中性染料,少量直接染料用于弥补酸性染料的色谱。由于锦纶织物易于变形,印花方法一般采用筛网印花和转移印花,前者主要用于锦纶长丝织物印花,后者适用于锦纶针织物印花。

印花色浆(%):

原糊	50~60
染料	x
硫脲	5~7
甘油	3
硫代双乙醇	3~5
热水	y
硫酸铵(1:2)	5~6
氯酸钠(1:2)	2
合成	100

原糊应耐酸并具有较高的黏着力和成膜性,如变性刺槐胶、瓜耳胶,也可用变性淀粉或糊精。

印花烘干后可在长环连续蒸化机内102~105℃蒸化20~30min,或在星形架圆筒内加压挂蒸30min,后者可得到较高的给色量。水洗时,先以冷流水冲洗20~30min,再以不超过60℃的温水洗涤,防止未上染的染料沾染白地,用1g/L的纯碱溶液可以更好地洗去浮色。最后采用单宁酸吐酒石进行固色处理,以提高其湿处理牢度和日晒牢度。

第七节 混纺织物印花

一、涤纶混纺织物印花

(一)涤棉混纺织物印花

1. 直接印花

涤棉混纺织物直接印花有"单一染料"和"混合染料"两种印花工艺,单一染料工艺应用较多的是涂料印花,混合染料工艺使用普遍的是分散/活性染料同浆印花。

(1)涂料印花:涂料印花不存在对纤维的选择性,可免去染料印花时两种染料同浆的麻烦,目前已广泛应用于涤棉混纺织物的印花。涂料印花适用于印制精致的小面积花纹,如选用成膜手感柔软的黏合剂,也可印制大面积花型。

一般涤棉混纺织物的涂料印花工艺、配方与棉织物一致,但应注意以下几点:

①涤棉混纺织物需经高温处理,所以选择的涂料要耐高温,否则产生升华沾色。另外,对涂料粒子细度和均匀度的要求比棉织物用涂料严格,颗粒细度在0.2~1μm之间,均匀度好,个别

粗粒不大于 $2\mu m$。

②一般黏合剂对涤纶的黏着力小，黏合剂的选择要考虑成膜后的牢度及耐热性。黏合剂的用量比纯棉织物高，不少于 $40\%\sim50\%$，目前广泛使用的是自交联型的聚丙烯酸酯类粘合剂。

③交联剂 FH 形成的皮膜在高温处理时泛黄，一般与六羟树脂或 2D 树脂拼混使用，但用量要适当，否则手感偏硬。

④印花色浆中乳化糊的稳定性也是重要因素，稳定性好，摩擦牢度高。合成增稠剂焙烘时，水溶性基团发生了交联，黏合剂皮膜层水溶性和膨化性降低，牢度得到提高。

（2）分散/活性染料同浆印花：分散/活性染料同浆印花特别适合于涤棉混纺织物的中、深色印花，具有色谱齐全、色泽鲜艳、工艺简单的特点。存在的主要问题是虽然两种染料各自上染一种纤维，但会相互沾色，染料用量越高，固色越不充分，则沾色越多，因此印花前要对染料进行筛选。

活性染料应选择色泽鲜艳、固色快、牢度好、对涤纶沾色少的品种。考虑到分散染料对碱的敏感性，应尽量选择在弱碱性条件下固色好的活性染料。分散染料要选择升华牢度好的，而且具有一定的抗碱性和耐还原性及对棉纤维沾色少的品种。

分散染料溶解后溶入活性染料色浆中。尿素在高温时熔融、分解并与分散染料组成共熔体，加大分散染料对棉的沾污，所以其用量不宜超过 5%。小苏打作为活性染料的发色碱剂，在高温下使分散染料凝聚，热熔后产生色点，故其用量控制在 2% 以下。也可用三氯醋酸钠 (CCl_3COONa) 作碱剂，高温分解使色浆碱性增强，有利于活性染料固色；另外，分解产生的氯仿 $(CHCl_3)$ 对涤纶有促染作用。

固色工艺一般采用先焙烘（$180\sim190℃$，$2\sim3min$）使分散染料在涤纶上固着，然后再汽蒸，使活性染料在棉纤维上固着。若先汽蒸后焙烘，则增加活性染料对涤纶的沾污。另外，也可采用常压高温汽蒸（$160\sim180℃$，$4\sim8min$），使两种染料对两种纤维在同一过程中同步固色。由于蒸汽较空气导热快，分散染料在碱存在的条件下水解可以减缓，分散染料的选择性提高。

分散/活性同浆印花也可采用二相法工艺，即色浆中不加碱剂，在分散染料固色后再进行活性染料的碱固色。碱固色的方法有面轧碱液、快速蒸化，快速浸热碱法和轧碱冷堆法等。此工艺避免了分散染料的碱性水解，减少了分散染料对棉的沾污，但碱固色时花纹易渗化，染料在轧碱液中溶落，影响白地洁白。

2. 防拔染印花

涤棉混纺织物防拔染印花是比较新颖的印花工艺。由于是在两种不同染色性能的纤维上同时进行防拔染印花，工艺复杂，若在两种纤维上的染料全部固着后再进行拔染则困难更大。目前通常采用的是在地色染料尚未全部固着的情况下，进行防拔染印花，即所谓半拔或防印印花，统称为防拔染工艺。

（1）分散染料地色防拔染印花：单分散染料地色防拔染工艺仅适合于浅地色或仿丝绸防拔染印花。常用的防拔染印花方法有金属盐络合法、碱剂法和还原法。

①工艺流程：

半拔染印花法：涤/棉半制品→轧染分散染料地色→烘干→印防拔染浆→烘干→固色→洗涤。

防印法(湿罩印):涤/棉半制品→印防拔染浆→罩印地色→烘干→固色→洗涤。

防印法(干罩印):涤/棉半制品→印防拔染浆→烘干→罩印地色→烘干→固色→洗涤。

②拔白和分散着色防拔染印花浆配方(%):

	拔白	色拔
金属盐络合法:		
醋酸铜	7～14	5～10
氨水	7～14	5～7
柔软剂	10	0
氧化锌(1∶1)	20	0
不螯合分散染料	0	x
印染胶—淀粉	40～50	40～50

固色工艺:焙烘 190℃,1.5min;190℃,2min。

	拔白	色拔
碱剂法:		
纯碱	6～8	4～8
加白剂	0.2	0
助拔剂	10	5～10
耐碱分散染料	0	x
CMC 糊	40～60	40～60

固色工艺:焙烘 190℃,2min;190℃,2min。

雕白粉还原法:		
雕白粉		6～12
加白剂		0.2
助拔剂		0～10
氧化锌(1∶1)		10
甘油		7
白糊精糊		40～60

固色工艺:蒸化(102℃,5min)→焙烘 190℃,1.5min 或蒸化 170℃,7min。

	拔白	色拔
氯化亚锡还原法:		
$SnCl_2$	4～12	3～8
尿素	2.5	5
硫代双乙醇	3	3
加白剂	0.2	0
耐还原分散染料	0	x
淀粉—合成龙胶糊	40～60	40～60

固色工艺:蒸化170℃,7min;蒸化170℃,7min。

③分散—活性着色防拔染印花浆配方(%):

耐碱活性染料	x
耐碱分散染料	y
尿素	10
防染盐S	1
纯碱	6~8
助拔剂	0~10
海藻酸钠糊	40~50

固色工艺:蒸化102℃,5min→焙烘190℃,1.5min 或蒸化170℃,7min。

④涂料着色防拔染印花浆配方(%):

耐还原剂涂料	x
黏合剂	25~40
乳化糊A邦浆	y
合成龙胶糊	5~10
雕白粉(或$SnCl_2$)	4~10
6MD	4
助拔剂	0~5
增稠剂	z

⑤分散染料地色配方(%):

分散染料	x
水	y
防染盐S	1
海藻酸钠糊	z

(2)分散—活性染料地色防拔染印花:分散—活性染料地色防拔染印花工艺可用于涤棉混纺织物中、浅地色的防拔染印花。目前有两种方法:碱剂法和还原法。碱剂法是利用含酯基结构的分散染料在碱剂(纯碱、碳酸钾、烧碱)作用下易水解而失去对涤纶的染色能力和膦酸基活性染料在碱性条件下不与纤维素纤维发生反应的能力,应用碱剂同时达到两种染料的防拔染。还原法选用易拔的偶氮类分散和活性染料作地色染料,利用还原剂(雕白粉)破坏它们的偶氮基,使之成为两个氨基化合物,水洗去除,从而达到防拔染效果。

①工艺流程:与分散染料地色防拔染工艺基本相同,以半拔染印花法和防印法为主。

②防拔白浆配方(%):

	碱剂法	还原法
纯碱	6~8	—
锌盐雕白粉	—	15~20

增白剂	0.2	0.2
氧化锌（1:1）	10	10
甘油	7	5
助拔剂	10	10
白糊精糊	40~60	40~60

固色条件：蒸化 102℃，5min→焙烘 190℃，1.5min 或蒸化 170℃，7min。

③分散—活性着色防拔染浆（碱剂法）：配方与单分散染料染地色，分散—活性着色防拔染印花同，选用耐碱的分散和活性染料（一般采用 K 型活性染料）作为着色染料。

④涂料着色防拔染浆（还原法）：配方与单分散染料染地色，涂料着色雕白粉还原法防拔染印花相同。所选涂料和黏合剂要耐还原剂。

⑤还原染料着色防拔染法（还原法）（%）：

雕白粉	5~12
碳酸钾	3~4
纯碱	3~4
尿素	5
助拔剂	5
还原染料研磨料	x
印染胶—淀粉	40~60

以上各着色防拔染印花的固色工艺条件参照相应的防拔白浆印花工艺。

⑥分散—活性染料地色：

碱剂法（%）：

不耐碱分散染料	x
不耐碱活性染料	y
双氰胺	3
磷酸二氢钠	0.5
海藻酸钠	z

还原法（%）：

不耐还原分散染料	x
不耐还原活性染料	y
尿素	0~5
防染盐 S	1
小苏打	1~2
海藻酸钠	z

(二)毛涤混纺织物印花

由于羊毛不耐高温，毛涤混纺织物印花中涤纶应选用低温型且对毛沾污少的分散染料；羊毛则以弱酸性染料、中性染料及毛用活性染料为主。普施兰 PC 是英国卜内门公司开发的分散/活性染料相拼混的液体染料,适合于毛涤混纺织物的直接印花。

分散/弱酸性染料同浆直接印花举例:

配方(%):

分散染料	x
弱酸性染料或中性染料	y
分散剂 NNO(或渗透剂 JFC)	1~2
尿素	3~5
醋酸	2
或硫酸铵	5
水	20
合成龙胶	60~70
合成	100

工艺流程:印花前处理→印花→烘干→高温汽蒸→洗涤。

二、毛腈混纺织物印花

毛腈混纺织物以绒毯、绒线、针织制品为主,也有部分服装面料,印花时,腈纶采用阳离子染料,羊毛以酸性染料和活性染料为主。

酸性染料或活性染料与阳离子染料同浆印花,与毛腈混纺织物染色一样,首先要考虑两种不同电荷的染料离子发生结合甚至产生沉淀的问题。

若花型要求不高,粗厚织物印花后可不经烘干直接汽蒸(100℃,30min)。通过酸洗可以去除羊毛上沾污的阳离子染料。

第八节 其他印花

一、印花泡泡纱

印花泡泡纱是通过印花的方法将织物局部进行化学处理,使之收缩,未收缩处便形成凹凸的泡泡。其印制方法有:

(一)印碱法

用刻有直条花纹的印花辊筒在单辊印花机上印 30%~35%(36~40°Bé)的 NaOH 溶液,透风烘干,棉纤维便剧烈收缩,而未印碱处的棉纤维只能随之卷缩而成凹凸不平的泡泡,然后经松式洗涤去除烧碱。

(二)印树脂法

棉织物上先印防水剂,使印花处产生拒水性,烘干后,将织物浸轧烧碱溶液,然后透风。印有防水剂处,烧碱液不能进入,而未印花处棉纤维在碱液作用下收缩,产生泡泡。

泡泡纱的印花在加工中必须不受张力,在后处理平洗时采用松式设备,否则会把泡泡拉平。泡泡纱印花可在漂白、染色、印花布上进行,但选用的染料必须耐浓碱且不发生变色。

二、烂花印花

烂花印花产品常见的有烂花丝绒和烂花涤/棉织物,它们的基本原理相同,即利用两种纤维的不同耐酸性能,用印花方法(印酸浆)将一种纤维烂去,而成半透明花纹的织物。

烂花涤/棉的坯布是涤/棉包芯纱,纱的中心是涤纶长丝,外面包覆棉纤维。通过印酸、烘干、焙烘或汽蒸,棉纤维被酸水解炭化,而涤纶不受损伤,再经过松式水洗,印花处便恢复了涤纶的透明。烂花丝绒的坯布地纱是真丝乔其纱,绒毛是黏胶丝,在这种织物上印酸,将黏胶绒毛水解或炭化去除,而蚕丝不受侵蚀,便留下乔其纱底布。能侵蚀棉、黏胶等纤维素纤维的酸剂有硫酸、硫酸铝、三氯化铝等,目前使用最多的是硫酸。原糊需耐酸,常用白糊精。印浆中加入分散染料上染涤纶,可获得彩色花纹。

第六章　纺织品整理

第一节　整理概述

一、整理的概念和目的

纺织品整理是指通过物理、化学或物理和化学联合的方法,改善纺织品外观和内在品质,提高服用性能或其他应用性能,或赋予纺织品某种特殊功能的加工过程。广义上讲,纺织品从离开(编)织机后到成品前所进行的全部加工过程均属于整理的范畴,但在实际生产中,常将织物练漂、染色和印花以外的加工过程称为整理。由于整理工序多安排在整个染整加工的后期,故常称为后整理。

纺织品整理的内容丰富多彩,其目的大致可归纳为以下几个方面:

(1)使纺织品幅宽整齐均一,尺寸和形态稳定。如定(拉)幅、机械或化学防缩、防皱和热定形等。

(2)增进纺织品外观:包括提高纺织品光泽、白度,增强或减弱织物表面绒毛等。如增白、轧光、电光、轧纹、磨毛、剪毛和缩呢等。

(3)改善纺织品手感:主要采用化学或机械方法使纺织品获得诸如柔软、滑爽、丰满、硬挺、轻薄或厚实等综合性触摸感觉。如柔软、硬挺、增重整理等。

(4)提高纺织品耐用性能:主要采用化学方法,防止日光、大气或微生物等对纤维的损伤或侵蚀,延长纺织品使用寿命。如防蛀、防霉整理等。

(5)赋予纺织品特殊性能:包括使纺织品具有某种防护性能或其他特种功能。如阻燃、抗菌、防污、拒水、拒油、防紫外线和抗静电等。这种整理也称为纺织品功能整理或特种整理。

本章仅介绍纺织品的一般整理,纺织品的功能整理将在第七章介绍。

二、整理的分类

按照纺织品整理效果的耐久程度,可将整理分为暂时性整理、半耐久性整理和耐久性整理三种。

1. 暂时性整理

纺织品仅能在较短时间内保持整理效果,经水洗或在使用过程中,整理效果很快降低甚至消失,如上浆、暂时性轧光或轧花整理等。

2. 半耐久性整理

纺织品能够在一定时间内保持整理效果,即整理效果能耐较温和及较少次数的洗涤,但经多次洗涤后,整理效果仍然会消失。

3. 耐久性整理

纺织品能够较长时间保持整理效果,即整理效果能耐多次洗涤或较长时间应用而不易消失。如棉织物的树脂整理、反应性柔软剂的柔软整理、树脂和轧光或轧纹联合的耐久性轧光、轧纹整理等,都属于耐久性整理。

纺织品整理除按照上述方法分类外,还有按照整理加工工艺性质分类,如物理机械整理、化学整理、机械和化学联合整理;按照被加工织物的纤维种类分类,如棉织物整理、毛织物整理、化纤及混纺织物整理等;按照整理要求或用途分类,如一般整理、特种整理等。但是,不管哪一种分类方法,都不能把纺织品的整理划分得十分清楚。有时一种整理方法可以获得多种整理效果,有时织物整理还和染色、印花等工艺结合进行。

三、整理的方法

纺织品整理的目的不同,要求各异,可采用的整理方法很多,但总体上可分为以下三种。

1. 物理机械方法

利用水分、热量、压力、拉力等物理机械作用达到整理的目的。如拉幅、轧光、起毛、磨毛、蒸呢、热定形、机械预缩等。

2. 化学方法

采用一定方式,在纺织品上施加某些化学物质,使之和纤维发生物理或化学结合,从而达到整理的目的。如硬挺整理、柔软整理、树脂整理以及阻燃、拒水、抗菌、抗静电整理等。

3. 物理机械和化学方法

即物理机械整理和化学整理联合进行,同时获得两种方法的整理效果。如耐久性轧光整理就是把树脂整理和轧光整理结合在一起,使纺织品既具有树脂整理的效果,又获得耐久性的轧光效果。类似的还有耐久性轧纹和电光整理等。

纺织品整理在整个纺织加工过程中具有十分重要的意义。通过整理加工,不但可以使织物或纤维最大限度地发挥其固有的优良性能,还可以赋予织物某些附加的特殊性能,延长使用寿命,增加产品的附加值。随着人们需求的变化和提高,纺织品整理技术也在不断发展,新型整理剂及其工艺不断涌现。近年来,由于环境保护和能源综合利用问题的提出,纺织品整理加工向着低能耗、无污染的方向发展。

第二节　棉织物整理

棉纤维及其织物具有柔软、舒适、吸湿、透气等优良性能,但经练漂、染色及印花等加工后,织物幅宽变窄且不均匀、手感粗糙、外观欠佳。为了使棉织物恢复原有的特性,并在某种程度上获得改善和提高,通常要经过物理机械整理和一般化学整理,包括定形整理、外观整理和手感整理等。另外,为了克服棉织物弹性差、易变形、易起皱等缺点,往往还要进行树脂整理。其他棉型织物,如黏胶纤维、维纶等及其与棉纤维混纺或交织织物的整理过程和工艺与棉织物相似。涤纶和棉纤维混纺或交织织物的整理将在混纺和交织织物整理一节中讨论。

一、定形整理

定形整理的目的在于消除纤维或织物中存在的内应力,使之处于较稳定的状态,从而减小织物在后续加工或服用过程中的变形。棉织物定形整理的方法比较多,如丝光、定幅、机械预缩及树脂整理等。棉织物的丝光加工已在第三章中介绍,树脂整理将在本节后面专门叙述,这里只介绍定幅及机械预缩整理。

(一)定幅整理

织物在练漂和印染加工过程中,持续地受到经向张力的作用,而纬向受到的张力较小,因而造成织物经向伸长而纬向收缩,并且产生其他一些缺点,如幅宽达不到规定尺寸,布边不齐、纬纱歪斜等。定幅整理的目的是使织物具有整齐均一且形态稳定的门幅,并克服上述其他缺点。一般棉织物在出厂前都需要进行定幅整理。

定幅整理的原理是利用棉纤维在潮湿状态下具有一定的可塑性,将织物门幅缓缓地拉到规定的尺寸,逐渐烘干,并调整经纬纱在织物中的状态,从而使织物幅宽达到规定尺寸和均匀一致,并使尺寸、形态稳定,纬斜等疵病得到纠正。除棉纤维外,其他天然纤维,如毛、麻、丝等以及吸湿性相对较强的化学纤维在潮湿状态下,也有不同程度的可塑性,其织物也能通过类似的作用达到定幅的目的。

织物定幅整理在拉幅机上进行。拉幅机一般由给湿、拉幅和烘干三个主要部分组成,并附有整纬等辅助装置。拉幅机有布铗拉幅机和针板拉幅机等。棉织物的定幅多采用前者,后者则多用于毛织物、丝织物、化学纤维及其混纺织物的定幅整理。

一般热风布铗拉幅机的示意图,如图6-1所示。它主要由轧车、整纬装置、一组烘筒、伸幅装置、热风烘房等组成。织物进行定幅整理前,先经过两辊或三辊轧车轧水给湿,再经烘筒初步烘干到回潮率为$10\%\sim15\%$,以减轻热烘房的负担。除浸轧给湿方式外,还有毛刷辊筒给湿、斜板溅射给湿等方式。

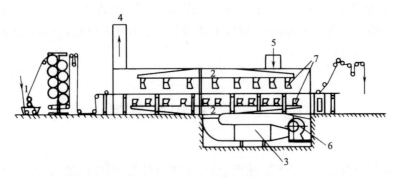

图6-1 热风布铗拉幅机

1—给湿装置 2—主风管 3—加热器 4—废气排出口
5—吸入新鲜空气的管道 6—送风机 7—喷风口

布铗拉幅机的拉幅部分安装在热烘房内,其主要机件除驱动设备和机架外,还有布铗链、调幅螺杆和开铗装置组成的伸幅机,它的结构与布铗丝光机的伸幅部分相同。织物由拉幅机构左右两侧的两串布铗啮住布边进入热烘房内,布铗链敷设在轨道上,沿着轨道循环运行。两串布铗链间的距离逐渐增大,从而使织物门幅扩伸。布铗链间距在机器后部趋于平行,使织物保持所需的幅宽,直至烘干。布铗链的长度一般为 $15\sim34\mathrm{m}$,多为 $27\mathrm{m}$。织物在拉幅机上拉伸的程度,一般是使整理后的幅宽控制在成品幅宽公差的上限。

织物拉幅时的烘干以热风烘燥为多,也有采用蒸汽散热片(管)或煤气等火口加热的。热风烘燥是利用送风机将冷空气压送至加热器加热,再经主风道及支风管分送至热风喷口,垂直喷射到织物上、下两面。喷风口可随织物的门幅调整宽度。

除上述主要部件外,拉幅机上往往还附有整纬装置。正常情况下,织物经纱、纬纱应保持互相垂直状态。织物在前处理及印染加工过程中,由于经纱和纬纱受到的张力不均匀,或织物中部与两边所受的张力不一致,往往会造成纬斜或纬歪等现象,拉幅烘干后,这种状态会固定下来,因此,在定幅整理时需要用整纬装置加以纠正。整纬装置有机械式和光电式两种,机械整纬装置又分为差动齿轮式和辊筒式。

热风布铗拉幅机常与轧车、预烘设备等组合而成浸轧、拉幅、烘干联合机,这样不但可进行单独的定幅整理,还可以使上浆、柔软、增白、树脂整理等与定幅整理同时进行。

针板拉幅机的结构与布铗拉幅机基本相同,其主要区别是以针板代替布铗。它的特点是可以超速喂布,在拉幅过程中减少了经向的张力,有利于扩幅,同时,又使织物经向获得一定的回缩,起到预缩的效果。针板拉幅机还可用于树脂整理和合成纤维织物的热定形。这种拉幅机的缺点是加工织物的布边留有针孔,针杆易折断,不宜用于轧光及电光等织物。

(二)机械预缩整理

棉织物在织造和染整加工之后,形状往往处于不稳定状态,具有潜在收缩性。织物在松弛状态下落水或洗涤以后,会发生收缩变形,这种现象称为缩水。织物按规定的洗涤方法洗涤前后经向或纬向的长度差占洗涤前长度的百分率,称为该织物的经向或纬向缩水率,即:

$$缩水率 = \frac{L_0 - L}{L_0} \times 100\%$$

式中:L_0——洗涤前织物经向(或纬向)长度;

L——洗涤后织物经向(或纬向)长度。

用具有潜在收缩的织物制作服装,洗涤后,由于发生一定程度的收缩,导致服装变形走样,影响服用性能,给消费者造成损失。因此,需要对织物进行必要的防缩整理。缩水率是棉织物出厂前的重要考核指标之一。

1. 织物缩水的原因

纤维或纱线在纺、织、染整加工过程中经常受到拉伸作用而伸长,特别是在潮湿状态下更易发生伸长,如果维持在这种拉伸状态下干燥,则会使伸长状态暂时固定下来,造成所谓"干燥定形"变形,从而使纤维或纱线存在内应力。织物再度润湿并在自由状态下干燥时,由于内应力松弛,纤维或纱线长度发生收缩,造成织物缩水,这种情况称为织缩调整引起的缩水。但具有正常捻度纱的缩水率很少超过 2%,而棉织物的缩水率有时可高达 10%。显然,内应力松弛只是织物缩水的原因之一。

织物缩水的主要原因在于纤维吸湿后呈现各向异性溶胀,引起织缩增大。所谓织缩,是指织物中纱线长度与织物长度之差对织物长度的百分比。即:

$$织缩 = \frac{L_1 - L_2}{L_2} \times 100\%$$

式中:L_1——织物中纱线长度;

L_2——织物长度。

由于纱线在织物中处于弯曲状态,因此织物中的纱线长度总是大于织物长度,形成织缩。纱线弯曲程度越大,织物织缩越大。当织物润湿时,纤维发生各向异性溶胀,直径的增加程度远大于长度的增加。如棉纤维润湿后直径增加 14%,长度只增加 1.1%~1.2%。织物润湿后,纤维溶胀,纱线直径增大很多,若纬纱之间仍要保持润湿前的距离,经纱势必要发生一定的伸长才行。但是,由于经纱在纺织染整加工中不断受到张力的作用,如前所述,润湿后本来就有缩短的倾向,因此,经纱不可能在润湿后伸长。另外,由于纱线在织物中互相挤压着,经纱也不可能通过自由退捻而伸长。为了适应纱线的溶胀变形,只有纬纱间的距离缩小,密度增大,才能保持经纱绕纬纱所经过的路程基本不变,结果经纱的织缩增加,从而导致宏观上织物经向长度缩短。当织物在自然状态下干燥后,虽然纤维溶胀消失,但纱线之间由于摩擦牵制作用,织物仍保持收缩状态。对织物纬向分析的结果也是一样的,它导致织物幅宽变窄。织物润湿时的织缩变化情况,如图 6-2 所示。

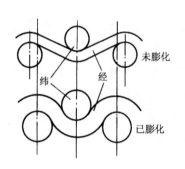

图 6-2　织物润湿时织缩变化

除上述原因外,织物缩水还与织物的组织结构以及纤维的特性有关。

2. 机械预缩整理方法

为了减小织物的经向收缩现象,需要对织物进行防缩整理。棉织物防缩整理的方法有化学整理和机械预缩整理两类。化学方法的基本原理是采用某种化学物质,主要是树脂或交联剂对织物进行处理,封闭棉纤维上的亲水基团,从而降低纤维的亲水性,抑制纤维的吸湿溶胀作用,达到降低织物缩水率的目的。这种整理实际上类似于织物的树脂整理。机械预缩整理的基本原理是通过机械作用使织物经向织缩增加,织物长度缩短,潜在收缩减小或消除,达到防缩的目的。

织物机械预缩整理多在压缩式预缩机上进行,其中橡胶毯和毛毯压缩式预缩机在棉织物上应用最普遍。橡胶毯压缩式三辊预缩机的预缩装置结构,如图 6-3 所示,它主要由橡胶毯、承轧辊和导辊组成。橡胶毯为无接缝环状,具有一定的弹性和厚度。承轧

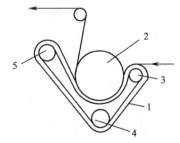

图 6-3　三辊预缩机预缩装置

1—橡胶毯　2—加热承轧辊　3、4、5—导辊

辊表面为光滑的铜质或不锈钢,中间可加热。通常织物在进入预缩装置前,先经过给湿装置给湿,以使纤维较柔软并具有可塑性。然后,织物紧贴于橡胶毯上进入预缩机。橡胶毯经过导辊时其表面呈拉伸状态,而当它绕经承轧辊时则变成收缩状态。这样,织物也随橡胶毯的收缩而发生同步收缩。由于承轧辊提供的热量烘去部分水分,使收缩后的织物结构得到基本稳定。织物经过导辊和承轧辊之间轧点的挤压作用,对其收缩和定形也有一定影响。若出机后织物再经过无张力烘干设备进一步烘干,则可获得更加稳定的防缩效果。一般经上述加工后,织物经向缩水率可降低到1%以下,且手感柔软丰满。毛毯压缩式预缩机的工作原理与橡胶毯预缩机基本相同。

二、光泽和轧纹整理

织物的光泽主要由织物表面对光的反射情况决定。织物表面光滑一致,纤维或纱线彼此平行排列,入射到织物表面上的光线将沿一定角度被反射,反射光较强,织物光泽就强。织物经练漂及印染加工后,纱线弯曲程度增大,起伏较多。另外,织物表面还附有绒毛,造成表面不光滑,反射光就以不同角度向各个方向漫射,因此光泽较暗。织物的光泽整理通常有轧光和电光整理两种方法。织物轧纹整理和轧光、电光整理相似,其主要目的是在织物上轧压出有立体感的凹凸花纹。

轧光整理的原理是借助于棉纤维在湿热条件下具有一定的可塑性,通过机械压力的作用,将织物表面的纱线压扁压平,竖立的绒毛压伏,从而使织物表面变得平滑光洁,对光线的漫反射程度降低,进而达到提高织物光泽的目的。

织物轧光整理在轧光机上进行。轧光机主要由辊筒和加压装置等组成,辊筒可有2~7只,分软辊筒和硬辊筒两种,软、硬辊筒交替排列,软辊筒也可连续排列。软辊筒也称为纤维质辊筒,由羊毛、棉花或纸帛经高压压实再经车光磨平制成。硬辊筒由铸铁等金属制成,中空,可加热,表面光滑。普通轧光机由三只辊筒组成,其排列形式为硬—软—硬或软—硬—软,适合一般光泽的轧光整理。五辊以上的轧光机也称通用轧光机,通过软硬辊筒的不同排列形式,可分别用于单面、双面、摩擦及叠层轧光等。五辊轧光机示意图,如图6-4所示。

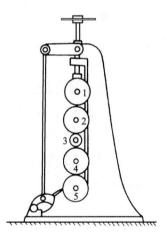

图6-4 五辊轧光机示意
1、2、4—软轧辊 3、5—硬轧辊

轧光前,织物一般先给湿或浸轧整理液,然后进行拉幅烘干。轧光时,织物环绕经过轧光机各只辊筒,在辊筒之间受到湿、热及压力的作用,使织物烫平,获得光泽,同时手感也有改善。轧光整理效果与织物含湿率、轧辊温度、辊筒间的压力及轧点数等因素有关。

叠层轧光是将数层织物叠在一起,通过同一轧点进行轧光,由于织物间的相互碾压作用,使织物表面产生波纹效应,除了能获得柔和的光泽外,还可使织物手感柔软、纹路清晰。

为了使织物获得更强烈的光泽,可采用摩擦轧光机对织物进行摩擦轧光。摩擦轧光机由两个或三个辊筒组成。三辊摩擦轧光机的中间一个辊筒为软轧辊,上、下两个辊筒为硬轧辊,其中上面的辊筒可加热,又称为摩擦辊筒。摩擦辊筒通过过桥齿轮和变换齿轮驱动,转数由变换齿轮的齿数调节,一般比下面两个辊筒超速30%~300%。轧光时利用织物行进时的线速度与摩擦辊筒转动速度之差,使织物受到摩擦轧压作用,从而获得强烈的光泽。

电光整理的原理和加工过程与轧光整理基本类似,其主要区别是电光整理不仅把织物轧平整,而且在织物表面轧压出互相平行的线纹,掩盖了织物表面纤维或纱线不规则排列现象,因而对光线产生规则的反射,获得强烈的光泽和丝绸般的感觉。电光整理机的构造及工作原理与轧光机类似。电光机多由一硬一软两只辊筒组成,其中硬辊筒不但可以加热,而且在表面刻有与辊筒轴心成一定角度且相互平行的细斜纹,斜纹的角度和密度因加工织物的品种和要求而有不同。

轧纹整理(又称轧花整理)与轧光、电光整理相似,也是利用棉纤维在湿热条件下的可塑性,通过轧纹机的轧压作用,使织物表面产生凹凸的花纹。轧纹整理机由一只可加热的硬辊筒和一只软辊筒组成,硬辊筒表面刻有阳纹(凸纹)花纹,软辊筒上则压有与之相吻合的阴纹(凹纹)花纹。织物轧纹时,软、硬辊筒保持相同的线速度运转,在织物上轧压出花纹。

棉织物的光泽和轧纹整理过去常用淀粉类浆料作整理剂,但整理后织物光泽和花纹的耐久性差。为了获得耐久性整理效果,光泽和轧纹整理可与树脂整理、拒水拒油及涂层等化学整理相结合。光泽及轧纹整理也可用于麻、涤棉混纺、锦纶和涤纶等织物。

三、绒面整理

绒面整理通常是指织物经一定的物理机械作用,使织物表面产生绒毛的加工过程。绒面整理可分为起毛和磨毛两种。起毛整理后的织物表面绒毛稀疏而修长,手感柔软丰满,有蓬松感,保暖性增强。磨毛整理后的织物表面绒毛细密而短匀,手感柔软、平滑,有舒适感。

(一)起毛整理

起毛整理是利用机械作用,将纤维末端从纱线中均匀地拉出来,使织物表面产生一层绒毛的加工过程。起毛也称做拉毛或起绒。

棉织物的起毛整理在钢丝起毛机上进行,它是利用安装在大滚筒上的起毛针辊起毛的。针辊有20~40只,上面包有钢丝针布。按照针辊转向和针尖指向不同,钢丝起毛机又可分为单动式和双动式两种,其起毛作用如图6-5所示。

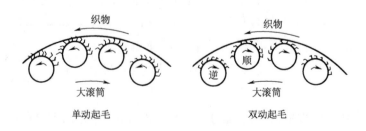

图6-5 钢丝起毛作用示意

单动起毛机针辊的针尖指向一致,针辊转向和大滚筒的转向相反,而和织物的行进方向一致。调节针辊的转速,可以获得不同程度的起毛效果。双动起毛机针辊的针尖指向有顺、逆两种,依次间隔排列在大滚筒上,并且分别传动。所有起毛针辊的转向都是一致的,并且与织物运行方向和大滚筒的转向相反。起毛作用是由针辊和织物运行的速度差而产生的。调节顺、逆针辊速度、大滚筒和织物运行速度及张力,可使织物获得不同的起毛效果。单动式钢丝起毛机起毛作用剧烈,所起的绒毛易倒伏,而双动式起毛机所起的绒毛较直。钢丝起毛机生产效率高,不但用于棉织物起毛,还广泛用于羊毛及其混纺织物等的起毛整理,但由于起毛作用强烈,纤维易被拉断,织物强力降低,故应合理控制起毛条件。

起毛后的织物表面绒毛长短不一,还需进行剪毛加工,以使织物表面平整均匀,手感柔软,并增进织物外观。织物剪毛将在毛织物整理一节中叙述。

(二)磨毛整理

磨毛整理也是一种借机械作用使织物表面产生绒毛的整理工艺。磨毛是由砂粒锋利的尖角和刀刃,磨削织物的经纬纱后产生绒毛,整理后织物绒面外观和起毛织物有不同的风格。

织物磨毛整理在磨毛机上进行。磨毛机一般由进布、磨毛、刷毛、吸尘和落布等部分组成。磨毛机的种类有砂辊式和砂带式两种。砂辊式磨毛机又有单辊和多辊之分。按照砂磨辊的分布状态不同,多辊磨毛机又分为立式和卧式两种。砂辊式磨毛机和砂带式磨毛机磨毛部分示意见图6-6和图6-7。

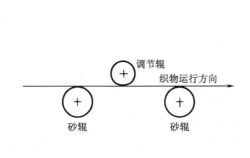

图6-6　砂辊式磨毛机

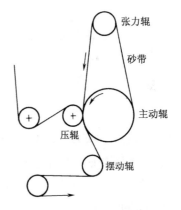

图6-7　砂带式磨毛机

砂辊式磨毛机的砂磨辊上包覆着不同粒度的砂皮,各砂辊是分别驱动的,可以正转和反转。砂辊上方装有调节辊或轧辊,用来调节织物与砂辊的接触状态,控制砂磨程度。砂带式磨毛机采用无接缝的循环砂带,其作用和砂辊相同。

磨毛时,高速运行的砂磨辊或砂磨带,借其表面随机密集排列的砂粒与织物紧密接触,使砂粒的刀锋和尖角对纤维产生磨削作用而形成绒毛。由于砂粒高度分布不规则,其中比较凸出的砂粒首先将纱线中的一些纤维拉出并割断,形成1~2mm的纤维末端;随着磨毛的继续进行,它们被进一步磨削成绒毛。

影响织物磨毛效果的因素很多,如砂粒的性质和大小、砂辊或砂带和织物运行的速度、织物张力及其与砂磨辊(带)的接触面积、织物组织结构及纤维的种类等,其中织物与砂磨辊(带)的接触程度被认为是最重要的因素。

织物经磨毛整理后,其机械力学性能也会发生变化,如柔软性增加、断裂及撕破强力下降。因此,在制定磨毛工艺条件时,必须根据不同织物及要求,使磨毛效果和织物强力取得平衡。

四、增白整理

棉织物经过漂白加工后,虽然白度有了很大的提高,但常常还带有浅黄和褐色,这是由于纤维吸收了少量的蓝色光而使反射光中带有黄色光引起的。为了进一步提高漂白织物的白度,一般应进行增白整理。早期的增白整理是采用所谓上蓝处理,即在织物上染着某些能吸收黄色光的蓝、紫色染料或涂料,使织物的反射光中蓝紫色光增强。这种增白处理效果较差,亮度降低而略有灰暗感,而且不耐水洗。

目前,织物增白整理多采用荧光增白剂。荧光增白剂的增白原理和上蓝不同,它能吸收紫外光线而放出蓝紫色的可见光,与织物上反射出来的黄光混合成为白光,从而使织物达到增白的目的。由于用荧光增白剂处理后织物反射光的强度增大,所以亮度有所提高。荧光增白剂实际上是一种近乎无色的染料,对纤维有亲和力,具有一定的耐洗牢度。

棉织物常用的增白剂有荧光增白剂 VBL 和 VBU 等,它们和直接染料的性质类似,可溶于水。荧光增白剂 VBL 的化学结构式如下:

式中:R 为—OH、—N(CH$_2$CH$_2$OH)$_2$或—NHCH$_2$CH$_2$OH等。

棉织物的增白整理可单独进行,也可与染色、柔软或硬挺整理等同时进行。荧光增白剂 VBL 整理液的 pH 以 8～9 为宜,最高用量为织物重量的 0.6%。荧光增白剂 VBU 较耐酸,可和树脂整理同时进行加工。

涤纶、锦纶及其混纺织物的增白常用的是荧光增白剂 DT,其分子结构如下:

荧光增白剂 DT 的性能与分散染料相似,不溶于水,常制成分散体,一般在中性或微酸性溶液中使用,用量为 15～25g/L。织物浸轧增白剂并烘干后,需要经高温焙烘才能固着在纤维上。

五、手感整理

织物手感是由织物的某些力学性能通过人手的感触所引起的一种综合反应。手感在不同程度上反映了织物的外观和舒适感。人们对织物手感的要求随织物的品种和用途不同而异,如作为服装面料的织物一般要求柔软舒适,而作为衬布等的织物则要求硬挺。所以,常常需要对织物进行柔软整理或硬挺整理。

无论是柔软整理还是硬挺整理,一般都是和热风定幅同时进行,即织物先浸轧整理液,预烘干后在热风拉幅机上拉幅烘干。另外,柔软或硬挺整理也可和增白、树脂整理等同时进行。

(一)柔软整理

1. 化学柔软整理

棉及其他天然纤维都含有脂蜡类物质,化学纤维上施加有油剂,因此都具有柔软感。但织物经过练漂及印染加工后,纤维上的蜡质、油剂等被去除,织物手感变得粗糙发硬,故常需进行柔软整理。

织物柔软整理有机械整理和化学整理两种方法。化学方法是在织物上施加柔软剂,降低纤维和纱线间的摩擦系数,从而获得柔软平滑的手感,而且整理效果显著,生产上常采用这种整理方法。

柔软剂的种类很多,如表面活性剂,石蜡、油脂等乳化物,反应性柔软剂及有机硅等。石蜡、油脂及表面活性剂等物质沉积在织物表面形成润滑层,使织物具有柔软感,但它们均不耐洗,效果不持久。反应性柔软剂,如柔软剂 VS、柔软剂 ES、防水剂 RC 等,它们的分子结构中具有较长的疏水性脂肪链和反应性基团,能和纤维上的羟基和氨基等形成共价键结合,不但耐洗涤,而且还有拒水效果。柔软剂 VS 的分子结构如下:

$$C_{18}H_{37}-NHCO-N\begin{array}{c}CH_2\\ \\CH_2\end{array}$$

有机硅柔软剂是一类应用广泛、性能好、效果最突出的纺织品柔软剂,发挥着越来越重要的作用。有机硅柔软剂分为非活性、活性和改性型有机硅等。非活性有机硅柔软剂自身不能交联,也不和纤维发生反应,因此不耐洗。活性有机硅柔软剂主要为羟基或含氢硅氧烷,能和纤维发生交联反应,形成薄膜,耐洗性较好。改性有机硅柔软剂是新一代有机硅柔软剂,包括氨基、环氧基、聚醚和羟基改性等,其中以氨基改性有机硅柔软剂为最多,它可以改善硅氧烷在纤维上的定向排列,大大改善织物的柔软性,因此也称为超级柔软剂。它不但可以应用于棉织物,也能用于麻、丝、毛等天然纤维织物以及涤纶、腈纶、锦纶等化纤及其混纺织物。一般氨基改性有机硅柔软剂的分子结构如下:

$$R-\underset{\underset{CH_3}{|}}{\overset{\overset{CH_3}{|}}{Si}}-O-\left[\underset{\underset{CH_3}{|}}{\overset{\overset{CH_3}{|}}{Si}}-O\right]_m\left[\underset{\underset{(CH_2)_3}{|}}{\overset{\overset{CH_3}{|}}{Si}}-O\right]_n\underset{\underset{CH_3}{|}}{\overset{\overset{CH_3}{|}}{Si}}-R$$

$$NH$$
$$(CH_2)_2$$
$$NH_2$$

式中:R 为—CH₃或—OH。

2. 机械柔软整理

柔软整理也可以用机械方式进行。机械柔软整理采用意大利 Biancalani 公司的 AIRO 1000 气流式柔软整理机,该机器示意如图 6-8 所示,每根文丘里管都由一高压风机控制。利用强大气流,织物以绳状在高温、高压和高速(最高达 1000m/min)状态下通过文丘里管。其柔软整理的原理为:干态或湿态织物由高速气流引入文丘里管进口端,接着强大气流驱动织物以极高的速度在管内运行,气流在文丘里管中对织物揉搓。当织物运行到文丘里管尾部出口时,空间骤增,压力骤减,纤维膨化,并迅速甩打在机器后部的不锈钢栅格上(由于速度高、动能大,揉搓效果十分明显),在瞬间完成对织物的三步机械柔软作用。接着织物滑落到处理槽内,通过覆在上面的聚四氟乙烯板,继续滑向处理槽前方,进入下一循环松式柔软处理。织物运行完全依靠气流的动力,这样可避免机械传动可能造成的挤压和摩擦,可使织物既得到强力又得到又柔和的处理。

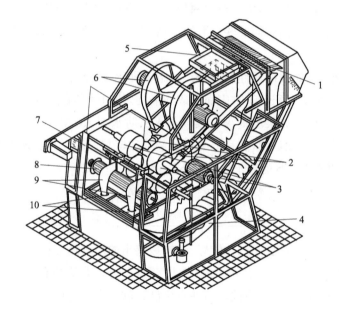

图 6-8　气流式柔软整理机

1—隔栅　2—文丘里管　3—大并布辊　4—处理槽　5—热交换器
6—鼓风机　7—垂直导布翼　8—叶形导布辊　9—织物　10—水平导框架

在此过程中,由于气流和织物、织物和管壁、织物和织物、织物和栅格、织物和助剂间的物理摩擦、搓揉、拍打及化学作用,可消除织物在纺、织、染过程中的内应力,使织物组织蓬松、纤维蠕动、微纤起绒,最终获得良好的柔软蓬松感,并可基本消除整理过程中产生的皱印等疵病。

(二)硬挺整理

硬挺整理是利用高分子物质制成浆液浸轧到织物上,经干燥后在织物或纤维表面形成皮膜,从而赋予织物以平滑、硬挺、厚实和丰满等手感。由于硬挺整理所用的高分子物多被称为浆料,所以硬挺整理也叫做上浆。

硬挺整理剂有天然浆料和合成浆料两类。天然浆料有淀粉及其变性物、田仁粉、橡子粉、海藻酸钠及动植物胶等。淀粉上浆的织物手感坚硬、丰满,田仁粉成糊率高,整理后织物弹性较好,但硬挺性较差。采用淀粉等天然浆料作为硬挺剂的整理效果不耐洗涤。为了获得比较耐洗的硬挺效果,可采用合成浆料上浆,合成浆料的浆膜具有较高的强度和较大的延伸性。应用较多的合成浆料有高聚合度、部分或完全醇解的聚乙烯醇以及聚丙烯酸酯等。另外,采用混合浆料进行硬挺整理,如淀粉和海藻酸钠、纤维素衍生物、聚乙烯醇或聚丙烯酸酯等混合,可以使各种浆料的优势互补,获得良好的整理效果。

进行硬挺整理时,整理液中除浆料外,一般还加入填充剂、防腐剂、着色剂及增白剂等。填充剂用来填塞布孔,增加织物重量,使织物具有厚实、滑爽的手感,应用较多的有滑石粉、膨润土和高岭土等。天然浆料容易受微生物作用而腐败变质,加入防腐剂可防止浆液和整理后织物贮存时霉变。常用的防腐剂有苯酚、水杨酰替苯胺和甲醛等。此外,整理液中加入某些染料或颜料可改善织物色泽。

六、树脂整理

(一)树脂整理的目的和原理

棉、黏胶纤维及其混纺织物具有许多优良特性,但也存在着弹性差、易变形、易折皱等缺点。所谓树脂整理就是利用树脂来改变纤维及织物的物理和化学性能,提高织物防缩、防皱性能的加工过程。树脂整理主要以防皱为目的,故也称为防皱整理。实际上,许多防皱整理剂并不一定都是树脂,但习惯上仍沿用树脂整理这一名称。从整理发展过程来看,树脂整理经历了一般防缩防皱、免烫(或"洗可穿")和耐久压烫(简称 PP 或 DP 整理)三个阶段。

织物产生折皱可简单地看成是由于外力作用,使纤维弯曲变形,外力去除后形变未能完全复原造成的。从微观上讲,则是由于纤维大分子或基本结构单元间交联发生相应变形或断裂,然后在新的位置上重建而引起的。就纤维素分子而言,大分子链上有许多羟基,并在大分子之间形成氢键交联。当受到外力作用时,纤维发生变形,大分子间原来建立的氢键被拆散,基本结构单元发生相对位移,纤维大分子在新的位置上形成新的氢键。外力去除后,由于新形成的氢键的阻碍作用,使纤维素大分子不能回复到原来的状态,这就是造成织物折皱的原因。

树脂整理剂能够和纤维素分子中的羟基结合而形成共价键,或沉积在纤维分子之间,从而限制了大分子链间的相对滑动,提高织物的防皱性能,同时也可获得防缩效果。

(二)树脂整理剂和树脂整理工艺

树脂整理剂的种类很多,以前最常用的是 N -羟甲基化合物,如二羟甲基脲(脲醛树脂,简称 UF)、三羟甲基三聚氰胺(氰醛树脂,简称 TMM)、二羟甲基乙烯脲(简称 DMEU)和二羟甲基二羟基乙烯脲(简称 DMDHEU 或 2D)等,其中以 2D 树脂整理效果最好,应用也最广泛。二羟甲基二羟基乙烯脲是由尿素、甲醛和乙二醛在一定条件下缩合而成的,其分子结构如下:

树脂整理的一般工艺流程为:浸轧树脂整理液 ▸预烘 ▸拉幅烘干 ▸焙烘 ▸皂洗 ▸烘干。

1. 浸轧树脂整理液

浸轧方式为二浸二轧或一浸一轧两道,轧液率65%～70%,浸轧液温度为室温。树脂整理液由树脂初缩体、催化剂及其他添加剂组成。树脂初缩体一般由酰胺与醛反应制得,如2D树脂初缩体是由尿素、甲醛和乙二醛在一定条件下缩合而成。催化剂的作用是加速树脂整理剂自身及其与纤维之间的反应,降低反应温度、缩短处理时间。催化剂种类应根据树脂类型进行选择。由于经树脂整理后的织物断裂强力、撕破强力及耐磨性能等有一定程度的降低,织物手感也变得较为粗糙,因此,为改善上述缺点,在树脂整理液中常加入一些添加剂。常用的添加剂为一些热塑性树脂,如聚乙烯乳液、聚丙烯酸酯乳液等,以及聚氨酯、有机硅和其他柔软剂。另外,为了增加树脂初缩体的渗透性,整理液中还可加入适量的润湿剂,如渗透剂JFC、平平加O等。

2. 预烘

采用红外线或热风烘燥机于80～100℃烘燥,使织物含湿率降低到30%以下,以防止织物上的树脂初缩体在烘干时产生泳移,造成整理效果不均匀。

3. 拉幅烘干

拉幅烘干的目的是使树脂整理后织物的幅宽达到规定要求,并把织物烘干。拉幅烘干一般在热风布铗拉幅机或热风针板拉幅机上进行。针板拉幅机可超速喂布,有利于提高织物防缩效果。

4. 焙烘

焙烘是利用较高温度对干燥后的织物进行处理,使树脂初缩体在较短的时间内自身缩合或与纤维发生交联反应。焙烘的温度和时间根据催化剂种类和用量而定,一般为140～150℃,3～5min。焙烘设备有悬挂式、导辊式和卷绕式焙烘机等。悬挂式焙烘机有长环和短环两种,织物呈松弛状态悬挂在导辊上,导辊由链条带动运转。导辊式焙烘机是一种常用焙烘设备,其特点是织物受热均匀,容布量大,结构如图6-9所示。焙烘时织物经由导布辊进入预烘区,使织物表面温度升高,并烘除残留的水分,然后进入焙烘区使树脂反应,最后经冷却区降温冷却后落布。

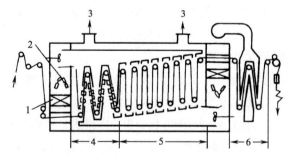

图6-9 导辊式焙烘机

1—蒸汽加热器 2—煤气燃烧器 3—排气
4—预烘区 5—焙烘区 6—冷却区

5. 皂洗、烘干

皂洗的目的在于洗除织物上的树脂反应副产物,如甲基胺等,它有难闻的鱼腥味。同时还可洗除织物上的催化剂及其他残余物。皂洗后织物用水清洗,最后烘干。

(三)低甲醛和无甲醛树脂整理剂和整理工艺

由于以前的树脂整理剂绝大多数都是含甲醛的 N-羟甲基化合物,用这类整理剂整理的织物在湿热条件下一般都存在不同程度的甲醛释放问题。甲醛为有毒物质,会刺激人的眼睛和鼻黏膜,引起皮肤过敏及皮炎,释放在空气中会造成严重污染。为此,许多国家都对织物上甲醛的释放规定了严格的允许限量。我国的 GB 18401—2010《国家纺织产品基本安全技术规范》中规定甲醛的限量为:婴幼儿纺织产品≤20mg/kg,直接接触皮肤的纺织产品≤75mg/kg,非直接接触皮肤的纺织产品≤300mg/kg。因此,降低整理织物的甲醛释放量非常重要。

整理织物上释放的甲醛有一部分来源于树脂初缩体中的游离甲醛。因为在 N-羟甲基类防皱整理剂的制备过程中,羟甲基化反应是一个可逆反应,在合成整理剂的平衡状态都存在未反应的甲醛。整理剂 N-羟甲基等的分解也是导致整理织物不断释放甲醛的重要原因。N-羟甲基类整理剂对织物进行整理时,除了部分自聚以及和纤维发生交联反应外,还会发生如下的反应释放出甲醛:

$$-\overset{\overset{\text{O}}{\|}}{\text{C}}-\text{NCH}_2\text{OH} \rightleftharpoons -\overset{\overset{\text{O}}{\|}}{\text{C}}-\text{NH} + \text{HCHO}$$

整理剂和纤维素分子间生成的交联键的水解断裂也是整理织物上甲醛释放的又一来源。

研究表明,未交联的 N-羟甲基是整理织物主要的甲醛释放源。

为了降低整理织物上的游离甲醛含量,可以选用低甲醛或无甲醛整理剂。

1. 低甲醛树脂整理剂及整理工艺

低甲醛整理剂是指整理剂初缩体中的游离甲醛含量在 0.5% 以下,整理品释放甲醛为 30~300mg/kg 的整理剂。对于 N-羟甲基类整理剂来说,其羟甲基的醚化是制造低甲醛整理剂的有效途径,因为醚化的 N-羟甲基酰胺类树脂以烷基取代了 N-羟甲基中的氢原子,所形成的醚键不仅稳定,降低了原有体系的极性和电荷,而且形成的烷氧基的供电性比羟基大,从而使N—C键的稳定性提高,使树脂和纤维之间的交联键耐酸、碱水解稳定性大大提高,从而减少了甲醛的释放量。但整理剂的交联活性减小,降低了抗皱和耐久压烫的效果。常用的醚化剂为醇类化合物,如甲醇、乙醇和乙二醇等。甲醚化和乙醚化可得低甲醛整理剂,整理织物的甲醛释放量可减少至 200~300mg/kg,多元醇醚化可制得超低甲醛整理剂,整理织物的甲醛释放量可低于 150mg/kg,目前实际应用较多的是各类醚化 2D 树脂,其醚化反应如下:

$$\text{HOH}_2\text{C}-\text{N} \quad \text{N}-\text{CH}_2\text{OH} + 2\text{ROH} \xrightarrow{\text{H}^+} \text{ROH}_2\text{C}-\text{N} \quad \text{N}-\text{CH}_2\text{OR}$$

纯棉织物用低甲醛整理剂的整理工艺举例如下：

工作液组成：醚化 2D 树脂 50g/L，有机硅柔软剂 20g/L，氯化镁 35g/L，渗透剂 JFC 2g/L。

工艺流程：二浸二轧→红外线预烘→拉幅烘干→焙烘(165～167℃，3.5min)→平洗→烘干。

但即使是采用醚化的低甲醛整理剂进行整理，整理织物也不可避免存在甲醛释放问题。

2. 无甲醛整理剂及整理工艺

目前研究和应用的无甲醛整理剂主要是多元羧酸类，如丁烷四羧酸(BTCA)、丙三羧酸(PTCA)、柠檬酸(CA)和低聚合度的聚马来酸(PMA)，其结构式分别如下：

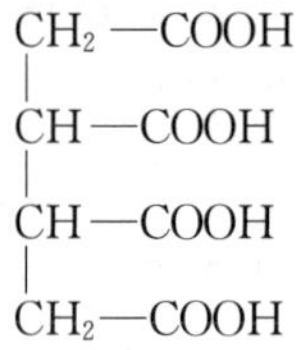

丁烷四羧酸 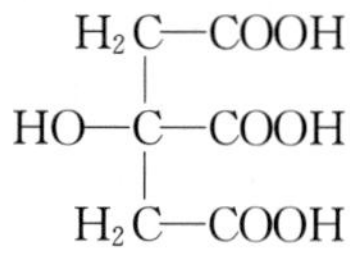　　　　　　柠檬酸 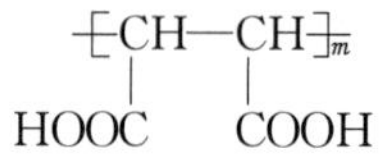　　　　　　聚马来酸

多元羧酸与纤维素纤维的交联机理是，首先多元羧酸在高温和催化剂的作用下，相邻的两个羧基脱水，形成酸酐，然后酸酐再和纤维素分子上的羟基进行酯化反应，形成交联，其反应如下：

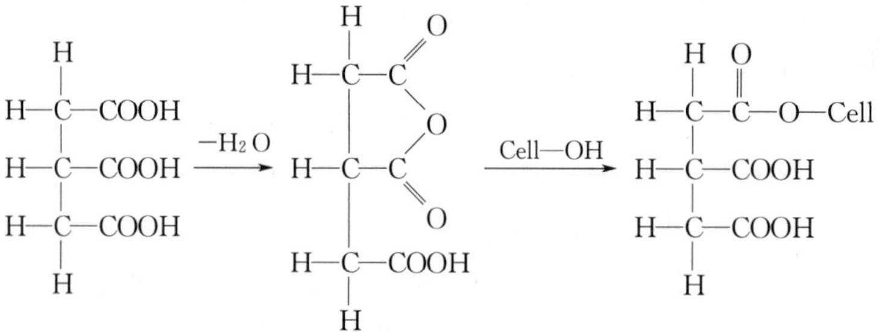

对多元羧酸和纤维素纤维反应有较好催化效果的催化剂是无机磷系，其中以次磷酸钠最好，其次是磷酸二氢钠，磷酸氢二钠、焦磷酸钠和磷酸三钠等也具有一定的催化作用。应用多元羧酸作为纤维素纤维织物的防皱整理剂时应加入胺类化合物(如三乙醇胺、异三乙醇胺)和多元醇类化合物(如季戊四醇、丙三醇、聚乙二醇等)，以提高整理织物的强度，增加织物的柔韧性和白度。

(1)丁烷四羧酸：丁烷四羧酸的整理效果比较理想，其整理产品的耐久压烫等级、白度、耐洗性、手感和强力保持率等都令人满意，某些指标甚至超过 2D 树脂，且加入催化剂的工作液不会自聚，可长期存放。其对纯棉织物的防皱整理工艺举例如下：

工作液组成：丁烷四羧酸 6.3%，催化剂 $NaH_2PO_2 \cdot H_2O$ 6.5%，有机硅柔软剂适量，聚乙二醇 1%。

工艺流程及条件：浸轧工作液(轧液率 110%左右)→预烘(80℃，5min)→焙烘(180℃，1.5min)→水洗→烘干。

(2)聚马来酸：聚马来酸具有较好的整理效果，如高的免烫性、强力保持率及耐水洗性，而且价格也便宜，具有良好的应用前景，但比丁烷四羧酸的整理效果略差。纯棉织物聚马来酸防皱整理的工艺举例如下：

工作液组成：聚马来酸 8%，柔软剂 2%，次亚磷酸钠 4%，渗透剂 0.2%。

工艺流程及条件：二浸二轧(轧液率 70%～80%)→预烘(85℃，3min)→焙烘(180℃，1min)→水洗→烘干。

七、酸减量整理

酸减量整理是涤棉混纺、涤芯棉衣包芯纱和涤棉交织织物仿丝绸的风格化整理。酸减量整理的原理是浓无机酸能将涤棉混纺、涤芯棉衣包芯纱或涤棉交织等织物中的棉纤维水解除去，留下的涤纶织物比减量前有较多的空隙和失重，具有轻薄、疏松、柔软、滑糯和良好悬垂性的丝绸风格。

棉纤维的成分是纤维素，在酸作用下，纤维素分子链中的 $\beta-1,4$-苷键断裂，聚合度下降，纤维素最终水解成水溶性的葡萄糖而被洗去。酸中的氢离子在水解反应中起催化作用，水解速度和酸的浓度成正比。棉纤维的水解不在溶解状态下进行，反应是非均相的，首先发生在纤维素的无定形区域和结晶区的表面。随着水解反应的逐步深入，水解向晶区纵深发展，纤维素聚合度急剧下降，最终成为葡萄糖低分子物而溶去。涤纶大分子的主链以酯键连接，酯键耐酸不耐碱，在酸减量条件下较稳定，这样就达到了仿绸的目的。

涤棉混纺织物酸减量整理工艺举例如下：

工艺流程：印花或染色半制品→浸轧硫酸液(二浸一轧)→堆置→冷水冲淋→碱中和→水洗→烘干→浸轧柔软剂→烘干。

轧酸条件：硫酸液浓度 65%～70%，温度 40～50℃，轧液率 50%～55%；堆置时间：20～30min；碱中和：丝光废烧碱中和；水洗：水洗至织物上 pH 为 6～7；浸轧柔软：亲水性有机硅 3～5g/L，轧液率 40%～50%。

第三节　毛织物整理

一、毛织物整理概述

毛织物一般系指由羊毛纤维加工而成的纯毛织物以及由羊毛和其他纤维混纺或交织而成的毛型织物。毛织物整理的目的可概括为两个方面，一是充分发挥毛纤维固有的优良特性，增进织物的身骨、手感、弹性和光泽，提高织物的服用性能；二是赋予毛织物一些特殊性能，如防毡缩、防蛀、阻燃等。

毛织物品种很多，各种织物在组织结构、呢面状态、风格特征、用途以及原料等方面存在差异，因此，整理加工的工艺和要求也不一样。毛织物按加工工艺不同可分为精纺毛织物和粗纺毛织物。精纺毛织物的结构紧密，纱支较高，整理后要求呢面光洁平整，织纹清晰，光泽自然，手感丰满且有滑、挺、爽的风格和弹性，有些织物还要求呢面略具短齐的绒毛。为了达到上述整理要求，精纺毛织物的整理内容主要有烧毛、煮呢、洗呢、剪毛、蒸呢及电压等，大多数织物侧重于湿整理。粗纺毛织物纱支低,整理前织物组织稀松,整理后要求织物紧密厚实,富有弹性,手感柔顺滑糯,织物表面有整齐均匀的绒毛,光泽好,保暖性强。根据上述风格特点,粗纺毛织物的整理内容主要有缩呢、洗呢、剪毛及蒸呢等。织物品种不同,整理的侧重点也不相同。如呢面织物以缩呢为主,起毛为辅;立绒及拷花织物以起毛和剪毛为重点。

二、毛织物湿整理

毛织物在湿、热条件下,借助于机械作用而进行的整理称为湿整理。毛织物湿整理包括坯布准备、烧毛、煮呢、洗呢、缩呢、脱水及烘呢定幅。

(一)坯布准备

坯布准备的目的在于尽早发现毛织物坯布上的纺织疵点并及时纠正。坯布准备包括编号、生坯检验和修补、擦油污渍等工序。每匹织物应编号并用棉纱线缝在呢端角上,以分清织物品种,便于按工艺计划进行加工。生坯在染整加工前应逐匹检验其长度、幅宽、经纬密度和匹重等物理指标,以及纱疵、织疵及油污斑渍等外观疵点。坯布上的疵点要予以修补,油污斑渍和锈渍等应擦洗干净,否则会影响成品的外观和质量。为了防止织物在染整加工过程中产生条痕折及卷边,可将织物缝制成袋形。

(二)烧毛

烧毛是使织物展幅迅速通过高温火焰,烧除织物表面上的短绒毛,以达到呢面光洁,织纹清晰的目的。烧毛主要用于加工精纺织物,特别是轻薄品种,而呢面要求有短细绒毛的中厚织物则不需烧毛。毛织物烧毛与棉织物的烧毛相似,一般采用气体烧毛机。由于羊毛离开火焰后燃烧会自行熄灭,故不需要灭火装置。烧毛工艺应根据产品风格、呢面情况和烧毛机性能等合理选择。薄织物如派力司、凡立丁等要求呢面光洁、织纹清晰、手感滑爽,应两面烧毛,且用强火快速为宜。光面中厚织物如华达呢等一般要求织纹清晰、风格丰厚柔软,可进行正面烧毛,以弱火慢速为宜。

(三)煮呢

1. 煮呢的目的和原理

毛织物以平幅状态在一定的张力和压力下于热水中处理的加工过程称为煮呢。煮呢的目的是使织物产生定形作用,从而获得良好的尺寸稳定性,避免织物在后续加工或服用过程中产生变形和折皱等现象,同时煮呢还可使织物呢面平整、外观挺括、手感柔软且富有弹性。

羊毛纤维分子之间存在着氢键、二硫键和盐式键等交联,在湿热及张力作用下,这些交联会削弱或被拆散,去除张力后,羊毛会发生收缩。如果在张力下使羊毛经受较高温度和较长时间处理,纤维分子间就会在新的位置上重新建立比较稳定的交联,从而获得定形的效果。

2. 煮呢设备

常用的煮呢设备有单槽煮呢机和双槽煮呢机。单槽煮呢机的结构示意见图6-10,它主要由水槽、辊筒及加压装置等组成。加工时,织物经张力架、扩幅辊后平幅卷绕于煮呢辊筒上并在水槽中缓缓转动,煮呢辊筒上由加轧辊加压。为获得均匀整理效果,第一次煮呢后,将织物掉头反卷再煮一次。单槽煮呢的特点是织物所受张力、压力较大且均匀,因而定形效果好。煮后织物平整、光泽好、手感滑挺并富有弹性,因此多用于薄型织物及部分中厚型织物加工。单槽煮呢的缺点是生产效率低,而且当温度、压力过高时织物易产生水印。

双槽煮呢机可以看作是由两个单槽煮呢机并列而成的。加工时,毛织物随衬布在两个煮呢槽中的煮呢辊筒上来回卷绕,织物在煮呢过程中所受的张力、压力较小,且不断变换位置,因此煮后产品手感丰满、厚实、活络、织纹清晰,不易产生水印,但定形效果不如单槽煮呢。双槽煮呢机主要用于哔叽、华达呢等纹路清晰的织物和中厚花呢类织物的煮呢。除上述两种常用的煮呢机外,还有蒸煮联合机和连续煮呢机。

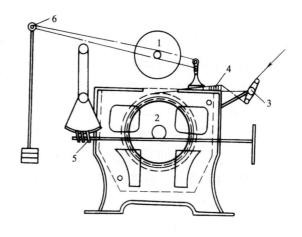

图 6-10　单槽煮呢机

1—上辊筒　2—下辊筒　3—张力架　4—扩幅板
5—蜗轮升降装置　6—杠杆加压装置

3. 煮呢工艺

煮呢的工艺条件对整理效果和产品质量有很大影响。从定形效果看,煮呢温度越高,定形效果越好,但温度过高易使羊毛纤维损伤,强度下降,手感粗糙,染色织物还会褪色、变色或沾色。一般白坯煮呢为 80~95℃,染后复煮为 70~85℃。煮呢时间应根据煮呢温度而定。煮呢温度高,所需时间短;温度低,所需时间长。一般采用稍低温度、较长时间煮呢可获得较好的定形效果。正常煮呢温度下,煮呢时间约需 1h。煮呢液 pH 较高时,定形效果较好,但易损伤纤维;pH 过低,又易造成纤维过缩。一般白坯煮呢 pH 以 6.5~7.5 为宜;色坯煮呢时,为防止染料溶落,并使织物获得良好的光泽和手感,煮呢液 pH 宜为 5.5~6.5。煮呢时的张力和压力以及煮呢后织物的冷却方式对织物风格有很大影响。织物所受张力和压力大,煮后呢面平整挺括,手感滑爽,有光泽,适用于薄型平纹织物;张力和压力小,煮后织物手感柔软丰满,织纹清晰,适宜于中厚型织物。煮呢后织物冷却方式有突然冷却、逐步冷却和自然冷却三种。突然冷却的织物手感挺爽,适用于薄型织物;逐步冷却的织物手感柔软丰满,自然冷却的织物手感柔软、丰满,弹性足,光泽柔和持久,它们适用于中厚织物。

4. 煮呢工序安排

煮呢工序的安排有三种方式,即先煮后洗、先洗后煮和染后煮呢。先煮后洗可使织物平整挺括,有时为进一步提高定形效果,还可采用煮—洗—煮的两次煮呢。先洗后煮的织物手感柔软、丰满、厚实,尤其适用于油污较多的织物。对定形要求较高的织物,虽然染前已经过煮呢,但由于染色温度较高,定形效果受到一定程度的破坏,加之染色过程可能产生折痕,因此染后可进行一次复煮,但染色牢度较差的织物不宜采用。

(四)洗呢

1. 洗呢的目的和原理

毛织物在洗涤液中洗除杂质的加工过程称为洗呢。原毛在纺纱之前已经过洗毛加工,毛纤维上的杂质已被洗除,但在染整加工之前,毛织物上含有纺纱、织造过程中加入的和毛油、抗静电剂、浆料等物质,还有沾污的油污、灰尘等,这些杂质的存在,将会对毛织物的染色和手感等造成不良影响,故必须在洗呢过程中将其除去。

洗呢是利用洗涤剂对毛织物的润湿和渗透,再经过一定的机械挤压、揉搓作用,使织物上的污垢脱离织物并分散到洗涤液中加以去除。洗呢过程中除洗除污垢和杂质外,还要防止羊毛损伤,更好地发挥其固有的手感、光泽和弹性等特性;减小织物摩擦,防止呢面发毛或产生毡化现象;适当保留羊毛上的油脂,使织物手感滋润。最后,还要用清水洗净织物上残余的净洗剂等,以免对织物的染色等加工造成不利影响。

2. 洗呢设备及工艺

洗呢设备有绳状洗呢机、平幅洗呢机和连续洗呢机等,其中以绳状洗呢机最为常用。绳状洗呢机的结构示意如图 6-11 所示。洗呢时,织物反复浸渍洗涤液,并经过上下两辊筒的挤压作用,使污物被洗脱。绳状洗呢机的洗呢效果好,每次可洗 4～8 匹织物,加工效率高,但呢匹易产生折痕,因此适用于粗纺织物和较厚重的精纺织物。对于较薄的精纺织物,最好在平幅洗呢机上洗呢,避免呢面发毛及产生折皱。

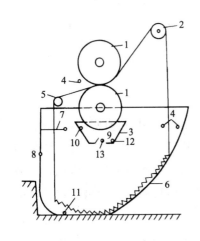

图 6-11　绳状洗呢机

1—辊筒　2—后导辊　3—污水斗
4—喷水管　5—前导辊　6—机槽　7—分呢框
8—溢水口　9—放料口　10—加料管
11—出水管　12—保温管　13—污水出口管

洗呢效果和洗后织物的风格与洗涤剂种类、洗呢工艺条件有密切的关系,因此,应根据织物的含杂情况、品种和加工要求等合理选择。洗涤剂的种类很多,常用的有阴离子表面活性剂和非离子表面活性剂等,如肥皂、雷米邦 A、净洗剂 LS、净洗剂 209、净洗剂 105 以及平平加 O 等。不同洗涤剂的净洗效果及洗后织物的手感不同。肥皂去污力强,洗后织物手感丰满、厚实,但遇硬水会产生皂垢并黏附在织物上,影响产品手感和光泽。净洗剂 LS 和净洗剂 209 能耐酸、碱及硬水,洗后织物手感松软,但洗呢时间过长会使呢面发毛。净洗剂 105 去污力强,但洗后织物手感较差。采用不同洗涤剂混合复配,可以提高洗涤效果。

洗呢温度应根据织物原料、洗涤剂种类和洗液 pH 等因素确定。温度高有利于洗涤剂对织物的润湿、渗透,可提高洗涤效果。但温度过高,洗呢时间过长,特别是洗液呈碱性时易使纤维损伤,手感粗糙,光泽萎暗,呢面发毛。因此,一般毛织物的洗呢温度为 40℃左右。

洗呢时间要根据织物含油污程度、织物结构和风格要求等确定。厚重紧密织物的洗呢时间宜稍长些,匹染薄型织物洗呢时间可稍短些。一般精纺毛织物的洗呢时间为 45～90min,粗纺毛织物为 30～60min。

洗呢液 pH 的选择应综合考虑净洗效果和羊毛的损伤。pH 高,洗净效果好,但纤维损伤大。一般肥皂洗呢时 pH 以 9～10 为宜,合成洗涤剂洗呢时 pH 为 7～9。

洗呢时的浴比和辊筒压力对洗涤效果和织物风格也有影响,浴比大有利于洗呢匀净,不易产生折痕。精纺织物一般洗呢浴比为1:5~1:10,粗纺织物为1:5~1:6。纯毛织物洗呢时辊筒压力应大些,混纺织物压力适当小些。

(五)缩呢

1. 缩呢的目的和原理

在一定的湿、热和机械力作用下,使毛织物产生缩绒毡合的加工过程叫做缩呢。缩呢的目的是使毛织物收缩,质地紧密厚实,强力提高,弹性、保暖性增加。缩呢还可使毛织物表面产生一层绒毛,从而遮盖织物组织,改进织物外观,并获得丰满、柔软的手感。缩呢是粗纺毛织物整理的基本工序,需要呢面有轻微绒毛的少数精纺织物品种可进行轻缩呢。

羊毛纤维集合体在水中经无定向外力作用会缠结起来,这种现象称为缩绒或毡缩。毡缩的结果是纤维互相缠结,集合体变得密实,绒毛突出,织物尺寸减小,织纹模糊不清,强力增大。关于羊毛毡缩的机理,目前尚没有统一的认识。羊毛表面有鳞片,并从纤维根部向尖部依次叠盖,因而使得从纤维根部到尖部(顺鳞片)方向的滑动和从尖部到根部(逆鳞片)方向的滑动存在着摩擦差,这种现象被称为定向摩擦效应。当纤维集合体受到搅动时,由于定向摩擦效应,造成纤维向根部的单方向累积运动。外力去除后,由于纤维鳞片相互交错"咬合",因而产生毡缩。羊毛纤维的弹性、卷曲、吸湿溶胀以及鳞片的胶化等性能,对其毡缩性都有重要的影响。毛织物的缩呢整理正是基于上述原理进行的。

2. 缩呢设备及工艺

毛织物缩呢的设备有辊筒式缩呢机、复式缩呢机及洗缩联合机等,其中最常用的是辊筒式缩呢机。辊筒式缩呢机的结构如图6-12所示,它主要由两个大辊筒、缩箱、两个缩幅辊和储液箱等组成。缩呢时,呢匹首尾相连,呈绳状由辊筒带动进入缩呢机,并把织物推向缩箱,通过缩箱上盖板的挤压作用使织物经向收缩。织物出缩箱后滑入缩呢机底部,然后再由辊筒牵动经分呢框和缩幅辊后重复循环。缩幅辊由一对木质或不锈钢小辊组成,通过调节缩幅辊之间的距离,对织物纬向产生挤压作用,使纬向也产生不同程度的收缩。

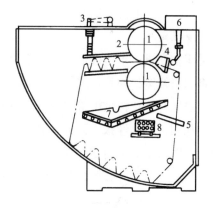

图6-12　重型辊筒式缩呢机示意
1—辊筒　2—缩箱　3—加压装置　4—缩幅辊
5—分呢框　6—储液箱　7—污水斗　8—加热器

按照所用缩剂和pH不同,毛织物缩呢可分为酸性缩呢、中性缩呢和碱性缩呢三种方法。在pH小于4或大于8的介质中,羊毛伸缩性能好,定向摩擦效应大,织物缩绒性好,面积收缩率大,而pH为4~8或大于10时,则缩绒性较差,且pH大于10时羊毛也易受损伤。因此,一般碱性缩呢pH以9~10为宜,酸性缩呢pH在4以下较好。如有良好的缩剂配合,在中性条件下也可获得较好的缩呢效果。缩剂的作用主要是使纤维易于润湿溶胀,以利于鳞片张开,并通过润滑作用促进纤维移动及相互交错,产生缩绒效果。常用的缩剂有肥皂、合成洗涤剂及酸类物质等,其中采用肥皂或合成洗涤剂在碱性条件下的缩呢是目前使用较多的一种方法,缩呢后织物手感柔软、丰满,光泽好,常用于色泽鲜艳的高、中档产品。酸性缩呢以硫酸或醋酸为缩剂,缩呢速度快,纤维抱合紧,织物强度及弹性好,落毛少,但缩后织物手感粗糙,光泽较差。中性缩呢选择合适的合成洗涤剂为缩剂,在中性到近中性条件下缩呢,纤维损伤小,不易沾色,但缩后织物手感较硬,一般适用于要求轻度缩呢的织物。

除缩剂和 pH 外,缩呢温度和压力等对缩呢效果也有重要影响。温度较高,有利于纤维润湿溶胀,可加快缩呢速度,缩短缩呢时间,缩后织物条痕少、呢面均匀。温度较低时,缩呢速度慢,所需时间长。一般碱性缩呢温度为 35～40℃,酸性缩呢为 50℃。缩呢时压力大,织物受到的机械揉搓和摩擦作用大,缩呢速度快,所需时间短,缩后织物紧密。重缩绒织物要采用较大压力,轻缩绒织物宜用较小压力,适当延长缩呢时间可获得较好的绒面效果。

毛织物经缩呢整理后,粗纺织物经向缩率一般为 10%～30%,纬向缩率为 15%～35%;精纺织物经向缩率一般为 3%～5%,纬向缩率为 5%～10%。

(六)脱水及烘呢定幅

1. 脱水

脱水的目的是去除染色或湿整理后织物上的水分,便于运输和后续加工。烘呢前脱水应尽量降低织物含湿量,以节省烘干时间和能源,提高效率。常用的脱水设备有离心脱水机、真空吸水机和轧水机。离心脱水机的脱水效率高,织物不伸长,但脱水不均匀,加工效率低,织物易产生折痕。脱水后织物含湿率一般控制在 30%～35%。真空吸水机脱水较均匀,织物平幅脱水,不会产生折皱,加工效率高,但脱水后织物稍有伸长,脱水效率较低。一般适用于精纺织物。脱水后织物含湿率为 35%～45%。轧水机的脱水效率高、脱水均匀,多用于精纺织物,轧水后织物含湿率为 40%左右。

2. 烘呢定幅

毛织物在进入干整理加工前都要进行烘呢定幅,其目的是烘干织物并保持适当的回潮率,同时将织物幅宽拉伸到规定的要求。由于毛织物较厚,烘干所需热量较多,因此烘呢定幅多采用多层热风针板拉幅烘干机,其结构如图 6-13 所示。它的工作原理和一般热风针板拉幅烘干机基本相同。织物经张力架进入烘房前,呢匹两边被压针毛刷压入针板,并随针板链移动。在烘房内织物由上到下经多层烘燥,经出布导辊从针板上剥离出机。进布时经超喂装置超速喂布,可以减少织物经向缩水率。通过调节针板链条间的距离,可使织物达到并保持规定的幅宽。

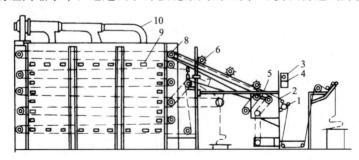

图 6-13　多层热风针板拉幅烘干机

1—张力架　2—自动调幅、上针装置　3—无级变速调节开关　4—按钮　5—超喂装置
6—呢边上针毛刷压盘　7—调幅电动机　8—拉幅链条传动盘　9—蒸汽排管　10—排气装置

烘呢定幅时,温度、呢速及张力等对烘呢效率及织物手感风格都有一定的影响。烘呢温度高,织物含湿率低,烘后手感粗糙,白色及浅色织物还易泛黄;温度低,织物含湿率高,烘后手感柔软丰满,但所需时间长,幅宽较不稳定。一般精纺织物手感要求高,烘呢温度可低些,多采用75~80℃;粗纺织物含水率高,烘呢温度应高些,多采用 80~90℃。呢速选择应根据烘呢温度、织物含水率、烘呢后织物定形效果和产品风格等综合考虑。如精纺薄织物一般采用中温中速烘呢,即温度 70~90℃,呢速 10~15m/min;精纺中厚全毛及混纺织物可采用低温低速烘呢,温度为 60~70℃,呢速 7~12m/min;粗纺织物一般采用 80~90℃,呢速为 5~8m/min 烘呢。毛织物烘呢后的回潮率应以 8%~12% 为宜。烘呢时,织物经向、纬向所受的张力大小对成品质量和风格有较大影响。精纺薄织物上机幅宽和张力应大些,使织物烘后具有薄、挺、爽的风格。精纺中厚织物要求丰满厚实,纬向尽量少拉,经向张力也应小些,必要时可超喂。粗纺织物一般拉幅 4~8cm。

三、毛织物干整理

毛织物在干燥状态下进行的整理称为干整理。毛织物干整理主要包括起毛、刷毛、剪毛、电压和蒸呢等。

(一)起毛

利用钢针或刺果从织物表面拉出一层绒毛的加工过程称为起毛。起毛后,毛织物松厚柔软、织纹隐蔽、花色柔和、保暖性增强。根据织物品种不同,可以拉出直立短毛、卧伏顺毛和波浪形毛。大多数粗纺织物都要经过起毛整理。精纺织物要求呢面光洁,故不需起毛。

毛织物的起毛设备有钢丝起毛机,刺果起毛机和起毛、剪毛联合机等。钢丝起毛机的起毛作用剧烈,生产效率高,但易拉断纤维,降低织物强力。钢丝起毛机的结构及起毛加工过程已在棉织物绒面整理一节中作了介绍。

刺果是一种野生植物果实,表面长满锋利的钩刺,将刺果安装在一大辊筒上即制成起毛辊筒。按照刺果安装排列方式不同,可分为直刺果和转刺果两种起毛机。直刺果起毛机又分为单辊筒式和双辊筒式。起毛时,织物与起毛辊筒上的刺果接触,刺果的钩刺刺入织物并把纤维末端拉出,达到起毛的作用。刺果起毛机起毛作用柔和,起出的绒毛细密,织物手感丰满,光泽也好。

按起毛时织物干、湿状态不同,起毛方法有干起毛、湿起毛和水起毛三种。织物在干燥状态下起毛,纤维刚性大,延伸性小,易被拉出梳断,起出的绒毛多而短,呢面较粗糙。干起毛在钢丝起毛机上进行,适合于制服呢、绒面花呢、毛毯等起毛整理。织物在润湿状态下起毛,纤维刚性小,延伸性大,易起出较长的绒毛。钢丝湿起毛较少单独使用,而常用于顺毛、立绒类织物直刺果起毛前的预起毛。直刺果湿起毛起出的绒毛向一边倒伏,绒面平顺、柔滑,适用于拷花大衣呢、兔毛及羊绒大衣呢等的起毛整理。水起毛在直刺果起毛机上进行,织物带水起毛,羊毛易于膨润,易拉出长毛,起毛时纤维反复被拉伸和松弛,绒毛形成自然卷曲,呈波浪形。这种方法常用于有水波纹形的大衣呢和提花毛毯等的起毛整理。

(二)刷毛与剪毛

毛织物在剪毛前后一般均需经过刷毛。剪毛前刷毛的目的是除去织物上的杂物,并使呢面绒毛竖起,便于剪毛。剪毛后刷毛是为了去除剪下来的短绒毛,使呢面光洁,绒毛顺齐,增进织物外观。

织物刷毛一般在蒸刷机上进行,常用的蒸刷机如图6-14所示。刷毛时,织物先经汽蒸箱汽蒸,使绒毛柔软,易于刷顺,然后再经过两个刷毛辊筒刷毛。刷毛辊筒一般用猪鬃制成,其转向与织物运行方向相反。对于粗纺织物,必须顺绒毛方向刷毛。蒸刷后的织物宜放置几小时,使之均匀吸湿,充分回缩,以降低织物的缩水率。精纺织物可不经汽蒸而直接刷毛。

无论是精纺织物还是粗纺织物都需要进行剪毛加工。精纺织物剪毛后可使呢面洁净、织纹清晰、光泽改善。粗纺织物缩呢、起毛后,表面绒毛长短不齐,剪毛后使绒毛平齐、呢面平整、外观改善。织物剪毛在剪毛机上进行。剪毛机构由螺旋刀、平刀和支呢架组成,如图6-15所示。剪毛时,织物运行到支呢架顶端剧烈弯曲,绒毛直立,由高速旋转的螺旋刀和平刀形成的剪刀口将绒毛剪掉。剪毛机支呢架有实架和空架两种,实架剪毛效率高,剪后绒头整齐;空架剪毛则正好相反。剪毛机常用的有单刀、双刀和三刀剪毛机。单刀剪毛机使用较灵活,但正反面剪毛要分多次进行,生产效率低。多刀剪毛机的剪毛可正反面一次完成,生产效率高。织物剪毛次数应根据产品风格及呢面与绒面要求等而定,一般精纺织物呢面要求光洁,需正面剪毛2～4次,反面剪毛1～2次。粗纺呢面织物如麦尔登、海军呢等,呢面要求平整,一般正面剪毛4～5次,反面剪毛1～2次。绒面织物应反复进行起毛、剪毛,直到绒毛均匀整齐。

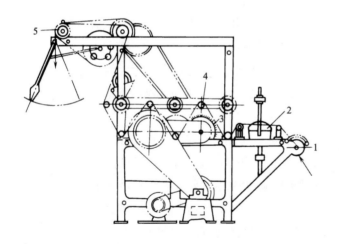

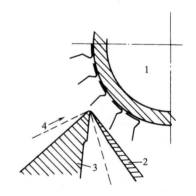

图6-14　蒸刷机
1—张力架　2—汽蒸箱　3—刷毛辊筒　4—导辊　5—出呢导辊

图6-15　螺旋刀、平刀和支呢架的位置
1—螺旋刀　2—平刀　3—支呢架　4—呢匹

(三)蒸呢

毛织物在张力、压力条件下用蒸汽处理一段时间的加工过程称为蒸呢。蒸呢和煮呢原理基本相同,都是使织物获得永久定形。蒸呢的目的是使织物尺寸稳定,呢面平整,光泽自然,手感柔软,富有弹性。

蒸呢机有单辊筒蒸呢机、双辊筒蒸呢机和罐蒸机。常用的单辊筒蒸呢机如图6-16所示。蒸呢辊筒为空心铜质,里面可通蒸汽,表面有许多小孔眼,蒸汽既可以从里向外,也可以从外向里循环。蒸呢时,织物和衬布一起在一定张力和压力下平整地卷绕在蒸呢辊筒上,蒸呢辊筒在运转状态下,先通入内蒸汽蒸呢一定时间,然后再换外蒸汽,使蒸汽通过织物进入辊筒内部。蒸呢结束后,关闭蒸汽、开启罩壳,抽空气冷却。单辊筒蒸呢机的蒸呢作用均匀,定形效果较好,蒸后织物身骨挺爽,光泽较强,适用于薄型织物。

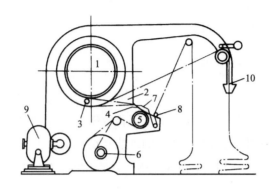

图 6-16 单辊筒蒸呢机

1—蒸呢辊筒 2—活动罩壳 3—轧辊 4—烫板 5—进呢导辊
6—包布辊 7—展幅辊 8—张力架 9—抽风机 10—折幅架

双辊筒蒸呢机由两个较小的多孔蒸呢辊筒组成,其芯轴可通入蒸汽,单向进行喷汽和抽冷,所以内外层织物的蒸呢效果差异较大,一次蒸呢后织物必须掉头翻身蒸第二次。双辊筒蒸呢机的定形作用缓和,冷却速度较慢,蒸后织物手感柔软。

罐蒸机主要由蒸罐和蒸辊等组成,蒸呢时,织物卷绕到带孔的蒸辊上送入蒸罐内,在高温高压条件下,交替地由蒸辊内部和外部通入蒸汽蒸呢。罐蒸机的蒸呢作用强烈,定形效果好,里外层织物蒸呢均匀,蒸后织物光泽强而持久,薄织物可获得挺爽手感,中厚织物可获得丰满的外观,但织物强力稍有下降。

毛织物的蒸呢效果与蒸汽压力、蒸呢时间、织物卷绕张力、抽冷时间及包布规格、质量等有关。

(四)电压

电压整理是指含有一定水分的毛织物,通过电热板受压一定时间,使织物呢面平整,身骨挺实,手感润滑和光泽悦目。除要求贡子饱满的织物如华达呢、贡呢等外,大多数精纺织物都需经电压整理。

常用的电压机如图 6-17 所示,它主要由加压机、夹呢车、三组升降台及硬纸板、电热板等组成。电压时,织物平幅往返折叠,每层之间夹入一块硬纸板,每隔数层夹入一块电热板,然后放入加压机中加压,并使电热板通电加热,保温一定时间后缓缓冷却。经第一次电压后,需将第一次受压时的织物折叠处移入纸板中央进行第二次电压,

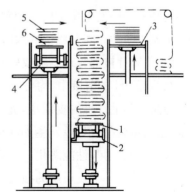

图 6-17 电热压光机

1—夹呢车 2—中台板 3—右台板
4—左台板 5—纸板 6—电热板

使织物压呢效果均匀一致。

电压时压力、温度和冷却时间等应根据产品要求确定。薄型织物要求手感滑挺,压力宜大些,一般为$(24.5\sim29.4)\times10^3\,kPa$。中厚织物要求手感柔软丰满,压力宜小些,一般为$(14.7\sim19.6)\times10^3\,kPa$。要求光泽足的产品,电压温度宜稍高些,为$60\sim70℃$,需要光泽柔和的产品,温度可低些,为$40\sim60℃$。为使温度均匀一致,通电后应保温20min左右。电压后织物应保持压力,充分冷却,一般冷却时间$6\sim8h$。

四、毛织物特种整理

(一)防缩整理

毛织物在洗涤过程中受到机械作用会发生面积收缩、变形,原因主要有两个方面,即松弛收缩和毡缩。产生松弛收缩的原因是毛织物中的纱线在纺织染整加工中受到张力的作用伸长后,没能回复到原来的长度,存在着潜在收缩,织物浸入水中时,纱线发生变形,伸长回复,造成缩水。为了防止毛织物松弛收缩,生产中常常将织物给湿或浸水,然后在松弛状态下用较低温度缓慢烘干,使其自然收缩,这种方法常称为毛织物的预缩整理。

羊毛纤维具有缩绒性,毛织物在湿热状态下受到外力作用时会产生毡缩,使织物面积收缩,形状改变,绒毛突出,织纹模糊不清,弹性降低,手感粗糙,织物外观和服用性能受到影响。因此,需要对毛织物进行防毡缩整理。羊毛防毡缩整理的方法有降解法和树脂法两种。羊毛可以用各种形式进行防毡缩整理,然而由于经济和技术上的原因,主要以精梳毛条、针织或机织坯布、针织服装进行。目前毛条处理的占75%,以针织服装(羊毛衫)处理的占23%,以织物处理的仅占2%。

1. 降解法(羊毛鳞片变性法)

降解法也称为"减法",是利用化学或生物的方法,使羊毛鳞片层中的部分蛋白质分子降解,鳞片部分或全部地剥除或软化,羊毛的定向摩擦系数降低,主要包括氯(氧)化法、氧化法和生物酶法,其中以氯及其衍生物对羊毛处理的氯(氧)化法应用较普遍。

(1)氯(氧)化法的原理。这种方法的原理是含氯氧化剂中的有效氯与鳞片中含胱氨酸残基最多的鳞片外层发生化学反应,使二硫键氧化断裂,同时伴随有肽链断裂,尤其是在肽链的酪氨酸部位发生断裂。随着肽链的水解、降解,使蛋白质转化成为多肽甚至氨基酸,并透过鳞片表层而溶出,使鳞片被部分地剥除或软化。工业生产中所用的含氯氧化剂主要有NaClO和DCCA,它们在适当pH的溶液中,均可以转化为HClO,促使鳞片层氧化、水解,达到防缩的目的。

但是在羊毛纤维的皮质层,尤其是基质中也含有大量的胱氨酸残基(—S—S—)和酪氨酸残基,它们也会与HClO发生如同鳞片层中类似的反应,其结果将导致羊毛毛干——皮质层的破坏,使羊毛的力学性能恶化。氯氧化法的关键是控制反应深度,使化学反应主要发生在鳞片部位,尽量减少羊毛皮质层的损伤。

(2)NaClO法。NaClO溶液的组成与pH有关,不同pH的溶液中,活性氯的存在方式不同,与羊毛鳞片的反应速率、反应程度及对羊毛的损伤不同。在中性和弱碱性条件下($pH>5$),NaClO主要以ClO^-存在,NaClO的氧化速率较低,加工的均匀性较好,但会造成纤维的碱性损伤,使皮质层遭到过度破坏,而且羊毛纤维泛黄,手感粗糙,力学性能恶化,目前广泛采用酸性加工法。酸性氯化防缩法具有反应速度快,纤维皮质层损伤小,织物光泽好的优点,但也存在羊毛泛黄和大量氯气逸出的污染问题。

氯(氧)化加工时,羊毛先在含有效氯 3%～5%(对纤维重)的次氯酸钠酸性溶液中室温浸渍 20min 左右,然后水洗,再用亚硫酸钠等溶液进行脱氯处理,除去纤维上的残留氯,最后进行水洗、中和。次氯酸钠溶液对羊毛进行防毡缩处理虽然方法简单,成本低,但由于处理工艺较难控制,容易造成处理不匀和纤维过度损伤。

(3)DCCA 法。为了获得均匀的氯化效果,减小纤维损伤,可以采用释氯剂对羊毛进行处理。常用的释氯剂为二氯异氰尿酸(DCCA),商品多为钠盐(NaDCC)或钾盐(KDCC),如 Basolon DC、Dylan DC。它在水中适当的温度和 pH 在 3～7 的条件下(DCCA 难溶于 pH<3 的强酸性溶液,防缩绒加工在 pH≥3 的条件下进行)发生水解,逐渐释出次氯酸,使羊毛在较低浓度的有效氯中缓慢反应。DCCA 的分子结构及水解反应如下:

$$\text{DCCA} + 2H_2O \rightleftharpoons \text{(水解产物)} + 2HOCl$$

生产实践证明 DCCA 法是一种非常方便,易于控制的防缩绒方法,加工特性优于 NaClO 法。其工艺举例如下:

工艺流程:温水清洗→氯化→水洗→脱氯→水洗(→防缩树脂→柔软整理→烘干)。

工艺举例:

①氯化:

DCCA(以有效氯计)	2.5%～3.5%(对纤维重)
甲酸或硫酸	调 pH＝4.0～5.0
温度	20℃
时间	40～60min

②脱氯:

碳酸钠	调 pH＝8.0～8.5
亚硫酸钠	3%～4%
温度	30℃
时间	20min

羊毛氯化防毡缩整理的缺点是纤维损伤较大,强力下降较多,纤维易泛黄,手感粗糙。另外,氯化过程中产生的有机氯化物(AOX)会造成严重的环境污染。因此,采用无氯防毡缩整理愈来愈受到人们的关注,其中用过硫酸盐、蛋白酶及等离子体处理被认为是有可能替代氯化法防毡缩的有效途径。

2. 树脂防缩法

树脂法也称做"加法",其防毡缩原理与降解法不同。少量树脂通过"点焊接"或形成纤维—纤维间交联,将纤维黏结起来,或者在纤维表面形成一层树脂薄膜把鳞片遮蔽起来,或者是大量树脂沉积在纤维表面,从而防止相邻纤维鳞片之间的相互啮合,使纤维的定向摩擦效应减小,从而获得防毡缩效果。树脂法处理后羊毛手感较硬,通常都要经过柔软处理。

树脂的种类很多,下面略举几例。

(1)聚酰胺表氯醇类。此类防缩树脂以美国生产的 Hercosett 57 最为典型,分子结构中含有活性基团,能与羊毛中的某些侧基发生化学反应,具有良好的耐洗性,如果与氯化法联用,只需 1.5%(对纤维重)的用量就足以达到卓越的防缩水平,其结构为:

$$\left[R{-}N^{+}\right]\left[R{-}N\right]\left[R{-}N\right]$$

$$\begin{matrix} CH_2 & CH_2(CH_2)_3 & CH_2 \\ | & | & | \\ CH & OH & CH{-}OH \\ | & & | \\ OH & & CH_2{-}Cl \end{matrix}$$

$$R: {-}CH_2{-}CH_2{-}NH{-}CO{-}(CH_2)_4{-}CO{-}NH{-}CH_2{-}CH_2{-}$$

(2)聚醚类。聚醚类防缩树脂是比较新颖的一类树脂,既能采用浸轧法,又能用吸尽法,可用于羊毛防缩,因而越来越受到人们重视,代表性的产品具有活性反应基团的 Basolan SW 和以—SSO_3Na 为反应基团的 Lankrolan SHR3 等。Lankrolan SHR3 的结构式为:

$$\begin{matrix} CH_2{-}O{-}[CH_2{-}CH(CH_3){-}O]_x{-}CO{-}CH_2{-}SSO_3Na \\ | \\ CH{-}O{-}[CH_2{-}CH(CH_3){-}O]_x{-}CO{-}CH_2{-}SSO_3Na \\ | \\ CH_2{-}O{-}[CH_2{-}CH(CH_3){-}O]_x{-}CO{-}CH_2{-}SSO_3Na \end{matrix}$$

3. 降解——树脂联合法

单纯使用树脂时,只有在高浓度下才能满足防缩绒的要求,此时羊毛增重达 5%~10%。10%的增重对细度仅 $20\mu m$ 的羊毛而言,防缩树脂会在纤维表面形成厚约 $0.5\mu m$ 的薄膜,会严重影响毛织物的手感。为减轻防缩树脂带来的不利影响,目前广泛采用降解——树脂联合的防缩工艺,既能减少降解带来的纤维损伤,又减缓了因树脂用量过高造成的手感恶化问题。

本节以加拿大生产的 Kroy 连续防缩设备来说明。该设备不仅对毛条、纱线,而且对散毛也可实施连续加工。

(1)设备。设备示意如图 6-18 所示,氯化器如图 6-19 所示。

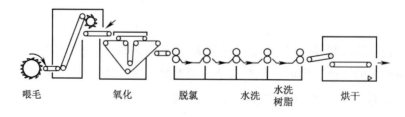

喂毛　　　氧化　　　脱氯　　　水洗　　水洗　　　烘干
　　　　　　　　　　　　　　　　　　　树脂

图 6-18　Kroy 羊毛连续防缩设备

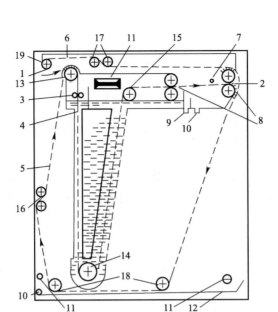

图 6-19　Kroy 氯化反应器

1—羊毛喂入口　2—羊毛输出口　3—氯气溶液喷洒器　4—反应缸　5、6—网形导带　7—水清洗　8—轧液罗拉
9—溢流管　10—排液　11—烟雾抽吸　12—液滴收集器　13、14、15、16、17—导带罗拉　18、19—张力罗拉

为了保证羊毛有足够的时间与 NaClO 溶液接触,该设备采用了 U 形管设计。U 形管中盛满了含氯溶液,并且由入口一侧通入新鲜的含氯溶液,另一侧将被污染的含氯浓度低的废液排入回收装置,新进入反应器的羊毛总能与新鲜的处理液接触。当羊毛进入反应器后,受自身毛细管效应和 U 形管内静水压的双重影响,可促进纤维的脱泡、润湿过程,所以加工均匀,疵点少。

(2)工艺流程:喂毛→氯化处理→脱氯→水洗→树脂处理→柔软处理→烘干。

(3)工艺举例:

①氯化处理:

  有效氯浓度   1.8%~2.2%

  HCl(37%)   调 pH=2±0.2

  温度   15~20℃

②脱氯:

  碳酸钠   10g/L(pH=8.5~9.0)

  亚硫酸钠   5g/L

  温度   25~35℃

③树脂处理:

  Hercosett 57   5g/L

  碳酸氢钠   10g/L(pH=7.5)

  温度   35~45℃

④柔软处理：

| 柔软剂 | 2.5g/L |
| 温度 | 40～45℃ |

(二)防蛀整理

毛织物易受蛀虫蛀蚀,造成不必要的损失,因此,羊毛防蛀整理具有重要意义。侵蚀羊毛的蛀虫可分为两类,即鳞翅目蛾蝶类的衣蛾和鞘翅目甲虫类的皮蠹虫等,它们在温暖气候下活动和繁殖。常用的羊毛防蛀剂有熏蒸剂、触杀剂和食杀剂三类。对氯二苯、萘和樟脑等为常用的熏蒸剂,利用其挥发性杀死蛀虫,常用于密闭容器中保存或贮藏羊毛制品。但它们逐渐挥发完后,即失去防蛀作用。氯苯乙烷(DDT)是一种有效的触杀剂,溶于汽油或用乳化剂乳化后喷洒到织物上,杀虫力强,但不耐洗,且会引起公害。

目前生产上常用的防蛀剂有灭丁(Mitin)、尤兰(Eulan)和除虫菊酯等类物质。尤兰 U_{33} 能与碱作用生成可溶性盐,对温度和 pH 适应范围广,可在染浴或整理浴中混合使用,用量约为 1.5%,较耐洗,对衣蛾类和甲虫类蛀虫均有效。

灭丁 FF 可看作是一种无色的酸性染料,无臭无味,易溶于水,在酸性液中对羊毛有较大的亲和力,可与酸性染料同浴染色,也可单独处理羊毛。和染料同浴使用时,在 30～40℃ 加入元明粉、染料和 1%～3% 的灭丁 FF,处理 5～10min,使防蛀剂均匀吸收,然后加入酸,按染料的染色方法染色。灭丁 FF 对人体无害,防蛀效果好,耐晒,耐水洗和干洗牢度好。

除虫菊酯类防蛀剂对人体无害,幼虫食后不消化而死亡。除虫菊酯可以合成,因此这类防蛀剂发展较快。

第四节　丝织物整理

丝织物具有光泽悦目、手感柔软滑爽等独特风格,但悬垂性差、湿弹性低、易缩水和起皱。为了改善以上缺点,充分发挥丝织物的优良风格,一般应进行整理加工。丝织物品种不同,产品风格要求各异,因此整理方法也不尽相同。一般可分为机械整理和化学整理。

一、丝织物机械整理

丝织物的共同特点是轻薄、柔软、易变形、易起皱和挂丝擦伤,在加工过程中应减小张力,避免摩擦,合理选择相应的设备和工艺。丝织物的机械整理主要包括烘干、定幅、机械预缩、蒸绸、机械柔软及轧光等。

1. 烘干

丝织物经练漂和印染加工、脱水机脱水后,进行烘干、烫平。烘干过程对成品手感和光泽具有较大影响。丝织物常用的烘干设备有辊筒烘燥机和悬挂式热风烘燥机等。辊筒烘燥机烘干时,织物直接接触表面光滑并由蒸汽加热的金属辊筒,同时受上轧辊的压力作用使织物烘干、烫平。整理后织物较平挺,但由于织物经向张力较大,易产生伸长,缩水率较大。另外,烘筒和织物间还会因摩擦产生极光,手感也偏硬。采用悬挂式热风烘燥机烘干,织物处于松式状态,烘干后织物缩水率小,但织物不平挺,需进一步烫平。悬挂式热风烘燥机如图 6 - 20 所示。

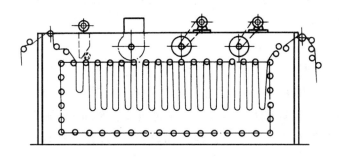

图 6 - 20　悬挂式热风烘燥机示意图

2. 定幅

丝织物在染整加工过程中由于受到机械作用,往往引起经向伸长、纬向收缩、幅宽不均匀及纬斜等。为使织物幅宽整齐而稳定,一般应进行定幅整理。丝绸定幅常在针板热风拉幅机上进行,定幅烘干后织物手感柔软、绸面无极光。通过超喂进绸,织物经向可获得适当回缩,从而降低缩水率。

3. 机械预缩

为了降低丝织物的缩水率,通常要对丝织物进行机械预缩整理。丝织物缩水的原因以及预缩整理的原理与棉织物相同,所用设备有橡胶毯预缩机和呢毯预缩机两种。前者用于蚕丝织物时工艺不好掌握,后者预缩作用较小,但成品光泽柔和、手感丰满、富有弹性,尤其适用于绉类织物,故应用较普遍。丝织物经预缩整理后,不仅可以获得一定的防缩效果,而且手感和光泽也可得到一定程度的改善。

4. 蒸绸

丝织物蒸绸和毛织物蒸呢的原理相同,即利用蚕丝在湿热条件下的定形作用,使织物表面平整,形状尺寸稳定,缩水率降低,手感柔软丰满,光泽自然。蒸绸设备多采用单辊筒蒸呢机,它的加工原理和过程可参阅毛织物蒸呢部分。蒸绸时间应视丝织物品种而定,一般多为 30min。

5. 机械柔软整理

丝织物经烘干或化学整理后,手感粗糙、板硬,通过机械柔软整理,可恢复其柔软而富有弹性的风格。常用的柔软整理机如图 6 - 21 所示。整理时,织物在上、下两排搓绸辊之间穿过,下排搓绸辊可作升、降运动,起到搓揉作用。柔软效果取决于下排搓绸辊的升降幅度和织物通过搓绸辊的次数。一般往复运行3～4次即可。

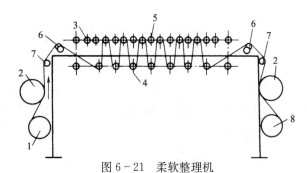

图 6 - 21　柔软整理机

1—进绸导辊　2—扩幅木盘　3—上搓绸辊
4—下搓绸辊(低位)　5—下搓绸辊(高位)
6—弯辊　7—直导辊　8—卷绸辊

6. 轧光

桑蚕丝织物光泽较好,一般不需进行轧光整理。但有些织物经过染整加工后光泽不足,故可有选择地进行轧光整理。丝织物的轧光整理一般在三辊轧光机上进行。轧光机结构和工作原理和棉织物轧光相同。

二、丝织物化学整理

丝织物化学整理的内容很丰富。经过各种不同化学品对丝织物整理,可以改善成品手感、弹性和身骨等,使织物具有防皱防缩、柔软以及抗静电、拒水、拒油、阻燃等功能,提高丝织物的服用性能。本节主要介绍丝织物的手感整理和丝鸣整理,其他整理可参阅本书第七章的有关内容。

1. 手感整理

丝织物的手感整理主要指柔软整理和硬挺整理。丝织物柔软整理和硬挺整理的原理、方法和整理用剂与棉织物相应的整理基本相同。由于丝织物单纯的硬挺整理会使织物有板硬和粗糙感,故有时也可掺入一定量的柔软剂;而单纯的柔软整理会使某些品种的丝织物不够挺括,所以也可加入少量的硬挺剂,以增强其身骨。总之,要根据织物的风格要求灵活应用。

2. 增重整理

绞丝或丝织物经脱胶后失重很多,约为 25%,为了弥补重量损失,可对丝织物进行增重处理。增重的方法有锡盐增重、单宁增重和树脂整理增重等。锡盐增重方法是将织物先经四氯化锡溶液处理,水洗后再用磷酸氢二钠溶液处理,然后再水洗。如增重不够,可重复进行。三次处理后,增重率可达 25%～30%。最后再在硅酸钠溶液中处理。其作用原理一般解释如下:

四氯化锡溶液扩散到纤维内部,有部分四氯化锡水解成氢氧化锡:

$$SnCl_4 + 4H_2O \longrightarrow Sn(OH)_4 + 4HCl$$

用磷酸氢二钠处理时,则:

$$Sn(OH)_4 + Na_2HPO_4 \longrightarrow Sn(OH)_2HPO_4 + 2NaOH$$

最后,在硅酸钠溶液中处理时,则:

$$Sn(OH)_2HPO_4 + 3Na_2SiO_3 \longrightarrow (SiO_2)_3SnO_2 + Na_3PO_4 + 3NaOH$$

反应过程中形成的锡硅氧化物沉积于丝纤维中引起增重,其他中间产物大多经水洗除去。

经锡盐增重整理后,丝织物不但重量增加,而且较为挺括,悬垂性提高,手感也丰满一些,但对光氧化较为敏感,且强伸度和耐磨性受到一定的影响。

3. 丝鸣整理

(1)丝鸣。丝鸣是蚕丝织物相互摩擦产生的声响,是丝绸的固有特性和特殊风格。生丝没有丝鸣,练减率在 15% 以上的精练蚕丝在摩擦时或大或小会发出鸣音。所谓丝鸣,是手抓蚕丝织物产生的"GuGu""GiGi"的鸣音,犹如冬季初雪天漫步雪地,脚踏新雪所发出的声音。人对"丝鸣"的感觉,除了听觉外,还有触觉,是人脑对音感和触感的共和谐调感。丝鸣其实是丝纤维受外力作用,纤维表面产生相互摩擦,使纤维振动而发出的声音,是纤维间摩擦时的阻尼效应,这种阻尼效应与纤维的静摩擦系数(μ_S)和动摩擦系数(μ_0)的差值($\Delta\mu$)有关($\Delta\mu=\mu_S-\mu_0$)。$\Delta\mu$越大,丝鸣效果越明显,若 $\Delta\mu$ 为负值,则手感滑爽,不会产生丝鸣。因此,丝鸣整理是增大纤维的 $\Delta\mu$ 值。

(2)真丝绸的丝鸣整理。丝鸣虽属真丝的固有特性,但真丝绸的染整加工,不仅不能发挥这种固有特性,相反还会使丝鸣消失。真丝绸的丝鸣整理是改变丝纤维的表面状态,增大纤维间的静摩擦系数,减小动摩擦系数。

真丝绸的丝鸣整理是先将真丝制品浸渍于含 0.5% 的脂肪酸如十四酸、月桂酸、油酸等溶液中,处理 1~10min,然后再浸渍于 0.5%~1.0% 的醋酸或草酸、酒石酸、柠檬酸、苹果酸等有机酸稀溶液中,处理 10~15min。经过上述处理,真丝纤维的硬性增加,纤维表面变得粗糙,静摩擦系数增大。

真丝绸的丝鸣整理也可以采用丝鸣整理剂,如 Silky Sound SILK 丝鸣整理剂。该整理剂的主要成分为有机硅,其加工工艺如下:

Silky Sound SILK	0.1%~0.5%
醋酸(90%)	0.01%~0.1%
处理温度	20~30℃
处理时间	5~10min

(3)其他纤维织物的丝鸣整理。对其他纤维织物如棉、黏胶、合成纤维等进行丝鸣整理可使其他纤维织物具有近似真丝制品的丝鸣感,这种整理对仿丝绸织物十分重要。

其他纤维织物的丝鸣整理剂主要由聚乙二醇醚、石蜡、乳化剂等成分组成,外观为乳白色丝光膏状(石蜡型)或半透明黏稠液(非石蜡型),弱阳离子型,pH=6,有效成分 45%。整理工艺举例如下:

浸轧液组成:	I	II
丝鸣剂 SH—A	30g/L	—
丝鸣剂 SH—B	—	30g/L
助鸣剂 S	6g/L	—
PVA(10%)	30g/L	20~30g/L
醋酸	1mL	1mL
水	x	x

整理工艺:浸轧→烘干(不要过烘)→(轧光或摩擦轧光)。

第五节　合成纤维织物的热定形

纺织品经过一定的处理,从而获得某种需要的形态并保持其稳定性,这种加工过程就是定形。定形在纺织品加工中具有重要的意义。纤维品种和要求不同,织物定形的加工方法也不同,如各种织物的定幅和防缩整理,棉织物的轧光、防皱整理,毛织物的煮呢、防毡缩整理以及合成纤维织物的热定形等。

合成纤维及其混纺织物的热定形是利用加热使织物获得定形效果的过程,通常是将织物保持一定的尺寸,在一定温度下,加热一定时间,但有时也可将织物在有水或蒸汽存在下经受热处理。因此,热定形工艺可根据有水与否分为湿热定形和干热定形。对同一品种的合成纤维来说,达到同样定形效果时,采用湿热定形的温度可比干热定形的温度低一些。锦纶和腈纶及其混纺织物,往往多用湿热定形工艺,而涤纶由于吸湿溶胀性很小,因此涤纶及其混纺织物多采用干热定形工艺。

合成纤维织物热定形的目的在于提高织物的尺寸热稳定性,消除织物上已有的皱痕,并使之在以后的加工或使用过程中不易产生难以去除的折痕。此外,热定形后织物的平整性、抗起毛起球性可获得改善,织物强力、手感和染色性能也受到一定影响。

一、热定形机理

合成纤维织物经过热定形后,形态稳定性获得提高,其原因和纤维超分子结构的变化密切相关。在玻璃化温度 T_g 以下,纤维无定形区大分子链中的原子或原子团只能在平衡位置上发生振动,分子间作用力不被拆散,链段亦不能运动。当温度高于 T_g 时,分子链段热运动加剧,分子间作用力被破坏,这时若对纤维施加张力,分子链段便能够按外力的作用方向进行蠕动而重排,保持在张力冷却过程中,相邻分子链段间在新的位置上重新建立起分子间作用力,冷却后这种新的状态便被固定下来,使纤维或织物获得定形。这种定形效果只是暂时性的,当纤维或织物在松弛状态下受到热、湿或机械单独及联合作用时,原来的状态便遭到破坏。

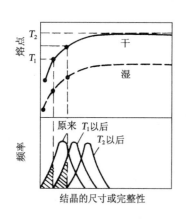

图 6-22　纤维中晶区大小和
完整性示意

合成纤维获得永久性定形的效果与纤维结晶区的含量、晶粒大小和晶体完整性等变化有关。热定形温度实际上是介于纤维 T_g 和 T_m(熔点)之间。一般所说的熔点是指纤维中尺寸比较大而完整的晶粒熔化所需的温度,实际上涤纶或者锦纶的结晶区是由大小和完整性各不相同的晶粒构成的,其分布状态如图 6-22 中标明"原来"的曲线所示。大小和完整性不同的晶粒有各自不同的熔点。在温度为 T_1 下进行热定形时,纤维中比较小而完整性又比较差的结晶(图中"原来"曲线中阴影部分)发生熔化,比较大而且完整的结晶则会增大或变得更为完整,因而纤维的结晶度得到提高,这样便使晶粒的大小及完整性的分布达到了一个新的状态,如图 6-22 中标明"T_1 以后"的曲线所示。经过 T_1 定形后的纤维,在松弛状态下假如再经过 T_1 及低于 T_1 的温度热处理,由于纤维中已没有能够熔化的较小尺寸的结晶,所以原定形效果并不改变,即获得了稳定的形态。如果纤维在一定的形变状态下经受更高温度如 T_2 热处理,则可在新的状态下获得更高的尺寸热稳定性。

水或其他溶剂的存在会使纤维及其晶体的熔点降低,这就是在较低温度的湿热定形便可获得较高温度的干热定形效果的原因。

二、热定形设备及工艺

合成纤维织物干热定形应用最广泛的设备是针铗式热定形机,其结构形式与针板(铗)热风拉幅机相似,但热烘房的温度要高得多。热定形加工时,具有自然回潮的织物以一定的超喂进入针铗链,并将幅宽拉伸到比成品要求略大一些,如大 2～3cm,然后织物随针铗链的运动进入热烘房进行热定形处理。热定形温度通常根据织物品种和要求等确定。涤纶或涤棉混纺织物定形温度往往在 180～210℃,时间为 20～30s。锦纶及其混纺织物热定形温度为 190～200℃(锦纶6)或 190～230℃(锦纶66),处理时间为 15～20s。腈纶织物经 170～190℃,处理 15～16s后,可以防止后续加工中形成难以消除的折皱,并能防止织物发生严重的收缩,但纤维有泛黄倾向。织物离开热烘房后,要保持定形时的状态进行强制冷却,可以采用向织物喷吹冷风或使织物通过冷却辊的方法,使织物温度降到50℃以下落布。

含锦纶织物多采用湿热定形,定形后织物手感较干热定形丰满、柔软。湿热定形可分为水浴和汽蒸两类。水浴定形最普通的方法是将织物在沸水中处理 0.5～2h,但定形效果较差;另一种方法是在高压釜中进行汽蒸定形,温度可达 125～135℃,处理 20～30min 可获得较好的定形效果。汽蒸定形若采用饱和蒸汽,则定形效果与水浴法接近,若采用过热蒸汽,则接近于干热定形,加工时通常将织物卷绕在多孔的可抽真空的辊上,然后放入汽蒸设备在 130～132℃,汽蒸 20～30min。针织物多采用这种定形方法。

影响织物热定形效果及其他性能的因素有热定形温度、时间和张力等。热定形温度越高,织物的尺寸稳定性也越高。热定形温度对织物染色性能的影响随纤维品种不同而异,涤纶织物随热定形温度升高,对染料的吸收不断降低,在 170～180℃时吸收率最低,超过 180℃后又上升,甚至超过未定形的织物。锦纶定形温度高于150℃后对染料的吸收开始下降,超过170℃后则显著下降。另外,干热定形易使锦纶泛黄。热定形时间取决于热源的性能、织物结构、纤维导热性和织物含湿量等。热定形过程中织物所受的张力对织物的尺寸稳定性、强力和延伸度都有一定影响,经向尺寸热稳定性随定形时超喂量的增大而提高,而纬向尺寸热稳定性则随门幅拉伸程度的增大而降低。定形后织物的平均单纱强力略有提高。织物的断裂延伸度,纬向随伸幅程度增大而降低,而经向则随超喂量的增大而提高。

热定形工序的安排一般随织物品种、结构、染色方法和工厂条件等而不同,大致有三种安排,即坯布定形、染前定形和染后定形。坯布定形可使织物在后续加工中不致发生严重的变形,但坯布要求比较洁净,不能含有经过高温处理后变得难以去除的杂质。采用染前定形的品种较多,如经编织物、长丝机织物和涤/棉织物等。染后定形可以消除前处理及染色过程中所产生的皱痕,使成品保持良好的尺寸稳定性和平整的外观。涤/毛织物可采取染后定形。

第六节　混纺和交织织物整理

用于纺织品的纤维种类很多,各种纤维都有各自的许多优良性能和特点,但也有各自的不足。由两种或两种以上纤维混纺或交织而成的织物,可以弥补单一纤维织物性能的弱点,互相取长补短,提高织物的服用等性能。混纺和交织织物的种类很多,混合比例各异,其中绝大多数由两种纤维组成,如涤/棉、涤/黏、涤/腈、毛/黏、毛/涤、丝/毛等。各种混纺和交织织物整理的加工要求及其工艺也不一样,有时需要针对其中一种纤维进行整理,有时需要对两种纤维共同加工;有些织物的整理过程和其中一种纤维纯纺织物基本类似,有些则有所不同。在制定整理工艺时,必须考虑两种纤维物理化学性能的差异,防止对一种纤维加工的同时对另一种纤维造成损伤。一般两种纤维都需要的而又能使用同一条件的整理加工就合并进行;两种纤维中一种需要整理加工,只能采取对一种有用而对另一种损伤较小或无伤害的工艺条件;两种纤维都需要整理加工但又不能使用同一条件,只能先采取对其中一种有用而对另一种影响较小的工艺条件,然后再采用对另一种有用而对一种影响不大的工艺条件。

一、涤/棉织物整理

涤/棉织物具有挺括、耐穿、手感滑爽、易洗快干等特点,因此深受消费者欢迎。涤/棉织物的品种很多,大多数混纺比为涤 65/棉 35。涤/棉织物的常规整理和纯棉织物一样,包括定幅、上浆、轧光、电光、轧纹、机械预缩、柔软和增白等,其中增白整理时,对棉纤维的增白剂和对涤纶的增白剂在结构、性能和增白工艺上均不相同,需要分别进行。涤/棉织物的树脂整理也与纯棉织物相同,由于涤纶本身具有较好的抗皱性能,所以涤/棉织物的树脂整理实际上主要是针对其中的棉纤维进行的。另外,涤/棉织物还要针对涤纶进行热定形整理,以提高织物的尺寸热稳定性,热定形加工工艺和纯涤纶织物基本相同。

由于涤/棉织物易起球,所以需要进行抗起球整理。纯棉织物纤维强度较低,在可能起球之前绒毛就已经磨断,因此不易起球。而涤/棉织物由于涤纶强度高,纤毛不易断裂,受到摩擦而缠结成球,严重影响织物外观。涤/棉织物经烧毛、树脂整理等都能提高织物的抗起球性能。另外,也可用抗静电/易去污整理剂处理,它们的作用是消除织物上的静电,减小灰尘杂质的附着,因为这些杂物往往会成为缠结纤维小球的核心。另一方面,静电消除后,纱线中纤维可以相互紧密抱合。大大减少纤维的外移,因而能增强抗起球效果。

二、涤/粘、涤/腈织物整理

涤/黏、涤/腈织物以仿毛型的中长织物最为普遍,整理加工时,既要突出仿毛织物的效果,又要发挥化学纤维的优良性能。涤/黏织物的主要优点是挺括,形态稳定,洗后可免烫,耐穿、耐气候性好。涤/腈织物主要有仿毛感强、形态稳定性好等优点。涤/黏和涤/腈织物的一般整理主要有热定形、机械预缩、蒸呢、柔软和树脂整理等,其中有些整理加工与毛织物或棉织物的有关整理相同,有些则不同。

(一)热定形

涤/粘织物的热定形,实际上只对涤纶产生定形作用,而黏胶纤维不但得不到定形效果,反而在高温下易造成脆损。涤/黏织物热定形均采用一定张力下的干热定形,定形温度一般不超过200℃,时间为30～40s。涤/腈织物的热定形对两种纤维均产生定形效果,但两种纤维的结构和性能不同,定形温度要求也不一样。若温度较高,涤纶可获较好的定形效果,但腈纶易泛黄,发硬发脆。因此工艺条件必须兼顾两者特点,才能获得较好的产品质量。一般涤/腈织物干热定形温度常控制在170～180℃,时间为20～40s。热定形设备可以采用通常的热风拉幅定形机,而较适宜的是短环预烘热风拉幅机,两种设备的主要区别是,在预烘阶段后者采用了悬挂式装置,织物呈松弛状态烘燥,有利于织物的仿毛感。

(二)树脂整理

涤/粘织物常用的树脂整理剂大多数是 N-羟甲基类树脂,如脲醛树脂、三羟甲基三聚氰胺树脂、甲醚化多羟甲基三聚氰胺树脂、二羟甲基二羟基乙烯脲等。树脂整理工艺有两种,即常规树脂整理和快速树脂整理。常规树脂整理的工艺流程:浸轧树脂初缩体整理液(一般二浸二轧,轧液率60%左右)→二层短环预烘(110～120℃)→拉幅(180℃±5℃)→长环焙烘(150℃±5℃,4～5min)→水洗→烘燥(三层短环)→浸轧柔软剂(轧液率65%左右)→二层短环预烘(110～120℃)→拉幅(170℃±5℃)→落布。

快速树脂整理工艺是选择适当的树脂及协和催化剂,在高温、短时间内完成交联反应,从而缩短工艺流程,节省工序。一般工艺流程:浸轧树脂初缩体整理液(一般二浸二轧,轧液率60%左右)→二层短环预烘(110～120℃)→拉幅焙烘(180℃±5℃,40～45s)→落布。

采用快速树脂整理工艺时,树脂和催化剂的选择非常重要。树脂初缩体应在常温下不聚合,在高温下反应性能活泼,反应速率较快。通常可选用二羟甲基二羟基乙烯脲(2D)、甲醚化二羟甲基二羟基乙烯脲(M2D)和二羟甲基乙烯脲(DMEU)等。也可采用混合树脂,如以2D为主,混入2.5%～5%的DMEU,不仅可以减少甲醛释放量,还可提高织物的弹性。快速树脂整理常用混合催化剂,如氯化镁、氟硼酸和柠檬酸三铵混合,比单独使用时的催化效率高很多,即它们具有协同效应。

涤/腈织物的树脂整理,由于两种纤维分子结构上都不含有羟基,如果采用涤/粘织物常用的树脂整理剂,树脂与纤维不能产生交联反应,整理效果不佳。因此涤/腈织物常用水溶性聚氨酯整理,整理后织物具有手感厚实、丰满、滑爽,弹性好,仿毛感强,并能提高抗起球和耐磨等性能。整理工艺流程:二浸二轧树脂整理液→烘干(100℃)→热风拉幅(160℃±5℃,30s)。

涤/粘和涤/腈织物的树脂整理设备常用五台单机联合组成,即松式树脂整理联合机,其中包括短环悬挂式烘燥定形机、长环悬挂式焙烘机、松式水洗机、松式轧烘机、短环悬挂式烘燥定形机。整个加工过程中织物始终处于松弛状态,有利于织物的仿毛效果和尺寸稳定。

(三)蒸呢

蒸呢是毛织物整理中的主要工序之一,对涤/粘和涤/腈织物来说,经蒸呢后,织物仿毛风格提高,布面平整,色泽柔和,纹路清晰,手感滑糯,弹性好。涤/粘和涤/腈织物的蒸呢多采用连续蒸呢机,也可在其他类型的蒸呢机上加工,蒸呢温度以 180℃为最好。

第七节　棉针织物防缩整理

棉针织物,特别是汗布和棉毛类织物,在松弛状态下被水润湿或在热水中洗涤时,织物长度发生收缩,这种现象称为棉针织物的缩水。如果用这种坯布制成成衣,则在洗涤过程中成衣会产生缩水变形,尺寸变小,甚至不能穿着。

一、棉针织物缩水的原因

棉针织物的缩水主要由棉纤维的亲水性及湿、热可塑性和棉针织物的结构特点决定。染整加工中,棉针织物在湿、热状态下纵向受到张力作用,棉纤维吸湿发生各向异性溶胀,棉针织物产生塑性形变,组织结构也发生变化。

(一)湿、热状态下纤维形变的回复

棉针织物的染整加工在湿、热状态下进行,水分子进入棉纤维无定形区,将无定形区分子链间的一部分氢键破坏,使分子链间作用力降低,在外力作用下,分子链段产生位移,使纤维伸长。如果纤维在伸长状态下干燥,则在纤维素分子链间新的位置上形成氢键,这种新的作用力有一定的稳定性,这样纤维的伸长部分不能回缩,产生形变。但这种形变的稳定性是相对的,因为在形变过程中,水分子只是将分子链间的一部分氢键破坏,虽然在张力下纤维产生了伸长,但纤维内存在着相当大的内应力,如果棉针织物在松弛状态下洗涤,水分子可能把新产生的氢键破坏,使内应力松弛,伸长部分就要回缩,导致织物缩水。但由于纤维在纱线和织物中受到纤维之间的摩擦、抱合以及纱线间的套结,使纤维的回缩受到一定的阻力,所以由这种原因造成的棉针织物的缩水是比较有限的。

(二)棉纤维吸湿,产生各向异性溶胀,导致纱线收缩,织物缩水

棉针织物由纱线套结而成,纱线又由纤维绕纱轴排列而成。棉纤维有很大的亲水性,吸湿后发生各向异性溶胀,直径增大很多,同时也使纱的直径变大许多,而纱线在润湿后不可能发生自然伸长,也不能退捻来增大其长度。为了适应纱线直径的增大,只能缩短纱的长度。纱的长度缩短后,织物就要收缩;同时为了保持织物中纱线经过的路程基本不变,只能是线圈减小,线圈间距离缩短,使得织物的长度和门幅收缩,密度增加。

(三)棉针织物的形变回复

针织物有一最稳定的结构形态,可用针织物的密度对比系数(线圈高度/线圈宽度或横向线圈密度/纵向线圈密度)来表示,如一般密度的平纹汗布的密度对比系数为 0.67~0.87,双罗纹棉毛布为 0.80~0.94。针织物接近于合理的密度对比系数,则处于尺寸稳定状态,遇水不会收缩。

与机织物相比,针织物的初始模量低,延伸性好,在外力作用下很易伸长,密度对比系数改变,处于不稳定状态。棉针织物在煮练、漂白、染色、水洗等湿加工过程中,纵向受到较大的、反

复的拉伸作用,纤维和纱线产生塑性形变,而且形变随反复的拉伸作用逐渐累积,织物纵向伸长,长度增加,宽度变窄,线圈转移,圈柱延长,圈弧曲率半径大大缩小,纱线及纤维产生弯曲,套结点间接触得更紧密,织物结构远离其稳定状态,在其后的开幅、烘燥和轧光工序中,纵向受到进一步拉伸,织物进一步伸长,经过烘干,这种状态暂时稳定下来。这时即使取消外力,伸长部分也难以回复。但碰到合适的条件——润湿或洗涤并给予相反的力时,棉纤维的可塑性增强,回缩力得到强化,产生的形变回复,伸长回缩,棉针织物发生缩水并恢复到原来的稳定状态,这种原因是造成棉针织物缩水的主要原因。

二、棉针织物防缩的措施

从棉针织物产生缩水的原因分析:要降低棉针织物的缩水率,在染整加工过程中,要减小张力,采用松式加工,尽量避免织物在湿态下产生塑性形变,织物纵向伸长;其次,可采取丝光等处理,松弛纤维内存在的内应力;还可通过树脂整理来降低棉纤维的亲水性,减少其吸湿溶胀。由于造成棉针织物缩水的主要原因是织物纵向塑性形变的回复,所以棉针织物防缩的主要措施是采用机械预缩,通过机械预缩设备,把织物的伸长部分预先回缩,使织物恢复到稳定状态。在棉针织物的实际生产中,为了降低其缩水率,除了采用松式加工外,汗布类一般采用超喂湿扩幅、超喂烘干和超喂轧光三超喂防缩工艺;棉毛类采用超喂湿扩幅、超喂烘干和超喂预缩三超喂防缩工艺。

(一)松式加工

在棉针织物的染整加工中应尽量减小张力,使织物处于松弛状态,避免织物的纤维伸长,产生塑性形变,这是防止织物缩水的最理想方法,所以针织物的染整加工非常注重"松式"。经研究,在染整加工过程中,造成织物拉伸的工序主要是漂白、水洗、染色甚至烘干和轧光。因此,研究或改造水洗机,采用松弛水洗、分段加压、充气轧辊;采用煮布锅,不用J形箱煮练;采用溢流或溢流喷射染色机或改造绳状染色机,降低其椭圆形花篮辊筒的大小直径比,将辊筒与液面接近;改造圆网烘干机,使之松弛超喂和逐级变速都能显著减小织物的伸长。染整加工的工艺路线,对织物的缩水也有很大的影响,如长流程工艺,机台多,轧点也多,织物的伸长很大,所以在确定染整工艺流程时应尽量采用短流程,特别是练漂一浴法,它对降低织物的伸长是非常显著的。但在染整加工中织物总是有部分伸长,特别是连续练漂设备。

(二)超喂湿扩幅

超喂湿扩幅是利用棉针织物在润湿状态下的可塑性,通过超喂湿扩幅撑板,使织物横向扩展,纵向收缩,获得一定的预缩效果,并使织物从绳状展成平幅,织物平整少折皱,能均匀烘干。超喂湿扩幅也能稳定门幅,并使门幅达到要求。因为从染整等生产来看,目前还做不到始终保持松弛的稳定状态,织物在漂染等过程中会发生很大的纵向伸长和横向收缩,如果在此状态下烘干,则伸长变形就会暂时固定下来,即使经过防缩处理也难以达到缩水率要求。因此烘干前在湿态进行超喂湿扩幅,能使织物的伸长达到一定程度的回缩。

超喂湿扩幅的超喂量一般在 10%,扩幅率一般在 $30\% \sim 35\%$,根据织物品种、坯布密度、漂染加工时的张力等决定。

(三)超喂烘干

经湿扩幅后的棉针织物在松弛状态下烘干时,仍然会进一步收缩,以趋近于全平衡状态。然而织物在普通的圆网烘干机上烘干时,由于没有超喂作用及织物在进机时受到的张力作用,烘干过程中织物紧吸于圆网表面,不仅有碍收缩,甚至还会使织物伸长,从而降低湿扩幅处理的防缩效果,因此应采用超喂烘干。超喂烘干是利用改造的超喂圆网烘干机,织物经输送带超喂进机,经过几个速度依次降低的圆网滚筒进行松弛烘干。一般四圆网超喂烘干机的第一网控制3%的超喂量,以后各网加装减速器控制超喂量均为3%,这样可使烘干后的针织物获得较好的防缩效果。

(四)超喂轧光

超喂轧光主要是针对全棉汗布类织物,这类织物要求布面平整、光洁。但经过湿扩幅和超喂烘干后织物的幅宽和布面平整度达不到要求,还需进行轧光处理。一般的三辊轧光机由于没有超喂作用,一方面在轧光过程中受到张力作用,使织物伸长;另一方面轧辊的压力较大,也会使织物受压伸长,所以经过轧光后虽然织物的表面平整度、光泽较好,但织物伸长、缩水率增加。

超喂轧光是首先对织物汽蒸给湿,提高织物的可塑性,然后超喂进入扩幅撑板,使织物纵向松弛,并降低轧辊硬度和压力,这样既避免了轧光过程中织物的伸长,又经过了一次超喂扩幅,可提高防缩效果,但轧光效果稍差。

(五)超喂预缩

超喂预缩一方面能达到预缩、降低缩水率的目的;另一方面又可给予织物丰满的外观,主要用于需要厚实感的棉毛类产品。超喂预缩是利用专门的机械预缩设备,首先超喂进布(进布线速度略大于出布线速度),使织物纵向处于松弛状态,有预缩的余地,然后对织物蒸汽给湿,加强棉针织物在松弛状态下的可塑性,使织物的内应力松弛,再通过扩幅,使织物纵向收缩,横向扩展,或纵向挤压,使织物在织造和染整加工中的伸长部分预先强迫回缩,在产品出厂之前就使织物的密度对比系数调整在合理的范围内,或使织物的纵向线圈密度增加到一定程度,使织物具有松弛的结构,并维持在这一状态下松式烘干,使这一状态稳定下来,这样织物在洗涤过程中就不会再缩水。

根据预缩过程中织物是横向扩展还是纵向挤压,机械预缩设备可分为呢毯定形机和阻尼式预缩机两类。

1. 双面呢毯定形机

双面呢毯定形机是按横向扩展的预缩机,其结构示意图如图6-23所示。织物经磁环、导辊、过超喂扩幅装置,对圆筒针织物施加过量的横向扩张,迫使织物纵向回缩,再送至振荡给湿区,织物受蒸汽喷射充分收缩而恢复到稳定状态,从而使受到拉伸而变得狭长的线圈回复到正常状态,然后在呢毯夹持下定形(干燥)。呢毯整理还可以使针织物的弹性改善,毛型感增强,无极光,有较自然的布面光泽。

该机有两组电加热和油传导热辊筒,分别由两条呢毯包覆热辊筒表面的大部分,被整理的织物在呢毯与热辊筒之间通过。由于有两组装置,圆筒针织物的两侧布面可同时连续进行整理,故名双面呢毯定形机。

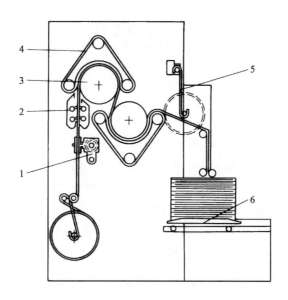

图 6-23　双面呢毯定形机结构示意图
1—喂布装置　2—喷蒸汽装置　3—热辊
4—呢毯　5—卷布装置　6—折布装置

2. 阻尼式预缩机

阻尼式预缩机结构示意及预缩前后织物的线圈结构如图 6-24 所示。该机主要由扩幅汽蒸、阻尼挤压和传送折叠三部分组成。织物先经汽蒸装置给湿,再经布撑至喂布辊(车速较阻尼辊快),然后至阻尼刀(阻尼刀由电加热,温度控制在 120～170℃),对在平幅双层状态下的圆筒针织物施加纵向挤压,使线圈纵向收缩,织物获得回缩,这种作用称为阻尼作用。预缩时控制喂布辊和阻尼辊之间的速度差,使织物在两辊轧点处的两个侧面受到不同速度的拖拉,此时与速度稍慢的阻尼辊相接触的一侧布面有滞后现象,阻尼刀对这侧布面做向前的纵向推挤,迫使织物的线圈纵向收缩。阻尼刀对织物的挤压量刚好平衡两只辊筒的速差比率。两组阻尼装置可使圆筒针织物的两个侧面获得同样的预缩效果,使针织产品的缩水率降到理想的水平。

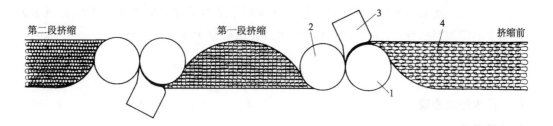

图 6-24　阻尼式预缩机结构示意及预缩前后织物的线圈结构
1—喂布辊　2—阻尼辊　3—阻尼刀　4—织物

第七章　纺织品功能整理

随着人类生活水平的不断提高和纺织品应用领域的不断拓展,传统纺织品的性能已满足不了人类服用对纺织品性能的更高要求和各行业、各领域对纺织品特殊性能的要求。纺织品特殊性能的获得主要有两种途径,一种是应用功能纤维或特种纤维;另一种是采用后整理,即功能整理。功能整理是应用一些具有特殊性能的整理剂对纺织品进行处理,使纺织品获得原来所没有的一些性能。功能整理的内容很多,主要有气候适应整理(如温度调节、防水透湿、防风、拒水)、卫生保健整理(如防污、抗菌消臭、芳香、负离子)、易护理整理(如机可洗、快干、免烫)、仿真整理(如仿丝绸、仿麂皮)和防护整理(如抗静电、阻燃、防辐射、抗紫外线)等。本章主要介绍纺织品常用的一些功能整理。

第一节　拒水拒油整理

一、拒水拒油整理的概念

在织物表面施加一种具有特殊分子结构的整理剂,改变纤维表面层的组成,并牢固地附着于纤维或与纤维化学结合,使织物不再被水和常用的食用油类所润湿,这种整理称为拒水或拒油整理,所用的整理剂分别称为拒水剂或拒油剂。

拒水整理和防水整理是有区别的。前者利用具有低表面能的整理剂,借表面层原子或原子团的化学力使水不能润湿它。织物经拒水整理后,仍能保持良好的透气和透湿性,不会影响织物的手感和风格,水在压力下仍能透过织物,但不会损害它的拒水性;后者是在织物表面涂布一层不透气的连续薄膜,如橡胶等,填塞织物的孔隙,借物理方法阻挡水的透过,即使在外界水压作用下也有高的抗水渗透能力,但往往不透气和不透湿,穿着也不舒适。防水整理属涂层整理范畴。虽然近年来随着涂层技术的进步,透气、透湿而不透水的涂层织物早已问世,但其表面仍不能达到水不能润湿的程度,除非经拒水剂处理或在涂层浆中加入拒水剂组分。

二、拒水拒油原理

(一)拒水拒油原理

1. 润湿方程

一滴水或油滴在表面光滑的固体上,若液滴不润湿该固体表面,达到平衡时则有液—气、固—气和固—液三个界面,其界面张力分别为 γ_{LV}、γ_{SV} 和 γ_{SL}。γ_{LV} 与 γ_{SL} 之间有个接触角 θ,其平衡状态如图 7-1 所示。

如图 7-1 所示,若 $0<\theta<90°$,则液滴部分润湿该固

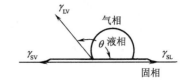

图 7-1　液滴在固体表面上的平衡状态

体表面;若 $\theta > 90°$,则不能润湿固体表面,液滴在固体表面成珠状。θ 越大,润湿性越差;若 $\theta = 0$,则液滴在固体表面扩散(铺展),固体被液滴完全润湿。当三个界面张力达到平衡时,它们之间存在如下关系:

$$\gamma_{SV} = \gamma_{SL} + \gamma_{LV}\cos\theta \qquad\qquad (7-1)$$

式(7-1)称为 Young 方程式,因为它是描述润湿性的,又被称为润湿方程式。

各种未经拒水整理的纤维,水滴在其上的接触角如表 7-1 所示。

表 7-1　水在各种纤维上的接触角

纤维	黏胶	棉	腈纶	锦纶	涤纶	羊毛	丙纶
接触角/(°)	38	59	53	64	67	81	90

由表 7-1 可知,纤维种类不同,其接触角也不同。其中棉和黏胶与水的接触角较小,习惯上称为亲水性纤维;合成纤维与水的接触角均较大,故称为疏水性纤维,其中聚丙烯腈纤维有些例外,可能与聚丙烯腈中含有大量强极性的氰基有关。在纤维中,一般吸湿性和膨润性小的,其接触角较大。羊毛的接触角较大与其表面鳞片的结构有关。但水在各种纤维表面的接触角除在丙纶上等于 90° 外,其他都小于 90°,所以都能被水部分润湿。

2. 拒水和拒油的条件

按黏附功和内聚功的概念,要将液滴从固体表面上剥离,必须克服其单位面积上的黏附功 W_a。W_a 的大小等于图 7-1 所示各相界面张力(矢量)之代数和,可用式(7-2)表示:

$$W_a = \gamma_{SV} + \gamma_{LV} - \gamma_{SL} \qquad\qquad (7-2)$$

式(7-2)中,W_a 是液—固相间的黏附功,说明在此过程中,产生了两个新的表面,其表面张力分别为 γ_{SV} 和 γ_{LV},剥离后 γ_{SL} 已不复存在。但实际上黏附功无法测量,所以只好由式(7-2)自 γ_{LV}、γ_{SV} 和 γ_{SL} 的实验值来计算黏附功。

由式(7-1)和式(7-2)可得:

$$W_a = \gamma_{LV}(1+\cos\theta) \qquad\qquad (7-3)$$

式(7-3)表明,黏附功是接触角 θ 的函数。若 θ 值小,则 W_a 值就大,即固体容易被液滴润湿;反之,固体就有不同程度的抗润湿性能。如 $\theta = 0$,则式(7-3)为:

$$W_a = \gamma_{LV}(1+1) = 2\gamma_{LV} = W_c \qquad\qquad (7-4)$$

此时,黏附功实际上等于液滴本身的内聚功($W_c = 2\gamma_{LV}$)了。

内聚功是将截面为单位面积的液柱分割成两个液柱所需之功,反映了液体自身间的结合程度。在这一过程中,产生了两个新的表面,其表面张力为 γ_{LV}。

拒水和拒油整理是使整理后的织物表面具有不被水和油润湿的性能,也就是增大其与水或油的接触角 θ,降低它们之间的黏附功。

Harkins 等对液体在固体上或另一液体上的展开进行了研究,应用黏附功和内聚功的定义

提出了铺展系数 S,其定义可用式(7-5)表示:

$$S=W_a-W_c \tag{7-5}$$

由黏附功和内聚功的定义,从式(7-5)可得液体在固体上的"铺展系数"与界面张力的关系为:

$$S=\gamma_{SV}-\gamma_{LV}-\gamma_{SL}=\gamma_{SV}-(\gamma_{LV}+\gamma_{SL}) \tag{7-6}$$

在式(7-6)中,若 $S>0$,则液体将在固体表面铺展(即润湿或渗透);若 $S<0$,液体在固体表面不铺展(即成珠状)。由于式(7-6)中,γ_{SL} 与 γ_{LV} 相比,其值甚小,可忽略不计,因此,若要水或油滴在固体表面呈珠状,则必须使固体界面张力 γ_{SV} 小于液体的界面张力 γ_{LV}。

因此,拒水、拒油的条件是,固体的界面张力 γ_{SV} 必须小于液体的表面张力 γ_{LV}。

3. 固体的临界表面张力

固体的界面张力没有有效的直接测定方法。Zisman 等认为,$\cos\theta$ 值直接反映了可润湿性,$\cos\theta$ 值增加,润湿性增加,当 $\cos\theta=1$ 时,液滴与固体之间的接触角(θ)为零,固体表面完全被液滴所润湿。也就是说,当 $\cos\theta=1$ 时,液/固相之间的黏附功超过了液滴的内聚功。他们发现在聚四氟乙烯表面上,正烷烃同系物的 $\cos\theta$ 值和它们的表面张力之间有良好的线性关系,将此直线外推至 $\cos\theta=1$(即接触角等于零),得其表面张力约为 18mN/m,如图7-2所示。他们将用外推法测定的 $\cos\theta=1$ 时固体界面张力的外推值定义为润湿或铺展的临界表面张力 γ_c,表面张力低于固体的 γ_c 的液体,能在该固体表面随意铺展和润湿,而表面张力高于固体 γ_c 的液体,则在固体表面形成不连续的液滴,其接触角大于零。

表7-2是一些常见聚合物的临界表面张力 γ_c。

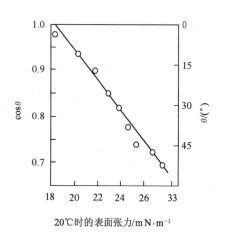

图7-2 聚四氟乙烯上正烷烃同系物 $\cos\theta$ 与表面张力的关系

表7-3是一些常见液体的表面张力。

表7-2 常见聚合物的临界表面张力

	临界表面张力 γ_c/mN·m⁻¹		临界表面张力 γ_c/mN·m⁻¹
纤维素纤维	200	聚氯氟乙烯	31
锦纶	46	聚丙烯	29
聚己二酸己二醇酯	46	石蜡类拒水整理品	29
羊毛	45	聚氟乙烯	28
聚对苯二甲酸乙二酯	43	有机硅类拒水整理品	26
聚二氯乙烯	40	石蜡	26
聚氯乙烯	39	聚二氟乙烯	25
聚甲基丙烯酸甲酯	39	聚三氟乙烯	22
聚乙烯醇	37	聚四氟乙烯	18
聚苯乙烯	33	含氟类拒水整理品	10
聚乙烯	31	氟化脂肪酸单分子层	6

表7-3 一些常见液体的表面张力 γ

液体的表面张力 γ/mN·m^{-1}		液体的表面张力 γ/mN·m^{-1}	
水	72.8	石蜡油	30.2
甘油	63.4	重油	29
雨水	53	甲苯	28.5
红葡萄酒	45	四氯化碳	27.0
牛乳	43	白矿物油	26.0
花生油	40	丙酮	23.7
油酸	32.5	乙醇	22.8
精制棉籽油	32.4	汽油	22
精制橄榄油	32.3	正辛烷	21.4
电动机油	30.5	正庚烷	19.8

由表7-3可见,雨水的表面张力为53mN/m,一般油类的表面张力为20～30mN/m,所以要使织物拒水,界面张力必须小于53mN/m,要使织物拒油,界面张力必须小于20～30mN/m。一般的纤维或纺织品既不能拒油也不能拒水。

Shafrin等认为,有机物表面的可润湿性由固体表面的原子或暴露的原子团的性质和堆集状态所决定,和内部原子或分子的性质和排列无关。Zisman等在研究了许多固体表面的润湿性之后,提出了具有低表面能的原子团。表7-4是部分具有低表面能的原子团。

表7-4 部分气—固界面上低表面能的原子团及临界表面张力(20℃)

表面组成	暴露的原子团	临界表面张力 γ_c/mN·m^{-1}
碳氟化合物	—CF$_3$	6
	—CF$_2$H	15
	—CF$_2$—CF$_2$—	18
	—CF$_2$—CFH—	22
	—CF$_2$—CH$_2$—	25
	—CF$_2$—CFCl—	30
碳氢化合物	—CH$_3$（结晶面）	20
	—CH$_3$（单分子层）	22
	—CH$_2$—CH$_2$—	31

由表7-4可知,拒水剂和拒油剂是一种具有低表面能基团的化合物,用它整理织物,可在织物的纤维表面均匀覆盖一层拒水剂或拒油剂分子,并由它们的低表面能原子团组成新的表面,使水和油均不能润湿。水具有高的表面张力(72.8mN/m),因此,以临界表面张力 γ_c 为30mN/m左右的疏水性脂肪烃类化合物,或用 γ_c 为24mN/m左右的有机硅整理剂可获得足够

的拒水性。拒水性脂肪烃油类的表面张力为 $20\sim30mN/m$,必须用含氟烃类整理剂才能使纤维的临界表面张力降到 $15mN/m$ 以下。所以,拒水剂一般选用烷基($-C_nH_{2n+1}$, $n>16$)为拒水基团,拒油剂必须选用全氟烷基($-C_nF_{2n+1}$, $n>7$)为拒油基团。此外,拒水剂或拒油剂要牢固地附着于纤维表面,其分子结构中还必须具有其他相应基团,最好能与纤维反应,或与纤维有较强的黏附功。

(二)织物表面粗糙度对拒水、拒油性能的影响

式(7-1)~式(7-4)适用于光滑的理想表面。织物不是一个光滑的表面,其表面粗糙度对拒水、拒油性能也有重要影响。

织物表面的粗糙度可用液滴在固体表面上的真实或实际接触面积(A_0)与表观或投影接触面积(A_r)之比来表示,即 $r=A_0/A_r$。显然,粗糙度 r 越大,表面越不平。Wenzel 研究了粗糙度对接触角的影响,其关系式如下:

$$r=A_0/A_r=\cos\theta'/\cos\theta \tag{7-7}$$

式(7-7)中,θ' 为实测接触角,θ 为在光滑表面的接触角。由此式可知,粗糙表面的 $\cos\theta'$ 的绝对值总是比光滑表面的大。如液滴在光滑表面上的接触角小于 $90°$,则在其粗糙表面上的接触角将更小些;在光滑表面上的接触角大于 $90°$,则在其粗糙表面上的接触角将更大些。换言之,一个水不能润湿的光滑表面,如其表面粗糙则水更不易润湿;一个水能润湿的光滑表面,如其表面粗糙则水更易润湿。这就是经拒水整理的绒面织物,其拒水效果格外优良的原因所在。

三、常用拒水拒油剂的结构、性能和整理工艺

根据拒水整理效果的耐洗性,可将拒水整理分为不耐久、半耐久和耐久性三种,主要取决于所用拒水剂本身的化学结构。按标准方法洗涤,能耐 30 次以上洗涤的,称为耐久性拒水整理,耐 $5\sim30$ 次洗涤的称为半耐久性拒水整理,耐 5 次以下洗涤的称为不耐久拒水整理。

已研究或使用过的拒水剂种类很多,主要有金属皂类(铝皂和锆皂)、蜡和蜡状物质、金属络合物、吡啶类衍生物、羟甲基化合物、有机硅(聚硅氧烷)和含氟化合物等。但由于或者耐久性差,或者对纤维有损伤,或者不符合环保要求以及气味、颜色等多种原因,目前常用的拒水剂主要是有机硅和含氟化合物,拒油剂则是含氟化合物。

1. 有机硅拒水剂

有机硅是以 $-O-Si-O-$ 为主链的聚合物,这些聚合物称为聚硅氧烷:

$$R-\underset{\underset{R}{|}}{\overset{\overset{R}{|}}{Si}}-O-\left[\underset{\underset{R}{|}}{\overset{\overset{R}{|}}{Si}}-O\right]_n-\underset{\underset{R}{|}}{\overset{\overset{R}{|}}{Si}}-R$$

用于纺织品拒水整理的有机硅中的取代基 R 通常是甲基(聚二甲基硅烷或称二甲基硅油)、氢(聚甲基含氢硅烷或称含氢硅油)或羟基(如聚 ω,α-二羟基硅烷或称二羟基硅油),其结构式如下:

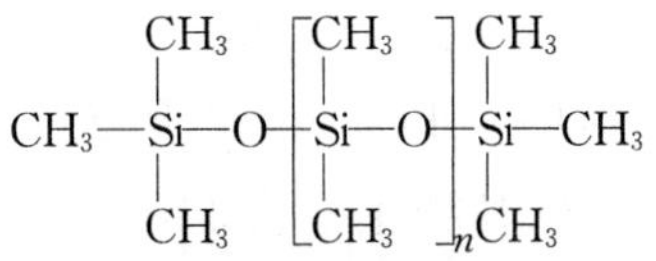

$$
\begin{array}{ccc}
\text{聚二甲基硅烷} & \text{聚甲基含氢硅烷} & \text{聚}\omega,\alpha\text{-二羟基硅烷}
\end{array}
$$

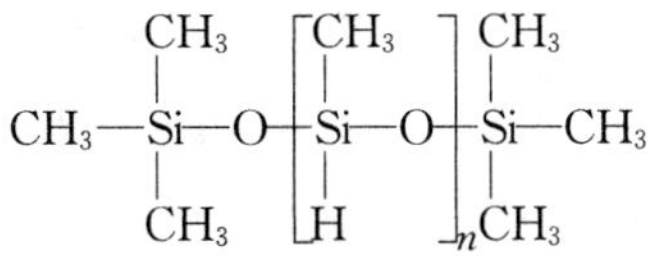

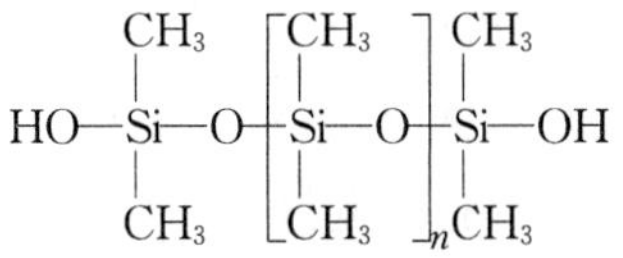

聚二甲基硅烷在纤维表面可形成柔性薄膜,赋予整理品以柔软的手感。但聚二甲基硅烷无活性基团,且与织物的粘接性差,不宜单独作为织物的拒水整理剂。

聚甲基含氢硅烷中的硅氢键具有较大的活性,在催化剂作用下,易发生水解反应,水解形成的Si—OH键可自身脱水缩合、交联成弹性膜,或与纤维素上的羟基反应形成醚键,也可与含氢硅油中的氢、羟基硅油中的羟基缩合、交联,形成更大的网络。固化后的有机硅弹性膜冠于织物表面,可赋予织物耐洗涤的优良拒水性能。其反应式如下:

水解:

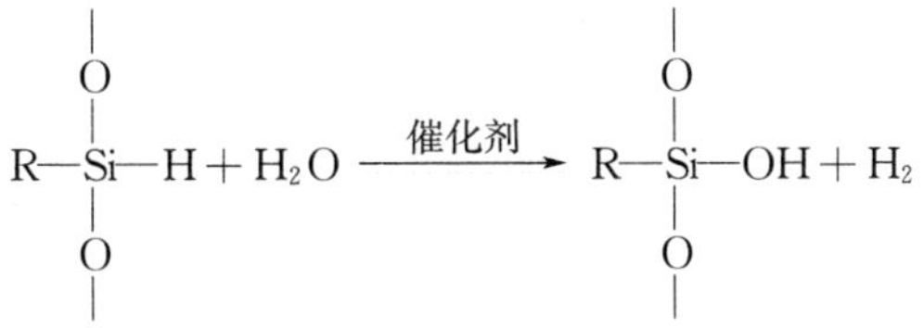

$$
\text{R}-\overset{\overset{\displaystyle O}{|}}{\underset{\underset{\displaystyle O}{|}}{Si}}-\text{H} + \text{H}_2\text{O} \xrightarrow{\text{催化剂}} \text{R}-\overset{\overset{\displaystyle O}{|}}{\underset{\underset{\displaystyle O}{|}}{Si}}-\text{OH} + \text{H}_2
$$

交联:

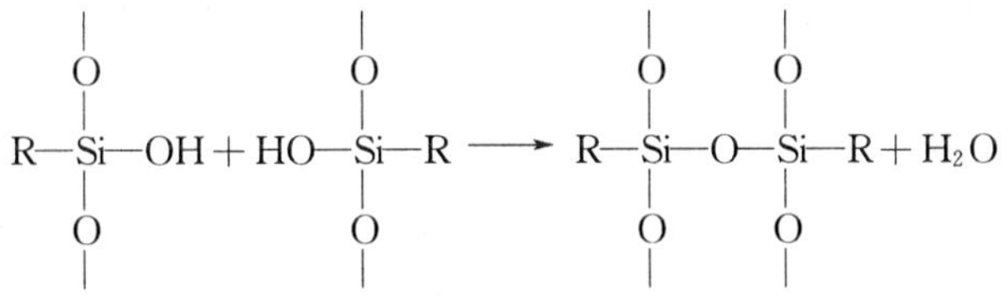

$$
\text{R}-\overset{|}{\underset{|}{Si}}-\text{OH} + \text{HO}-\overset{|}{\underset{|}{Si}}-\text{R} \longrightarrow \text{R}-\overset{|}{\underset{|}{Si}}-\text{O}-\overset{|}{\underset{|}{Si}}-\text{R} + \text{H}_2\text{O}
$$

与纤维素纤维的反应:

$$
-\overset{\overset{\displaystyle CH_3}{|}}{\underset{\underset{\displaystyle OH}{|}}{Si}}-\text{O}-\overset{\overset{\displaystyle CH_3}{|}}{\underset{\underset{\displaystyle OH}{|}}{Si}}-\text{O}- + 2\text{Cell}- \xrightarrow{\triangle} -\overset{\overset{\displaystyle CH_3}{|}}{\underset{\underset{\displaystyle OCell}{|}}{Si}}-\text{O}-\overset{\overset{\displaystyle CH_3}{|}}{\underset{\underset{\displaystyle OCell}{|}}{Si}}-\text{O}-
$$

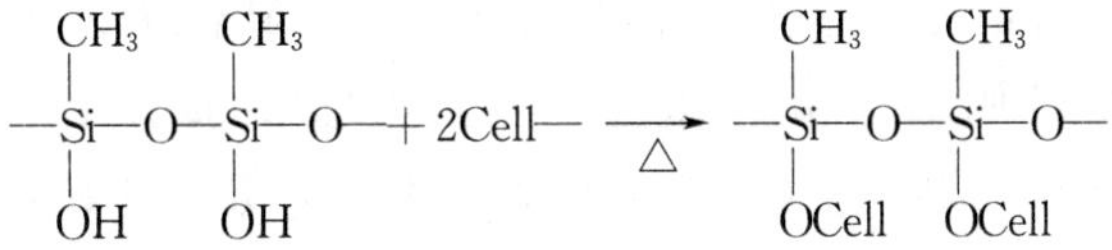

但聚甲基含氢硅烷在纤维表面形成的薄膜呈脆性,使织物产生粗糙的手感,因此也不能单独使用,而必须与聚二甲基硅烷混合应用。

有机硅整理后的织物产生拒水性是由于在纤维表面覆盖了聚硅氧烷薄膜,其氧原子指向纤维表面,而甲基远离纤维表面排列,如图7-3所示。

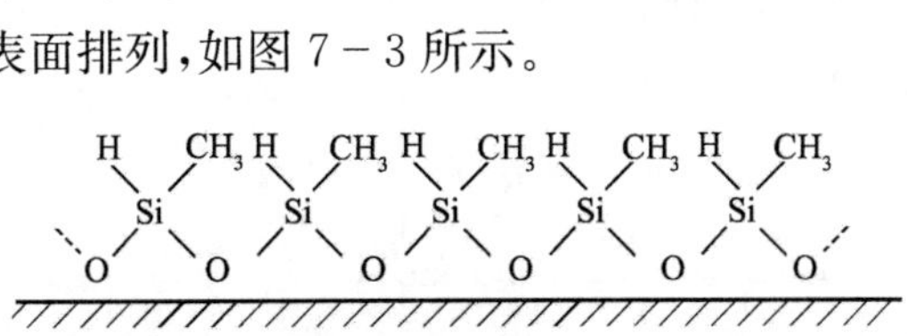

聚氢甲基硅氧烷

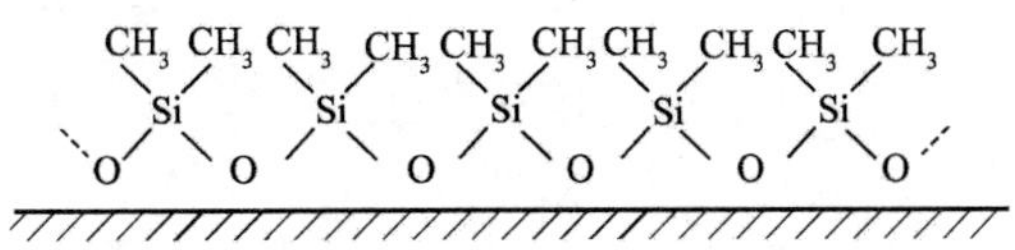

聚二甲基硅氧烷

图7-3　聚硅氧烷在纤维表面的定向排列

有机硅拒水剂可采用浸轧法或浸渍法对织物进行处理。采用浸轧法时,先浸轧有机硅拒水剂,而后烘干,然后于120～150℃焙烘数分钟。有机硅类拒水剂整理的织物其增重达到1%～2%就可获得良好的耐久性拒水效果,特别适用于合成纤维及其混纺织物,在合成纤维织物特别是长丝织物上的拒水效果耐水洗和干洗性非常好,但在棉和黏胶纤维织物上的耐洗效果稍差些,这是因为纤维素纤维在水中的溶胀使赋予拒水性的有机硅薄膜破裂所致。

有机硅拒水剂整理工艺举例如下:

浸轧液组成/g:

甲基含氢硅烷乳液	30
羟基硅烷乳液	70
胺化环氧交联剂	14.2
结晶醋酸锌	10.8
氯氧化锆	5.4
一乙醇胺	4.5
水	x
总量	1000

整理工艺:二浸二轧(轧液率70%)→烘干(100～105℃)→焙烘(150～160℃,5～7 min)→水洗→皂洗→水洗→烘干。

2. 含氟化合物拒水拒油剂

含氟化合物既能拒水又能拒油,而有机硅和脂肪烃类化合物只有拒水作用,所以有机硅类拒水剂已逐渐在被含氟烃类化合物所取代。含氟烃类化合物的拒油性与其具有低的表面能有关。

含氟拒水拒油整理剂中氟原子的电负性大,直径小,且C—F键的键能高。因此,含有大量碳—氟键的化合物分子间凝聚力小,使化合物的表面自由能显著降低,从而形成了很难被各种液体润湿、附着的特有性质,表现出优异的疏水疏油性,经整理后的织物同时具有拒水、拒油、防污性能。含氟整理剂有低浓度高效果的特点,可使处理后的织物保持良好的手感,优异的透气、透湿性,特别是含氟聚合物的整理效果更耐水洗和干洗,因此,在纺织品加工中的应用日趋广泛。

含氟拒水拒油整理剂一般由一种或几种氟代单体和一种或几种非氟代单体共聚而成。氟代单体一般为含氟(甲基)丙烯酸酯,提供整理剂拒水拒油性。非氟代单体一般为含有乙烯基的单体,可赋予整理剂成膜性及与底材的黏合性。

含氟拒水拒油整理剂的通式可表示为:

$$\cdots \left(CH_2-\underset{\underset{\underset{R_F}{X}}{\underset{O}{\overset{C=O}{|}}}}{\overset{R}{\underset{|}{C}}}\right)_a \left(CH_2-\underset{\underset{R_1}{\underset{O}{\overset{C=O}{|}}}}{\overset{R}{\underset{|}{C}}}\right)_b \left(CH_2-\underset{\underset{Y}{|}}{\overset{Cl}{\underset{|}{C}}}\right)_c \left(CH_2-\underset{\underset{R_2}{\underset{NH}{|}}}{\overset{R}{\underset{|}{C}}}\right)_d \cdots$$

式中,R = —H, —CH$_3$; Y = —H, —Cl; R$_F$ = $\left(CF_2CF_2\right)_m CF_2CF_3$, m = 3, 4, 5, 6; R$_1$ =

$—C_nH_{2n+1}$，R_2＝$—CH_2OH$，$—C(CH_3)_2CH_2COCH_3$。

传统的含氟拒水拒油整理剂中氟碳链都是碳原子数为8的全氟辛基，合成原料为全氟辛基磺酰化合物 PFOS(Perfluorooctane sulfonate)或全氟辛酸 PFOA(Perfluorooctanoic acid，分子式为 $C_7F_{15}COOH$)。

PFOS 和 PFOA 都是化学稳定性高，在环境中具有高持久性，并且会在环境中聚集，在生物体内积累，对人体健康和环境产生危害的有毒物质。

杜邦公司生产的全氟烷基单体，主要是 C_6(己)基产品，没有 C_8(辛)基成分，不含 PFOS。日本大金公司和美国道康宁公司联合推出了 C_6(PFHS，Perfluorohexane sulfonate)产品，日本旭硝子公司也推出了不含 PFOS、以 PFHS 合成的 AsahiGuard E 系列拒水拒油整理剂。

含氟聚合物可以与非含氟拒水剂混合使用。Marco 等发现含氟聚合物与吡啶类拒水剂混合使用，在棉织物上具有良好的协同效应，而且拒水性和耐洗性极好。各种疏水性烃类拒水剂都可以增强含氟聚合物拒水拒油剂的拒水拒油性和耐洗性，这就是一般在拒油整理中添加耐久性拒水剂的缘故。

含氟聚合物适用于合成纤维织物、天然纤维织物及其混纺织物的拒水拒油整理。在纤维素纤维织物的整理中，加入树脂类交联剂能提高含氟聚合物整理效果的耐久性，改善抗皱性，并可提高洗可穿性和耐久压烫性能。

含氟聚合物拒水拒油剂可采用浸轧法或浸渍法应用，通常采用浸轧法。涤/棉卡其织物拒水拒油整理的配方和工艺举例如下：

浸轧液配方/g：

Asahiguard AG—70	50
羟甲基类拒水剂	40
DMDHEU	30
结晶氯化镁	12
水	x
总量	1000

整理工艺：二浸二轧(轧液率 $70\%\sim75\%$)→烘干(充分烘干)→热处理($160℃$，$3min$)→水洗→皂洗→水洗→烘干。

拒水拒油整理可以和其他整理结合进行。在涂层整理中，为防止涂层浆渗透到织物背面，可以先对基布进行拒水拒油预处理。涂层后再经拒水或拒油整理，可以增加织物的功能性。

四、整理织物拒水和拒油性能的测试

1. 织物表面抗湿性测试

将调湿的试样装在试样框夹上，安置于与水平呈45°角的固定的底座上(图7-4)，用250mL蒸馏

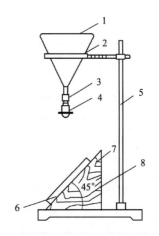

图7-4 织物抗湿性测定装置(又称沾水仪)

1—玻璃漏斗 2—支撑环 3—胶皮管 4—淋水喷嘴
5—支架 6—试样 7—试样框夹 8—底座(木制)

水或去离子水(20℃±2℃或27℃±2℃)迅速而平稳地注入漏斗中,通过与试样中心规定距离的喷头在25~30 s内,朝试样中心平均而持续不断地喷淋。喷淋完毕,将试样框夹取下,轻轻地拍打两下,然后按评级样照(图7-5)和评级标准文字评定级别。

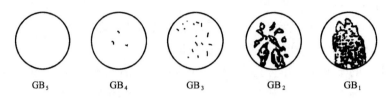

图7-5 抗湿性(沾水性)评级样照

评级标准文字为:

1级——受淋表面全部润湿(GB_1)。

2级——受淋表面有一半润湿,通常指小块不连接的润湿面积的总和(GB_2)。

3级——受淋表面仅有不连接的小面积润湿(GB_3)。

4级——受淋表面没有润湿,但在表面沾有水珠(GB_4)。

5级——受淋表面没有润湿,在表面也未沾小水珠(GB_5)。

2.拒水滴性能测试

拒水滴性能的测试是在静态条件下,将水滴滴于织物上,观察织物抗水滴渗透的能力。通常应用一系列不同比例的、表面张力均衡降低的蒸馏水/异丙醇来测定织物的拒水滴性能,将在规定时间内能保留于织物表面(即无润湿和渗透现象发生)的表面张力最低的蒸馏水/异丙醇所对应的级别表示该织物的拒水性能,如AATCC193等。

3.织物拒油性能测试

织物拒油性能测试采用评分法。各分值标准试剂是用白矿物油和正庚烷按不同比例配制的,其配比见表7-5。

表7-5 标准试剂配比

分 值	标准试剂配比/%		分 值	标准试剂配比/%	
	白矿物油	正庚烷		白矿物油	正庚烷
50	100	0	110	40	60
60	90	10	120	30	70
70	80	20	130	20	80
80	70	30	140	10	90
90	60	40	150	0	100
100	50	50			

将调湿处理的试样置于光滑平台上,用滴管依次取各分值标准试剂,由低到高,小心地滴在试样上,每滴直径4~5mm,停留3min。从45°角斜上方观察,若试剂液滴底部织物反光发亮,

则没有浸润,通过该分值测试;若发暗,则织物浸润,通不过该分值测试。以通过最大分值为准,评定拒油性能。

第二节 阻燃整理

约半数以上的火灾是由纺织品不阻燃而引起或扩大的,因为常见的纺织纤维都是有机高聚物,在300℃左右就会裂解,生成的部分气体与空气混合形成可燃性气体,这种混合可燃性气体遇到明火会燃烧。经过阻燃整理的纺织品,虽然在火焰中达不到完全不燃烧,但能使其燃烧速度缓慢,离开火源后能立即停止燃烧,这就是阻燃整理要达到的目的。发达国家对纺织品的阻燃制定了系统的法规,我国1998年颁布实施了《消防法》,规定公共场所的室内装修、装饰应当使用不燃或难燃材料,使阻燃材料的应用有了法律保障。

纺织品的阻燃性能主要通过两种途径获得,对纺织品进行阻燃整理和使用阻燃纤维,前者加工容易,成本低,但耐久性不及后者。

一、纺织品的燃烧性

纺织品燃烧的过程包括受热、熔融、裂解和分解、氧化和着火等阶段,如图7-6所示。纺织品受热后,首先是水分蒸发、软化和熔融等物理变化,继而是裂解和分解等化学变化。物理变化与纺织纤维的比热容、热传导率、熔融热和蒸发潜热等有关;化学变化决定于纤维的分解和裂解温度、分解潜热的大小。当裂解和分解产生的可燃性气体与空气混合达到可燃浓度并遇到明火时,着火燃烧,产生的燃烧热使气相、液相和固相温度上升,燃烧继续维持下去。影响这一阶段的因素主要是可燃性气体与空气中氧气的扩散速度和纤维的燃烧热。若燃烧过程中散失的热量不影响邻近纺织品燃烧所需的热量,燃烧便向邻近蔓延。

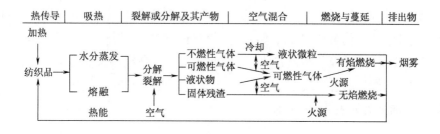

图7-6 纺织品燃烧的模式

纺织品燃烧中,热裂解是至关重要的步骤,它决定裂解产物的组成和比例,对能否续燃关系极大,决定了纤维的燃烧性。由纤维对热的一些物理常数能概略地看出各种纤维的燃烧性能,如表7-6所示。

表 7－6　常见纤维对热的物理常数

纤　维	玻璃化温度 T_g/℃	熔融温度 T_m/℃	热裂解温度 T_p/℃	燃烧温度 T_c/℃	极限氧指数 LOI/%	燃烧热/ $kJ \cdot g^{-1}$	火焰最高温度/ ℃
羊毛	—	—	245	600	25	20.5	941
棉	—	—	350	350	18.4	16.3	860
黏胶纤维	—	—	350	420	18.9	16.3	850
三醋酯纤维	172	290	305	540	18.4	—	886
锦纶 6	50	215	431	450	20~21.5	33.0	875
锦纶 66	50	265	403	530	20~21.5	33.0	—
涤纶	80~90	255	420~477	480	20~21	23.8	697
腈纶	100	>220	290	>250	18.2	—	855
丙纶	－20	165	466	550	18.6	46.4	—
改性腈纶	<80	>240	273	690	29~30	—	—
氯纶	<80	>180	>180	450	37~39	21.3	—
诺曼克斯	275	375	410	>500	28.5~30	—	—
凯夫拉	340	560	>590	>500	29	—	—

纤维的可燃性可用极限氧指数(LOI 值)来表示。极限氧指数是指纤维在氮氧混合气体中保持烛状燃烧所需要的氧气的最小体积分数。空气中,氧气的体积百分浓度为 21%,但发生火灾时,由于空气的对流、相对湿度等环境因素的影响,达到自熄的 LOI 值有时必须超过 27%。一般来说,LOI<20% 的为易燃纤维,20%~26% 之间的为可燃纤维,26%~34% 之间的为难燃纤维,35% 以上的为不燃纤维。

纤维对热的作用可分为两类,一类是热塑性纤维,T_g 和(或)T_m<T_p 和(或)T_c;另一类是非热塑性纤维,T_g 和(或)T_m>T_p 和(或)T_c。非热塑性纤维在加热过程中不会软化、收缩和熔融,热裂解的可燃性气体与空气混合后,燃烧生成碳化物。这类纤维主要是各种天然纤维以及阻燃和耐高温纤维,如诺曼克斯和凯夫拉等。热塑性纤维在加热过程中,当温度超过 T_g 时会软化,达到 T_m 时熔融变成黏稠橡胶状,燃烧时熔融物容易滴落,造成续燃困难,但高温熔融物会黏着皮肤造成深度灼伤。此类纤维主要是涤纶、锦纶等合成纤维。这两类纤维混纺的纺织品燃烧时,非热塑性纤维的炭化对热塑性纤维的熔融物起骨架作用,使熔融物滴落受阻,造成比单独一种纤维更容易燃烧,这种现象叫骨架效应。用扫描电子显微镜对涤棉混纺织物的燃烧过程进行观察证实,它们与蜡烛的燃烧现象很相似,这正是涤棉混纺织物阻燃整理的困难所在。根据燃烧形态对纤维的分类如表 7－7 所示。

表 7－7　根据燃烧形态对纤维的分类

燃　烧　性	纤维的品种	燃　烧　形　态
不燃性	玻璃纤维、石棉、碳纤维	非熔融
阻燃性	阻燃整理棉和羊毛、阻燃富纤	非熔融
	氯纶、改性腈纶、阻燃腈纶	收　缩
	阻燃涤纶	熔　融

燃　烧　性	纤维的品种	燃　烧　形　态
准阻燃性	羊毛	非熔融
可燃性	涤纶、锦纶、丙纶	熔　融
易燃性	棉、腈纶、醋酯纤维	非熔融

二、阻燃机理和阻燃剂

燃烧是一个复杂的过程,不同的纤维和不同的阻燃剂又有各种不同的性质,所以迄今尚未建立对各方面都适用的阻燃理论。目前的阻燃机理主要有四种理论:覆盖论、气体论、热论和催化脱水论。覆盖论认为某些阻燃剂在低于500℃下是稳定的,但在温度较高的情况下,能在纤维表面形成覆盖层,隔绝氧气,并阻止可燃性气体向外扩散。气体论认为阻燃剂在燃烧温度下能分解出不燃性气体,将纤维热分解放出的可燃性气体浓度稀释至可燃浓度以下,或者生成能俘获活泼性较高的游离基的抑制剂,终止游离基反应的进行。热论认为阻燃剂在高温下能发生熔融、气化等吸热作用,减少热量的生成,阻止燃烧的蔓延,或者是使热量迅速扩散,使织物达不到燃烧温度。催化脱水论认为阻燃剂能改变纤维的热裂解过程,减少可燃性气体和挥发性液体的生成量,从而抑制燃烧的进行。在实际的阻燃整理中,可能同时有几种作用,但以某一种作用为主。

(一)阻燃剂

具有阻燃效果的元素,主要限于元素周期表中ⅢA族的硼和铝,ⅣB族的钛和锆,ⅤA族的氮、磷和锑以及ⅦA族的卤素。硼和铝化合物在织物上常用作不耐洗的阻燃整理。如硼砂和硼酸按1∶0.4~1∶1(摩尔比)配制的水溶液,即可用作棉织物的阻燃剂,其阻燃作用可能与其熔点较低,又会形成玻璃状涂层覆盖在纤维表面有关。氢氧化铝受热时会分解成氧化铝和水,分解时吸收大量的热量是它起阻燃作用的主要方面,其次是产生一定量的水分。

钛和锆化合物主要用于羊毛纤维的阻燃整理,它们与羊毛纤维中的—NH_3^+形成离子键结合。在棉纤维上是以形成络合物而达到阻燃作用的。

氮化合物不能单独作阻燃剂,但与磷化合物混用时会有协同阻燃效果。磷是阻燃剂中一个最大的家族,具有阻燃作用的化合物有磷酸铵和聚磷酸铵类、磷酰胺类、磷酸酯类、亚磷酸酯类、膦酸酯类等。磷元素对纤维素纤维的阻燃作用主要是脱水作用,属凝固相阻燃作用。

三氧化二锑单独作阻燃剂不常见,与卤素阻燃剂混用可产生良好的协同阻燃效果,主要用于合成纤维及其与纤维素纤维的混纺织物。

含卤素的阻燃剂主要是有机化合物,其中以溴化合物居多。其阻燃作用是在燃烧气体中生成卤元素游离基,与高能量游离基产生链转移反应而阻止燃烧反应进行,其生成的卤化氢气体本身有稀释作用,也能起一定的抑制燃烧的作用,这类阻燃剂的阻燃作用主要是在气相中进行的。

(二)棉纤维的阻燃机理

纤维素热裂解时,可能产生如下两类反应:

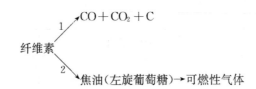

棉纤维在200℃以下,纤维素吸热产生一些不燃性气体,如水蒸气和痕量的二氧化碳;温度超过200℃后,水蒸气和二氧化碳的生成量减少,可能纤维素的分子链开始切断,但生成的气体仍不会着火燃烧,在这个阶段,纤维素的失重很小,称为起始裂解阶段。当温度超过300℃后,热裂解进入活跃阶段,由原来的吸热反应变为放热反应,裂解产物主要是可燃性的醛酮类和焦油等,此阶段纤维素的失重极大,是主要裂解阶段。当温度在500℃以上,则主要生成碳化物残渣。

棉纤维经含磷阻燃剂整理后,其裂解起始温度降低了,甚至其裂解终止温度比未阻燃棉纤维的裂解起始温度还要低些,而残渣的重量却增加了,这是阻燃剂存在下改变了棉纤维的裂解机理:经阻燃整理的棉纤维在300℃左右就开始脱水炭化,这样就抑制了在340℃以上纤维素的1,4苷键断裂。因为β-葡萄糖-1,4-苷键的断裂,其中间产物可能是左旋葡萄糖或1,6-脱水-β-D-呋喃葡萄糖,形成左旋葡萄糖后就容易生成各种可燃性气体。

含磷阻燃剂在较低温度下还会分解生成磷酸,随着温度的升高变成偏磷酸,继之缩合成聚偏磷酸。聚偏磷酸是一种强烈的脱水剂,能促使纤维素炭化,抑制可燃性裂解产物的生成,从而起阻燃作用。此外,分解产生的磷酸,又会形成不挥发性的保护层,既能隔绝空气,又是纤维素燃烧中使碳氧化成一氧化碳的催化剂,因而,减少了二氧化碳的生成。由于碳生成一氧化碳的生成热(110.4kJ/mol)小于生成二氧化碳的生成热(394.6kJ/mol),这样就有效地抑制了热量的释放,能阻止纤维素的燃烧。故其阻燃作用主要是发生在凝固相部分。

(三)涤纶的阻燃机理

涤纶在裂解温度下,其裂解产物的组成是气体、焦油状高沸点物和残渣。三类裂解产物的比例随温度不同而异,其中气体组分随温度升高而增加,焦油状组分在600℃时出现最大值,而残渣则随温度升高而减少。气体和焦油状组分是决定其燃烧性的关键所在。

涤纶的裂解产物至少有30种以上,主要有二氧化碳、一氧化碳、乙醛、苯、苯甲酸、对苯二甲酸等。其中,二氧化碳、一氧化碳和苯的含量随温度升高而增加,乙醛、苯甲酸和对苯二甲酸的含量随温度的升高而降低。涤纶燃烧时会产生大量的烟雾,这主要是由于苯、苯甲酸、对苯二甲酸等芳香族化合物不完全燃烧引起的。另外,与纤维素的裂解产物相比,其裂解产物的自燃温度也高,这就是涤纶的燃烧温度比纤维素纤维高的原因所在,前者为400℃左右,后者为550~570℃。

涤纶经阻燃整理后,其裂解温度和产物基本不变,残渣中不含阻燃剂成分,可以认为,涤纶的阻燃作用主要发生在气相部分。

一般认为,燃烧是连锁反应,其中有关过程为:

形成过氧化物:

$$RH + O_2 \longrightarrow ROOH$$

生成游离基：

$$ROOH \longrightarrow \begin{array}{l} R \cdot + \cdot OOH \\ RO \cdot + \cdot OH \\ ROO \cdot + \cdot H \end{array}$$

通过支化反应使燃烧蔓延：

$$H \cdot + O_2 \Longleftrightarrow \cdot OH + O \cdot \qquad ①$$
$$O \cdot + H_2 \Longleftrightarrow \cdot OH + H \cdot \qquad ②$$

在燃烧的火焰中，主要的放热反应是：

$$\cdot OH + CO \Longleftrightarrow CO_2 + H \cdot \qquad ③$$

从而提供了保持燃烧的大部分热量。因此，为了减慢或终止燃烧的作用，必须强烈抑制分子链的支化反应①和②的进行。

氯或溴的卤素衍生物常用作涤纶的阻燃剂，它的阻燃作用一般认为是按气相机理进行的。当阻燃剂中不含 H 时，首先释放卤原子，当含 H 时释放卤化氢：

$$MX \Longleftrightarrow M' + X \cdot$$
$$MX \Longleftrightarrow HX + M'$$

卤原子与可燃性气体反应生成卤化氢，$RH + X \cdot \longrightarrow R \cdot + HX$，卤化氢通过抑制链的支化而产生阻燃作用，所以，卤化氢属于真正的火焰抑制剂。

$$H \cdot + HX \Longleftrightarrow H_2 + X \cdot \qquad ④$$
$$\cdot OH + HX \Longleftrightarrow H_2O + X \cdot \qquad ⑤$$

在此情况下，反应④、⑤与反应①、②相互竞争，通过这些反应，活性 H 原子和 HO· 被消耗了，反应③的速度可以降得很低，所以起到阻燃作用。

三、阻燃整理工艺

(一)纤维素纤维织物的阻燃整理

纤维素纤维织物的阻燃整理工艺，按其阻燃性能的耐洗涤程度可分为暂时性阻燃整理、半耐久性阻燃整理和耐久性阻燃整理三类。

1. 暂时性阻燃整理

暂时性阻燃整理是利用水溶性阻燃整理剂，如硼砂、硼酸、磷酸二氢铵、磷酸氢二铵和聚磷酸铵等，用浸渍、浸轧、涂刷或喷雾等方法均匀施加于织物上，经烘燥即有阻燃作用，适用于不需洗涤或不常洗涤的棉和黏胶纤维纺织品如窗帘、床罩等，处理方便，成本较低，但不耐洗涤。织物经水洗后，其阻燃性能可再行处理使之恢复。

2. 半耐久性阻燃整理

半耐久性阻燃整理是指整理后的织物能耐 $10 \sim 15$ 次温和洗涤仍有阻燃效果，但不耐高温皂洗,这种整理工艺适用于室内装饰布等。半耐久性阻燃整理的阻燃剂多数是磷酸和含氮化合物的组合物,如尿素—磷酸、双氰胺—磷酸等。这类整理剂经高温处理,能使纤维素纤维变成纤维素磷酸酯而产生半耐久的阻燃效果。

3. 耐久性阻燃整理

耐久性阻燃整理所整理的产品能耐 50 次以上洗涤,而且能耐皂洗,适用于经常洗涤的纺织品,如工作防护服、消防服等。耐久性阻燃整理大多采用以有机磷为基础的阻燃剂,其中以 N -羟甲基二甲基膦酸基丙酰胺(NMPPA)和四羟甲基氯化膦最为常用,这些整理剂可与纤维素纤维上的羟基发生化学结合而赋予整理效果以耐久性。本节介绍 N -羟甲基二甲基膦酸基丙酰胺阻燃剂的整理工艺。

N -羟甲基二甲基膦酸基丙酰胺的结构式为:

$$
\begin{array}{c}
CH_3O \quad O \\
\underset{\underset{\displaystyle CH_3O}{\Big|}}{P} \text{—} CH_2CH_2 \\
\qquad\qquad\quad \underset{\displaystyle C=O}{\Big|} \\
\qquad\qquad\quad NHCH_2OH
\end{array}
$$

它首先由瑞士 Ciba—Geigy 公司于 20 世纪 70 年代初推出,商品名为 Pyrovatex CP,现已有耐洗性更佳的 Pyrovatex CP new。我国的同类商品有阻燃剂 CFR—201、FRC—2、SCP—1、CR3031、FR—101 等。

NMPPA 一般和树脂拼用,其整理工艺流程如下:

室温浸轧(轧液率 85%～100%)→烘干(105℃)→焙烘(150～160℃,3～5min)→中和皂洗(皂粉 2g/L,纯碱 20g/L,80℃)→热水洗→水洗→烘干。

焙烘时和纤维反应,产生耐洗的阻燃效果。

浸轧液组成举例(g/L):

阻燃剂 CFR—201	350～400
甲醚化羟甲基三聚氰胺	60～100
尿素	20
柔软剂 CGF	3～5
磷酸(85%)	10～25
或氯化铵	4～6

(二)涤纶织物的阻燃整理

涤纶缺乏反应性基团,只能用吸附固着或热熔固着的方法进行阻燃整理。涤纶织物常用的阻燃剂有磷系和溴系两大类。溴系阻燃剂主要包括多溴联苯醚、六溴环十二烷、四溴双酚 A 及多溴联苯等。溴系阻燃剂由于有较大的生物毒性和生态风险,已在全球范围内禁止或限制使用。目前,涤纶织物主要采用磷系阻燃剂进行阻燃整理。

磷系阻燃剂较为著名的是环膦酸酯,由膦酸酯和双环亚膦酸酯反应而成,其代表性结构通式如下:

$$(CH_3O)_n-\overset{\overset{O}{\|}}{\underset{\underset{CH_3}{|}}{P}}-(OCH_2\overset{\overset{H_5C_2}{|}}{\underset{\underset{CH_2O}{|}}{C}}\overset{\overset{CH_2O}{}}{}\overset{\overset{O}{\|}}{P}-CH_3)_{2-n} \qquad (n=0,1)$$

国外产品如美国 Mobil 公司的 Antiblaze 19T、日本明成化学公司的 K—194 等,国内同类产品有阻燃剂 FRC—1。

工艺流程:二浸二轧(轧液率70%)→烘干→焙烘(175~200℃,30s~1min)→水洗→烘干。

浸轧液组成(g/L):

	Ⅰ	Ⅱ
阻燃剂 FRC—1	100~150	100~150
磷酸氢二钠	7~10	7~10
三聚氰胺醚化树脂	—	60~100
氯化铵	—	4~5
柔软剂	20	20
渗透剂 JFC	1~2	1~2
浸轧液调节至 pH	6.5	—

(三)涤棉混纺织物的阻燃整理

涤棉混纺织物燃烧时,由于棉纤维的炭化对涤纶的熔融物起了骨架作用,使得可燃性大大增加。例如,涤棉混纺织物的极限氧指数比棉和涤纶都低,燃烧时生成的可燃性气体量和燃烧热均比棉和涤纶高,50/50 混纺比的涤/棉织物的燃烧热比涤纶高13%,比棉高63%。因此,涤棉混纺织物的阻燃整理比涤纶和棉具有更高的难度。

涤棉混纺织物的阻燃整理,可按两种纤维选择各自合适的阻燃剂和阻燃工艺,分别对其进行阻燃整理,这种工艺可以达到较好的阻燃效果,但工艺复杂,成本很高,难以适应市场的需要。

涤棉混纺织物要达到预定的阻燃效果,也可以采用阻燃涤纶与棉混纺,不过这类织物仍需进行阻燃整理。这类混纺织物的阻燃整理比较方便,按棉织物的阻燃整理工艺即可。

目前,涤纶比例大于50%的涤棉混纺织物,尚无成本适中、各项物理性能均优良的阻燃整理工艺。65/35 混纺比的涤棉混纺织物,阻燃整理的手感尚有待于进一步研究和改进。

若涤棉混纺织物中涤纶含量在15%以下,用纯棉织物的阻燃整理工艺能基本满足阻燃整理要求。

由于溴系阻燃剂被禁用或限制使用,目前,涤棉混纺织物主要采用阻燃剂 THPC(四羟甲基氯化膦)—氨预缩合物进行阻燃整理。

四羟甲基氯化膦与氨(物质的量比 2.5:1)在一定条件下可预缩成如下结构的化合物。这种化合物渗入纤维内部,经高温焙烘,可与树脂和尿素在纤维内形成不溶性网状聚合物,也可以与纤维发生物理或化学结合,使涤棉混纺织物具有很好的耐久性阻燃效果。

$$(CH_2OH)_3P-H_2CNH_2C-\overset{\overset{CH_2OH}{|}}{\underset{\underset{(CH_2OH)_3PCH_2}{|}}{P}}-CH_2\overset{+}{N}-CH_2\overset{+}{P}(CH_2OH)_3$$

工艺流程:二浸二轧(轧液率70%)→烘干→焙烘(150~155℃,3min)→氧化(H_2O_2 1~2g/L,纯碱调节pH至10,50~60℃)→皂洗→水洗→烘干。

浸轧液组成(%):

THPC—氨预缩合物	60~70
六羟树脂	6~8
尿素	3~5
磷酸氢二钠	2~3
渗透剂JFC	1~2
柔软剂CGF	0.3~0.5

(四)毛织物的阻燃整理

羊毛纤维的含氮量、回潮率、着火温度(超过560℃)和极限氧指数高,本身具有阻燃性能,属于难燃性纤维。但在适当的条件下(如有很强的热源,表面有绒毛或空隙率大)接近火焰时,羊毛也会燃烧,并释放出有毒气体,所以提高羊毛制品的阻燃性能也相当重要。

羊毛的阻燃整理被广泛应用的是由IWS开发的Zirpro整理法,此外还有含卤素的有机酸法以及它与Zirpro整理法相结合的整理方法。本节简单介绍Zirpro整理法

1. Zirpro阻燃整理的原理

Zirpro是英文Zirconium和Process的缩写,含义为含锆加工。Zirpro整理是使用氟化锆或氟化钛的金属络合物如K_2ZrF_6或K_2TiF_6,在强酸性条件下(pH<3)处理羊毛,它们可以与羊毛中的—NH_3^+形成离子键结合,具有极高的吸尽率:

$$ZrF_6^{2-} + H_3N^+—WOOL \longrightarrow WOOL—NH_3^+ \cdot ZrF_6^{2-}$$

生成的产物在多次洗涤后发生水解,水解产物为$ZrOF_2$、$TiOF_2$,它们具有阻燃能力。与羊毛结合的盐在受热燃烧时也会逐渐分解,特别是当温度超过300℃时,也会生成$ZrOF_2$、$TiOF_2$。$ZrOF_2$、$TiOF_2$不仅不能燃烧,而且在着火时能覆盖在纤维表面促进羊毛炭化,阻止空气中氧气的充分供给,也能阻止可燃性气体的大量逸出,从而达到阻燃目的。

2. Zirpro阻燃整理工艺

锆、钛的氟络合物结构简单,离子体积小,在低温(60~70℃)下便能与羊毛充分结合,特别适合于已染色的羊毛织物和对沸煮敏感的织物。K_2TiF_6易使羊毛出现轻微泛黄,故羊毛的阻燃整理实际上以K_2ZrF_6为主。

(1)吸尽法:这种方法具有广泛的适应性,可用于处理散毛、毛条、筒子纱、绞纱、织物甚至服装,而且能与强酸性浴染色的染料同浴处理,但多数情况下以一浴法处理为主。

工艺举例:

盐酸(37%)	10%
K_2ZrF_6	5%~8%
浴比	1:10~1:30
温度	60~70℃

|时间|30min|

（2）浸轧工艺：浸轧工艺流程可以采用轧→卷→洗→烘法、轧→蒸→洗→烘法或轧→烘→洗→烘法，它们的区别只是在第二道工序上不同。实际上，卷、蒸、烘的目的是促使 K_2ZrF_6 与羊毛充分结合，其中以第一种方法最为简便，下面以第一种方法为例举例说明。

浸轧槽组成：

盐酸（37%）	8%
K_2ZrF_6	5%～8%
甲酸	2%
轧液率	70%
温度	室温

卷放堆置：

| 时间 | 1～4h |
| 温度 | 室温 |

其中，甲酸的作用是使纤维充分膨化。

Zirpro 羊毛阻燃整理具有阻燃剂用量少，织物增重不多，处理成本低；处理方法简单，可根据需要选择工艺，能与染色同浴进行；对羊毛的物理性能、手感没有影响，处理后的羊毛不仅阻燃，而且防热，发烟量无显著增加；处理牢度好，阻燃整理后可耐 50 次 40℃水洗或 50 次干洗，对染料湿牢度没有影响等特点。

四、纺织品阻燃性能的测试方法

正确评价纺织品阻燃效果对研究开发纺织品阻燃整理技术是十分重要的一环。但需注意，对纺织品阻燃性能的测试是在限定条件下，相对地进行燃烧试验，采用标准规定的试验方法测定其阻燃性能指标，它只说明试样在可控的实验室条件下，对热或火焰的反应特征，不能说明或用以估计在实际火灾条件下，着火危险性大小和燃烧的程度；另外，纺织品的燃烧性可评定的指标很多，如着火性、火焰蔓延性、炭化面积或长度、燃烧温度、极限氧指数、发烟性等。但每个指标只是对其燃烧性某一方面的反映，要根据产品的实际使用情况来选择测试指标和试验方法（如试样的安装角度和火源大小等）。目前，国际上纺织品阻燃性能的测试方法和标准较多，而且每个国家对不同织物都有不同的测试方法和标准，一些国家的某些组织也有自己的测试方法和标准，ISO 以及国际上的一些联合机构如航空和海运等也有自己的测试方法。不同国家、地区和行业之间试验方法上的差异主要是试样的大小、前处理和调湿条件、点燃火源的大小和位置、火焰高度和点燃时间等。

1. 试样的安装方法

织物阻燃性能测试时按试样安装方法的不同分为水平法、45°倾斜法和垂直法三种，其中以水平法测试的阻燃性能要求为最低，垂直法为最高。不同用途的阻燃纺织品，测试其阻燃性能时，其试样安装方法应是不同的。我国 GB/T 5455—2014 规定有阻燃要求的各类织物和制品等采用垂直法测试阻燃性能。

2. 测试内容

纺织品阻燃性能的测试内容很多,主要有以下一些:

(1)试样的燃烧性。试样的着火性能如着火时间;燃烧和灭火性能如续燃时间(在规定的试验条件下,移开点火源后材料持续有焰燃烧的时间)、阴燃时间(在规定的试验条件下,当有焰燃烧终止后或者移开点火源后,材料持续无焰燃烧的时间)、炭化面积、损毁长度(垂直燃烧法测试时,材料损毁面积在规定方向上的最大长度)、火焰蔓延时间(试样表面燃烧蔓延的速度)等。

(2)试样燃烧的特征。如熔融性(一般指点燃次数,是燃烧掉一定长度的纺织品如9cm长度所需要点燃的次数,适用于熔融的纺织制品);燃烧温度,包括最高热传导率、热传导时间;极限氧指数LOI;燃烧时产生的烟雾性或发烟性(用最大减光系数或比光密度来表示);燃烧时所生成气体的成分和含量。

(3)安全性问题。如阻燃剂本身的毒性、安全性,阻燃服装对人体皮肤的过敏性和刺激性,阻燃整理纺织品在燃烧过程中产生的烟雾和分解放出的气体的毒性等。

第三节 抗静电整理

纤维材料相互之间或纤维材料与其他物体相摩擦时,往往会产生正负不同或电荷大小不同的静电。一般来说,几乎任何两个物体表面相互接触摩擦和随着分离都会产生静电。静电的产生机理至今还没有完全弄清,一般都用双电层分离理论来解释。当两个物体相接触,并且接触的表面距离小于2.5×10^{-7}cm时,物体表面分子会产生极化,其中一侧吸引另一侧的电子,而本侧的电子后移或电子从一个表面移往另一个表面,这样就产生双电层,形成表面电位或接触电位。当两物体急速相互移动而使两个接触表面分开时,如果该两物体都是良绝缘体,则介电常数大的一侧物体失去电子,表面带正电荷,介电常数小的另一侧物体得到电子,表面带等量负电荷,产生电压。

表7-8列出了常用纤维与橡胶辊摩擦时产生的静电压。

表7-8 常用纤维与橡胶辊摩擦时的带电电压

纤 维	棉	黏胶	羊毛	醋酯	蚕丝	腈纶	涤纶	锦纶
带电电压/V	50	100	350	550	850	960	1025	1050

两物体表面的电荷特性取决于电子流和摩擦电序列,常用纺织纤维的电荷序列如下:

⊕羊毛 锦纶 蚕丝 黏胶纤维 棉 苎麻 醋酯纤维 维纶 涤纶 腈纶 丙纶⊖

当两种纤维织物相互摩擦时,在电序列中靠左边的纤维带正电,而靠右边的纤维带等量负电。如棉与涤纶摩擦,棉一般带正电,涤纶带负电。而棉和蚕丝摩擦时,则棉带负电,蚕丝带正电。电序列相距越远的两种纤维,静电电位差越大。影响纤维带电量的因素很多,但主要取决于纤维的吸湿性和空气的相对湿度及摩擦条件。纤维的亲水性越好,吸湿越多,带电量越低。因为纤维表面及纤维微毛细管中容易形成表面水膜或纤维中的水脉,有利于电子或离子的泄逸。天然纤维如棉、毛、丝、麻等吸湿性较高,电阻较低,静电现象并不严重,而合成纤维由于吸湿性较低、结晶度高等特性,具有很高的电阻,易产生静电。特别是涤纶织物,静电现象特别严重。

空气的相对湿度越低,纤维的吸湿率越低,即使是亲水性纤维,也由于回潮率低而易产生静电。因为即使是亲水性纤维,在绝对干燥的情况下也是绝缘体。例如,在相对湿度为 25% 时,棉纤维和锦纶的表面比电阻都在 10^{12} Ω 左右。所以,在回潮率低时,各种纤维所带电荷量的差异是很小的,在纤维表面显示相近的静电。

纤维表面越粗糙,则摩擦系数越大,接触点越多,越容易产生静电。两物体表面的相对摩擦速度越快,则点接触的概率越大,电荷密度越大,电位差也越高。摩擦时,纤维间的压力越大,则摩擦面积越大,带电量也越大。温度对纤维材料的静电量也有影响,温度提高,电阻下降,带电量减小。例如温度每提高 10℃,质量比电阻就下降 5 倍。

纺织品上产生的静电对纺织品的生产本身及纺织品的使用都会带来很大的影响,甚至会带来危险。例如,在烘干后,织物含水率降低,不易导出静电,常被吸附在金属机件上,发生紊乱缠绕现象。同一种织物由于所带电荷相同,发生互斥,使落布不易折叠整齐,影响下道加工。操作工的手和带电荷的干布接触时常受到电击,带静电的服装易吸附尘埃而污染,服用衣着带静电后会发生畸态变形,如裙子粘在袜子上,外衣紧贴在内衣上等。带静电织物常有放电现象,若在爆炸区内,易发生爆炸事故。静电的产生还会影响纺织厂高速纺纱工序的正常进行,起毛机上的静电常使织物起毛困难,起出的绒毛紊乱。所以对纺织品进行抗静电整理很有必要。

一、抗静电的方法

消除织物上静电的方法一般可分为物理方法和化学方法。

(一)物理抗静电方法

如利用上述纤维的电序列,将相反电荷进行中和来消除或减弱静电量,如涤棉的混纺;用油剂增加纤维的润滑性可以减小加工中的摩擦,如合成纤维纺丝时添加油剂。静电荷的大小,取决于纤维间的介质的介电常数,介电常数的数值越大,越易逸散静电。因此,若将纤维间的空气润湿,提高介电常数,就能减小带电量,如对起毛机的喷雾给湿来消除静电。

(二)化学抗静电方法

主要是利用抗静电剂对织物进行整理以及纤维改性来消除静电。

1. 提高纤维的吸湿性

用具有亲水性的非离子表面活性剂或高分子物质进行整理。水的导电能力比一般金属导体还高,如纯水的体积比电阻为 10^6 Ω·cm,含有可溶性电解质的水的体积比电阻为 10^3 Ω·cm,而一般疏水性合成纤维的体积比电阻达 10^{14} Ω·cm。正由于水具有相当高的导电性,所以只要吸收少量的水就能明显地改善聚合物材料的导电性。因此,抗静电整理的作用主要是提高纤维材料的吸湿能力,改善导电性能,减少静电现象。

表面活性剂的抗静电作用是由于它能在纤维表面形成吸附层,在吸附层中表面活性剂的疏水端与疏水性纤维相吸引,而极性端则指向外侧,使纤维表面亲水性加强,因而容易因空气相对湿度的提高而在纤维表面形成水的吸附层,使纤维表面比电阻降低。含亲水性基团的高分子物质同样能够在纤维表面形成亲水层,提高纤维吸湿性,从而起到抗静电作用。但这类整理剂会因空气中湿度的降低而影响其抗静电性能。

2. 表面离子化

用离子型表面活性剂或离子型高分子物质进行整理。这类离子型整理剂受纤维表层含水的作用,发生电离,具有导电性能,从而能降低其静电的积聚。有些离子型抗静电剂能够中和纤维和织物上极性相反的电荷,也能起到一定的消除静电的作用。这种整理剂一般也具有吸水性能,因此,其抗静电能力与它的吸湿能力及空气中的相对湿度也有关系。

上述两类抗静电剂中有些具有长链脂肪烃结构,可以降低织物与织物或与其他物体之间的摩擦系数,也能提高抗静电作用。

近年来,应用抗静电纤维、导电纤维与天然、合成纤维混纺或交织的织物已成为一类重要的抗静电纺织品,为抗静电纺织品的开发开辟了一条重要途径。抗静电纤维是将表面活性剂或亲水性物质等抗静电剂添加到成纤高聚物的纺丝液中进行共混纺丝,或用共聚合的方法将亲水性极性单体聚合到疏水性合成纤维主链上,或采用高能射线(γ射线、电子束辐射、紫外线)、化学引发剂引发、热引发等方式,将丙烯酸或其他含亲水性基团的乙烯类单体接枝到纤维表面,在纤维表面、纤维内部或纤维的大分子主链上引入亲水性基团,使纤维变性,提高纤维的吸湿性,以达到耐久的抗静电效果。抗静电纤维的体积比电阻为 $10^8 \sim 10^{10}$ Ω·cm。由抗静电纤维制造的纺织品或将较高比例的抗静电纤维混用到普通合成纤维中,可消除纺织品加工或使用中的静电困扰,但这类纤维仍以高湿环境作为电荷逸散的必要条例。

导电纤维包括金属纤维、碳纤维、导电聚合物等导电物质均一型的导电纤维,合成纤维表层涂覆炭黑等导电成分的导电物质包覆型导电纤维和炭黑或金属化合物与成纤高聚物复合纺丝的导电物质复合型导电纤维三类。导电纤维的体积比电阻一般低于 10^7 Ω·cm,甚至低至 $10^4 \sim 10^5$ Ω·cm。应用导电纤维可使纺织品的抗静电效果更显著、耐久,而且不受环境湿度的影响,可用于防静电工作服等特种纺织品。

抗静电纤维或导电纤维的优点是电导率高,对环境的相对湿度依赖性小,抗静电效果耐久性好,适合于有超级抗静电要求或有特殊环境要求的场合,是消除纺织品静电的一种有效方法。但无论是导电纤维还是抗静电纤维都存在一些缺点,如有的导电成分呈黑色或灰色,虽然用量很少,但仍会影响产品的外观。导电成分包覆在纤维内部作为芯或岛虽可解决白度问题,但会影响到纤维的机械性能和纺纱性能,甚至百分之几含量的抗静电剂的加入就会影响纤维原有的机械性能。而且抗静电纤维的制造难度大,纺丝成型、加工工艺条件复杂,成本高。

抗静电整理是采用抗静电整理剂,通过浸轧、浸渍等后整理的方法,在纤维表面形成一层强韧性好的连续亲水性薄膜,降低纤维的表面比电阻而获得抗静电效果的,虽然抗静电效果和耐久性尚有不尽如人意之处,但比从聚合开始的化学改性和从纺丝开始的共混改性具有简单、灵活等优点。

二、抗静电整理剂及其应用

(一)非耐久性抗静电整理剂

非耐久性抗静电整理剂对纤维的亲和力小,不耐洗涤,常用于合成纤维的纺丝油剂以及不常洗涤织物的非耐久性抗静电整理。这一类整理剂主要是表面活性剂。

1. 阴离子型表面活性剂

如烷基磷酸酯类化合物的抗静电性较强。抗静电剂 P 是烷基磷酸酯和二乙醇胺的缩合物,其结构式如下:

$$RO \cdot P \begin{array}{c} O \\ \diagup\!\!\diagup \\ \diagdown \end{array} \begin{array}{c} OH \cdot NH(CH_2CH_2OH)_2 \\ \\ OH \cdot NH(CH_2CH_2OH)_2 \end{array}$$

2. 非离子型表面活性剂

这一类整理剂具有亲水性基团如—OH、—$CONH_2$ 和聚醚基等。例如,脂肪胺和脂肪酰胺的聚醚衍生物都是良好的抗静电剂,其结构式如下:

$$RN \begin{array}{c} (CH_2CH_2O)_nH \\ \\ (CH_2CH_2O)_nH \end{array} \qquad RCON \begin{array}{c} (CH_2CH_2O)_nH \\ \\ (CH_2CH_2O)_nH \end{array}$$

脂肪胺聚醚衍生物 　　　　　　脂肪酰胺聚醚衍生物

3. 阳离子型表面活性剂

一般是季铵盐类,该类抗静电剂的活性离子带有正电荷,对纤维的吸附能力较强,具有优良的柔软性、平滑性、抗静电性,既是抗静电剂,又是柔软剂,并且具有一定的耐洗性。在较低的相对湿度下,季铵盐抗静电剂具有相对较高的保水能力,因此抗静电效果最佳。

例如抗静电剂 TM 的结构式为:

$$\left[\begin{array}{c} CH_2CH_2OH \\ | \\ CH_3-N-CH_2CH_2OH \\ | \\ CH_2CH_2OH \end{array} \right]^+ \cdot CH_3SO_4^-$$

非耐久性抗静电整理剂加工的一般工艺流程为:浸轧抗静电整理剂(一浸一轧或二浸二轧,5～20g/L)→烘干(100～130℃)。

(二)耐久性抗静电整理剂

耐久性抗静电整理剂实际上是含有亲水性基团的高聚物,能在纤维表面形成薄膜,赋予织物表面亲水性而产生防静电效果,在织物上具有较好的耐久性,能耐 20 次以上洗涤。但这类整理剂在湿度低时效果就不明显了。

1. 高分子量非离子型抗静电整理剂

(1)聚对苯二甲酸乙二酯和聚氧乙烯对苯二甲酸酯的嵌段共聚物(聚醚酯型抗静电剂):这一类整理剂是染整加工中经常采用的抗静电剂,具有与涤纶相似的化学结构,例如 Permalose T、Permalose TG、Permalose TM、Zelcon 4780、Zelcon 4951、亲水性整理剂 FZ、抗静电剂 331

等,其结构式为:

$$-(CH_2CH_2O)_nCO-\langle\bigcirc\rangle-COO-_m$$

由于这类整理剂具有与涤纶相似的结构,当其进入聚酯的微软化纤维表面时,与聚酯大分子产生共结晶作用固着在涤纶上而获得耐久性。整理剂分子中的聚氧乙烯基团使涤纶具有一定的亲水性而具有良好的抗静电作用,而且还具有防止湿再沾污和易去污的性能。

这类整理剂的整理工艺流程为:二浸二轧整理剂→烘干→焙烘(180~190℃,30s~1min)→水洗→烘干。高温处理的目的是促进共结晶作用,可与热定形同时进行。

配方举例:Permalose TM 3%~4%或亲水性整理剂 FZ 4%~6%,用冰醋酸调节 pH5.5~6。

用上述整理剂对涤纶织物的抗静电效果如表 7-9 所示。

表 7-9 涤纶织物的抗静电效果

抗静电剂类别	静电压/V		表面比电阻/Ω	
	未洗	洗 10 次	未洗	洗 10 次
Permalose TM	130	3400	11×10^8	30×10^{10}
亲水性整理剂 FZ	245	3900	4.1×10^9	2.1×10^{10}
未整理样	4200	4300	3.3×10^{13}	1.8×10^{12}

但这类整理剂处理涤棉混纺织物(如常见的 65/35 涤棉混纺织物)的效果并不好,原因是虽然它的酯组分能与涤纶共熔,醚组分在纤维表面形成亲水性导电层,但在棉纤维上相反,醚组分与棉结合在一起,酯组分在棉纤维表面形成疏水性绝缘层。两者互相抵消,不能形成连续性导电层。

(2)丙烯酸系共聚物:这一类整理剂由丙烯酸(或甲基丙烯酸)和丙烯酸酯(如甲基丙烯酸甲酯、乙酯等)共聚而成,含有和涤纶相似的酯基,同属疏水基结合,其羧基定向排列,赋予织物表面亲水性而具有导电性能。例如 Migafor 7053 的结构式为:

$$-(CH_2-CH-CH_2-CH)_m$$
$$HOOC \qquad O=C-O-CH_3$$

其整理工艺为:浸轧整理剂→烘干→焙烘。

(3)聚氨酯型:这一类抗静电剂的基本结构式为$-[NH-CO(C_nH_{2n}O)_mCONH-R]-$,其中聚氧乙烯链段和酰胺基都是很好的吸湿性基团。该类抗静电剂往往与其他类型的抗静电剂拼用,以获得更好的效果。

2. 交联成膜的抗静电整理剂

这一类整理剂通过交联成膜作用在纤维表面形成不溶性的聚合物导电层,如含聚氧乙烯基团的多羟多胺类化合物。抗静电剂 PH-PA 的结构式为:

$$+N(CH_2CH_2O)_n CH_2CH_2 \frac{}{}_x$$
$$C_3H_6(OCH_2CH_2)_2OH$$

其中羟基和氨基能与多官能度交联剂反应生成线性或三维空间网状结构的不溶性高聚物薄膜,以提高其耐洗性能。所用的交联剂可以是在酸性条件下反应的 2D 树脂或六羟甲基三聚氰胺树脂,也可以是在碱性条件下反应的三甲氧基丙酰三嗪,它的抗静电性由聚醚的亲水性产生。

DP—16 是一种新型的耐久性抗静电整理剂,是主链为聚氧乙烯,侧链含有季铵盐阳离子的聚合物,侧链上还含有环氧基,在一定条件下可以起交联反应,使整理剂网状化,可提高抗静电的耐久性。

三、静电大小的衡量

纺织品静电性能的评价指标主要有电阻(体积比电阻、质量比电阻、表面比电阻、泄漏电阻、极间等效电阻)、电量(样品上积聚的电荷量,如电荷面密度)、静电电压(样品受某种外界作用后,其上积累的相对稳定的电荷所产生的对地电压)、半衰期(静电衰减速度)等。

1. 表面比电阻 R_s 与半衰期 $t_{\frac{1}{2}}$

表面比电阻 R_s 是指电流通过物体 1cm 宽、1cm 长表面时的电阻,单位为 Ω,表示物体表面的导电性能。半衰期 $t_{\frac{1}{2}}$ 是使试样在高压静电场中带电至稳定后,断开高压电源,使其电压通过接地金属台自然衰减,测定其电压衰减为起始电压一半时所需的时间,单位为 s,是衡量织物上静电衰减速度大小的物理量。

织物上静电衰减速度的对数 $\lg t_{\frac{1}{2}}$ 与其表面比电阻的对数 $\lg R_s$ 成正比:

$$\lg t_{\frac{1}{2}} = A\lg R_s - B$$

式中:A、B 为常数。表面比电阻越大,半衰期越长,静电逸散速度也越慢。一般纤维的表面比电阻 $R_s < 10^9 \Omega$,其半衰期 $t_{\frac{1}{2}} < 0.01s$,抗静电效果属良好;$R_s < 10^{10} \Omega$,半衰期 $t_{\frac{1}{2}} < 0.1s$,则抗静电效果一般;R_s 在 $10^{11} \sim 10^{12} \Omega$,则抗静电效果较差,大于 $10^{13} \Omega$ 的则属于易产生静电的物质了。

2. 摩擦带电电压

$4cm \times 8cm$ 的试样夹置于转鼓上,转鼓以 400r/min 的转速与锦纶或丙纶标准布摩擦,1min 内试样带电电压的最大值,单位为 V。一般认为静电压在 500 V 以下时,织物就具有抗静电性能。这种方法试样尺寸过小,对嵌织导电纤维的织物,因导电纤维的分布会随取样位置的不同而产生很大的差异,故不适合于含导电纤维纺织品的抗静电性能测试。

3. 电荷面密度

样品每单位面积上所带的电量,单位为 $\mu C/m^2$。试样在规定条件下以一定方式与锦纶标准布摩擦后用法拉第筒测得电荷量,再根据试样尺寸求得电荷面密度。这种方法适合于评价各种织物,包括含导电纤维的织物的抗静电性能。

4. 工作服摩擦带电量

用内衬锦纶或丙纶标准布的辊筒烘干装置(45r/min 以上)对工作服试样摩擦起电 15min,

用法拉第筒测得的工作服带电量,单位为 μC/件。这种方法适合于服装的摩擦带电量测试。我国国家标准规定防静电工作服的带电电荷量应小于 0.6 μC/件。

第四节　卫生整理

生物界包括动物、植物和微生物。微生物包括细菌(如金黄色葡萄球菌、大肠杆菌、枯草杆菌、乳酸链球菌)、真菌(如霉菌、酵母菌)和病菌。微生物在自然界的物质消长进程中起着极其重要的作用。有些微生物对人类有益,有些则是对人类有害的。

微生物在自然界中到处存在,并在一定条件下生长、繁殖,甚至变异。如在一般人的上半身,每平方厘米的皮肤上有有益的或有害的微生物 50~5000 个,人体分泌的汗水和皮脂等排泄物附在皮肤上,容易导致微生物的滋生和繁殖。在人们日常使用的衣被、室内装饰品以及医疗纺织品上也都可能有微生物寄生着,在贮存过程中,当温、湿度适宜时,也会引起微生物的繁殖,如霉菌的繁殖形成霉斑,使纺织品局部着色,甚至使天然纤维降解发生脆损,影响衣被等纺织品的使用价值,并使卫生性能受到影响。

纺织品特别是合成纤维制品如袜子等,在使用过程中,由于它的吸湿性较差,在纺织品和皮肤、汗水之间形成了一个高湿和温度适宜的环境,为微生物的繁殖创造了良好的条件,霉菌和细菌极易繁殖。人体分泌的汗水中的糖类、脂肪酸、皮脂以及表皮屑,特别是皮鞋中皮革的裂解物等被活细菌分解后就会生成不饱和脂肪酸、氨和其他有刺激性的气体而产生恶臭,并使脚诱发成脚癣,婴幼儿尿布引起斑癣。

微生物还会通过各种途径传播,纺织品是其重要的传播媒介。微生物中有少量致病菌,如果纺织品沾上致病菌就会导致各种疾病。如对皮肤有侵害的皮肤丝状菌(真菌类),在较高的温、湿度条件下会迅速繁殖,侵害皮肤浅部,引起湿疹、脚癣,大肠杆菌会引起消化系统疾病等。即使是非病原菌的繁殖、传播,也会使皮肤产生异常的刺激而引起不愉快的感觉。

纺织品卫生整理的目的就是使纺织品具有杀灭致病菌的功能,保持纺织品的卫生性,防止微生物通过纺织品传播,保护使用者免受微生物的侵害,并保护纺织品本身的使用价值,使纺织品不被霉菌等降解。经过卫生整理的纺织品还能治愈人体上的某些皮肤疾病,阻止细菌在织物上不断繁殖而产生臭味,改善服用环境。可见,卫生整理主要是抑制被整理纺织品及与纺织品接触的人体皮肤上的细菌、真菌的生长和繁殖,起到抗菌防臭作用,卫生整理也可称为抗菌防臭整理或抗菌整理。

目前,国内外抗菌纺织品的生产主要有两种方法,一种是先制得抗菌纤维,然后再制成抗菌织物;另一种是将织物进行卫生整理而获得抗菌性能。前者所获得的抗菌效果持久,耐洗涤性好,但抗菌纤维的生产比较复杂,对抗菌剂的要求也比较高,一般多选用能耐高温的无机抗菌剂。后者的加工工艺比较简单,抗菌剂的选择范围广,但抗菌效果的耐洗涤性不及前者。当前市场上的各种抗菌织物,以后整理加工的居多,随着化学纤维的迅速发展和在纤维消费领域中逐渐占据主导地位以及化学纤维结构改性和共混改性技术的逐渐成熟,用抗菌纤维生产抗菌织物将是重要的发展方向。另外，有些纤维本身就具有抗菌作用，如甲壳素纤维。

一、卫生整理的机理

卫生整理的机理随选用的抗菌剂的不同而不尽相同。抗菌剂的抗菌机理主要有三种：

(1)菌体蛋白变性或沉淀。高浓度的酚类和金属盐及醛类都属于这种杀菌机理。

(2)抑制或影响细胞的代谢。如氧化剂的氧化作用、低浓度的金属盐与蛋白质中的—SH结合破坏菌体的代谢。

(3)破坏菌体细胞膜。如阳离子型的抗菌整理剂能吸附于细菌表面，改变细胞膜的通透性，使细胞膜的内容物漏出而起到杀菌作用。

二、卫生整理剂和卫生整理工艺

卫生整理剂一般是杀菌剂，作为卫生整理剂应尽量满足如下要求：

(1)具有广谱抗菌能力，抗菌效果明显，即对革兰氏阳性菌、革兰氏阴性菌、真菌(多种癣菌和霉菌)、放射菌等具有良好的抗菌效果。

(2)整理剂和整理后织物要求安全无害，对人体及环境无生态毒性。目前用于纤维或织物的抗菌整理剂绝大部分属于低毒或中等毒性，今后需开发毒性小或无毒的抗菌整理剂。

(3)抗菌效率高，抑菌效果好，能耐水洗，且热稳定性好。

(4)对纤维或织物原有的力学性能、色泽、染色性能无影响。

代表性的卫生整理剂包括有机硅季铵盐抗菌整理剂、二苯醚类抗菌防臭整理剂、芳香族卤化物抗菌防臭整理剂和无机金属离子抗菌剂等。近年来，随着生态纺织品标准的严格实施，过去一些著名的卫生整理剂如 2,4,4′-三氯-2′-羟基苯醚，2-溴化肉桂醛，2-(3,5-二甲基吡唑基)-4-羟基吡啶和 2-(4-噻唑基)-苯并咪唑等因对人体有害，已禁止在服装用的纺织品上使用。

(一)有机硅季铵盐抗菌整理剂

有机硅季铵盐抗菌整理剂以美国道康宁化学公司生产的 DC—5700 为代表。它是一种安全性好，抗菌谱广，是用以生产抗菌效果耐久的非溶出型抗菌防臭纺织品的抗微生物整理剂，是目前最优良的抗菌剂之一，可对棉、羊毛等天然纤维，涤纶、锦纶、腈纶、氨纶等合成纤维及其混纺织物进行整理。柏灵登公司的抗菌剂 Biogard TM 及国产的 SAQ—1、AV—990、STU—AM101、SGJ—963 等都属于同类产品。

DC—5700 是含有效成分 42% 的甲醇溶液，呈琥珀色，能与水、醇、酮、酯等溶剂以任何比例混溶。

DC—5700 是一种含反应性官能团的抗菌整理剂，主要成分是 3-(三甲氧基甲硅烷基)丙基二甲基十八烷基季铵氯化物，其结构式如下：

$$H_3CO-\underset{\underset{OCH_3}{|}}{\overset{\overset{OCH_3}{|}}{Si}}-(CH_2)_3-\underset{\underset{CH_3}{|}}{\overset{\overset{CH_3}{|}}{N^+}}-C_{18}H_{37}\cdot Cl^-$$

它左端的三甲氧基甲硅烷中的甲氧基水解后放出甲醇形成硅醇：

$$
\begin{array}{c}
\text{OCH}_3 \qquad \text{CH}_3 \\
H_3CO\text{—}Si\text{—}(CH_2)_3\text{—}N^+\text{—}C_{18}H_{37}\cdot Cl^- + 3H_2O \xrightarrow{-3CH_3OH} \\
\text{OCH}_3 \qquad \text{CH}_3
\end{array}
$$
$$
\begin{array}{c}
\text{OH} \qquad \text{CH}_3 \\
HO\text{—}Si\text{—}(CH_2)_3\text{—}N^+\text{—}C_{18}H_{37}\cdot Cl^- \\
\text{OH} \qquad \text{CH}_3
\end{array}
$$

硅醇与棉纤维表面的羟基脱水缩合形成共价键,硅醇彼此间也能发生脱水缩合反应,在纤维表面形成牢固的薄膜,其反应式如下：

$$
\begin{array}{cccc}
R & R & R & R \\
H_3C\text{—}N^+\text{—}CH_3 & H_3C\text{—}N^+\text{—}CH_3 & N^+(CH_3)_2 & N^+(CH_3)_2 \\
(CH_2)_3 & (CH_2)_3 & (CH_2)_3 & (CH_2)_3 \\
HO\text{—}Si\text{—}OH & HO\text{—}Si\text{—}OH \xrightarrow{-3H_2O} & \text{—}O\text{—}Si\text{—}O\text{—}Si\text{—}O\text{—} \\
OH & OH & O & O \\
OH & OH
\end{array}
$$

另一方面,DC—5700 中的阳离子基(N^+)也能与纤维表面所带的负电荷形成离子键结合,因此,整理效果具有较好的耐洗性,不仅能耐家庭洗涤,而且能耐各种条件的灭菌消毒处理及商业上的溶剂洗涤,洗涤 40 次,抗菌率仍在 98％以上。

DC—5700 的整理工艺较简单,既可采用浸轧法也可采用浸渍法。将被处理的织物充分洗净,浸渍或浸轧整理液后,在 80~120℃下烘干,去除水分和甲醇后,DC—5700 就会在纤维表面产生缩聚或与纤维结合,一般不需特殊的热处理。

浸轧焙烘法：

工艺流程：二浸二轧(轧液率 70％~80％)→烘干(温度低于 120℃)。

配方(g/L)：

抗菌剂	2~10
阳离子或非离子渗透剂	0.5

浸渍法：在 0.1％~1％(owf)抗菌剂水溶液中浸渍 30min,脱水、烘干即可。

DC—5700 是一种安全性很高的抗菌整理剂,其急性口服中毒半致死量(白鼠)$LD_{50}=$ 12.27g/kg,不会对白鼠产生急性呼吸道中毒,但使用时要防止 DC—5700 原液溅入操作者的眼睛,因原液中含有甲醇。DC—5700 对白癣菌、大肠杆菌、褥疮菌、绿脓杆菌等微生物均有抑杀功能,对革兰氏菌类、酵母、真菌以及藻类的繁殖也有抑制作用。

DC—5700 的抗菌机理如下：细菌由细胞壁、细胞膜、细胞质和细胞核等构成,细胞壁和细胞膜是由磷脂质双分子膜所组成,呈负电性。因此,在中性条件下细菌是带负电性的。当细菌和 DC—5700 抗菌剂接触时,带负电荷的细菌会被抗菌剂上的阳离子所吸引,从而束缚了细菌的活动自由度,抑制了其呼吸机能,即发生"接触死亡"。再者,细菌在电场引力的作用下,细胞壁和细胞膜上的负电荷分布不匀造成变形,发生物理性破裂,使细胞的内容物如水、蛋白质等渗出体外,发生"细菌溶解"现象而死亡。

(二)胍类抗菌整理剂

在医药领域双胍类消毒剂有着广泛的应用。Zeneca 公司开发的用于棉及其混纺织物的抗菌剂是聚六亚甲基双胍盐酸盐(简称 PHMB),商品名为 Repulex 20,其化学结构式如下:

$$\left[(CH_2)_6 - NH - \underset{\underset{NH}{|}}{C} - CN - \underset{\underset{NH}{|}}{C} - NH_3 \right]_n \cdot nHCl$$

PHMB 广谱抗菌,对革兰氏阳性菌、革兰氏阴性菌、真菌和酵母菌均有杀伤能力。其抗菌机理与季铵盐相似,使细胞表层结构变性或破坏。PHMB 的毒性很低,$LD_{50} > 2500mg/kg$,对皮肤无刺激反应,可长期使用。

PHMB 可采用浸轧、浸渍和喷淋三种方法处理纺织品。浸轧法可与柔软剂、交联剂和大多数荧光增白剂等同浴进行,浸轧后烘干即可。与树脂或交联剂同浴使用,能提高抗菌效果的耐久性。

浸轧法的工艺举例如下:

工艺流程:二浸二轧整理液(轧液率 60%～70%)→预烘→焙烘(160℃,1.5min)。

配方(g/L):

抗菌剂	3～5
无甲醛树脂	30～40
非离子渗透剂	0.5

浸渍法在中性或弱碱性溶液中,浴比 1 : 10,40℃浸渍 30min 后,棉织物几乎可全部吸尽有效成分,脱液后烘干即可。

Repulex 20 整理的纯棉毛巾,洗涤 50 次后仍能全部杀死细菌,洗涤 100 次后能杀死 99% 的细菌。

(三)无机抗菌剂

将含有银、铜、锌等抗菌成分的金属无机盐、金属氧化物等,以沸石、陶瓷、硅胶等为载体,可制成各种粒径小至纳米级的无机抗菌剂。相对于有机抗菌剂而言,无机抗菌剂具有热稳定性好、安全性能高、抗菌谱广、效果持久、所需用量少等不可比拟的优点,因此,近些年这一领域的研究越来越多,产品也较多。无机抗菌剂中以具有离子交换性能、与银等金属离子结合的泡沸石为代表,其主要成分为:$xM_{2/n}O \cdot Al_2O_3 \cdot ySiO_2 \cdot zH_2O$,式中 n 为金属的原子价,M 为 1～3 价的金属,以 Ag、Cu、Zn 为多。抗菌机理一般认为是银离子溶出,与光作用产生活性氧。这类抗菌剂非常安全,急性毒性 $LD_{50} > 5000mg/kg$,变异原试验呈阴性,对皮肤刺激呈阴性,美国环境保护局 EPA 的毒性试验及环境影响均认为是安全的。

无机抗菌剂耐高温,多混入化学纤维纺丝液中制成抗菌纤维。但对于天然纤维,只能采用后整理法。由于这类整理剂对纤维没有亲和力,一般需借助黏合剂或涂层剂将无机抗菌剂固着在织物上,目前耐洗性尚不十分的理想。

(四)天然抗菌整理剂

许多天然物质都具有抗菌作用,这些物质主要来自植物或动物的提取物。如由桧柏蒸馏提取的桧柏油,为浅黄色透明油,由酸性油和中性油两种成分组成,对革兰氏阴性菌、革兰氏阳性菌均有杀灭效果,对真菌的抗菌性也很强,而且安全性很高。鱼腥草的叶、茎具有抗菌防臭作用,对葡萄球菌、线状菌有较强的抗菌作用。从芦荟中提取的芦荟素有抗炎症、抗菌、防霉等作用。从蟹壳、虾壳、贝类和昆虫的外皮中提取的壳聚糖具有良好的生物相容性和消炎、止痛、促进伤口愈合等生物活性,对大肠杆菌、枯草杆菌、金黄色葡萄球菌和绿脓杆菌等致病菌有一定的抑制能力,而且无毒。

天然抗菌整理剂由于具有很好的安全性而受到极大关注,但由于存在成本高、耐久性不够理想等问题目前尚处于研究之中。

三、卫生整理的检验

卫生整理的检验主要包括卫生整理剂的安全性检验和卫生整理效果的检验两个方面。

(一)卫生整理剂的安全性检验

卫生整理剂对人体的安全性已受到各界重视。美国环境保护局对美国道康宁公司的卫生整理剂 DC—5700 的毒性进行了 18 个指标的测试:包括急性口服毒性(白鼠)、急性皮肤毒性、眼黏膜刺激、皮肤刺激性、鱼类毒性、人体种族试验、亚急性皮肤障碍性试验、急性吸入毒性试验、突然变异性试验、对口腔的刺激、短袜试穿、催畸形试验、亚急性口服毒性、细胞形质转换性、急性口服毒性(野鸭)、吸入毒性和皮肤吸收性等,确认其安全才准许生产。

一般的抗菌整理剂都经过对动物的一系列毒性试验和皮肤贴敷试验(急性),基本上都是低毒的。但一种药剂往往都会有某些不能认可的事项,有资料介绍,只有 DC—5700 是获得 EPA 全面认可的,因此 DC—5700 被公认是非溶出性的、对人类无毒的抗菌防臭整理剂。

(二)卫生整理效果的检验

织物的卫生整理效果是检验其抑菌效果和耐久性。目前的测试方法主要有晕圈法、汲尽培养法和摇晃烧瓶法三种。

1. 晕圈法(AATCC 90—201)

将测试菌在合适的肉汤培养基中在 37℃±2℃ 培养 18~24h。取 0.1mL 培养液注入 15mL 45~50℃ 无菌的琼脂中,将琼脂冷却凝固。用无菌镊子将被检织物贴在琼脂表面,盖上盖子使琼脂硬化,在 37℃±2℃ 培养 18~24h。用显微镜在 40 倍下观察,在抗菌织物周围会出现一圈无菌的晕圈。晕圈越宽,说明抗菌效果越好。

2. 汲尽培养法(AATCC 100—2012)

将测试纺织品制成 4.8cm±0.1cm 的圆形,灭菌后置于 250mL 的广口瓶中。从接种并培养 24h 的肉汤培养基中吸取 1.0mL±0.1mL 菌液,用合适的稀释液如营养肉汤稀释至对未处理的对照样或"0"接触时间的待测试样的活菌浓度为 $1×10^5~2×10^5$ cfu/mL,对织物接种。接种后(即"0"接触时间),立即添加 100mL±1mL 中和液,然后在 37℃±2℃ 下培养 18~24h。通过下式计算细菌减少百分率,并与对照样比较。

$$R=100(B-A)/B$$

式中:R——细菌减少百分率,%;

A——接种且培养 18~24h 后抗菌处理样的细菌数;

B——"0"接触时间抗菌处理样的细菌数。

3. 摇晃烧瓶法（CTM 0923）

在盛有培养液的具塞三角烧瓶中，投入样品，移入细菌液，在一定条件下摇晃 1h。取出 1mL 试验液，置于固体培养基上，在一定条件下使细菌繁殖一定时间，检查菌落数，与空白样品比较，计算抑菌率。该法为美国道康宁公司的试验方法，对于非溶出性的整理剂较为准确。

抗菌整理效果的耐久性主要测试织物经多次洗涤后的抗菌性能。洗涤条件为：家用洗衣机，中性合成洗涤剂 2g/L，浴比 1∶30，水温 40℃，洗涤 5min，脱水，然后室温清水洗涤 2min、脱水，再清水洗涤 2min、脱水，反复 3 次为洗涤一次。经过一定次数洗涤后，进行抗菌性能测试。

第五节　易去污整理

纺织品在使用过程中会逐渐沾污。理想的衣着用纺织品一旦沾污后，在正常的洗涤条件下污垢应容易洗净，同时，织物不会吸附洗涤液中的污物而变灰（即从织物上洗下来的污垢，通过洗涤液转移到织物的其他部位，这种现象称为湿再沾污，在重复洗涤中湿再沾污有累积作用）。使纺织品具有这种性能的整理称为易去污整理。易去污整理是在 20 世纪 60 年代随着合成纤维特别是涤纶的迅猛发展和洗可穿整理的日益普及开始研究的。涤纶是疏水性纤维，涤纶及其混纺织物易于沾污，沾污后难以洗净，同时在洗涤过程中易于再沾污。易去污整理能赋予织物良好的亲水性，使沾污在织物上的污垢在洗涤中容易脱落，也能减轻在洗涤过程中污垢重新再沾污织物的倾向。20 世纪 70 年代以来，美国 3M 公司研究成功了具有防污和易去污双重功能的整理剂，使防污整理技术向前推进了一步。

一、织物沾污的分析

（一）污垢的组成

污垢按其形态可以分为液态污垢和固态污垢两种，液体污垢如油、污水等，固体污垢如泥沙、尘土等，但更多的污垢可能是由液体污垢和固体污垢组成的混合污垢。服装、室内装饰用和产业用织物上的污垢，总是混合物。织物上的污垢来源于人体和环境两个方面，来自人体的污垢主要是皮肤的组织细胞和人体分泌的皮脂和汗液。来自环境的污垢主要是空气中的尘土，尘土的主要组成是无机物颗粒，成分比较恒定。食品残留物（如脂肪）和着色剂如青草或葡萄酒等有机污垢也是经常遇到的。

（二）织物玷染污物的原因

织物在使用过程中沾污的原因主要有三种。

1. 物理性接触

织物通过接触而沾染固体污（皮肤屑）、油性污（动、植物油脂）和水性污（污水）。织物在使用过程中时时同外界接触，如内衣和人体肌肤的接触，油污转移到衣袖、领口等处；外衣和大气的接触，使大气中的浮游尘屑被吸附上去；衣服与衣服或衣服与其他物体的接触，也常发生污物转移。当织物上有一层油、脂肪或柔软的热塑性高聚物时，更容易沾上污物。

2. 静电效应吸附干微粒、尘埃

在没有与油性物质结合的情况下,静电效应是织物沾污的最大因素。合成纤维本身极易产生静电,吸尘沾污现象特别严重,其吸尘程度取决于纤维所带的电荷和电量。

3. 洗涤时再沾污固体污和油性污的污胶粒

在洗涤过程中,合成纤维织物具有疏水性,在水中的临界表面张力较大,织物上沾染的油污不易洗净,同时,在洗涤过程中还易受浮游在水中的污垢再污染。多件衣服共洗时,油污也易从重污衣服转移到轻污衣服上。

干颗粒状污垢在织物上沾污主要是机械吸附。油性污垢主要依靠机械力、化学力(范德瓦尔斯力和油黏附)和静电引力黏附在织物上。油黏附是当纤维上有一层油或脂肪类物质时,会黏合颗粒状污物或其他污物。

(三)污物在纺织品上的分布

纺织品的沾污,一般是油脂和/或颗粒状污物沉积在纺织制品的表面,有时污垢甚至会渗入纤维内部,但通常在纤维的表面或纤维束之间。污垢与纤维之间的关系,有如图7-7所示的几种可能性。

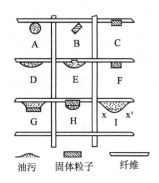

图7-7 中,A、D、E 和 B、C、F 分别表示油污(滴)和固体污粒附着在纤维上可能的几种状态。很明显,A 和 B 表示"点接触",A 是一个小油滴尚未润湿纤维时的情况,B 是一个颗粒状污物轻微地黏附在纤维上的情况;D 和 F 表示油污和污粒被吸附在纤维上,D 是油滴已润湿纤维的情况;C 是一些固体颗粒嵌入纤维内部的情况;E 是油滴已侵入纤维的裂缝处,G 和 D 相似,但油污外层还吸附了固体颗粒;H 与 C 相似,但固体颗粒上还吸附了油污。I 所表示的是已吸附在纤维上的油污,在洗涤过程中可能发生分离的现象,即油污的一部分被洗去,而另一部分仍残留在纤维表面,如图中 xx′ 所示。A 和 B 的沾污较易被洗涤或振动除去,而其余几种沾污,需要较强烈的物理或化学或物理化学作用才能去除。

图7-7 纤维上污垢的模型

电子显微镜研究表明,织物上的污垢主要分布在纤维之间或纱线之间、纤维表面的凹凸不平凹陷处及缝隙和细毛孔中。当然也有颗粒状污黏附在纤维表面的光滑部分,但这种黏附的污粒很大一部分属于"油黏附"。

纺织品上实际沾上的污垢,一般是液体污和颗粒污的混合物,液体污垢作为颗粒的载体和黏结剂而使沾污更为严重。易去污主要是去掉油性液体污,如液体污垢易于洗去,则颗粒污也易于去除。

二、易去污的原理

(一)易去污原理

洗涤过程中,污垢脱离纺织品表面,除与洗涤液的组成和洗涤条件等因素有关外,主要取决于纺织品的表面性质。沾污织物在洗涤液中,污垢与洗涤液和织物处于如图7-8所示的平衡状态:

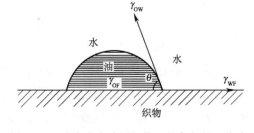

图7-8 洗涤液中沾污织物上的各相界面张力

图 7-8 中，θ 是接触角，γ_{OW} 是油/水相的界面张力，γ_{WF} 是水/纤维相的界面张力，γ_{OF} 是油/纤维相的界面张力。平衡时，各界面张力间存在如下关系：

$$\gamma_{WF} = \gamma_{OF} + \gamma_{OW}\cos\theta \tag{7-8}$$

显然，$\theta = 0$ 时，液体污能完全扩散和润湿织物，$\theta \leqslant 90°$ 时，液体污能润湿织物；$90° < \theta \leqslant 180°$ 时，液体污将黏附于织物表面。

有机污的去除有多种不同的机理，如通过机械作用，通过净洗剂的作用等。但 Adam 认为，在洗涤温度下，液体污主要是按"卷珠模型"脱离织物表面的，如图 7-9 所示。

图 7-9 织物上液体污的"卷珠模型"

按"卷珠模型"，假设使液体污"卷珠"的力为 R，则液体污要从织物表面卷珠去除或液体污与织物间的接触角从 0 向 180°变化时，必须满足 $R > 0$，当 $R = 0$ 时，卷珠作用就停止。即：

$$R = \gamma_{OF} - \gamma_{WF} + \gamma_{OW}\cos\theta > 0 \tag{7-9}$$

由于液体污从在织物上的铺展状态（$\theta = 0$，$\cos\theta = 1$）到 $\theta = 180°$，$\cos\theta = -1$ 时，液体污才能完全卷珠离开织物表面。所以去除液体污的充分必要条件是 $\theta = 180°$，$\cos\theta = -1$。即：

$$\gamma_{OF} - \gamma_{WF} - \gamma_{OW} > 0 \tag{7-10}$$

$$\gamma_{OF} - \gamma_{WF} > \gamma_{OW} \tag{7-11}$$

当上述界面张力之差小于 γ_{OW}，则液体污的"卷珠"作用就停止，因剩余界面张力 R 变成零了。即：当 $\gamma_{OF} - \gamma_{WF} < \gamma_{OW}$ 时，根据式(7-8)，

$$\cos\theta = (\gamma_{OF} - \gamma_{WF})/\gamma_{OW} < 1 \tag{7-12}$$

$$\cos\theta > -1$$

$$\theta < 180°$$

油污就不能完全去除。

根据上述分析，易去污的条件是：γ_{OF} 应尽可能大，γ_{WF} 和 γ_{OW} 要尽可能的小。γ_{OW} 的值尽可能小是指从织物上脱离下来的小油滴能稳定悬浮、分散在水相中。γ_{OW} 的大小决定于洗涤剂的品种和浓度，一般情况下其值是小的。对于极性纤维而言，由于它与水有强烈的相互作用，γ_{WF} 的值也小，而 γ_{OF} 值较大，因此，亲水性高的纤维易去污性能好，油污易于去除；对非极性纤维如涤纶等而言，则与水的相互作用仅有色散力，γ_{OF} 值低，而 γ_{WF} 值高，因此，疏水性高的纤维的易去污性能不好，油污不易去除。因此，在洗涤时要使油性污易于洗掉，纺织品必须具有低的 γ_{WF} 值和高的 γ_{OF} 值，即纺织品必须具有高的亲水性能，这是易去污整理技术一项重要的指导原则，事实证明也是行之有效的途径之一。非极性纤维表面引进亲水性基团或用亲水性聚合物进行表

面整理,可提高纤维的易去污性能。

(二)防湿再沾污的原理

由上述的原理可以推断,湿再沾污的产生是由于"水/纤维"与"水/污"界面的破坏,形成"纤维/污"界面。这也只有在 γ_{WF} 与 γ_{OW} 大而 γ_{OF} 小的条件下,才有可能。由于亲水性纤维的 γ_{WF} 小,γ_{OF} 大,不易发生洗涤再沾污。而疏水性纤维的 γ_{WF} 大,γ_{OF} 小,所以易发生洗涤再沾污。

因此,提高纤维的亲水性,既能降低纤维的 γ_{WF} 值,又能增大纤维的 γ_{OF} 值,如果在洗涤液中加入适当的表面活性剂,使 γ_{OW} 降低,油污稳定地悬浮于水中,则既具有易去污性能又不易发生洗涤再沾污。所以,易去污和防湿再沾污是一致和可以同时具备的。

例如,把亲水性的棉纤维浸入水中,它在水中的界面张力从在空气中的大于 72mN/m 降至 2.8mN/m,这一数值大大低于油污的表面张力 30mN/m 左右,因此,棉纤维上的油污易于洗除,并且不易发生洗涤再沾污。疏水性的聚酯纤维浸入水中时,它在水中的界面张力比在空气中的界面张力 43mN/m 还要高,这一数值仍然大于油污的表面张力 30mN/m 左右,因此,聚酯纤维上的油污不如棉纤维上的油污易于洗除,并且容易发生洗涤再沾污。

当聚酯纤维经亲水性易去污整理剂整理后,其亲水性能得到提高,经整理后的纤维浸入水中时,它在水中的界面张力可降至 4.3~9.9mN/m,这一数值大大低于油污的表面张力 30mN/m 左右,这样油污易于去除,而且不易发生湿再沾污。

三、易去污整理剂和易去污整理工艺

1. 嵌段共聚醚酯型易去污剂和整理工艺

嵌段共聚醚酯型易去污剂(简称聚醚酯)是涤纶最早的一种耐久性易去污剂,其商品名称为 Permalose T,由英国 ICI 公司生产,它能使涤纶及其混纺织物具有优良的易去污、抗湿再沾污和抗静电性能。聚醚酯类易去污剂和涤纶有相似的结构,在整理时的热处理过程中,和涤纶形成共结晶或共熔物,耐洗性好。

聚醚酯由对苯二甲酸乙二醇酯和聚氧乙烯缩聚而成,其结构通式如下式所示:

$$HO\left[CO\!-\!\!\bigcirc\!\!-\!COO\left(CH_2CH_2O\right)_n CH_2CH_2O\right]_m H$$

聚醚酯有易去污性能是由于嵌段共聚物均匀地分布在疏水性涤纶的表面,聚氧乙烯基中的氧原子能与水分子形成氢键,使涤纶亲水化所致。

聚醚酯易去污剂的应用工艺主要为乳液浸轧法,对涤棉混纺织物增重在 1%~3%。

工艺流程:浸轧(轧液率70%)→烘干(120~130℃)→热处理(190℃,30s)→平洗→烘干。

浸轧液组成:

Permalose TG	60g
水	x
合计	1000g

若与树脂 DMDHEU、PU 等混用,以氯化镁为催化剂,可获得耐久压烫与易去污两种功能。

2. 聚丙烯酸型易去污剂和整理工艺

聚丙烯酸型易去污剂一般系共聚乳液,具有良好的低温成膜性能,改变共聚物的组成能调节膜的硬度,对纤维有良好的黏附性。

聚丙烯酸型易去污剂一般具有如下式所示的结构:

$$\left[CH_2CR_1\right]_x\left[CH_2CR_3\right]_y$$
$$\quad\quad COOR_2 \quad\quad COOH$$

$$R_1,R_3 = H,CH_3$$

$$R_2 = CH_3,C_2H_5,C_4H_9 \text{ 等}$$

这类易去污共聚物是由具有亲水基团的乙烯基单体(如丙烯酸、甲基丙烯酸等)和具有疏水基团的乙烯基单体(如丙烯酸乙酯等)组成。在聚丙烯酸型易去污剂中加入带有反应性基团的乙烯基单体,如加入1%～5%的 N-羟甲基丙烯酰胺,能提高易去污整理效果的耐久性。

聚丙烯酸型易去污剂的易去污整理工艺如下:

(1)易去污整理:二浸二轧→烘干(拉幅)→焙烘(155～165℃,3～5min)→平洗→烘干→机械柔软处理。

浸轧液组成:

聚丙烯酸型易去污剂	3%～5%
防凝胶剂	适量

(2)易去污/耐久压烫整理:二浸二轧→烘干(拉幅)→焙烘(155～165℃,3～5min)→平洗→烘干→机械柔软处理。

浸轧液组成(%):

聚丙烯酸型易去污剂	3～5
DMDHEU	4～5
柔软剂	2
催化剂(氯化镁)	35(对 DMDHEU 计)

聚丙烯酸型易去污剂的易去污性能与它的结构密切相关,易去污性能是其亲水性、静电荷、膨润性和表面活性共同作用的结果:

① 经聚丙烯酸型易去污剂整理后,织物上易于埋藏颗粒状污垢的纤维表面凹凸不平处,被亲水性共聚物薄膜包裹填平,防止了"微吸附"。这对表面光滑的疏水性合成纤维也一样有效。此外,在纱线间也会被亲水性共聚物所填充,从而防止了"巨吸附"。

② 聚丙烯酸型易去污剂本身是一个聚合电解质,在洗液中具有阴离子性,增大了织物表面的 ζ 电动势。洗液中的污垢也带负电荷,聚合物薄膜表面对污垢产生排斥力。此外,油水界面的电位差也降低了油在水中的界面张力,使油性污易于卷成珠状离去。

③ 聚丙烯酸型易去污剂具有亲水基团,对油性污的亲和力较小,在洗涤时,油性污在织物表面的接触角较未整理的试样大,容易按 Adam 的"卷珠"机理从纤维上除去。

④ 聚丙烯酸型易去污剂既有亲水性又有一定的亲油性,能起洗涤作用。

⑤ 聚丙烯酸型易去污剂的优良易去污性能,还与它在洗液中会产生剧烈的膨润性有关。膨润是由带负电荷的羧基之间的相互排斥作用造成的。这种排斥力,使卷曲的易去污共聚物分子链舒展伸长。

Kissa 等认为,亲水性是聚丙烯酸型易去污共聚物的最主要特征,亲水性改变了织物/油污间和织物/洗液间的界面张力,有利于油污以"卷珠"方式离去,其中,界面张力和水对织物/油污界面的扩散起主要作用。

对沾有油污的疏水性纤维如涤纶织物,水或洗涤液的扩散是缓慢而又不完全的,水的作用仅在油污膜的边缘,如图 7-10(a)所示,油污要从疏水性纤维上自动脱离是极难的。经聚丙烯酸型易去污共聚物整理后的纤维,其表面亲水性增加,同时又减少了毛细管的孔隙,阻止了油污向纱线内部和毛细管孔隙的扩散。在洗涤时,亲水性共聚物大大加速了水向织物和纱线内部的扩散,使纤维表面的油污/易去污共聚物薄膜界面间因水化而分离,水能渗入易去污共聚物的整个薄膜而将油污去除,如图 7-10(b)所示。

(a)未经过易去污整理　　　　　　　(b)经过易去污整理

图 7-10　洗涤时疏水性纤维表面水的扩散作用

四、防污及易去污整理剂和整理工艺

防污及易去污整理是纺织品既在大气中有良好的防污效果,一旦被沾污后,又要易去污。织物既要防污又要具有易去污性能,它在液相介质中必须具有很高的可湿性,γ_{WF} 要小,γ_{OF} 要大,同时在空气介质中具有很低的界面能,不为常见的油性污所润湿。

用传统的拒水拒油整理剂整理的纺织品,在大气环境下能防止干态和液态污的沾污,例如,经 Scotchgard FC—208 整理的纺织品,在大气环境中能抗拒水性污和油性污的沾污,这是由于经整理的纺织品的临界表面张力低于水性污和油性污的缘故。可是,经整理的纺织品在洗涤时,与未整理的纺织品相比,整理的纺织品反而有吸附洗液中污垢的倾向。此外,在大气环境中,经整理的纺织品一旦被沾污后,其净洗也更为困难。产生上述现象的原因,可以不同类别的整理剂整理的棉织物在大气中和水中临界表面张力的变化来说明,如表 7-10 所示。

表 7-10　不同整理剂整理棉织物的临界表面张力

整 理 剂	临界表面张力 γ_c/mN·m^{-1}	
	在大气中	在水中
未整理棉织物	>72	<2.8
有机硅整理剂整理棉织物	38~45	>50
有机氟整理剂整理棉织物	24~25	9~15
聚丙烯酸型易去污剂整理棉织物	>72	4.5~9.3

由表 7-10 可见,经有机氟整理剂整理的棉织物,在大气中的临界表面张力远较未整理棉织物的低,所以有优良的拒水拒油性。可是,在水中,未整理棉织物的临界表面张力仅为 2.8mN/m,而经有机氟整理剂整理的棉织物却要大于 9mN/m,这就是一般棉织物上沾上油污后容易去除,但经有机氟整理剂整理的棉织物沾上油污后就不容易洗净。

防污和易去污整理应同时具备三个条件:在纤维表面覆盖有一层薄膜,减少纤维表面的不均匀性;降低纤维的表面能抑制油性污在织物表面的自发铺展;提高纤维表面的亲水性。

从表面上看,降低纤维的表面能和增加纤维表面的亲水性,这两者是相矛盾的,因为纤维表面的亲水性是以有高表面能为条件的。应用含有低表面能的含氟链段与亲水性的聚氧乙烯链段的混合型嵌段共聚物,可同时达到相对立的两种效应,这种亲水性含氟防污易去污整理剂的结构如图 7-11 所示。

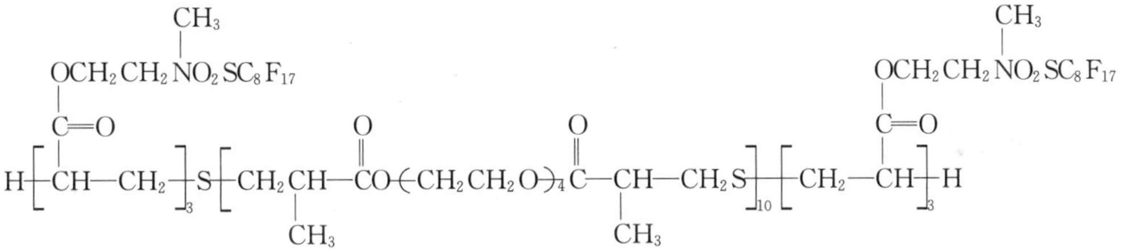

$$OCH_2CH_2NO_2SC_8F_{17} \quad\quad\quad\quad OCH_2CH_2NO_2SC_8F_{17}$$
$$\overset{CH_3}{|}\quad\quad\quad\quad\quad\quad\quad\quad\quad\quad\quad\quad \overset{CH_3}{|}$$
$$H\left[CH-CH_2\right]_3 S-CH_2CH-CO-(CH_2CH_2O)_4-C-CH-CH_2 S-\left[CH_2-CH\right]_{10}\left[CH_2-CH\right]_3$$

图 7-11 亲水性含氟嵌段共聚物结构

混合型含氟嵌段共聚物在空气中是疏油的,而在水中是亲水的。Sherman 等解释了这种嵌段共聚物处理的纺织品能产生既拒油又有易去污的作用,认为这种双重功能效应是由于这种嵌段共聚物在空气中和在水中疏油性链段和亲水性链段排列的方向不同引起的。在空气中,聚氧乙烯链段呈卷曲状态,拒油性含氟链段在纺织品表面定向密集排列,形成具有低表面能的表面而具有拒油性能。在水中,聚氧乙烯链产生水合作用而伸展,在织物表面定向排列,通过界面张力变化赋予纤维表面亲水性,使纤维具有易去污和防止湿再沾污性能。在烘干过程中,亲水性链段脱水,含氟链段重新占有其主要界面。这种变化情况如图 7-12 所示。

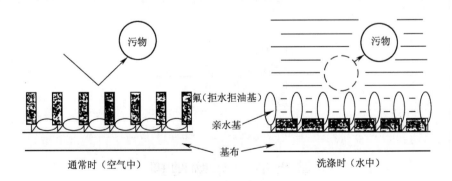

图 7-12 拒油和亲水的机理示意

由图 7-12 可见,通常在空气中,整理织物的拒水、拒油基团定向向外排列,它们排斥水性和油性污物,使之不易黏附。即使黏附,在洗涤时亲水性基团定向向外排列,将水分子吸引,使黏附的污物容易脱落。

在涤棉混纺织物上,用亲水性含氟嵌段共聚物易去污整理剂与适当的交联剂共同使用,可提高干态防污性,并赋予织物好的易去污性能。

亲水性含氟嵌段共聚物用于涤棉混纺织物防污易去污整理的工艺举例如下:

工艺流程:二浸二轧→烘干→焙烘(160℃,3min)→皂洗→水洗→烘干。

浸轧液配方(%):

	I	II
亲水性含氟防污易去污整理剂 (Asahiguard AG—780 或 Scotchgard FC—218)	2.5～3	2.5～3
DMDHEU(45%)	8～10	—
氯化镁	1～1.2	—
加水至	100	100

五、易去污性能的检测

易去污整理的纺织品,其易去污性能的检测是测试沾污试样洗涤后的去污率。去污率是沾污的织物经规定洗涤条件洗涤后,织物上污垢的去除程度或污垢的残留量,可采用目测对照标准样卡评级,也可以通过测定试样洗涤前后的反射率来计算。美国 AATCC 130—2000 标准采用评级方法评定易去污织物的易去污性能。

测定反射率后按下式计算试样的去污率。

$$D = \frac{R_{sx} - R_{su}}{R_{tu} - R_{su}} \times 100\%$$

式中,D 为试样的去污率(%);R_{sx} 为试样洗涤 x 次后的反射率;R_{su} 是沾污试样洗涤前的反射率,R_{tu} 是未沾污未洗涤试样的反射率。

但反射率与织物上污的含量之间仅在有限的污含量范围内是线性关系。Bacon 等应用 Kubelka – Munk 方程进行了校正,能使反射率在更宽的范围内与污的含量有较好的线性关系,如下式所示。

$$D = \frac{\dfrac{(1-R_{sx})^2}{2R_{sx}} - \dfrac{(1-R_{su})^2}{2R_{su}}}{\dfrac{(1-R_{tu})^2}{2R_{tu}} - \dfrac{(1-R_{su})^2}{2R_{su}}} \times 100\%$$

第六节　生物整理

酶属于生物催化剂,具有作用的专一性和高效性,且反应条件温和,污染又小,在纺织品湿加工中的应用已有悠久的历史,如淀粉酶广泛用于棉织物的退浆和洗除印花糊料,蛋白酶用于丝织物的脱胶、缫丝前的煮茧(将茧丝上的丝胶适当膨润和部分溶解,促使茧丝从茧层上依次不乱地退解下来,便于缫丝)以及毛织物的前处理和后整理,果胶酶用于麻纤维的脱胶和棉织物的精练,过氧化氢酶用于氧漂后的双氧水去除,还原酶用于靛蓝染色等。但酶用于纺织品的整理还是 20 世纪 90 年代以来的事情。

一、纤维素纤维织物纤维素酶减量整理

纤维素酶是能将纤维素催化水解成葡萄糖的酶的总称。纤维素酶都是由多种酶组成的混合物,在催化反应中,各种酶各司其职,协同完成将纤维素催化水解成葡萄糖的作用。

纤维素纤维织物用纤维素酶处理时,随着纤维素的水解,纤维或织物的重量逐渐减轻,纤维变细,纤维的表面形态发生变化,表面局部产生沟槽,纤维或织物表面的绒毛、小球减少。

纤维素酶对纤维素纤维织物的减量整理效果是多方位的。纤维素酶减量整理后,织物的硬挺度变小,手感、滑爽性、悬垂性、柔软性和丰满度提高。硬挺度的减小和织物减量后结构变松有关,滑爽度的提高和织物减量后表面性能的变化,如绒毛的消除,纤维表面摩擦系数的降低有关。悬垂性、柔软性和丰满度的提高也和减量处理后纤维之间的空隙增加,织物结构变松以及绒毛去除有关。减量处理使织物表面的纤维尖端分解、软化,细绒毛脱落,表面光洁,织纹清晰,织物光泽改善,可以达到生物抛光的目的,对麻类织物,还可以在一定程度上改善刺痒感。绒毛脱落、表面滑爽还可以改善织物的起毛起球性能。对普通 Lyocell 纤维织物,纤维素酶对纤维表面的切削作用能促进纤维原纤化,加工具有细腻手感的仿桃皮绒织物。对纤维表面的切削作用还可以使表面的染料脱落,达到牛仔布水洗石磨的仿旧效果。仿旧整理的同时也有生物抛光、改善织物光泽和手感的作用。纤维素酶减量整理对织物的吸水性、吸湿性也有一定程度的改善。本节简单介绍纤维素酶对纤维素纤维织物的生物抛光整理和牛仔布仿旧整理。

应该指出,纤维素酶对纤维素纤维织物的整理效果只有伴随机械作用才能达到,如果没有织物表面的摩擦,单靠浸轧或浸渍酶溶液是达不到上述整理效果的,因此,纤维素纤维织物纤维素酶的减量整理效果与加工设备和加工方式密切相关。纤维素纤维织物纤维素酶的减量整理大多在液流染色机和水洗机上进行。纤维素酶处理织物时,由于纤维素的水解,纤维的强度会降低,因此,要注意对强度损伤的控制,织物的失重率一般控制在3%～5%。

(一)纤维素酶的组成和协同催化作用

纤维素酶中至少包括 3 类不同性质的酶。

$\beta-1,4-$内切葡聚糖酶:这种酶沿纤维素分子链随机水解纤维素的 $\beta-1,4-$苷键,水解产物是不同链长的混合物。$\beta-1,4-$外切葡聚糖酶:这种酶只能从纤维素分子链的非还原端开始,每隔两个葡萄糖残基切断纤维素分子链中的 $\beta-1,4-$糖苷键,形成纤维二糖。$\beta-$葡萄糖苷酶:只将纤维二糖水解成葡萄糖。

纤维素酶水解纤维素是 $\beta-1,4-$内切葡聚糖酶、$\beta-1,4-$外切葡聚糖酶和 $\beta-$葡萄糖苷酶协同作用下进行的,其模式如图 $7-13$ 所示。首先,$\beta-1,4-$内切葡聚糖酶随机水解切断无定形区的纤维素分子链,使结晶纤维素出现更多的纤维素分子链端基,为 $\beta-1,4-$外切葡聚糖酶水解纤维素创造条件。$\beta-1,4-$外切葡聚糖酶的水解产物纤维二糖由 $\beta-$葡萄糖苷酶水解成葡

萄糖。因此,纤维素酶水解结晶纤维素的过程可简单表示为:β 1,4-内切葡聚糖酶$\rightarrow \beta$-1,4-外切葡聚糖酶$\rightarrow \beta$-葡萄糖苷酶。

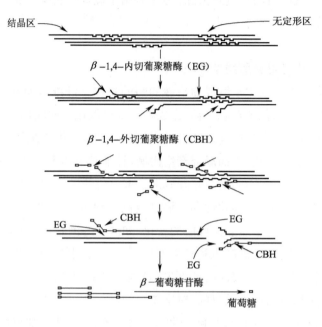

图7-13 纤维素酶各组分的协同作用

结晶纤维素的相对分子质量很大,端基在纤维总量中的比例几乎可忽略,β-1,4-外切葡聚糖酶对结晶纤维素几乎没有可作用的位置,即使像可溶性的羧甲基纤维素,由于端基的比例低,β-1,4-外切葡聚糖酶的活性也是很低的。但纤维中的结晶结构是不完整的,结晶区之间存在纤维素分子链的穿插,在β-1,4-内切葡聚糖酶的作用下,可以在纤维结晶结构的表面形成β-1,4-外切葡聚糖酶可作用的位置(端基),从而使纤维素的结晶结构水解。因此,β-1,4-内切葡聚糖酶的水解作用增加了β-1,4-外切葡聚糖酶的水解作用点,起着β-1,4-外切葡聚糖酶水解纤维素的活化作用。

(二)纤维素纤维织物纤维素酶生物抛光整理

生物抛光是用生物酶去除织物表面绒毛,使织物达到表面光洁、抗起毛起球、柔软、蓬松等独特性能的整理方法。生物抛光概念最初来自日本,主要以机织物为处理对象,目前已延伸到针织制品、毛巾和服装,在材料上也已经突破纤维素短纤维,如高强度长丝 Newcell 也可以通过纤维素酶处理来改善抗起毛、起球性能。

1. 基本原理

生物抛光需要纤维素酶对纤维素水解和机械冲击配合实现,如果仅仅靠纤维素酶的作用,生物抛光效果非常有限,而且即使达到了生物抛光的要求,由于有很高的化学减量,织物强度损伤往往很大,会影响使用价值。而通过机械冲击的配合,化学水解作用仅需要对绒毛或纤维弱化,然后在机械作用下就可以将绒毛去除,达到生物抛光的目的。生物抛光可以采用两种处理方式,一种是纤维素酶和机械作用同时进行,一步达到生物抛光目的;另一种是织物先浸轧酶液,使织物表面的微纤弱化,然后在水洗中通过机械力的作用去除表面微纤。目前主要以前一种处理方式为主。

织物表面的微纤又可以通过两种方式弱化,一种是利用纤维素酶对纤维素的水解,最终水解产物是葡萄糖。这种弱化方式是普通纤维素酶的作用方式,纤维素化学减量大,不仅对织物表面的微纤,对织物主体纤维也有较大的机械损伤,处理织物的强度损失大。另一种是利用内切酶水解纤维素无定形区中的分子链,使纤维表面形成微隙。这种方式对织物的化学减量少,处理织物的强度损伤小,是一种较先进的处理方式。目前的工程纤维素酶制剂由于去除了 β-1,4-外切葡聚糖酶或 β-1,4-外切葡聚糖酶含量很少,实际起作用的主要是 β-1,4-内切葡聚糖酶,其生物抛光性能明显好于普通型的酶制剂。

生物抛光整理的效果具有持久性,能经受家用洗涤,使织物保持持久的光洁表面。持久的原因一般认为是由于纤维素酶的表面作用,使纤维表面原纤弱化,即使纤维表面形成绒毛,也会很快脱离织物表面,使织物表面不会形成持久的绒毛,更不会形成绒球。

2. 生物抛光工艺

生物抛光一般在退浆后、染色前进行。织物上的浆料会阻碍纤维素酶攻击纤维素,严重影响酶的作用效率,另外,生物抛光对织物的退浆要求高,退浆不净会造成抛光处理不匀。织物上染料的存在会对纤维素酶的活力产生抑制作用,染色后进行生物抛光还会引起织物色泽变化,有的还会引起染色牢度下降。

为了达到良好的生物抛光效果,需要对工艺条件进行合理选择,具体需要考虑下列因素:

(1)设备。不同设备对织物的机械冲击力不同,而机械冲击力是达到生物抛光的决定性条件之一。一般来说,机械冲击力越大,酶用量越少,处理时间越短。卷染机、溢流染色机的机械冲击力低,喷射染色机的冲击力中等,高速绳状染色机、空气喷射染色机、转笼式水洗机等机械冲击力高。织物生物抛光可采用各种绳状染色机、喷射染色机、转笼式洗衣机,服装抛光主要采用各种水洗机。

(2)浴比。浴比既要能满足处理织物或服装自由流动的需要,又要小到能提供织物足够的冲击力。过高的浴比,如1:30以上,对酶浓度有稀释作用,会增加处理成本,一般织物处理的浴比在1:5～1:25,冲击力较低的设备,要求浴比小于1:15。服装一般在较低浴比(1:8～1:12)下进行,以满足冲击力要求。

(3)酶用量:通常在1.0%～3.0%(按织物重量计)。厚重织物酶的用量要适当增加。有时为了达到有效处理效果,可以采用分段投料法,在开始时投入一半酶制剂,处理到一半时间时再投入另一半酶制剂。

(4)pH、温度、处理时间:要相互配合。酶制剂均有一最适 pH 和温度活性域,pH 的控制最好采用缓冲体系,以保证处理质量,在此基础上确定处理时间。时间一般控制在 30～60min,以避免处理时间过长对织物强度造成损伤。

(5)失活。使纤维素酶失活的方法很多,如高温、高 pH、漂白或充分水洗等。调节 pH 大于 9.5,处理 10min 或提高温度至高于 65℃,处理 10min 或提高温度至高于 65℃和调节 pH 大于 9.5,处理 10min 或加入含氯漂白剂处理 10min 均可使纤维素酶失活。

不同的纤维素酶其组分不同，最佳活性域也不同，适应的纤维、去除原纤的效果、对纤维强度的损伤、对织物手感的改善不完全相同，在确定抛光工艺时应注意。例如 Novozymes 公司的 Cellusoft 系列酶制剂是生物抛光性能优良的酶制剂，其中的 Cellusoft Ultra 为经过基因改性的、含有单一组分内切酶的纤维素酶，最佳活性 pH 为 5.2，最佳活性温度域为 45～60℃，可采用高冲击力的空气喷射染色机对织物（浴比 1：5～1：25），水洗机对服装（浴比 1：6～1：12）进行生物抛光整理，酶用量为 1.0%～3.0%，在 45～60℃ 处理 30～60min，然后将 pH 提高到 10 或将温度提高到 80℃ 处理 10min 进行酶失活处理。

二、纤维素酶牛仔布仿旧整理

牛仔布通常要经过石磨水洗整理，剥除部分染料，以达到仿旧的外观。牛仔布纤维素酶仿旧整理是纤维素酶应用最为成功，也是应用量最大的领域。

牛仔布仿旧整理通常在加工成服装后进行，最初是先用冷水或热水洗涤，然后用氧化剂漂白褪色。随后又出现了用金刚砂进行部分磨白的整理工艺。但最常用的仿旧整理是石磨水洗，即将牛仔服装与浮石等磨料一起用转鼓洗衣机进行洗涤。浮石洗涤整理对织物损伤大，易造成断纱甚至破洞，浮石和沙粒还会残留在服装的布料内，同时也易损伤设备。

用纤维素酶进行仿旧整理，基本上可解决浮石水洗整理存在的问题，同时还可赋予织物独特的风格。用纤维素酶代替或部分代替浮石进行水洗整理的原理是：通过纤维素酶对纤维表面的剥蚀作用，使纤维表面被磨损，染料被剥离，产生水洗石磨的外观。用纤维素酶进行仿旧整理对织物，尤其是缝线、边角和标记等损伤小，织物的柔软性和悬垂性好，设备磨损小，可以对较轻薄的织物进行加工。纤维素酶仿旧整理目前还存在一些有待解决的问题，主要是易产生非均匀处理印痕、折痕，易沾色和强度损伤等。

用于牛仔布仿旧整理的纤维素酶有酸性纤维素酶、中性纤维素酶和弱碱性纤维素酶等，常用的是酸性纤维素酶和中性纤维素酶。

酸性纤维素酶对棉等纤维素纤维具有较高的减量特性，可以在较短的时间内获得有效的仿旧整理效果，而且价格较低，处理效率高，在实际处理中应用较多。但酸性纤维素酶对织物的机械性能损伤大，还容易引起返沾色，因此必须考虑防止返沾色或采用有效的手段去除沾色。返沾色是在用纤维素酶处理靛蓝织物时，悬浮于溶液中的染料会再沉积在织物表面，使织物出现蓝色背景和灰暗外观，织物正面对比度减小，这是牛仔布仿旧整理中不希望出现的。

改性酸性纤维素酶对棉等纤维素纤维也具有较高的减量特性，对织物的机械性能损伤较小，返沾色低。中性纤维素酶处理织物的性能优良，通常用于高档牛仔服装的处理，对织物机械性能损伤小，如果工艺合理，可以很少，甚至没有返沾色，但对棉等纤维素纤维的作用比酸性纤维素酶弱，要达到同等的仿旧整理效果需要较长的处理时间或较高的酶浓度。

纤维素酶牛仔布仿旧整理工艺举例：装入服装→加水→加热至 50～60℃→用醋酸调节 pH→α-淀粉酶退浆 10～15min→冲洗→加水→加热至 50～60℃→用缓冲剂调节 pH→加入纤维素酶→翻滚 30～60min→纤维素酶失活→冲洗→复洗→水洗→干燥。

仿旧整理工艺随酶的种类不同而不同，如 Genencor 公司的 IndiAge Neutra G 广域中性纤维素酶的最佳工艺条件为:45～55℃,pH 6.0～8.0,处理时间 30～60min。

三、漆酶牛仔布仿旧整理

漆酶是一种氧化还原酶,存在于植物、昆虫和微生物中。漆酶对靛蓝染料的分解效率很高,可用于牛仔布的脱色仿旧整理。漆酶对靛蓝染料的降解途径如图 7—14 所示。

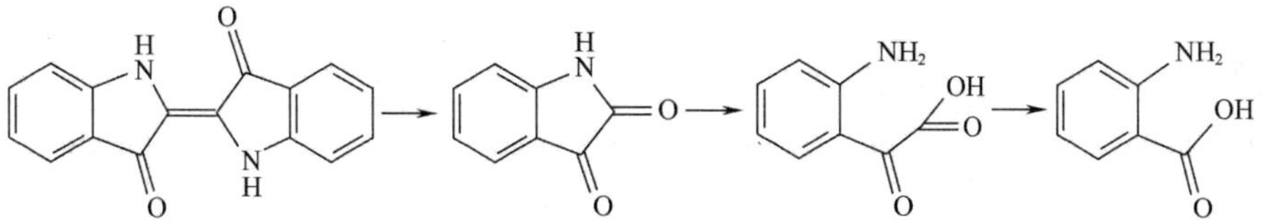

(1)   (2)   (3)   (4)

图 7—14 漆酶对靛蓝染料降解的可能途径

采用漆酶对靛蓝染料染色的牛仔布进行脱色处理,反应对染料具有专一性,对纤维素纤维没有作用,处理后进行热水清洗即可使酶失活。目前,漆酶已成为牛仔布仿旧整理可选的工艺之一。漆酶用于牛仔布仿旧整理具有如下特点:

(1)织物损伤小。在牛仔布石磨或纤维素酶仿旧整理时,纤维或受到机械摩擦或被纤维素酶表面改性而使强度受到损伤,若工艺控制不当,则会在织物上形成破洞,影响织物质量。漆酶对染料有专一作用,对纤维素没有活力,对织物不会损伤。

(2)可增强织物的磨洗程度。

(3)漆酶对硫化染料的分解能力弱,不会影响硫化染料打底的牛仔服装,处理后织物的黑色可以完全保持。

(4)漆酶处理织物,不会出现返沾色,因为溶液中的靛蓝染料会被漆酶直接分解。

DeniliteⅡS 是诺维信公司通过基因改性获得的黑曲霉漆酶,可用于靛蓝染色牛仔布的仿旧整理。Denilite ⅡS 进行靛蓝脱色处理的推荐工艺为:DeniliteⅡS 0.5%～2%(owf),浴比(4～20):1[最佳是(5～10):1],处理时间 10～30min,pH＝4.0～5.5,温度 60～70℃,处理后进行热水皂洗。目前的关键问题是进一步降低成本。

对牛仔布还可以进行纤维素酶和漆酶同浴仿旧整理,处理后织物表面可获得光洁效果,而且处理液基本保持无色,可以使处理液重复使用,不仅降低了处理成本,处理废水的色度也明显降低。

第七节 涤纶仿真丝绸整理

丝绸织物光泽柔和、手感滑爽、轻盈飘逸,穿着舒适,具有独特风格,在纺织工业中,仿制丝绸产品一直是引人注目的课题。

涤纶仿真丝绸整理是将涤纶织物放在一定条件的碱液中处理,利用碱对涤纶的水解剥蚀作用,赋予其丝绸般的风格、良好的手感、透气性和吸湿输湿性能,并保持了涤纶挺爽和弹性好的优点。

一、碱对涤纶的作用

涤纶是聚对苯二甲酸乙二酯,大分子中含有大量的酯键,在强碱作用下,酯键断裂,水解为对苯二甲酸钠和乙二醇,水解反应为:

$$\text{+OCH}_2\text{CH}_2\text{—O—C—} \bigcirc \text{—C}\text{+}_n + 2n\text{NaOH} \longrightarrow n\text{NaOOC—} \bigcirc \text{—COONa} + n\text{HOCH}_2\text{CH}_2\text{OH}$$

由于涤纶结构致密,疏水性强,在水中不会溶胀,所以碱对涤纶的作用仅在表面进行,当表面的大分子链水解到一定程度,产生大量的羧酸盐而逐渐溶解于水中,并暴露出新的表面,新的表面又逐渐开始水解,纤维逐渐变细,纤维及纱线间的空隙增加,透气性和纤维的相对滑移性增加,质量减轻,具有酷似真丝绸柔软、滑爽和飘逸的风格。同时涤纶表面的水解,使纤维表面龟裂,对光的反射作用柔和,从而赋予织物柔和的光泽。

二、影响减量效果的因素

从理论上讲,涤纶织物在碱减量处理中,每消耗 2mol 氢氧化钠,就有 1mol 涤纶水解,因此:

$$\text{理论减量率} = \frac{192 \times W_{\text{NaOH}}}{2 \times 40 \times W_1} \times 100\% \tag{7-13}$$

$$\text{实际减量率} = \frac{W_1 - W_2}{W_1} \times 100\% \tag{7-14}$$

式中:W_1 为未处理涤纶织物的质量;W_2 为经碱处理后涤纶织物的质量;W_{NaOH} 为 NaOH 用量。

实际减量率受减量工艺的影响,并与反应温度、时间、浴比和助剂有关,一般实际减量率均比理论减量率低。

(一)氢氧化钠用量

影响涤纶织物减量效果的因素很多,而以碱的用量影响最大。涤纶的水解随着用碱量的增加而加快,减量率增加。氢氧化钠的用量随着减量工艺变化,在浸轧法中,碱的反应效率较高,可接近 100%,因此,可按照所需要的减量率和织物的轧液率计算氢氧化钠的理论用量,根据碱处理时间、温度和助剂的不同,选择适当的实际用碱量,一般比理论用量高一些。氢氧化钠的反应效率在浸渍法中较低,实际值与理论值的差异很大,并且与浴比有关,要达到预定的减量率,氢氧化钠的用量需远远超过理论量。在浸渍法中,需要减量促进剂,以提高减量效果,减少碱的用量。如碱的用量过高,会使纤维水解过度,强力剧烈下降,而且碱的利用率降低。

(二)温度和时间

碱处理的温度和时间对减量效果和纤维损伤也有一定的影响,并与碱的用量有关。在浸渍法中,处理的时间与减量率的关系如图7-15所示。随着时间的增加,纤维失重增加。随着反应温度的升高,涤纶的水解速率加快,减量率增加。在碱减量处理中,需按照用碱量与减量率选用适当的浸轧—汽蒸时间或浸渍处理的温度和时间。

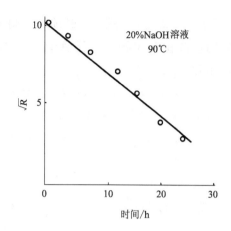

图7-15 涤纶剩余质量 R 的平方根与碱处理时间的关系

(三)助剂的应用

为了提高减量均匀性,节约用碱,缩短反应时间,在碱减量中,通常需应用渗透剂和减量促进剂。

常用的碱液渗透剂是烷基磷酸酯类表面活性剂,这类化合物可以有效地提高减量均匀性,而不影响减量率。一般浸渍法用量 $1\sim2g/L$,而轧蒸法用量是 $5\sim10g/L$。

涤纶织物的碱减量促进剂都是季铵盐类表面活性剂。在碱液中,季铵盐类表面活性剂和氢氧化钠相互作用而处于平衡:

$$R_4N^+X^- + NaOH \Longleftrightarrow R_4N^+OH^- + NaX$$

季铵盐类表面活性剂具有疏水性长链烷基,因此,在碱液中可迅速地被涤纶吸附,并与溶液中的季铵化合物形成平衡状态,而且有部分化合物在沸煮时可进入纤维表面的空隙内,从而通过离子交换作用,可以使溶液中的羟基负离子迅速向涤纶表面转移,提高了纤维表面的碱液浓度,促进了纤维的水解,减量率增加,因此减量促进剂在浸渍工艺中的效果较好,而对浸轧法作用不大。在目前常用的减量促进剂中,十二烷基二甲基苄基氯化铵的效果最好,其用量为 $1g/L$ 时,促进作用已趋于平衡。

(四)热定形的影响

涤纶织物经预定形后进行减量处理,其减量率降低,并且随着定形温度的升高而逐渐降低。应用减量促进剂时,减量率的下降更为明显。因为热定形可使涤纶的内应力充分松弛,纤维的结晶度和晶区完整性提高,所以在碱液中的溶胀作用减小,从而抑制其纤维的水解作用,使减量率降低,因此,热定形可使碱处理涤纶织物的强力损失减小。在实际加工中,需适当选择热定形工序。

三、碱减量工艺

涤纶织物的碱减量工艺有间歇式的浸渍法、浸轧汽蒸法及浸轧堆置法。

(一)浸渍法

浸渍法在碱减量处理中应用较多,其工艺灵活,设备简单,整理品手感良好,适用于小批量多品种生产。但碱液的反应效率较低,而且批与批之间质量差异较大。

浸渍法碱减量处理的设备有练桶、绳状染色机、溢流染色机、高温高压染色机和喷射染色机等。NaOH浓度为 $15\sim30g/L$,根据设备和减量率而定。添加 $0.5\sim1g/L$ 促进剂,NaOH浓度可降至 15～20g/L。碱液中必须加入耐碱分散剂 1～2g/L,使涤纶的水解产物分散在处理浴中,防止沉积在织物上。碱液于 80～100℃时浸渍处理织物 30～60min,然后进行充分水洗、中和。

如 90g/m² 的涤纶斜纹织物,在高温染缸或喷射染色机上进行碱减量处理,要求减量率为 18%,可采用下列碱液组成(g/L):

	NaOH	15～20
	分散剂	2
	促进剂	0.5
或	NaOH	30
	分散剂	2

织物在 110℃处理 20min,然后充分水洗、醋酸中和。

(二)浸轧汽蒸法

连续化碱减量工艺有利于提高生产效率,降低成本,而且减量的均匀性优于浸渍法。其中以浸轧汽蒸法应用较多,生产效果较好。

浸轧汽蒸法可应用常温常压蒸箱或高温高压蒸箱进行加工。氢氧化钠在浸轧后的汽蒸中的反应效率较高,接近于 100%,因此,所需碱液浓度可根据减量率公式进行计算。促进剂的效果不明显,需加入耐碱渗透剂,以提高碱液的渗透性。轧碱需均匀,轧液率宜低,通常在 100℃下汽蒸 20～30min 或 120～130℃下汽蒸 2～3min,然后充分水洗、中和。

浸轧汽蒸法的工艺流程:浸轧碱液 →（常温汽蒸箱汽蒸／高温汽蒸箱汽蒸）→温水洗 2 格→阴离子表面活性剂皂洗 2～4 格→温水洗 1 格→烘干。

(三)浸轧堆置法

浸轧堆置法是一种半连续化的碱减量工艺,其工艺灵活,设备简单,适宜于小批量多品种生产,但工艺均一性较差。

浸轧堆置法是以含耐碱渗透剂的碱液浸轧织物,然后打卷,以塑料薄膜包覆于织物外面,防止织物风干,使其在室温下缓慢地连续旋转 24h,然后水洗、中和。这种碱减量处理最大的缺点是,由于堆置时碱液会转移到布卷的内层,使布卷内层含碱量多、外层少,以致内外层减量率有明显的差异。为了提高内外层的均匀性,通过降低初始轧碱浓度,减少布卷的织物量,可以得到改善。碱液浓度可根据减量率予以控制,促进剂的效果也不明显。

四、碱减量织物性能的变化

经碱减量处理后,涤纶织物的性能发生了变化。

(一)透气性和吸湿性

涤纶织物经碱减量处理后,纤维水解、变细,纤维及纱线间的空隙增大,透气性增加,并且纤维表面的亲水性也得到了改善。一般经碱减量处理后织物的毛细管效应和吸水性能有所增加(表 7-11),平衡回潮率基本上没有变化。

表 7 - 11　涤纶织物的毛细管效应

样　　品	毛细管上升高度/cm	上升时间/min	样　　品	毛细管上升高度/cm	上升时间/min
原样	1	2.36	8%减量率	1	0.47
	2	6.68		2	1.58
	3	—		3	4.38

(二)柔软度和摩擦系数

经碱减量处理后,涤纶织物的柔软度明显增加,摩擦系数减小(表 7 - 12),织物变得轻盈、飘逸。但表面纤维间的相对滑移性增加,产生"排丝"现象,影响织物的缝纫和服用性能。减量率越高,织物表面交织点越少,排丝越严重。为了改善减量织物的排丝现象,需要适当控制减量率,改变织物的组织结构,增加织物表面交织点,减少表面浮长,并进行适当的树脂整理。

表 7 - 12　涤纶塔夫绸碱减量处理的柔软度与摩擦系数

减量率/%	柔　软　度		摩　擦　系　数	
	经	纬	静　止	运　动
0	0.45	0.45	0.59	0.65
3.8	0.99	0.93	0.59	0.65
17.7	1.40	1.34	0.59	0.57
20	1.80	1.88	0.59	0.52

(三)强力

涤纶织物在碱减量处理过程中,表面的纤维首先发生水解,因为涤纶是疏水性纤维,结晶度和取向度较高,在适当的碱处理条件下,碱对纤维的作用只能由表及里地进行,内层纤维水解较少,不会导致强力过多损失。但随着碱处理条件的变化,减量率增加的同时纤维强力下降,而且纤维强力的降低比相应的质量损失要大得多。这是因为碱水解开始时是在整个纤维表面,在较大减量率(超过 10%)时的继续水解,则是表面凹穴的扩大。纤维强力的下降,很可能是拉力集中在纤维表面上许多凹穴处,所以纤维强力的损失大于其质量的损失。如果应用减量促进剂,则强力的损失会更大些。

(四)染色性能

碱减量处理对涤纶染色性能的影响随着减量率的增加,染料的上染率也增加。这是由于经减量处理后,纤维表面产生了许多凹陷部分,使得染料在纤维上的染着面积增加,但染色涤纶的视觉浓度随着减量率的增加,又有逐渐变浅的现象,这可能是由于碱减量处理后,纤维变细,表面积增加,对光的漫反射增加的缘故。

(五)碱水解对纤维表面的影响

碱减量处理后的涤纶在直径缩小的同时,在纤维表面出现许多凹凸不平的瘢痕,且这种瘢痕会随着减量率的增加而加大,即涤纶经碱减量后,表面的粗糙度增加。这是因为涤纶纺丝时在加入消光剂 TiO_2 的同时,TiO_2 中的空气带入纤维,在纤维表面形成空气泡或在纤维表面形成凹面。另外,在纤维表面也存在伤痕和畸形。在碱液中处理时,这些凹面、空气泡、伤痕和畸形是碱减量容易进行的部位,成为碱减量溶蚀的核心,氢氧化钠首先在这些地方水解涤纶。所以经碱减量处理后,纤维表面的粗糙度增加,表面出现细长的龟裂状凹纹。

(六)涤纶的结构

碱减量处理仅仅改变涤纶的表面,其内部结构是不会变化的。

五、碱减量处理减量率的测定

碱减量处理中,需要一种快速而可靠的减量率测定方法,以保证织物有均一的风格。

碱减量处理过程中减量率的测定可采用以下三种方法:称重法、残碱滴定法和对苯二甲酸测定法。

称重法是在碱液中悬挂若干块已知质量的同一种织物,等碱减量到一定时间后,取出洗净,烘干称重。这种方法不及时,且不太适应现场生产。

残碱滴定法简单易行,但这种方法只有在处理浴体积不变的条件下,才有应用价值,在实际碱减量处理时,由于加热,溶液蒸发而使液量减少,或直接蒸汽加热使液量增加等,都会使减量率测定由于处理液体积发生变化而产生误差。

测定对苯二甲酸的方法有紫外分光光度法和电导法等。其中,紫外分光光度法测定较快,但碱液在测定前需稀释,而电导法可用于减量率的连续测定。

第八节　涂层整理

涂层整理是在织物表面均匀地涂布一薄层或多层能成膜的高聚物等物质,使织物的涂层面能产生不同功能的一种表面整理技术。所用的成膜高聚物称为涂层剂,所用的织物称为基布。涂层织物是根据各种产品的性能要求,在某种织物(基布)上用适当的涂层剂进行涂布,成膜后经必要的后处理加工而成的织物。通过涂层整理可以改变织物的外观,使织物呈珠光、双面效应、皮革外观等效果,改变织物的风格,使织物具有高度的回弹性、油状手感和柔软丰满手感等,还能增加织物的功能,使织物具有拒水、耐水压、透湿、防污、反射和阻燃等效果。

涂层产品的用途是多方面的,并已深入到人类活动的各个领域,如服装、日用品、农业、包装、电气、装饰、建筑等。衣料织物的涂层整理是以提高防水性为主要目的,同时为适应穿着舒适性的要求,还必须具有透气性和透湿性。

一、涂层整理剂

(一)按涂层剂的状态分类

涂层整理剂是一种具有成膜性能的合成高聚物,一般均由两种以上的单体共聚而成。涂层剂按照状态可以分成溶剂型和水分散型(乳液型)两种。溶剂型涂层剂的成膜性好,与织物的黏着力较强,耐水压高,可以生产防水透湿织物,而且烘燥快,生产速度可提高,含固量低,可生产薄层产品,但在织物上渗透性强,手感粗硬,毒性大,又易着火,需要防爆防火和溶剂回收装置。水分散型涂层剂无毒性,不燃烧,成本低,含固量高,可制造厚涂层产品,也有利于有色涂层产品的生产,但涂层产品的耐水压低,烘燥慢,生产速度不易提高,对长丝织物的黏着力差。水分散型涂层剂由于含有乳化剂,对皮膜的耐水性、强韧性和黏着性都有影响。

(二)按涂层剂的化学结构分类

涂层剂按化学结构可以分为聚氨酯、聚丙烯酸酯、聚氯乙烯、天然橡胶等几大类,但以聚氨酯和聚丙烯酸酯应用最为广泛。

1. 聚氨酯类涂层剂

聚氨酯(简称 PU)的化学名称为聚氨基甲酸酯,用于织物涂层的主要是聚氨酯弹性体,而且以溶剂型弹性体为主。聚氨酯弹性体是一种由含有活泼氢的聚醚二醇或聚酯二醇与二异氰酸酯和二胺类或二醇类链扩展剂聚合而成的,由聚酯或聚醚柔性链段和异氰酸酯刚性链段组成的嵌段共聚物,富有弹性,是性能优良和应用广泛的一类涂层剂。聚酯型聚氨酯具有较高的弹性和耐光耐热性能,但耐水解性能较差。聚醚型聚氨酯耐水解性能好,手感柔软,但耐光耐热性能较差。

聚氨酯类涂层剂从状态上分有溶剂型聚氨酯和水分散型聚氨酯两大类,溶剂型聚氨酯的溶剂为二甲基甲酰胺(DMF)。

(1)溶剂型聚氨酯涂层皮膜强度高、黏着力大,富有弹性、伸缩性和强韧性,耐溶剂、耐寒性及耐洗性能良好,手感与温度的相关性小,是一种合适的衣料用涂层剂。但是,溶剂型聚氨酯的特性黏度近似于牛顿流体,涂层整理时,容易渗入基布内部,致使手感变硬,或涂层剂漏到刮刀反面,而影响整理织物的外观。溶剂型聚氨酯存在空气污染、设备投资高(防爆)、生产成本高(溶剂费用)和安全等问题。

(2)水分散型聚氨酯一般均含有乳化剂,对皮膜的耐水性、强韧性和黏着性等都是不利的,因此其性能尚不及溶剂型聚氨酯。近年来开发了完全不含乳化剂的非皂型水分散型聚氨酯,这类涂层剂一旦烘干,形成耐水性皮膜,如果与氨基树脂或环氧树脂拼用,能提高皮膜的物理性能。

聚氨酯可以用于各种直接涂层、转移涂层等干法涂层工艺。DMF(二甲基甲酰胺)溶剂型聚氨酯涂布后经水/DMF 溶液浸渍处理,能形成多微孔型皮膜,这是著名的湿法成膜工艺。聚氨酯涂层剂主要用于合成皮革、充气结构物体、各种衣料和室内装饰用布的涂层整理。

2. 聚丙烯酸酯类涂层剂

聚丙烯酸酯类涂层剂由丙烯酸酯或甲基丙烯酸酯类单体和其他不饱和烯类单体共聚而成。这类聚合物的主链仍属碳—碳结构,侧链结构较多,其示意式如下:

$$\left[CH_2 - \underset{X_2}{\overset{X_1}{\underset{|}{\overset{|}{C}}}} \right]_n$$

式中:$X_1 = H, CH_3$;$X_2 = COOR(R = CH_3, C_2H_5, C_4H_9$ 等$), CONH_2, CONHCH_2OH, COOH,$

CN 等。聚丙烯酸酯类涂层剂的共聚单体种类较多,共聚单体的结构和比例决定了其性能。总的来说,聚丙烯酸酯类涂层剂具有柔软、耐干洗、耐皂洗、耐磨和耐老化等基本性能,薄膜的透明度很好,在长时间光照下基本不变色。但膜的柔软性、强伸性、黏着性和耐低温性稍逊于聚氨酯涂层剂。聚丙烯酸酯类涂层剂主要有溶剂型和乳液型两种,另外还开发成功了非皂型(无乳化剂)的。从应用工艺上可分为热塑型、自交联型和外交联型等多种。

(1)溶剂型聚丙烯酸酯涂层剂皮膜柔软、透明、着色鲜艳、耐晒性好且价廉。低浓度高黏度品种,具有触变黏度,适宜于柔软的薄织物涂层整理,是衣料织物涂层剂的重要品种之一。它与拒水剂拼用,进行一次加工,可以获得拒水和防水的整理效果。但其耐寒性不很好,0℃以下会变硬,不耐干洗。

(2)水分散型聚丙烯酸酯涂层剂已有非皂型或乳化剂极少的品种,与氨基树脂(交联剂)拼用,可以达到与溶剂型聚丙烯酸酯涂层皮膜相同的性能,并克服了水分散型聚丙烯酸酯涂层与织物黏着性稍低的缺点。此外,这种涂层剂可以借加入氨水使之增稠,配制涂层浆很方便。聚丙烯酸酯涂层剂主要用于伞布、遮阳帐篷、轻薄雨衣等的涂层整理。

涂层剂是涂层整理中最主要的制剂,但为了改善涂层浆的涂布性能、膜的化学物理性能及赋予涂层织物以各种功能,在配制涂层浆时往往还要加入其他化学助剂,如溶剂、增塑、填充剂、柔软剂、交联剂、催化剂、防老化剂、增稠剂、颜料和其他功能性添加剂(如阻燃剂、拒水剂、铝粉、发泡剂以及稳定剂等)。它们的使用视涂层产品的要求和所用的涂层剂而定。

二、涂层整理分类和涂层工艺

在织物涂层整理中,最常用的工艺有直接涂层工艺、转移涂层工艺和黏合涂层工艺三种,本节仅简单介绍直接涂层工艺。在直接涂层工艺中,按成膜方法的不同可分为干法涂层、湿法涂层和热熔涂层三种。

(一)干法涂层整理工艺

干法涂层整理工艺是涂层整理中应用最为广泛,也是最简单而古老的工艺。它是将涂层剂用溶剂或水稀释后,添加必要的助剂配制成涂层浆,借涂布器均匀地涂布于基布上,然后经加热使溶剂或水汽化,使涂层剂在基布表面形成坚韧的薄膜。干法工艺适用于各种涂层剂,而且添加各类助剂和颜料也较方便,但涂层织物的透气透湿性能较差。干法涂层的主要工艺流程为:
基布→涂布→烘干→(热处理)→轧平(或拷花)→冷却→上卷。

以防水涤棉混纺织物用乳液型聚丙烯酸酯涂层剂的涂层为例说明。

1. 涂层工艺流程和条件

半制品→防水预处理→烘干(110~120℃,2min)→涂布(涂布量 10g/m² 左右)→烘干(100~120℃)→浸轧拒水整理剂→烘干(100~110℃,2~3min)→焙烘(150~160℃,2~3min)。

2. 防水预处理配方举例

含氟拒水剂(有效成分约 20%)	30g/L
轧液率	40%~50%

涂层前织物的防水预处理是为了防止涂层浆渗透基布,改善涂层织物的手感,使涂层浆既

能充分润湿织物表面和适量扩散,又不会完全渗透织物。拒水整理剂用量不能太高,否则会影响涂层膜和基布的黏结力。

3. 涂层浆配方举例(%)

聚丙烯酸酯涂层剂乳液(含固量 40%~50%)	75
聚丙烯酸型增稠剂	5
交联剂(MMM 或 DMDHEU,含固量 40%~50%)	1
消泡剂(需要时加入)	0.3
氨水(28%,用水稀释至 5%后加入)	0.7
水	适量

4. 浸轧拒水整理剂配方举例

含氟拒水剂(有效成分约 20%)	30~60g/L
轧液率	40%~50%

(二)湿法涂层整理工艺

湿法涂层能生产防水透湿透气涂层织物。湿法涂层工艺的原理是利用强极性溶剂二甲基甲酰胺能与水无限混溶的特点,将直链分子的聚氨酯溶解于二甲基甲酰胺制成涂布浆。经聚氨酯二甲基甲酰胺涂布的基布与水(含 25%左右的二甲基甲酰胺)溶液接触,涂层表面层中的二甲基甲酰胺向水相溶出,而聚氨酯则不溶于水而浓度迅速提高,分子间的凝聚力增大,立刻形成半渗透膜。通过半渗透膜,二甲基甲酰胺向水相扩散,水也向涂层相扩散渗透。涂层浆由于组成的变化和浓度迅速增加而形成不稳定态,致使涂层浆在基布上形成骨架结构。由于半渗透膜能产生强烈的渗透压,促使涂层浆中的二甲基甲酰胺处于挤出状态,因此,在最外的涂层表面,会出现垂直于膜表面的二甲基甲酰胺溶出通路的痕迹,最终形成带微孔的薄膜。由这种工艺形成的微孔贯通成网络。雨滴的直径为 $100\sim3000\mu m$,水蒸气的直径为 $0.0004\mu m$,如果设法使微孔的直径控制在 $0.5\sim50\mu m$ 的范围,涂层织物既具有透气透湿性,又有良好的防水性能。

湿法涂层的主要工艺流程为:基布→涂布溶剂型聚氨酯浆→水溶液凝固($20\sim30℃$)→水洗→烘干→轧光→冷却→上卷。

涂层浆配方(份):

溶剂型聚氨酯	100
交联剂	4
添加剂	1~2
二甲基甲酰胺	10

基布涂布量为 $150\sim200g/m^2$。涂层织物的耐水压达 12.8kPa 以上,透湿量 $4\sim5kg/(m^2\cdot24h)$,透气性 $0.02\sim0.04mL/(cm^2\cdot s)$。

需要注意,湿法涂层中的溶剂 DMF 对人体有害,其 LD_{50} 为 4000mg/kg,空气中允许浓度为 $10mg/dm^3$,空气中的气味阀值为 $2.2mg/dm^3$。聚氨酯中的未反应单体异氰酸酯也有较大的毒性,如 TDI(甲苯二异氰酸酯)的 LD_{50} 为 5800mg/kg,MDI(二苯基甲烷二异氰酸酯)的 LD_{50} >

4000mg/kg,但 HDI(六次甲基二异氰酸酯)的 LD$_{50}$仅为 10mg/kg。它们对眼睛都有伤害,对皮肤都有刺激,因此,操作人员应戴好防护手套和眼镜。

(三)热熔涂层整理工艺

热熔涂层整理的原理是以热塑性高聚物为涂层剂,将其加热至熔融状态,然后涂布到基布上,经冷却,涂层剂黏着在基布表面,形成连续的或不连续的薄膜。热熔涂层所用的热熔黏合剂主要有聚氨酯(包括聚醚型和聚酯型)、聚乙烯、丙烯酸酯共聚物和低熔点的聚酰胺(熔点 80~120℃)、聚酯(熔点 120~130℃)等。热熔涂层整理产品主要有产业用布和热熔黏合衬两大类。本节简单介绍产业用布的热熔辊涂层工艺。

热塑性聚氨酯热熔辊涂层织物作为产业用布,涂布量为 150~450g/m^2,涂层厚度为0.15~0.25mm,可作传送带、浮动顶封、可折叠容器、救生衣内衬和领航员的安全服、充气小船、食用水的贮藏袋和防水防油篷盖布等。

热塑性聚氨酯热熔辊涂层工艺能一次获得较厚的涂层织物。涂布方式有两辊式或三辊式,其他装置如"L"或"Z"字排列的轧光机也可应用。

热熔辊涂层整理的工艺流程为:基布(需要时要经过底涂,以增加黏着力)→预加热(70~90℃)→热熔辊涂布(热熔辊的温度为 175~210℃,喂入热塑化的温度为 165~175℃的聚氨酯料)→轧光或轧纹→冷却→上卷和切割。

在热熔辊上有一加料斗,可以喂入冷料或经热塑化的热料,但以喂入热料的优点较多。热熔辊的温度视聚酯型或聚醚型聚氨酯而定。

三、涂层整理的设备

织物涂层整理所需的机械设备由涂层整理的工艺流程所决定,而涂层整理的工艺流程则视涂层产品的性能要求而定。

涂层整理设备中最重要的单元装置有涂布器、烘干装置、退卷和上卷装置、轧平和冷却装置等。

(一)涂布器

涂布器有多种类型,常见的有刮刀式涂布器、辊式涂布器、圆网涂布器、粉末涂布器等。本节介绍最常用的刮刀式涂布器和辊式涂布器。

1. 刮刀式涂布器

刮刀式涂布器也有多种形式,主要有浮动刮刀涂布器、辊上刮刀涂布器和橡胶毯上刮刀涂布器等。

(1)浮动刮刀涂布器:这种涂布器如图 7-16 所示,刮刀置于基布上方,基布下方有一托床。涂层浆在基布与刮刀之间,其黏度应在 0.5~10Pa·s。涂布时根据刮刀的厚度和角度以及由调节辊调节基布的张力来控制涂层浆的涂布量。浮动刮刀涂布器涂布时,可使涂层浆的涂布量达到非常小的程度,适用于加工极薄型涂层和基布的打底涂层。但其涂布均匀性较差,一般用于加工伞布、运动服和便服面料等,且加工产品的耐水压性不高。

(2)辊上刮刀涂布器:辊上刮刀涂布器的刮刀安装于钢辊或橡胶辊上方进行涂布,如

图 7-17 所示。调节辊筒与刮刀间的间隙以控制涂布量。这种涂布器适用于涂布中等厚度的涂层,涂层浆可采用较高黏度 50～150Pa·s。涂层织物有较高的耐水压性能。

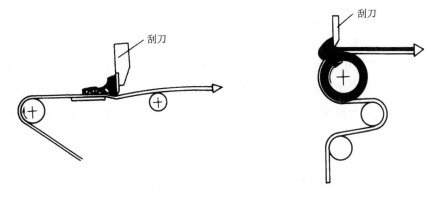

图 7-16　浮动刮刀涂布器　　　　　　图 7-17　辊上刮刀涂布器

2. 辊式涂布器

辊式涂布器以转动辊代替刮刀控制涂布量,其施浆辊表面有光滑的和刻纹的两种,其特点是能计量地将涂层浆均匀地涂布在织物表面,即使表面不平整的织物,也能均匀涂布。这种涂布器常见形式有下面两种。

(1)刻纹辊涂布器:如图 7-18 所示,凹纹辊(C)浸于涂层浆中,携带涂层浆后由刮刀(A)刮去刻纹辊表面多余的涂层浆,当刻纹辊与承轧辊(B)轧压时,涂层浆转移到基布上。用这种涂布器能均匀定量地施加涂层浆,但涂层呈不连续薄膜,主要用于浆点法黏合衬的涂布。

(2)反转辊涂布器:如图 7-19 所示。三辊式反转辊涂布器是一种常见的涂布器,其中计量辊(M)、涂布辊(C)是钢辊,托辊(B)是橡胶的,涂层剂放在两只钢辊轧面上,涂布辊的位置是固定的。基布由托辊带进托辊与涂布辊的轧点,托辊由液压或气压装置加压。三只辊筒分别驱动,涂布辊的速度是托辊速度的 1.5～2 倍,计量辊可调节间隙,其逆向旋转速度通常是涂布辊的 10%。反转辊涂布器可涂布黏度极高的涂层浆(500Pa·s),涂布量在 60～1500g/m² 范围内。

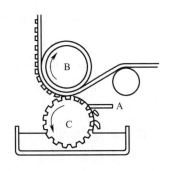

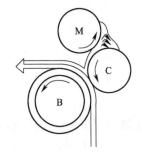

图 7-18　刻纹辊涂布器　　　　　　图 7-19　反转三辊涂布器

(二)烘干装置

涂层织物未经充分热处理,是不能获得稳定的机械性能的。通常用热空气以垂直或一定角度吹向已涂布的基布,保证涂层织物热处理充分而完善。若使用溶剂型涂层浆,烘干时要注意溶剂与空气混合物的最低爆炸限度。烘干装置不仅要考虑溶剂或水的蒸发需要,同时应满足涂层剂——高聚物成膜黏着所需的热处理条件。

常用的烘干装置有:热风拉幅机、热定形机、热风托辊烘干机和热风金属筛网烘干机等。

(三)退卷和上卷装置

涂层整理时,为了防止基布在涂布时左右摆动和控制低而恒定的张力,一般采用卷装形式进布与出布。基布退卷时装有制动装置,而已涂层的织物上卷时则装有卷绕电动机,以保持一定的退卷和上卷速度以及恒定的张力。为了保持连续生产,一般均备有两套退卷和上卷装置。卷绕直径约为1m,最大可达2m。

(四)轧平和冷却装置

涂布的基布经烘干后,要经过一组加压的轧辊以轧平涂层织物的表面,使涂层更紧密。如将轧平与轧纹结合(即其中有一个是轧纹金属辊),便可获得各种表面效果的涂层产品(如不同花纹和不同光泽等)。

轧平后的冷却装置,一般是吹冷风或夹层冷水辊,以夹层冷水辊的效果为好。

四、防水透湿层压整理

(一)防水透湿织物的概念和分类

防水透湿或防水透气织物也称可呼吸织物,集防水、透湿、防风和保暖性能于一体,既能抵御水和寒风入侵,保护肌体,又能让人体汗液、汗气及时排出,使人体保持干爽和温暖。这类织物能耐一定压力的水或者具有一定动能的雨水,外界的雪、露、霜等也不能透过或浸透织物,而人体散发的汗液、汗气能够以水蒸气为主的形式传递到外界,不会积聚或冷凝在体表和织物之间使人感到粘湿和闷热,可实现织物防水功能与热、湿舒适性的统一。防水透湿织物中或者存在亲水薄膜,或者存在比水滴尺寸小但比气态水分子大很多的微孔或微孔薄膜,具有能阻止液态水,又能透过气态水分子的性能。由于微孔或微孔薄膜的孔径很小,且受风方向孔径呈弯曲排列,冷风不易透过,因而又具有防风保暖性。

防水透湿织物按防水透湿原理或阻止液态水渗透和水蒸气传输的机理可以分成两类:

(1)无孔薄膜层压和涂层织物:涂层或薄膜覆盖了织物的所有空隙,因而可以防水。这类织物的涂层剂或薄膜高分子链上含有适量的亲水基团并适当排列,它们可以与水分子作用。汗液水蒸气分子借助氢键和其他分子间力,通过"吸附—扩散—解吸"的作用从高湿度一侧透过涂层或薄膜。

(2)微孔薄膜层压和涂层织物:这些织物微孔的直径一般在$0.2 \sim 5 \mu m$,小于轻雾的最小直径$20 \sim 100 \mu m$,而远大于水蒸气分子的直径$0.0003 \sim 0.0004 \mu m$,使水蒸气能通过这些永久的物理微孔通道扩散,同时水滴不能通过,加上织物以及薄膜本身的疏水性,形成防水透湿能力。

防水透湿织物按加工方法可以分为涂层织物和层压织物两类。

(1)涂层织物:织物用直接涂层、转移涂层或湿法涂层(凝固涂层)等工艺技术,使表面孔隙为涂层剂所封闭或减小到一定程度而得到防水性。织物透湿性则通过涂层上经特殊方法形成的微孔结构或涂层剂中的亲水基团的作用来获得。由于原料、工艺及这种方法本身的局限,所以一直未能很好地解决透湿、透气与耐水压、耐水洗之间的矛盾。

(2)层压织物:将具有防水透湿功能的微孔薄膜或亲水性无孔薄膜,采用特殊的黏合剂,与普通织物通过层压工艺复合在一起形成防水透湿织物。层压技术是在涂层技术上发展起来的,是一种织物与织物或织物与其他片状材料如薄膜叠层组合的、以纺织品为基材的复合材料,层压织物又称复合织物、黏合织物或叠层织物。层压可以是两层或多层织物。薄膜品种包括聚四氟乙烯微孔薄膜、亲水性聚氨酯无孔或微孔薄膜、亲水性聚酯醚共聚无孔薄膜等。层压织物性能突出,目前在防水透湿织物市场上占有率最高。美国 W. L. Gore 公司生产的聚四氟乙烯微孔薄膜与织物层压后形成的商品名为 Gore - Tex 的防水透湿织物,透湿量大,耐水压高,综合性能好,是目前世界上公认的最先进的防水透湿织物。

本节介绍聚四氟乙烯微孔薄膜与织物层压整理防水透湿织物,这种织物不仅能满足严寒雨雪、大风天气等恶劣环境中人们活动时的穿着需要,如冬季军服、登山服、核生化防护服等,也适用于人们日常生活对雨衣、鞋类、帐篷等的要求。

(二)层压织物的选择与结构设计

1. 织物

层压复合织物的面料和里料,根据用途不同可以选择机织物或针织物,也可以采用非织造布或絮片。所用织物可以是棉、毛等天然纤维或涤纶、尼龙等化学纤维的纯纺或混纺织物。面层织物最好用机织物。为提高织物的防水性,面层织物应进行拒水整理。拒水整理可以在复合前进行,也可以在复合后进行,拒水整理剂可选择有机氟或有机硅拒水剂,整理效果应达到拒水4级以上。先拒水整理再复合的织物由于表面张力较低,为了提高与微孔薄膜复合层压的均匀性和结合牢度,可先对织物进行物理(电晕)或机械(磨毛)表面处理。

2. 薄膜

微孔薄膜材料是聚四氟乙烯(PTFE),最初由 R. W. Gore 于 1969 年研制成功。薄膜厚度约为 $25\mu m$,孔隙率为 82%,每平方厘米有 14 亿个微孔,孔径范围 $0.02 \sim 15\mu m$,集中在 $0.2 \sim 0.3\mu m$,小于雾滴的直径($100\mu m$),远大于水蒸气分子的直径($0.0004\mu m$),水蒸气能通过这些永久的物理微孔通道扩散,同时水滴不能通过,而且 PTFE 薄膜是拒水的,这样的薄膜具有优良的防水透湿效果。微孔薄膜孔径的大小、孔径分布和开孔率直接影响复合层压面料的防水性、透湿性和防风保暖性。孔径增大,孔径分布宽,耐水压、防风保暖性能下降,透湿性提高。

用单一的 PTFE 微孔薄膜制成的层压织物,防水透湿效果会随着服用时间的延长逐渐变差,甚至出现面料渗水的现象,主要原因是由于膜的比表面积大,易吸附粉尘、汗液中的盐、油脂以及洗涤剂等物质,这些污物存在于微孔内,会使水和膜的接触角小于 $90°$,引起毛细管吸水现象,使水珠渗入或渗出,导致服装的防水性下降。目前所用的第二代 PTFE 膜,是在 PTFE 微孔薄膜的一面涂覆拒油亲水组分聚氨酯构成的双组分复合膜,这种薄膜密封了聚四氟乙烯微孔薄膜表面的微孔,可以减少油污、汗液、洗涤剂对薄膜的污染。双组分薄膜的优点是由于拒油亲水组分聚氨酯与微孔薄膜的紧密结合,降低了水通过尺寸过大的微孔渗漏的可能性,并使薄膜强度、硬度增加。薄膜的亲水固体层使之具有防风性,并能防止溶剂和轻矿物油渗漏。双组分薄膜的缺点是使纯微孔层的透气性降低,而且亲水性"排湿层"的存在会使层压织物手感潮冷;另外,在水蒸气开始有效排出前,亲水层会储存一定的水分。第二代 PTFE 双组分复合膜的防水、透湿、防风、保暖功能在所有的防水透湿织物中是最好的。

PTFE 微孔薄膜的技术指标为:

透湿量$\geqslant 1.0 \times 10^4 \, g/(m^2 \cdot 24 \, h)$,透气量$\leqslant 1.0 \times 10^{-2} \, m^3/(m^2 \cdot s)$,耐静水压$\geqslant 0.1 MPa$,膜厚$20 \sim 70 \mu m$,厚度不匀率$\leqslant 20\%$,最大幅宽$\geqslant 1600 mm$,抗张强度$\geqslant 25 N/mm^2$,断裂伸长$\leqslant 100\%$。

3. 层压织物结构

微孔使得聚合物结构变弱。因此,通常采用在织物反面涂层或者将微孔薄膜像三明治一样夹在两层纺织材料之间,即夹在防风、防水的外层和里料之间,这样可以保证膜在穿着时不因摩擦而被破坏。

层压织物可以根据最终用途采取不同的结构设计和复合层数。两层复合可以是面料与薄膜复合的活里结构,或里料与薄膜复合的活面结构,这样易于洗涤,适用于民用运动服和防寒服。三层复合是将面料、薄膜和里料复合在一起,虽然手感稍硬,但可提高耐磨性。

4. 复合方法

层压织物复合方法按工艺分主要有焰熔法、压延法、热熔法和黏合剂法,前三种方法中,高分子薄膜既作为复合薄片,又作为黏合剂。黏合剂法比较适合于 PTFE 微孔薄膜与织物的复合。黏合剂法层压工艺主要有干法和湿法两种,一般采用干法工艺。

干法复合工艺是织物和薄膜间的热熔黏合剂通过加热熔融而复合。热熔黏合剂是不含溶剂或水,以热塑性高分子聚合物为基材的固体黏合剂,在受热时自身熔融,与织物或其他材料发生黏合,冷却后固结在一起。所选的热熔胶有聚乙烯、聚酰胺、聚酯、聚氯乙烯、聚氨酯等。在复合层压时,为保证 PTFE 薄膜的微孔不被黏合剂所堵塞,应该采取占薄膜总面积较小的黏合剂施加方式,一般采用点状黏合,可用圆网浆点涂层装置施加热熔黏合剂。

(三)层压设备

层压用的设备称为层压机、叠合机、叠层机或贴合机等。图 7-20 为层压复合设备结构示意图,该机由 10 个单元组成。

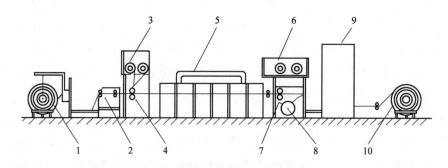

图 7-20 层压复合设备结构示意图

1—退绕进布单元 2—多功能涂布单元 3—前退膜单元 4—层压复合单元 5—热烘处理单元

6—后退膜单元 7—后置复合层压单元 8—呢毯复合单元 9—收卷单元 10—织物控制和动力单元

带有张力控制的主动退绕进布单元用于退卷,张力控制部分可保证机织物或针织物退卷过程的张力均匀,布面平整。多功能涂布单元由圆网浆点涂层机构等组成,可用于涂覆各种热熔胶或涂布各种溶剂型或水溶性 PU、PA 等胶黏剂或涂层剂。前退膜单元包括主动退绕机构、扩幅机构、静电消除机构和电晕处理机构,适用于薄膜及各种织物的退卷,同时经过电晕放电处理可以有效地提高层压织物的耐洗牢度。层压复合单元采用金属和橡胶轧辊,间隙可调,适用于湿法层压工艺。热烘处理单元包括涂覆聚四氟乙烯玻纤网导带拖动传送机构和烘箱。后退膜单元包括主动退绕机构、扩幅机构、静电消除机构和电晕处理机构,可进行三层层压织物的生产。后置复合层压单元的结构与上述的复合层压单元相当,从烘箱出来的织物温度较高,布面上的热熔型黏合剂尚处于熔融状态,通过轧辊可将从后退膜单元退下来的材料复合在一起,此即干法层压。呢毯复合单元包括油加热辊筒、玻纤织物导带及压力辊,带有热熔胶的织物或热熔网(膜)通过加热熔融,与其他织物或微孔薄膜复合。如果前面的复合层压单元已进行了湿法层压,后退膜单元两个退绕辊一个可退热熔网或膜,一个退织物,通过该单元的热压可一步实现三层材料的层压。收卷单元包括贮布机构和切边机构。

(四)防水透湿复合层压织物的生产工艺流程(以干法工艺说明)

织物防水处理→电晕放电(或磨毛)→圆网上胶→烘干→PTFE 薄膜退卷、电晕处理→与织物热压复合→PTFE 膜面处理→(上胶→复合里料)→切边→打卷→检验。

复合时,将成卷的面层织物安装在涂布机上,使面层织物连续通过涂布单元,在织物上涂布胶黏剂,涂胶量为 $5\sim50g/m^2$。将成卷的经过电晕处理的 PTFE 薄膜安装在复合工位后的退膜机上。从烘箱出来的织物温度较高,布面上的热熔型黏合剂尚处于熔融状态,通过轧辊可将从此处退下的薄膜复合在一起。热熔复合温度取决于织物品种和黏合剂种类,应控制在使黏合剂发生充分熔融而又不致老化的温度为宜,聚酯热熔胶的复合温度为 $150\sim160℃$。复合过程需要一定的压力,以使织物与薄膜紧密贴合,充分发挥热熔胶的黏结力,一般控制在 $147.3\sim540.1kPa$,复合时间一般在 $20\sim30s$。

第九节　防紫外线整理

紫外线是一种波长在 $200\sim400nm$ 范围内的电磁波,国际照明委员会将紫外光分为 3 个波段,即波长 $400\sim320nm$ 的近紫外线(简称 UV—A)、波长为 $320\sim280nm$ 的远紫外线(简称 UV—B)和波长为 $280nm$ 以下的超短波段紫外线(简称 UV—C)。紫外线对人类以及地球上的所有生物都是必不可少的,因为它不仅具有杀菌消毒功能,还能合成具有抗佝偻病作用的维生素 D。因此,适当照射太阳光对身体是有好处的,但过多地接受紫外线却对身体有害。它主要影响眼睛和皮肤,引起急性角膜炎和结膜炎,慢性白内障等眼疾,严重的会诱发皮肤癌。

三种波段的紫外线中,UV—A 基本上不被大气臭氧层吸收,大部分可以到达地面,其辐射量的变化同臭氧层的变化关系不大,危害性较小,进入皮肤的深度比 UV—B 深些,能深入皮肤的真皮层,使皮肤中产生色素的细胞生成色素沉淀,使皮肤发黑,并逐渐破坏弹力纤维,便皮肤失去弹性,出现皱纹,导致皮肤老化。但黑色素能吸收紫外线,成为紫外线的遮挡物,保护肌肉免遭紫外线的侵袭。

UV—B的辐射量同臭氧层的变化密切相关,由于大气臭氧层的吸收,只有极少量可到达地面,但比UV—A的危害性大,能渗入皮肤的表皮层。夏季的阳光中含有较多的UV—B,人体长时间照射后能使血管扩张,形成透过性亢进,皮肤变红,生成红斑,强烈的还会生成水疱,形成日光性皮炎。

超短紫外线UV—C光能最大,对皮肤和眼睛的损伤也最大,会破坏细胞的DNA。但这种强烈的紫外线基本上被距地面10~50 km的臭氧层吸收,一般无法到达地面。

总的来说,只有波长大于300nm的紫外线才能到达地球表面,且其强度随着波长的增大而增强。最有害的紫外线是UV—B中波长为310~300nm的紫外线,300~400nm的紫外线平均光能也较高,对人体皮肤的穿透力强,危害也大。紫外线还会使织物褪色、纤维脆损、强力下降。因此对紫外线的防护主要是针对这部分紫外线,即UV—A和UV—B,特别是UV—B的310~300nm波段的紫外线。

由于人类对大气臭氧层的破坏,使地面的紫外线辐射量大为增加,据测定每破坏10%臭氧层,到达地面的紫外线就增加20%。过量的紫外线辐射对人体和人类的生存环境是十分有害的。目前,在很多国家,因紫外线辐射而导致的皮肤癌及各种皮肤疾病的患者急剧上升,这使得纺织品的防紫外线功能日益受到人们的重视。纯棉织物是夏季的主要服装,但棉纤维对紫外线的屏蔽效果是各种纤维中最差的,因此,防紫外线整理研究的重点是纯棉织物。

一、影响纺织品紫外线透过率的因素

影响纺织品紫外线透过率的因素很多,但主要是纤维的种类、织物的组织结构和覆盖系数。染整加工对织物的紫外线透过率也有影响。

1.纤维种类

任何纤维都有一定的防紫外线辐射能力,但彼此之间差异很大。棉和黏胶纤维的紫外线透过率较高。羊毛、蚕丝等蛋白质纤维的分子结构中含有芳香族氨基酸,具有较高的紫外线吸收能力,对300nm以下的紫外线有强烈吸收。涤纶由于含有芳香环结构,同样具有较高的紫外线吸收能力。锦纶相当容易透过紫外线。腈纶由于氰基之间的偶极作用,抗紫外线能力较差。合成纤维中加入消光剂二氧化钛对紫外线透过率也有影响,消光剂起漫射作用,使紫外线透过困难。一般来说,天然纤维和常规纤维制品尚达不到保护人体免受紫外线伤害的保健要求。

2.织物的覆盖系数

织物的覆盖系数越大,其紫外线透过率越低,因为纤维与纤维之间、纱线与纱线之间的空隙小。同一组织织物,织物的克重越大,厚度越大,紫外线透过率越低。

3.染整加工

棉蜡、果胶质等棉纤维的伴生物能吸收紫外线,因此,煮练、漂白后的棉织物较坯布具有更大的紫外线透过率。许多染料均可吸收紫外线,染色的织物比未染色的织物紫外线透过率低,颜色越深紫外线透过率越低,而红色最易吸收紫外线。增白后的织物可提高紫外线吸收能力。

缩水后的服装会改善它的抗紫外线性能。

二、防紫外线整理的原理

通过织物的紫外线由三部分组成,透过织物孔隙、波长没有改变的紫外线,被纤维吸收的紫外线以及入射紫外线与织物相互作用后漫射的紫外线。因此,减少织物的紫外线透过率有两个途径:改变织物组织结构以降低孔隙率或提高织物对紫外线的反射或吸收能力。

织物的防紫外线整理原理,即是在织物上施加一种能反射或能强烈选择性吸收紫外线,并能进行能量转换,以热能或其他无害低能辐射,将能量释放或消耗的物质。施加的这些物质应对织物的各项服用性能无不良影响。织物的防紫外线整理与高分子材料的耐光稳定性有相似之处。不过,耐光稳定性是保护高分子材料本身,防止因紫外线照射后引起自动氧化导致聚合物降解,而紫外线屏蔽整理是保护人体免遭过量的紫外线照射而引起伤害。

三、防紫外线整理剂

一般将能反射或吸收紫外线的化学品统称为防紫外线整理剂,主要是紫外线屏蔽剂和紫外线吸收剂,它们是从不同的途径提高织物对紫外线的防护能力的。

1. 紫外线屏蔽剂

通常将利用物理方法促使紫外线散射、反射来屏蔽紫外线的物质称为紫外线屏蔽剂,也称为紫外线散射剂或紫外线反射剂。常用的紫外线屏蔽剂大多是对紫外线不具活性的金属化合物的粉体,如二氧化钛、氧化锌、氧化镁、二氧化硅、氧化铁、三氧化二铝、碳化钙、陶瓷粉、滑石粉等。利用这些无机物微粒对光的反射、散射作用,能屏蔽较广波长范围的紫外线,起到防止紫外线透过的作用。目前常用的是超细氧化锌粒子,它除了具有良好的反射作用(可反射波长240～380nm 的紫外线)外,还能抑制细菌和真菌等的繁殖和防臭,且价格低廉、无毒性。二氧化钛能反射的紫外线波长范围较窄(只能反射波长为 346～360nm 的紫外线),因此实用价值不大。一些陶瓷物质也具有良好的紫外线屏蔽作用,而且还有抗菌、远红外线辐射功能。炭黑也是一种有效的紫外线屏蔽剂,它不仅散射紫外线,连可见光也完全屏蔽了,所以只有在遮光涂层时才使用。

2. 紫外线吸收剂

紫外线吸收剂是有机化合物中对紫外线有强烈选择性吸收并能进行能量转换而减少它的透过量的物质。作为纺织品用的紫外线吸收剂应能满足以下条件:

(1)安全无毒,特别是对人体皮肤无刺激和过敏反应。

(2)吸收紫外线的波长范围要大,特别是对波长为 290～400nm 的紫外线应有尽可能高的吸收系数。

(3)对热、光和化学品稳定,无光催化作用。

(4)吸收紫外线后无色变现象。

(5)不影响织物的色牢度、白度、强力和手感。

(6)耐常用溶剂,耐洗性良好。

纺织品选用紫外线吸收剂应视纺织品的最终用途、纤维种类而定,有时为了获得较高的耐洗性,还需采用微胶囊技术。

紫外线吸收剂主要有水杨酸类、二苯甲酮类、苯并三唑类和氰基丙烯酸酯类等几类。水杨酸类紫外线吸收剂,对 UV—B、UV—C 波长有吸收作用,但对 UV—A 波长完全不吸收。二苯甲酮类紫外线吸收剂对 UV—A、UV—B 波长有吸收作用,但会产生黄变,这类化合物还是环境激素。因此,在使用这些紫外线吸收剂时,必须考虑其作用波长范围和对皮肤与环境的安全性。目前纺织品上常用的紫外线吸收剂主要是二苯甲酮类和苯并三唑类化合物。将无机的紫外线屏蔽剂与有机的紫外线吸收剂配合使用,相互有增效作用。

一般的紫外线吸收剂只是吸附在织物或纤维表面,即使采取措施后耐洗性也不够理想。近年来,出现了反应性的抗紫外线整理剂,如科莱恩公司的紫外线吸收剂 Rayosan C（浆状）、Rayosan CO（液状）,能与纤维素纤维中的羟基和锦纶中的氨基反应,汽巴精化公司的 Solaztex CEL（Tinofast CEL）,它们可以像活性染料染色一样进行处理,并且对织物的外观、手感和透气性没有影响。Rayosan C 和 CO 可用于纤维素纤维、聚酰胺纤维和羊毛织物的抗紫外线整理,Rayosan C 的反应性较高,可与低温型活性染料同浴染色,Rayosan CO 的反应性较低,可与高温型活性染料同浴染色。Rayosan C 主要吸收 UV—B 波段的紫外线,Solaztex CEL 对 UV—A 和 UV—B 波段的紫外线都有吸收。

四、防紫外线整理工艺

1. 浸渍法

涤纶织物的防紫外线整理,可以与分散染料高温高压染色同浴进行,这时紫外线吸收剂分子溶入纤维内部,只要选择合适的包括对皮肤毒性低的紫外线吸收剂就行。腈纶也可以用紫外线吸收剂与阳离子染料同浴染色法进行。

棉织物、锦纶织物可用反应性的紫外线吸收剂如 Rayosan C,采用浸渍法进行处理,其工艺举例如下。

棉织物:

Rayosan C	1%～4%（漂白织物取高限,染色织物取低限）
硫酸钠或氯化钠	60～80g/L
碳酸钠	（2＋Rayosan C 用量）%
浴比	Rayosan C 具有中等直接性,低浴比可获得高固着率

25℃投入织物,加入已溶解的硫酸钠或氯化钠溶液,运转 5～10min,加入 Rayosan C,处理 30min,分次加入已溶解的碳酸钠溶液,固色 30～40min,热水洗,冷水洗。

锦纶织物:

Rayosan C	x%
硫酸钠或氯化钠	40～60g/L

以 1.5～2℃/min 的升温速度从室温升到 98℃,在 98℃保温处理 15～30min,然后热水洗、冷水洗。

2. 浸轧法

反应性的紫外线吸收剂,也可采用浸轧法对织物进行处理。棉织物采用浸轧法进行处理的工艺流程举例如下。

浸轧液组成(g/L):

Rayosan C	x
碳酸钠或碳酸氢钠	$3.0+0.1x$

工艺流程:浸轧(轧液率 $60\%\sim80\%$)→汽蒸($100\sim102℃,30\sim45s$)→热水洗→冷水洗。

对于不溶于水,又对棉、麻等天然纤维缺乏亲和力的紫外线吸收剂,可采用与树脂或黏合剂同浴的浸轧方法,将紫外线吸收剂固着在织物或纤维表面。浸轧法除用紫外线吸收剂外也可少量添加紫外线屏蔽剂以提高紫外线屏蔽效果。织物浸轧后经烘干或热处理,使树脂充分固着在纤维上。浸轧液由紫外线吸收剂、树脂或黏合剂、柔软剂组成。

3. 涂层法

在涂层浆中加入适量的紫外线吸收剂或紫外线屏蔽剂在织物表面进行涂层,然后经烘干和必要的热处理,在织物表面形成一层薄膜,可达理想的抗紫外线效果。这种加工方法对各种纤维及其混纺织物均适用,且加工效果的耐久性良好。涂层法中所用的紫外线屏蔽剂是一些高折射率的无机化合物,它们吸收紫外线的效果与其粒径大小有关,粒径在 $50\sim120nm$ 时吸收效率最大或透过率最小。

五、防紫外线整理效果的测试

防紫外线效果的测试目前主要采用紫外线防护系数 UPF(Ultraviolet Protection Factor)和紫外线透过率 $T(UV—A)_{AV}$,$T(UV—B)_{AV}$。

(1)紫外线防护系数 UPF。UPF 表示织物防护紫外线的能力,是紫外线对未防护皮肤的平均辐射量与经被测试织物遮挡后紫外线辐射量的比值。UPF 值越大,表示防护效果越好。

UPF 的计算公式如下:

$$UPF = \frac{\sum\limits_{280}^{400} E_\lambda \times S_\lambda \times \Delta\lambda}{\sum\limits_{280}^{400} E_\lambda \times S_\lambda \times T_\lambda \times \Delta\lambda} \tag{7-15}$$

式中:E_λ——形成红斑的紫外线能量;

S_λ——太阳光谱辐射能量,$W/(m^2 \cdot nm)$;

λ——紫外线光波波长,nm;

T_λ——波长为 λ 时的紫外线透过率,$\%$;

$\Delta\lambda$——紫外线光波波长度间隔,nm。

(2)紫外线透过率 $T(UV—A)_{AV}$、$T(UV—B)_{AV}$。

紫外线透过率 $T(UV—A)_{AV}$、$T(UV—B)_{AV}$ 按下式计算:

$$T(\mathrm{UV-A})_{\mathrm{AV}} = \frac{\sum\limits_{320}^{400} T_\lambda \times \Delta\lambda}{\sum\limits_{320}^{400} \Delta\lambda} \qquad (7-16)$$

$$T(\mathrm{UV-B})_{\mathrm{AV}} = \frac{\sum\limits_{280}^{320} T_\lambda \times \Delta\lambda}{\sum\limits_{280}^{320} \Delta\lambda} \qquad (7-17)$$

式中：$T(\mathrm{UV-A})_{\mathrm{AV}}$——UV—A 波段的紫外线透过率，%；

$T(\mathrm{UV-B})_{\mathrm{AV}}$——UV—B 波段的紫外线透过率，%。

UV—A、UV—B 的紫外线透过率 $T(\mathrm{UV-A})_{\mathrm{AV}}$、$T(\mathrm{UV-B})_{\mathrm{AV}}$ 越小，表明织物屏蔽紫外线的效果越好。UPF 的数值与防护等级见表 7-13。

表 7-13 UPF 的数值与防护等级

UPF 范围	防护分类	紫外线透过率/%	UPF 等级
15~24	较好防护	6.7~4.2	15,20
25~39	非常好的防护	4.1~2.6	25,30,35
40~50,50+	非常优异的防护	≤2.5	40,45,50,50+

我国国家标准 GB/T 18830—2009 规定，只有当纺织品的紫外线防护系数 $UPF>30$，透过率 $T(\mathrm{UV-A})_{\mathrm{AV}}<5\%$ 时，方可称为"防紫外线产品"。

第八章　生态纺织品

第一节　纺织生态学与生态纺织品

一、纺织生态学

纺织生态学主要研究纺织品与人类、纺织品生产与人类和环境、纺织品与环境的相互关系，包括纺织品生产生态学、纺织品消费生态学和纺织品处理生态学三个部分，是研究纺织品在生产、消费、废弃整个过程中对人类和自然环境的影响的科学。

纺织品生产生态学是研究纤维、织物和服装生产过程对人类和环境的影响以及检测和控制方法。纺织品上有害物质的存在与纺织品的生产过程密切相关，在纤维、织物和服装生产过程中使用的有害物质一部分残留在纺织品上对人体造成危害；另一部分在生产过程中被排放到空气和废水中对环境造成危害。纺织品生产生态学要求纤维、织物和服装的生产过程必须是环境友好的，对空气和水不产生污染，噪音控制在允许的范围内。纺织品生产生态学的主要研究领域包括植物纤维的种植和收获过程中肥料、生长调节剂、落叶剂、除草剂、杀虫剂、防霉剂和各种防病虫害剂等化学品的使用对人类和环境产生的影响。动物纤维生长过程中动物的放养以及饲料和添加剂的使用对环境和人类的影响。化学纤维生产中原料的选用、生产方式和生产工艺对资源和环境的影响。纺织品加工过程中各种化学品的使用和加工工艺对人类和环境的影响。

纺织品消费生态学研究纺织品在使用过程中对人体和环境可能产生的影响和检测方法，为纺织品的开发和生产指明方向。根据人类目前已经掌握的知识，纺织品消费生态学要求存在于纺织品上的各种有害物质的含量必须控制在一定的范围以内。

纺织品消费生态学主要研究什么样的纺织品是生态纺织品，纺织品上的哪些物质是对人体有害的，它必须符合什么标准或者说其含量应当控制在什么范围才不会对人体构成危害，如何对这些有害物质进行检测。

废弃纺织品处理生态学是研究废弃纺织品对自然环境的影响及其检测和控制方法，主要研究废弃纺织品的组成、生物可降解性及对环境的影响。最终废弃的纺织品的组成、性质比组成它的纤维要复杂多，要对这些废弃纺织品进行回收利用或无害化处理，必须对其组成和性质进行充分了解；研究废弃纺织品的无污染处理方法；研究废弃纺织品的回收利用途径和方法，变废为宝，节约资源，这是废弃纺织品处理生态学最重要的任务。

目前对于纺织品生产生态学有 Oeko - Tex Standard 1000 和 ISO 14000 等系列标准，关于纺织品消费生态学的研究已经诞生了诸如 Oeko - Tex Standard 100 等国际化标准，而对于纺织品处理生态学的研究相对较弱，作为一种商品，在生产、消费和废弃这个大循环中，纺织品废弃后对自然环境和人类的影响往往被人们忽视。

二、生态纺织品

生态纺织品的定义目前尚无统一的说法,从完整意义上看应该包括下列几方面的含义:原料资源的可再生利用,在生产加工过程中对环境不会造成不利的影响,在使用过程中消费者的安全和健康以及环境不会受到损害,废弃以后能在自然条件下降解或不对环境造成新的污染。

国际上,关于生态纺织品的认定标准目前有两种观点,一种是以欧洲"Eco‐Label"为代表的全生态概念或广义生态纺织品的概念。依据该标准,生态纺织品所使用的纤维在生长或生产过程中应未受污染,同时也不会对环境造成污染,生态纺织品所用原料采用可再生资源或可利用的废弃物,不会造成生态平衡的失调和掠夺性资源的开发;生态纺织品在失去使用价值后可回收再利用或在自然条件下可降解消化;生态纺织品应当对人体无害,甚至具有某些保健功能。由于这一标准相当严格,目前完整意义上的生态纺织品寥寥无几,但这并不妨碍人们对真正意义上的生态纺织品进行开发探索的追求。

另一种观点以德国、奥地利、瑞士等欧洲国家的 13 个研究机构组成的国际生态纺织品研究和检验协会为代表的有限生态概念或狭义的生态纺织品概念,认为生态纺织品是按照人类现有的科学知识,纺织品上对人体有害的物质的含量被控制在一定的范围内,在使用时不会对人体健康造成危害,对人体是安全的、可信赖的纺织品。这一观点主张对纺织品上的有害物质进行适度限定并建立相应的品质监控体系。

第二节　生态纺织品标准

一、生态纺织品标准 100

1989 年奥地利纺织研究院参考饮用水标准、污水排放标准、工作场所有害物质最大浓度和日本 112 法令,颁布了第一部纺织生态学标准——奥地利纺织标准"OTN 100",首次规定了纺织品上有害物质的测试范围和极限值。1991 年奥地利纺织研究院和同样研究纺织品生态学的德国海恩斯坦研究院合作,将奥地利纺织标准"OTN 100"转变为"Oeko‐Tex Standard 100"(生态纺织品标准 100),并于 1992 年 4 月颁布。1993 年奥地利纺织研究院、德国海恩斯坦研究院和苏黎世纺织测试研究院联合签署协议成立"国际纺织生态学研究与检测协会(International Association for Research and Testing in the Field of Textile Ecology)"。自 1994 年以来已有比利时、丹麦、瑞典、挪威、葡萄牙、西班牙、英国、意大利等 13 个欧洲国家加入该协会,并建立检测实验室。1997 年、1999 年国际纺织生态学研究与检测协会分别对"Oeko‐Tex Standard 100"进行了修订,此后每年修订一次,目前已推出 2016 年版。该标准对纺织品上各种有害物质的含量做了明确规定。按照这个标准,生态纺织品被定义为对纺织品上的有害物质及其含量经过检验的、对人体安全的、可信赖的纺织品称之为生态纺织品。目前,20 世纪 90 年代初出台的由一些国家或国际和地区性消费者权益保护或环境保护组织制定的纺织品生态标准已被放弃，转而认同 Oeko－Tex Standard 100，Oeko－Tex Standard 100 已成为目前在国际上使用最为广泛的纺织品生态标准。

Oeko－Tex Standard 100 适用于各种类型的纺织和皮革制品，但不适用于化学品、助剂和染料。Oeko－Tex Standard 100 将产品按其最终用途分为四类：一类是婴儿用产品，是指除了皮革服装之外的所有用于制作婴儿或 36 个月以下的儿童用品的产品、基本材料和辅料。第二类为直接与皮肤接触的产品，是指那些穿着或使用时大面积与皮肤直接接触的产品，如衬衣、内衣、毛巾、床单等。第三类为不直接与皮肤接触的产品，是指那些穿着或使用时只有小部分直接与皮肤接触的产品，如填充材料、衬里、外衣等。第四类为装饰材料，指包括原材料和辅料在内的所有用于装饰的产品，如桌布、墙布、家具装饰布、窗帘、室内装饰织物、地毯和床垫等。Oeko－Tex Standard 100 对有害物质的定义为，在纺织品或辅料中含有的，在正常或按规定条件使用时会释放出的，按现有科学知识，对人体具有某种影响并会对人体造成伤害的且超出一个最大的限量的物质。

表 8－1 是 2016 年版 Oeko－Tex Standard 100 所规定的检测项目及有害物质在纺织品上的极限值。

表 8－1　2016 年版 Oeko－Tex Standard 100 测试项目限量值表

产品级别		I 婴幼儿	II 直接接触皮肤	III 不直接接触皮肤	IV 装饰材料
酸碱值(pH)		4.0～7.5	4.0～7.5	4.0～9.0	4.0～9.0
甲醛/mg·kg^{-1}		不得检出	75	300	300
可萃取的重金属/mg·kg^{-1}	锑(Sb)	30.0	30.0	30.0	—
	砷(As)	0.2	1.0	1.0	1.0
	铅(Pb)	0.2	1.0	1.0	1.0
	镉(Cd)	0.1	0.1	0.1	0.1
	铬(Cr)	1.0	2.0	2.0	2.0
	六价铬(Cr^{6+})	检测限值以下(<0.5，皮革中<3.0)			
	钴(Co)	1.0	4.0	4.0	4.0
	铜(Cu)	25.0	50.0	50.0	50.0
	镍(Ni)	1.0	4.0	4.0	4.0
	汞(Hg)	0.02	0.02	0.02	0.02
被消解样品中的重金属[①]/mg·kg^{-1}	铅(Pb)	90.0	90.0	90.0	90.0
	镉(Cd)	40.0	40.0	40.0	40.0
杀虫剂总量/mg·kg^{-1}		0.5	1.0	1.0	1.0
氯化苯酚/mg·kg^{-1}	五氯苯酚	0.05	0.5	0.5	0.5
	四氯苯酚,总量	0.05	0.5	0.5	0.5
	三氯苯酚,总量	0.2	2.0	2.0	2.0
	二氯苯酚,总量	0.5	3.0	3.0	3.0
	单氯苯酚,总量	0.5	3.0	3.0	3.0

产品级别		I 婴幼儿	II 直接接触皮肤	III 不直接接触皮肤	IV 装饰材料
邻苯二甲酸酯/%	总量	0.1	0.1	0.1	—
	总量(不含邻苯二甲酸二异壬酯)	—	—	—	0.1
有机锡化合物/mg·kg⁻¹	三丁基锡、三苯基锡	0.5	1.0	1.0	1.0
	二丁基锡、二甲基锡、二辛基锡、二苯基锡、一丁基锡、一辛基锡、甲基锡、四丁基锡、三环己基锡、三甲基锡、三辛基锡、一甲基锡、三丙基锡	1.0	2.0	2.0	2.0
其他化学残留物	邻苯基苯酚/mg·kg⁻¹	50.0	100.0	100.0	100.0
	芳香胺[②]/mg·kg⁻¹	不允许检出(检测限值以下,<20)			
	短链氯化石蜡(C_{10}~C_{13})/%	0.1	0.1	0.1	0.1
	三(2-氯乙基)磷酸酯/%	0.1	0.1	0.1	0.1
	富马酸二甲酯/%	0.1	0.1	0.1	0.1
染料	可分解出致癌芳香胺的染料	不得使用(分解出的致癌芳香胺检出限量不超过20mg/kg)			
	致癌染料	不得使用			
	致敏染料	不得使用(致敏染料的检出限量不超过50mg/kg)			
	其他染料(C.I.分散橙149、C.I.分散黄23)	不得使用(检出限量不超过50mg/kg)			
氯化苯和氯化甲苯(总量)/mg·kg⁻¹		1.0	1.0	1.0	1.0
多环芳烃/mg·kg⁻¹	苯并[a]芘	0.5	1.0	1.0	1.0
	苯并[b]芘	0.5	1.0	1.0	1.0
	苯并[a]蒽	0.5	1.0	1.0	1.0
	1,2-苯并菲	0.5	1.0	1.0	1.0
	苯并[b]萤蒽	0.5	1.0	1.0	1.0
	苯并[j]萤蒽	0.5	1.0	1.0	1.0
	苯并[k]萤蒽	0.5	1.0	1.0	1.0
	二苯并[a,h]蒽	0.5	1.0	1.0	1.0
	总量	5.0	10.0	10.0	10.0
生物活性产品		没有			
阻燃产品	总体	没有[③]			
残余溶剂/%	N-甲基吡咯烷酮	0.1	0.1	0.1	0.1
	N,N-二甲基乙酰胺	0.1	0.1	0.1	0.1
	N,N-二甲基甲酰胺	0.1	0.1	0.1	0.1
	甲酰胺	0.02	0.02	0.02	0.02
残余表面活性剂、润湿剂/mg·kg⁻¹	壬基酚(NP)、辛基酚(OP),总量	<10.0	<10.0	<10.0	<10.0
	壬基酚(NP)、辛基酚(OP)、壬基酚聚氧乙烯醚NP(EO)、辛基酚聚氧乙烯醚OP(EO),总量	<100.0	<100.0	<100.0	<100.0

续表

产 品 级 别		I 婴幼儿	II 直接接触皮肤	III 不直接接触皮肤	IV 装饰材料
全氟化合物④	全氟辛烷磺酰基化合物(PFOS)/$\mu g \cdot m^{-2}$	<1.0	<1.0	<1.0	<1.0
	全氟庚酸(PFHpA)/$mg \cdot kg^{-1}$	0.05	0.1	0.1	0.5
	全氟辛酸(PFOA)/$\mu g \cdot m^{-2}$	<1.0	<1.0	<1.0	<1.0
	全氟壬酸(PFNA)/$mg \cdot kg^{-1}$	0.05	0.1	0.1	0.5
	全氟癸酸(PFDA)/$mg \cdot kg^{-1}$	0.05	0.1	0.1	0.5
	全氟十一烷酸(PFUdA)/$mg \cdot kg^{-1}$	0.05	0.1	0.1	0.5
	全氟十二酸(PFDoA)/$mg \cdot kg^{-1}$	0.05	0.1	0.1	0.5
	全氟十三烷酸(PFTrDA)/$mg \cdot kg^{-1}$	0.05	0.1	0.1	0.5
	全氟十四酸(PFTeDA)/$mg \cdot kg^{-1}$	0.05	0.1	0.1	0.5
紫外线稳定剂/%	UV320	—	—	—	0.1
	UV327	—	—	—	0.1
	UV328	—	—	—	0.1
	UV350	—	—	—	0.1
色牢度(沾色)	耐水	3	3	3	3
	耐酸性汗液	3~4	3~4	3~4	3~4
	耐碱性汗液	3~4	3~4	3~4	3~4
	耐干摩擦	4	4	4	4
	耐唾液和汗液	坚牢	—		
可挥发物释放量⑤/$mg \cdot m^{-3}$	甲醛	0.1	0.1	0.1	0.1
	甲苯	0.1	0.1	0.1	0.1
	苯乙烯	0.005	0.005	0.005	0.005
	乙烯基环己烷	0.002	0.002	0.002	0.002
	4-苯基环己烷	0.03	0.03	0.03	0.03
	丁二烯	0.002	0.002	0.002	0.002
	氯乙烯	0.002	0.002	0.002	0.002
	芳香烃化合物	0.3	0.3	0.3	0.3
	有机挥发物	0.5	0.5	0.5	0.5
气味测定	总体	无异味(无霉味,无高沸程汽油馏分气味,无鱼腥味,无芳香烃或香水气味)			
	SNV 195 651⑤(瑞士专业标准)	3	3	3	3
禁用纤维	石棉纤维	不得使用			

1. 针对所有非纺织辅料和组成部分,以及在纺丝时加入着色剂生产的有色纤维和含有涂料的产品;

2. 适用于所有含有聚氨酯的材料或其他可能含有游离致癌芳香胺的材料;

3. 接受不含有 Oeko-Tex Standard 100 中所列禁用阻燃物质的阻燃产品;

4. 适用于所有经过拒水、拒油整理和涂层处理的材料;

5. 适用于纺织地毯、床垫以及发泡和有大面积涂层的非穿着物品。

二、纺织品上有害物质的来源及对人体和环境的危害

1. pH

人体皮肤表面呈微酸性以保证常驻菌平衡,防止致病菌的侵入。因此,纺织品的 pH 在微酸性至中性之间有利于保护人体的皮肤,酸性和碱性太强都对人体皮肤不利,而且,纺织品处于较强的酸性或碱性条件下也容易受损。纺织品的酸碱性虽然与纤维、纺织加工都有关系,但最主要还是取决于染整加工。在染整加工时,纺织品经常在酸性或碱性溶液中处理,一些纤维还会发生吸酸或吸碱,所以染整加工后的洗涤与纺织品的 pH 有密切关系。纺织品在染整加工后必须充分洗涤,使纺织品萃取液的 pH 达到规定范围。

2. 游离甲醛

甲醛是一种重要的防腐剂,也是各种 N-羟甲基树脂整理剂、缩胺型固色剂、自交联黏合剂、阻燃剂、防水剂的重要组分。甲醛对生物细胞的原生质是一种毒性物质,它可与生物体内的蛋白质结合,改变蛋白质结构并将其凝固。甲醛会对人体呼吸道和皮肤产生强烈的刺激,引发呼吸道炎症和皮肤炎。此外,甲醛对皮肤也是多种过敏症的显著引发物。另外,甲醛对眼睛也有强烈的刺激作用。虽无直接证据,但仍有报道甲醛可能会诱发癌症。含甲醛的纺织品在穿着或使用过程中,部分未交联的或水解产生的游离甲醛会释放出来,对人体健康造成损害。

3. 可萃取重金属

纺织品中重金属的主要来源是加工过程中使用的部分染料和助剂,如各种金属络合染料、媒介染料、酞菁结构染料、固色剂、催化剂、阻燃剂等以及用于软化硬水、退浆、煮练、漂白、印花等工序中的各种金属络合剂。天然纤维类织物,重金属还可能来自污染的环境,如植物纤维生长过程中重金属铅、镉、汞、砷等可通过环境迁移和生物富集沾污纤维,动物纤维所含的痕量铜可来自生物合成。

重金属对人体的毒性相当严重,一旦为人体所吸收,会累积于人体的肝、骨骼、肾、心及脑中。当受影响的器官中重金属积累到一定程度,便会对健康造成无法逆转的巨大损害,某些重金属如汞等还会损害人的神经系统。重金属对儿童的损害尤为严重,因为儿童对重金属的吸收能力远高于成人。

事实上,纺织品上可能含有的重金属绝大部分并非处于游离状态,对人体不会造成损害。所谓可萃取重金属是模仿人体皮肤表面环境,以人工酸性汗液对样品进行萃取,并用等离子体原子发射光谱、紫外/可见吸收分光光度、原子吸收分光光度等仪器分析方法测定可萃取的,并可能进入人体对健康造成危害的重金属的含量。

4. 杀虫剂

天然植物纤维如棉花,在种植中会用到多种农药,如各种杀虫剂、除草剂、落叶剂等。在棉花生长过程中使用的农药,一部分会被纤维吸收,虽然在纺织品加工过程中绝大部分被吸收的农药会被去除,但仍有可能有部分会残留在最终产品上。这些农药对人体的毒性强弱不一,且与在纺织品上的残留量有关,其中有些极易经皮肤被人体所吸收,且对人体有相当的毒性。如果产品不含天然纤维,则不必进行杀虫剂残留量的检测。

5. 氯代苯酚

五氯苯酚是纺织品、皮革制品、纺织浆料和印花色浆采用的传统的防霉、防腐剂,也有用作液状分散染料和活性染料的防腐剂。动物试验证明,五氯苯酚是一种强毒性物质,也是一种环境激素,对人体具有致畸和致癌性。五氯苯酚化学稳定性很高,自然降解过程漫长,不仅对人体

有害,而且会对环境造成持久的损害,因而在纺织品和皮革制品中的使用受到严格的限制。2,3,5,6-四氯苯酚是五氯苯酚合成过程中的副产物,对人体和环境同样有害。实际上,包括原料苯酚在内,所有氯代苯酚都具有毒性。

6. 邻苯二甲酸酯类 PVC 增塑剂

PVC 材料广泛用于纺织辅料、涂层织物、玩具及儿童用品、鞋类和运动器材。邻苯二甲酸酯类化合物是软质 PVC 材料最常用的增塑剂,用量可达 40%~50%。邻苯二甲酸酯也用于黏合剂、涂料、高分子助剂,还用于涤纶分散染料染色的匀染剂和染色载体,具有亲涤纶和增塑作用。研究表明,邻苯二甲酸酯类化合物有致癌性并会对人体的荷尔蒙系统造成损害。在一般的使用条件下,软质 PVC 材料会释放出相当量的邻苯二甲酸酯类增塑剂,当婴幼儿因为好玩或下意识地把手边的东西放入口中咀嚼时,这类释放出的邻苯二甲酸酯类增塑剂就有可能通过口腔对儿童造成严重的损害。

7. 有机锡化合物

三丁基锡常用于棉纺织品的抗微生物整理,可有效地防止纺织品(如鞋、袜和运动服装)上沾染的汗液因被微生物分解而产生难闻的气味。二丁基锡主要用于高分子材料,如 PVC 稳定剂的中间体,聚氨酯和聚酯的催化剂。有机锡化合物具有急性毒性、皮肤刺激性和对生殖机能的危害,对人体是有害的,能引起皮炎和内分泌失调,其损害程度与剂量和人的神经系统有关。有机锡化合物对水生物的毒性也相当大,会造成对环境的污染。

8. 短链氯化石蜡

氯化石蜡是石蜡烃的氯化衍生物,氯代烷烃中碳链长度为 10~13 个碳原子的为短链氯代烷烃或短链氯化石蜡(SCCP),主要用于纺织品的阻燃剂和涂层剂等。

短链氯化石蜡对许多物种的毒性较高,特别是对水生生物的毒性极大,对陆生生物的毒性也是个值得关注的问题。短链氯化石蜡还属于可能的致癌物,而且,在环境中不会自然分解,往往会在生物圈中富集,其持久性、生物蓄积性、远距离环境迁移潜力和毒性会对全球环境和生物体造成破坏性影响。

9. 富马酸二甲酯

富马酸二甲酯主要作为防霉剂使用,通常以小袋包装的形式置于家具内或皮革、服装和鞋类的包装盒内。消费者在使用这些产品时,富马酸二甲酯有可能通过接触而转移到消费者的皮肤上引起接触性皮炎,症状包括发痒、刺激、红肿和灼烧感等,且特别不易治愈。因而,使用富马酸二甲酯作为防霉剂存在对消费者健康造成损害的风险。

10. 染料

见禁用染料。

11. 氯化苯和氯化甲苯

氯化苯和氯化甲苯系列有机化合物。如三氯苯、二氯甲苯等是涤纶高效的染色载体,也是非水溶性染料与颜料合成中的溶剂、洗涤剂和颜料的重结晶溶剂。研究表明,这些含氯芳香族化合物会影响人的中枢神经系统,引起皮肤过敏并刺激皮肤和黏膜,对人体有潜在的致畸和致癌性。含氯芳香族化合物十分稳定,在自然条件下不易分解,对环境十分有害。

12. 多环芳烃

多环芳烃是由两个以上的苯环连接在一起的化合物,基本上是化学惰性物质,通常由碳氢化合物的不完全燃烧而形成,也会在石油裂解过程中产生,数量有数百种之多。一些多环芳烃化合物也应用于制造药品、染料、杀虫剂、橡胶、油漆等。

目前已确认,人类会由于吸入或长期接触一些多环芳烃化合物而致癌。实验动物经吸入、摄取、皮肤接触某些多环芳烃分别导致肺癌、胃癌、皮肤癌。多环芳烃在其生成、迁移、转化和降解过程中,通过呼吸道、皮肤、消化道进入人体,有很强的致畸、致癌、致突变作用,极大地威胁着人类的健康。多环芳烃暴露于太阳光中在紫外光辐射作用下可产生光致毒效应。

13. 生物活性物质

2016版 Oeko-Tex Standard 100 规定,除了采用被 Oeko-Tex 所接受的处理方法外,不受理认证含有生物活性物质的纤维材料或用生物活性物质整理的产品,也即抗菌防霉卫生整理剂整理的产品。这是因为许多生物活性物质都有一定的毒性或致畸性。例如,2,4,4′-三氯-2′-羟基二苯醚(THED)本身无毒,对皮肤也无刺激性,但由于其原料 2,4-二氯苯酚是环境激素,受热和紫外线作用将产生致癌性被禁用。卤代双酚化合物 2,2′-二羟基-5,5′-二氯二苯甲烷和 2,2′-二羟基-5,5′-二氯二苯硫醚作为防霉整理剂,也因与 THED 同样的原因被禁用。而 α-溴代肉桂醛(BCA)、2-(4-噻唑基)苯并咪唑(TBI)、2-(3,5-二甲基吡唑基)-4-羟基-6-苯基嘧啶等因有很高的致畸性而被禁用。

14. 阻燃剂

含溴和含氯阻燃剂如多溴联苯,三-(2,3-二溴丙基)-磷酸酯,多溴联苯醚和氯化石蜡等是纺织材料常用的阻燃剂。长期与这些高毒性的阻燃剂接触会对人体产生十分不利的影响,如免疫系统的恶化和生殖系统的障碍、甲状腺功能的不足、记忆力丧失等。

15. 残余溶剂

残余溶剂 N-甲基吡咯烷酮、N,N-二甲基乙酰胺、N,N-二甲基甲酰胺、甲酰胺等都属于 REACH 法规规定的第 2 类生殖毒性物质。

16. PFC′s

PFC′s 是全氟化合物(Perfluorinated Compounds)的简称,包括 PFOS(全氟辛烷基磺酰基化合物)、全氟烷酸等。

PFOS 是 Perfluorooctane sulfonates 的简称,是全氟化合物的代表,是全氟化整理剂和全氟化表面活性剂的原料,由于其特殊的化学和物理作用,广泛用于拒水、拒油、易去污整理剂和特殊表面活性剂。

PFOS 对肝脏、神经、心血管系统、生殖系统和免疫系统等多种器官具有毒性和致癌性。PFOS 是拒水拒油化合物,生物体一旦摄取后,一般优先吸附在蛋白质上,大部分与血液中血浆蛋白结合,并累积在肝脏组织和肌肉组织中,还会造成呼吸系统病变。由于 PFOS 的体内持久性强,生物体一旦摄取后,分布在肝脏和血液中,很难通过生物体的新陈代谢而分解。PFOS 不仅持久性强,也是最难分解的有机污染物,即使在浓硫酸中煮沸也不会分解,它在任何环境下试验都没有出现水解、光解或生物降解。PFOS 有远距离环境迁移能力,污染范围十分广泛,经调查的全世界的地下水、地表水、野生动物和人体无一例外都存在 PFOS 的踪迹,是一种难分解、可在生物体内积累的有毒化学品。

PFOA(全氟辛酸)及其盐也是一种难以降解的有机物,在环境中具有高持久性,同样会在环境中富集,在人体和动物组织中积累,既会进入食物链中,也会对人体健康和环境造成潜在的危害。

17. 色牢度

虽然并无证据表明纺织品上所使用的染料一定对人体有害,但提高纺织品的色牢度无疑可以最大限度地降低这种风险。生态纺织品标准中选择作为监控内容的四种色牢度指标,与人体穿着或使用纺织品直接相关。婴儿服装的唾液和汗渍色牢度指标十分重要,因为婴幼儿可透过唾液和汗渍吸收染料。

18. 挥发性物质和特殊气味

一些挥发性物质,特别是有一些奇特气味的物质应控制用量或限制使用。特殊气味指霉味、鱼腥味或怪味等。纺织品上如散发出气味,或气味过重,表明纺织品上有过量的化学品残留,有可能对健康造成危害,且会引起消费者的不快和担忧。特殊气味最突出的是涂料印花织物上残留的火油味,树脂整理纺织品上的鱼腥味等。

19. 石棉纤维

石棉的致癌性已众所周知,但目前石棉制品仍在一定范围内被大量使用。

参考文献

[1]王菊生,孙铠.染整工艺原理(第一～第四册)[M].北京:纺织工业出版社,1987.

[2]陶乃杰等.染整工程(第一～第四册)[M].北京:中国纺织出版社,1994.

[3]张洵栓等.染整概论[M].北京:纺织工业出版社,1989.

[4]侯永善等.染整工艺学(第一～第四册)[M].北京:纺织工业出版社,1993.

[5]郑忠,胡纪华.表面活性剂的物理化学原理[M].广州:华南理工大学出版社,1995.

[6]梁梦兰.表面活性剂和洗涤剂——制备　性质　应用[M].北京:科学技术文献出版社,1990.

[7]刘程.表面活性剂应用手册[M].北京:化学工业出版社,1992.

[8]陈溥,王志刚.纺织印染助剂手册[M].北京:中国轻工业出版社,1995.

[9]孔繁超等.针织物染整[M].北京:纺织工业出版社,1983.

[10]吕淑霖.毛织物染整[M].北京:纺织工业出版社,1987.

[11]杨丹.真丝绸染整[M].北京:纺织工业出版社,1983.

[12]陈锡云.中长纤维织物染整[M].北京:纺织工业出版社,1989.

[13]上海市毛麻纺织工业公司.毛织物染整(下册)[M].2版.北京:中国纺织出版社,1995.

[14]范雪荣,王强等.针织物染整技术[M].北京:中国纺织出版社,2004.

[15]董永春,滑钧凯.纺织品整理剂的性能与应用[M].北京:中国纺织出版社,1999.

[16]张友松.变性淀粉生产与应用手册[M].北京:中国轻工业出版社,1999.

[17]邵宽.纺织加工化学[M].北京:中国纺织出版社,1996.

[18]周文龙.酶在纺织中的应用[M].北京:中国纺织出版社,1999.

[19]陈石根,周润琦.酶学[M].上海:复旦大学出版社,1996.

[20]宋心远,沈煜如.新型染整技术[M].北京:中国纺织出版社,1999.

[21]宋心远.氨纶的结构、性能和染整[J].印染,2002(11):30.

[22]张镁,吴红霞等.彩棉纤维的形态结构、超微结构和主要化学组成[J].印染,2002(6):1.

[23]上海印染工业行业协会.印染手册[M].2版.北京:中国纺织出版社,2003.

[24]蔡再生.纤维化学与物理[M].北京:中国纺织出版社,2004.

[25]徐谷仓,沈淦清.含氨纶弹性织物染整[M].北京:中国纺织出版社,2004.

[26]唐人成,赵建平,梅士英.Lyocell纺织品染整加工技术[M].北京:中国纺织出版社,2001.

[27]陆锦昌,方纫芝.丝绸染整手册[M].2版.北京:中国纺织出版社,1995.

[28]《最新染料使用大全》编写组.最新染料使用大全[M].北京:中国纺织出版社,1996.

[29]薛纪莹.特种动物纤维产品与加工[M].北京:中国纺织出版社,1998.

[30]姚金波,滑钧凯,刘建勇.毛纤维新型整理技术[M].北京:中国纺织出版社,2000.

[31]余一鹗.涂料印染技术[M].北京:中国纺织出版社,2003.

[32]王授伦,唐增荣.纺织品印花实用技术[M].北京:中国纺织出版社,2002.

[33]耿佃生.靛蓝牛仔服装后整理工艺探讨[J].印染,2001(2):32－33.

[34]杨栋梁.磨毛整理[J].印染,1986(3):51.

[35]杨栋梁.光泽整理[J].印染,1989(2):49.

［36］张济邦.有机硅柔软剂的现状和发展方向［J］.印染,1996(6):34.

［37］应莉等.棉织物耐久压烫整理的昨天和今天［J］.印染,1996(12):36.

［38］陈克宁.新型无醛防皱整理剂——多元羧酸［J］.印染,1996(4):36.

［39］Welch Clark M,Peters Julie G. Malic Acid as a Nonformaldehyde DP Finishing Agent Activated by BTCA and Polymer Additives［J］. Textile Chemist & Colorist,1997,29(10):33－37.

［40］Yang Charles Q. FT－IR Spectroscopy Study of the Ester Crosslinking Mechanism of Cotton Cellulose ［J］. Textile Research Journal,1991,61(8):433－440.

［41］Brodmann George L. Performance of Nonformaldehyde Cellulose Reactants［J］. Textile Chemist & Colorist,1990,22(11):13－16.

［42］Makinson K Rachel,Watt I C. Some Physical Effects of Acid Wet Chlorination on Wool Fibers in Relation to Its Use as a Shrinkproofing Treatment for Wool［J］. Textile Research Journal,1972,42(12):698－703.

［43］Welch Clark M,Peters Julie G. Effect of an Epoxysilicone in Durable Press Finishing with Citric Acid ［J］. AATCC Review,2002,2(1):21－24.

［44］De Boos A G. Finishing Wool Fabrics to Improve Their End－Use Performance Textile Progress［J］. 1989, 20(1):1－35.

［45］赵树海.数字喷墨与应用［M］.北京:化学工业出版社,2014.

［46］房宽峻.数字喷墨印花技术［M］.北京:中国纺织出版社,2008.

［47］王建平.REACH法规与生态纺织品［M］.北京:中国纺织出版社,2009.